ChatGPT 速学通

文案写作

+

PPT 制作

+

数据分析

+

知识学习与变现

刘道军　丁玲◎著

人民邮电出版社
北　京

图书在版编目（CIP）数据

ChatGPT速学通 ： 文案写作+PPT制作+数据分析+知识学习与变现 / 刘道军，丁玲著. -- 北京 ： 人民邮电出版社，2023.10
ISBN 978-7-115-62378-2

Ⅰ. ①C… Ⅱ. ①刘… ②丁… Ⅲ. ①人工智能－基本知识 Ⅳ. ①TP18

中国国家版本馆CIP数据核字(2023)第137084号

内 容 提 要

本书以 ChatGPT 为主线，通过大量实用案例全面介绍如何运用 ChatGPT 来提高工作和生活效率。

在工作方面，本书详细讲解了如何使用 ChatGPT 来辅助写作、制作 PPT、进行数据分析等。这些章节的内容最为丰富，也最能体现 ChatGPT 的强大作用。读者可以学会运用 ChatGPT 来优化工作流程，提高工作效率。在生活方面，本书通过许多案例来教会读者如何使用 ChatGPT 生成思维导图、解答常识问题、学习英语、实现简单助手等，这些功能可以让生活变得更轻松便捷。最后，本书还利用一个完整的章节介绍了如何通过 ChatGPT 进行知识变现，比如快速生成内容和视频。

本书内容丰富全面，语言通俗易懂，案例直观详尽，无论是想提升工作效率的职场人士，还是想进行高效研究、学习的教师和学生，甚至是希望利用 AI 技术获利的创业者，以及对 ChatGPT 感兴趣的爱好者，都可以做到开卷有益。

◆ 著　　　　刘道军　丁　玲
责任编辑　傅道坤
责任印制　王　郁　马振武

◆ 人民邮电出版社出版发行　　北京市丰台区成寿寺路 11 号
邮编　100164　　电子邮件　315@ptpress.com.cn
网址　https://www.ptpress.com.cn
北京捷迅佳彩印刷有限公司印刷

◆ 开本：800×1000　1/16
印张：18.75　　　　2023 年 10 月第 1 版
字数：412 千字　　　　2024 年 10 月北京第 8 次印刷

定价：79.80 元

读者服务热线：(010) 81055410　印装质量热线：(010) 81055316
反盗版热线：(010) 81055315
广告经营许可证：京东市监广登字 20170147 号

作者简介

刘道军，微软教育专家、微软人工智能专家、微软 Office 专家、金山 WPS 办公专家、微软系统工程师、微软认证数据库管理员。20 多年来，一直致力于企业培训工作，曾三次获得湖北省 IT 职业教育教学先进个人称号，并先后为国家电网、银行、移动、教育、电信、税务、烟草等众多行业或单位提供过上千场培训服务。通过多年的实践积累形成了独具特色的培训风格，深知“理论要联系实际，培训要贴近企业需求”，并以此信条不断优化培训内容，努力打造富有互动性和实效性的培训模式。

丁玲，工学博士，中国人工智能学会会员、中国计算机学会会员、中国自动化学会会员、中国自动化学会自动化与人工智能科普百人团专家、华为人工智能开发工程师。毕业于武汉大学计算机学院，现为湖北第二师范学院计算机学院副教授。从事计算机教育、计算机系统开发 20 余年，主要研究领域为人工智能、计算机视觉。

前言

在浩瀚的宇宙中，我们只是渺小的微尘，但有一样东西，能让我们与整个宇宙紧密相连，那就是知识。这个世界正在以我们无法预见的方式改变，其中最重要的推动力之一就是人工智能（Artificial Intelligence，AI）。它不仅改变了我们的工作方式，也正在重塑我们的生活方式。作为AI的一种表现形式，ChatGPT在很多领域中都发挥着无可替代的作用。然而，很多人对这一工具并不了解，甚至可能有所忽视。而对我来说，揭示ChatGPT的魅力与价值，是写作本书的初衷。

作为一名AI技术爱好者，我自然而然地被ChatGPT的高效、智能和人性化所吸引。在研究和使用过程中，我发现ChatGPT不仅是一个工具，更是一个博大精深的领域，它揭示了AI可能改变我们生活和工作方式的巨大潜力。因此，我决定以一种通俗易懂的方式，把以ChatGPT为代表的这些有趣、实用又神奇的工具介绍给大家。

本书旨在帮助读者理解和掌握ChatGPT及相关AI工具，以及它们所引领的AI变革。本书既包含理论知识，也提供实战演练。本书从AI的基本概念和ChatGPT的介绍，到如何提高提问技巧，让ChatGPT更好地理解我们，再到如何在公文写作、PPT制作、Excel数据分析、VBA代码编写、Python办公自动化、求职、生活工作和副业变现等多个方面运用AI工具提升效率和质量，内容相当丰富且实用。

希望通过本书能让读者了解到，AI并非遥不可及的高科技，而是可以深入到我们日常生活的各个角落，让我们的生活更加便利，让我们的工作更加高效。无论你是职场工作人士，还是自由职业者，甚至是学生，都能在本书中找到属于你的那一份收获。

在这个信息爆炸的时代，我们需要合理利用每一刻时间，让自己变得更优秀。让我们一起，通过这本书打开新世界的大门，探索AI的魅力。

本书组织结构

本书总计10章，内容如下。

- **第1章，“揭秘ChatGPT：为何ChatGPT能一枝独秀”**：深入探讨了AI和其他主流的AI工具，并详细介绍了ChatGPT的特性、优势、局限性，及其如何与人交互。
- **第2章，“提问技巧：让它100%懂你”**：揭示了一系列有效的提问原则和技巧，以优化与ChatGPT的互动效果，并通过实例来演示如何提出更具针对性和精确性的问题，从而得到最满意的答案。

- **第 3 章，“公文自动写作：工作效率翻倍的秘诀”**：描述了如何使用 ChatGPT 提高公文写作的效率和质量，包括编写报告、工作计划和会议纪要等文书工作。
- **第 4 章，“PPT 制作神器：汇报演讲如此简单”**：介绍了如何使用 AI 工具制作职场类 PPT，包括如何设计 PPT、如何快速生成 PPT，以及如何利用 AI 进行数据可视化。
- **第 5 章，“轻松玩转 Excel：数据分析不再难”**：深入探讨了如何使用 AI 获取外部数据和清洗数据，以及如何使用 AI 帮助写出复杂的 Excel 函数进行简单、快速、高效的数据分析。
- **第 6 章，“AI 写 VBA 代码：轻松实现高效批处理”**：介绍了如何使用 Excel 宏来简化工作，如何使用 VBA 来优化宏，还介绍了如何利用 ChatGPT 快速掌握 VBA 知识和编写各种 VBA 代码，帮助读者理解并实现高效的批处理操作。
- **第 7 章，“AI 助力 Python：自动化办公如此简单”**：介绍了如何利用 ChatGPT 编写和优化 Python 代码，以及利用 ChatGPT 进行文件管理、处理 Word 文档和 Excel 的自动化操作。
- **第 8 章，“求职秘籍：ChatGPT 助你从容应对职场”**：探讨了如何运用 ChatGPT 优化简历、撰写求职信，以及进行模拟面试等，还演示了如何利用 AI 技术来提高求职成功率，从而从容应对职场挑战。
- **第 9 章，“私人 AI 秘书：生活工作更轻松”**：讨论了如何使用 ChatGPT 和 Xmind 制作思维导图，以解决工作中的问题，还介绍了使用如何 ChatGPT 改善学习方式，尤其是外语学习，以及如何借助 AI 使日常生活更加便捷。
- **第 10 章，“副业变现全攻略：月入过万不是梦”**：探讨了如何利用 AI 来增加收入，包括在百度知道、小红书、知乎等平台上生成内容，以及如何快速生成短视频等。

本书希望通过深入浅出的语言和翔实的案例，帮助读者全面理解和有效利用 ChatGPT，让 AI 技术真正服务于我们的生活和工作。

本书读者对象

本书的目标读者群体广泛，具体包括下面这些。

- 对 AI 和 ChatGPT 感兴趣的读者，本书提供了深入浅出的介绍。
- 希望提升办公效率的职场人士，本书提供了丰富的实操技巧。
- 教师、学者和学生，可以通过本书学习如何利用 ChatGPT 进行高效学习、研究和教学。
- 寻求副业机会的创业者和自由职业者，本书介绍了如何用 ChatGPT 在各大平台生成内容，以创造收益。
- 对改善生活、学习和工作方式感兴趣的读者，本书展示了如何将 ChatGPT 用作私人 AI 秘书。

无论你的背景如何，只要你想利用 AI 技术改善生活、学习或工作，本书都能提供帮助。

本书特色

本书的特色主要体现在以下几个方面。

- **深入浅出的 AI 知识讲解**：本书详尽而又通俗易懂地介绍了 AI 技术，特别是 ChatGPT。无论是否有技术背景，都能轻松理解。
- **丰富的实操教程**：本书提供了一系列以 ChatGPT 为主的实操教程，包括公文写作、PPT 制作、Excel 数据处理、VBA 批处理及 Python 办公自动化、简历制作等，这些内容都是工作和学习中非常常见且实用的技能。
- **具有创新性的应用展示**：本书展示了如何使用 ChatGPT 进行内容生产和变现，对于希望在网络平台上创作内容并从中获利的读者，本书提供了具有创新性的思路和方法。
- **生活、学习和工作场景的全覆盖**：本书不局限于工作和学习，还涵盖了生活中的各个方面，比如如何将 ChatGPT 作为私人 AI 秘书，以提升生活品质。

总体来说，本书的特色在于将深度技术知识与实际操作结合，以全面彻底的方式呈现以 ChatGPT 为代表的 AI 技术的强大功能，以此来提升读者在生活、学习和工作中的效率，并为他们提供创新思路。

最后，需要说明的是，本书中以截图形式提供的不少文字内容，是 ChatGPT 自动生成的，其表述的合理性、真实性和准确性有待进一步验证，建议以官方数据或表述为准。为了保证 ChatGPT 所生成内容的完整性，书中没有按照出版行业规范对相应的内容进行过多修改。请各位读者在阅读时多加注意！

资源与支持

资源获取

本书提供如下资源：

- 本书素材；
- 本书思维导图；
- 异步社区 7 天 VIP 会员。

要获得以上资源，您可以扫描下方二维码，根据指引领取。

提交勘误

作者和编辑尽最大努力来确保书中内容的准确性，但难免会存在疏漏。欢迎您将发现的问题反馈给我们，帮助我们提升图书的质量。

当您发现错误时，请登录异步社区（https://www.epubit.com/），按书名搜索，进入本书页面，单击“发表勘误”，输入勘误信息，单击“提交勘误”按钮即可（见下图）。本书的作者和编辑会对您提交的勘误进行审核，确认并接受后，您将获赠异步社区的 100 积分。积分可用于在异步社区兑换优惠券、样书或奖品。

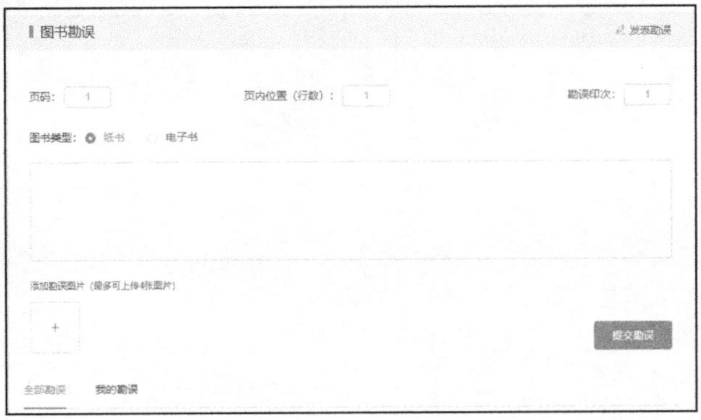

与我们联系

我们的联系邮箱是 fudaokun@epubit.com.cn。

如果您对本书有任何疑问或建议，请您发邮件给我们，并请在邮件标题中注明本书书名，以便我们更高效地做出反馈。

如果您有兴趣出版图书、录制教学视频，或者参与图书翻译、技术审校等工作，可以发邮件给我们。

如果您所在的学校、培训机构或企业，想批量购买本书或异步社区出版的其他图书，也可以发邮件给我们。

如果您在网上发现有针对异步社区出品图书的各种形式的盗版行为，包括对图书全部或部分内容的非授权传播，请您将怀疑有侵权行为的链接发邮件给我们。您的这一举动是对作者权益的保护，也是我们持续为您提供有价值的内容的动力之源。

关于异步社区和异步图书

“异步社区”（www.epubit.com）是由人民邮电出版社创办的 IT 专业图书社区，于 2015 年 8 月上线运营，致力于优质内容的出版和分享，为读者提供高品质的学习内容，为作译者提供专业的出版服务，实现作者与读者在线交流互动，以及传统出版与数字出版的融合发展。

“异步图书”是异步社区策划出版的精品 IT 图书的品牌，依托于人民邮电出版社在计算机图书领域 30 余年的发展与积淀。异步图书面向 IT 行业以及各行业使用 IT 技术的用户。

目录

第1章

揭秘 ChatGPT：为何 ChatGPT 能一枝独秀

最近，相信不少人的朋友圈已经被 ChatGPT 给“刷屏”了，因为它以强大的对话能力惊艳了全球。ChatGPT 似乎无所不能，它不仅能根据上下文语境与你进行交流，还能帮助你编写工作计划、报告、简历、公文，甚至帮你编写代码。未来的职场可能只会分为两种人：熟练使用人工智能的人和创造人工智能工具的人。而不会使用人工智能的人，将很难跟上时代的步伐。

那么，ChatGPT 究竟是什么？它能够做什么？它又有什么过人之处和局限性？……本章将为你揭开 ChatGPT 的神秘面纱。下面让我们一起走近 ChatGPT 吧！

1.1 人工智能

人工智能（Artificial Intelligence，AI）正在融入我们的生活。手机上的人脸识别解锁、指纹识别开门和翻译网站的语言识别翻译等，都是人工智能在我们生活中的应用。但是，这些应用只是在模仿和辅助人类，难以进行真正的创造和创新，还达不到“智能”的高度。我们将其称为传统人工智能。

传统人工智能只能处理特定而简单的任务，缺乏处理复杂情况的能力，无法在不同的环境中灵活运用知识和技能。而真正的“智能”需要创造性思维，需要具有广泛的知识与同理心，这需要达到人工常识智能或强人工智能的水平才能实现。

人工常识智能可以让机器具备普遍的常识和推理能力，可以在不同领域解决不同的问题。强人工智能则更进一步，它近乎人类智力，具备自主学习、推理和创新能力。它可以在不确定的复杂环境下自然思考和行动，并做出创造性决策。

目前，人工智能还未达到人工常识智能或强人工智能的高度，仍是人工特定智能或人工狭隘智能。虽然计算机在信息处理和某些认知任务的执行上超过人类，但在同理心和创造性思维方面远远落后。要培育真正的“智能”，算法、数据和算力都需要重大突破。

人工智能的发展大致分下面三个阶段。

- 狭义人工智能（20 世纪 50 年代到 21 世纪初）。在这一阶段，人们专注于特定问题，针对具体领域开发专业算法和系统。所产生的人工智能只能模拟和替代人类某一特定的认知功能，难以在不同环境中使用（如专家系统和语音助手）。
- 第二阶段是人工常识智能（从 21 世纪初到现在）。在这一阶段，人们开始解决更广泛和复杂的问题，研发泛化机器学习算法和深度学习技术。所产生的人工智能系统具有更强的自主学习和推理能力，可以在不同环境中灵活运用知识（如 AlphaGo 和自然语言处理系统）。
- 第三阶段是强人工智能（尚未达到）。在这一阶段，人工智能将达到或超过人类智力，具备自主学习、推理、判断和创新能力，可以在复杂多变的环境中自然思考和行动，并创造性地解决问题。

尽管人工智能已经渗透到生活的各个方面，但真正的人工智能，特别是人工常识智能和强人工智能的到来还需时日。要达到这种高度，相关技术和理论都需要取得长足进步，特别是在解决同理心、跨域推理和创造性思维方面取得突破。

1.2 认识 AIGC

AIGC（Artificial Intelligence Generative Content，人工智能生成内容）是一种新兴的人工智能技术，可以利用人工智能模型，根据给定的任务、关键词、指令、角色、风格等条件，自动生成大量高质量的文本、图片、视频等各种内容。这种技术可以广泛应用于媒体、教育、娱乐、营销和科研等领域，为用户提供高质量、高效率和高个性化的内容服务。

当然，在使用 AIGC 时需要注意下面这些问题：

- 需要选择合适的主题和关键词，并根据不同的格式和风格要求来生成不同类型的内容；
- 需要对生成的内容进行评估和优化，保证其准确性、合理性、逻辑性和一致性；
- 需要遵守相关的法律法规，防止生成的内容涉及侵权、抄袭、造假、诽谤、暴力或色情等。

AIGC 是一种具有巨大潜力和价值的技术，具有广阔的发展前景。

1. 内容生成效率和质量大幅提高

AIGC 可以自动生成大量高质量的内容，可以“按下按钮，内容出来”。这必将极大地提升各行业内容的生产效率，降低内容制作成本，满足用户日益增长的内容消费需求。

比如，电商平台可以使用 AIGC 自动生成商品的详情页面；媒体平台可以使用 AIGC 自动生成新闻稿件或文章；教育机构可以使用 AIGC 自动生成各种学习教材等。这必将让相关机构和企业的内容生产效率倍增，同时也可提高内容的规范性和可读性。

2. 传统岗位重塑，新兴岗位兴起

AIGC 的应用必然会重塑一些传统内容生成岗位，如文案策划、记者等。但同时也会催生一些新兴岗位，如 AIGC 算法工程师、AIGC 内容生成专家等。这需要相关人员不断学习和适应，跟上人工智能技术变革的步伐。

3. 个性化和智能内容服务迅速兴起

AIGC 不但可以大规模生成内容，而且还可以根据用户个人喜好和需求推荐甚至生成个性化的内容。这类智能内容服务必将蓬勃发展，给用户带来全新的体验。

比如，新闻阅读 APP 可以根据用户阅读喜好推荐个性化新闻；电商平台可以根据客户购买记录和喜好推荐商品；在线培训平台可以根据用户的学习进度生成个性化练习等。这些都可以借助 AIGC 来实现。

4. AIGC 与其他 AI 技术融合，实现跨界创新

AIGC 还可以与其他 AI 技术（如计算机视觉、自然语言处理、语音识别等）相结合，实现更加强大和智能的应用。这必定会催生许多创新性产品和服务。

比如，AIGC 可以与视觉 AI 技术结合，自动生成个性化视频内容；可以与语音 AI 技术结合，自动生成广播稿或有声读物；可以与自然语言处理技术结合，自动生成长篇小说或系列故事等。这些跨界融合的创新无不需要 AIGC 作为基石，前景无限广泛。

所以，AIGC 具有广阔的发展前景，它必将深刻改变内容生产环境，重塑相关产业模式，同时也将孵化出许多创新性的产品与服务，给人们带来全新的体验，并带来新一轮的技术创新和产业变革。

1.3 爆火的 AI 工具

2023 年是人工智能技术突飞猛进的一年！由 OpenAI 公司首创的 ChatGPT 彻底掀起了 AI 热潮。之后，各大科技公司加大研发力度，相继推出了许多让人眼前一亮的 AI 产品。下面为大家介绍几款火爆全球的 AI 工具。如果你能会用、用好这些工具，你的工作效率将有很大提升！

1.3.1 ChatGPT——地表最强 AI 工具

这是全球范围内最为火爆的 AI 工具，它的功能十分强大，可以解决各种问题，包括但不限于聊天、写作、翻译，甚至编写各种代码。最重要的是，ChatGPT 非常聪明，生成的内容质量非常高。我们可以基于 ChatGPT 实现各种各样的想法。图 1-1 所示为 ChatGPT 的界面。

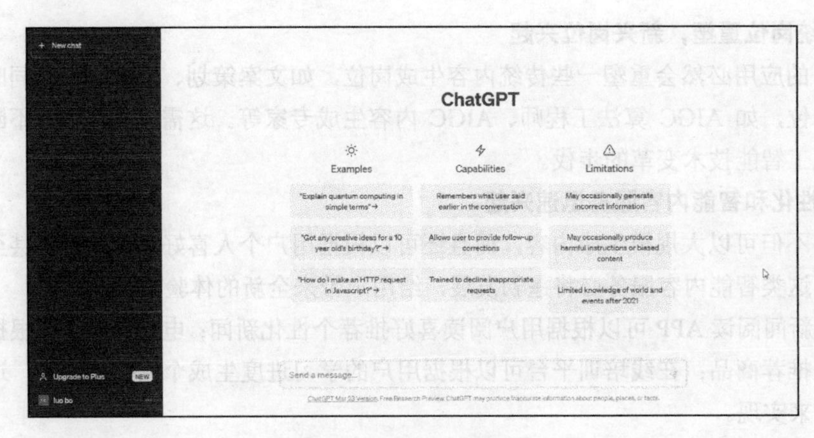

图 1-1　ChatGPT 的界面

1.3.2　Claude——媲美甚至超越 ChatGPT

Claude 是 Anthropic 公司开发的 AI 助手，拥有强大的语言理解能力和丰富的常识知识。我们可以与 Claude 进行长时间、复杂的交流，它能准确理解我们的意图并做出合理的响应，就像与真人聊天一样自然。Claude 不仅理解生活中的各种概念，而且也理解人与人之间的复杂关系，可以在任何话题上与我们顺畅交谈。图 1-2 所示为 Claude 机器人。

图 1-2　Claude 机器人

1.3.3　Midjourney——最强图片生成 AI 工具

Midjourney 是一款 AI 绘图工具，只要输入你想到的提示词，就能通过背后的 AI 算法生成相对应的插图内容。当然，它生成的内容不仅限于插图，还能生成照片、3D 渲染效果、产品包装、海报、头像、图标等。图 1-3 所示为 Midjourney 主页。

图 1-3 Midjourney 主页

1.3.4 new Bing——最强搜索工具

new Bing 是一款智能搜索工具，它基于 Open AI 的 ChatGPT 技术，可以更好地理解你的问题和需求。相较于传统的搜索引擎，new Bing 更智能，更有趣，更高效。开启“聊天”模式，它可以像 ChatGPT 一样和你聊天，生成你想要的文本。更关键的一点是，它是免费的！图 1-4 所示为 new Bing 聊天页面。

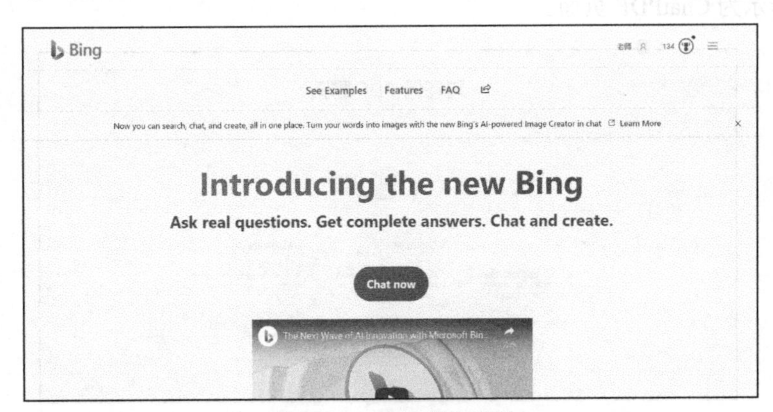

图 1-4 new Bing 聊天页面

1.3.5 Stable Diffusion——专业设计工具

Stable Diffusion 是一款可以免费使用的 AI 绘画工具，绘画能力和 Midjourney 不相上下。Stable Diffusion 可以精确控制各种细节，已经在室内设计、建筑设计、游戏原画设计等领域大量使用。Stable Diffusion 非常擅长绘制真人类的图片，网上看到的大部分 AI 美女图片都是出自 Stable Diffusion。图 1-5 所示为 Stable Diffusion 在线登录页面。

图 1-5　Stable Diffusion 在线登录页面

1.3.6　ChatPDF——最强文档总结工具

ChatPDF 是基于 OpenAI 的自然语言处理模型，可以阅读手册、论文、法律合同、书籍或研究论文。我们只需要把 PDF 文件上传给它，它能够完美理解其中的内容。你只需要就文件中的内容向它提问，它可以告诉你答案。我们还可以让 ChatPDF 基于文件中的内容进一步延展思路。图 1-6 所示为 ChatPDF 页面。

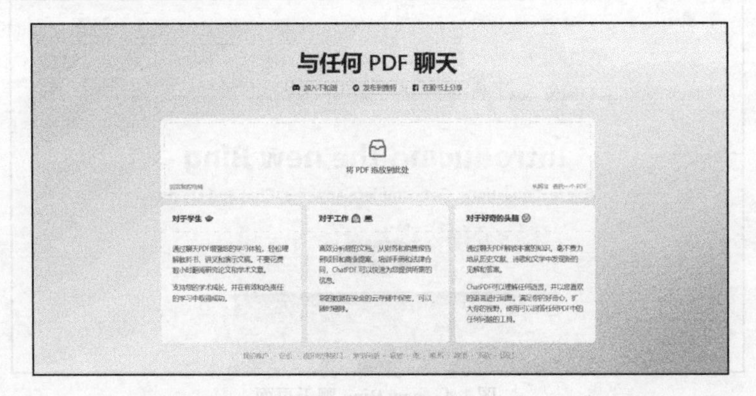

图 1-6　ChatPDF 页面

1.3.7　Notion AI——最强写作工具

Notion AI 是一款非常强大的知识库管理工具，它基于 GPT 模型，可以让你在数秒钟的时间内做出一个表格，并自动填充数据，还可以快速写博文、制定会议日程、写作新闻稿、写大纲、做菜谱……Notion AI 是目前和 GPT 结合得很好的产品之一。图 1-7 所示为 Notion AI 页面。

图 1-7 Notion AI 页面

1.3.8 Gen-2——视频创作工具

2023 年 3 月 20 日，Runway 公司发布了文字生成视频模型 Gen-2。用户只需输入文字、图像或文字加图像的描述，Gen-2 即可在短时间内生成相关视频。Gen-2 是多模态领域的一大跨越，伴随着 Gen-2 生成质量的提升和功能的优化，生成式 AI 视频有望在游戏、影视、营销等领域实现更广泛应用。图 1-8 所示为 Runway 公司的主页。

图 1-8 Runway 公司的主页

1.4 什么是 ChatGPT

当你和朋友在网上聊天时，突然有个人加入你们的聊天，并且与你们交谈得非常流利，提出的问题也非常合理，回答问题时的语言也很自然，甚至感觉这个人比普通人更像一个真人。那么，这个人很有可能是一个名为 ChatGPT 的聊天机器人。

ChatGPT 是一种基于 GPT 模型开发的聊天机器人，它通过模拟人类语言的交互来实现流畅对话。它之所以这么强大，原因就在于名字中的 GPT（Generative Pre-trained Transformer，生成式预训练转换器）。GPT 是一种处理自然语言的算法。

- **Generative（生成式）**：可以根据输入的文本内容，预测人类会回复什么内容，然后以此生成符合话题的回复。它也会避开敏感话题，还会针对一些开放性的问题给出更广泛的回答。
- **Pre-trained（预训练）**：与一般的 AI 不同，ChatGPT 不需要针对某一领域的数据进行训练，它本身就是一个预先训练好的通用模型，可以回答任何问题。它不像 Siri 或"小爱"一样，依靠从现成数据库中检索、复制学习数据，进而回复某一领域的问题。
- **Transformer（转换器）**：ChatGPT 可以轻松理解我们的语言，这得益于它使用的 Transformer 技术。Transformer 可以理解语境和多种语言，知道每个词的重要度。所以，ChatGPT 可以理解中文、英语、法语等，然后用对应的语言回复。它还能理解人类语言表达的含义，会承认回答中的错误、指出人类提问时的不正确前提、拒绝回答不适当的问题，可以像人一样进行学习、交流。比如，我们让 ChatGPT 推荐一首流行的中文歌曲，很快就得到了如图 1-9 所示的结果。

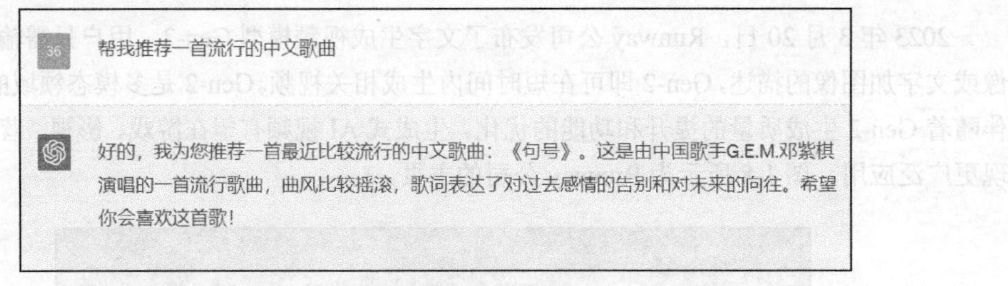

图 1-9　推荐歌曲

1.5　ChatGPT 有什么过人之处

ChatGPT 使用的 GPT 是一个非常强大的人工智能模型，它之所以如此强大，离不开下面这两大优势。

- **庞大的数据量**：ChatGPT 训练的数据量达到百亿级，这使它可以学到丰富的知识，并具有强大的语言表达能力。
- **强大的算力**：ChatGPT 使用了大量的计算资源进行训练。

凭借这两大优势，ChatGPT 在文本生成领域的表现最为出色，它可以轻松应用日常生活和学习的各个方面。比如，在日常生活中，我们可以和 ChatGPT 进行轻松的聊天，从而在空闲时刻找到一位聪明的聊天伙伴。图 1-10 所示为让它给我讲一个笑话，它会立即回复一个笑话。如果不满意，我们可以说"不好笑，再来一个"，直到满意为止！

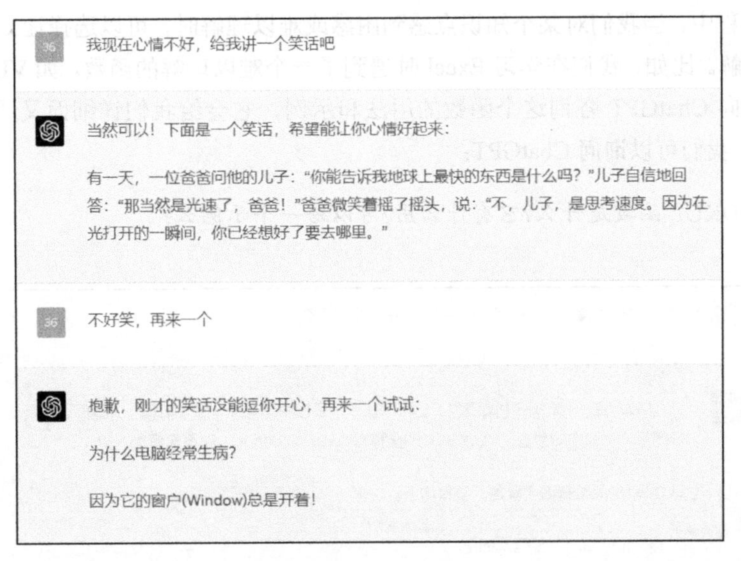

图 1-10 讲一个笑话

ChatGPT 像是一位随时待命的人工智能秘书，可以在任何话题上与我们展开讨论。由于它的表达能力非常强大，在和它交流时，与真人并无二致。它也可以根据我们的兴趣爱好推荐各种有趣的话题，让你无聊的生活变得丰富多彩。

此外，我们也用它进行头脑风暴，一起思考问题，寻求解决问题的灵感和方法。例如，在解决问题、规划项目或者写作时，我们可以和 ChatGPT 展开讨论，让它提供不同的观点和建议。图 1-11 所示为 ChatGPT 帮忙编写的一些酒类宣传口号。

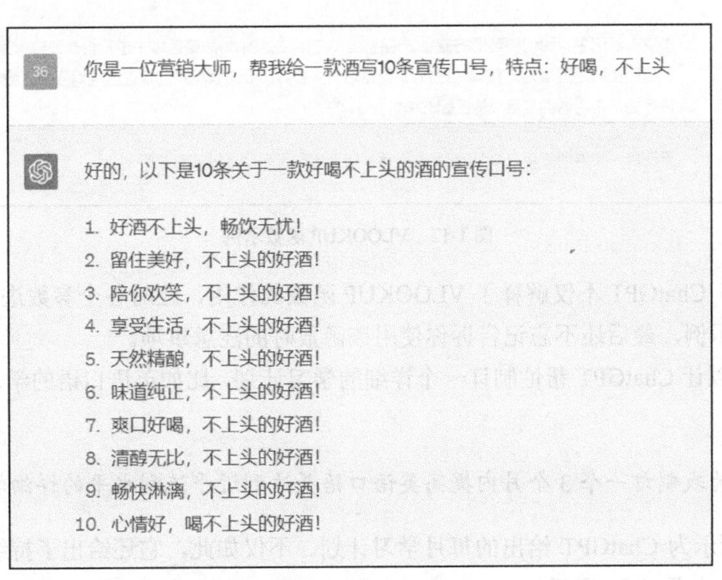

图 1-11 宣传口号

在学习过程中，当我们对某个知识点感到困惑或难以理解时，可以选择让 ChatGPT 来为我们做详细的讲解。比如，我们在学习 Excel 时遇到了一个难以理解的函数，如 VLOOKUP 函数，我们可以直接向 ChatGPT 咨询这个函数的用法和示例，它会给我们详细而又通俗的解释。如图 1-12 所示，我们可以询问 ChatGPT：

VLOOKUP 函数是什么？它有什么用？可以给一个示例么？

VLOOKUP函数是什么?它有什么用?可以给一个示例么?

VLOOKUP是一种Excel中的函数，它可以在一个表格中查找一个特定的值，并返回该值所在行的另一个列中的数据。VLOOKUP的全称是Vertical Lookup，即垂直查找。

VLOOKUP函数有四个参数，分别如下。

1. lookup_value：要查找的值。
2. table_array：要在其中进行查找的表格区域。
3. col_index_num：要返回的值所在列的列号。
4. range_lookup：是否要进行模糊匹配。

下面是一个简单的示例。假设你有一个销售订单表格，其中包含产品名称、产品编号和单价等信息，你需要根据产品编号查找单价。

首先，我们需要选择一个单元格来输入VLOOKUP函数，然后按下"="键开始输入函数名称，即"VLOOKUP"。接下来输入参数，例如：

=VLOOKUP("产品编号",A2:C10,3,FALSE)

在这个示例中，我们要查找的值是"产品编号"，它将在A2:C10表格区域中进行查找，要返回的值所在列的列号为3（即单价列），而最后一个参数FALSE表示我们要进行精确匹配。函数执行后，它将返回与查找值匹配的单价。

请注意，如果要使用VLOOKUP函数，查找值必须位于表格区域的最左侧列。

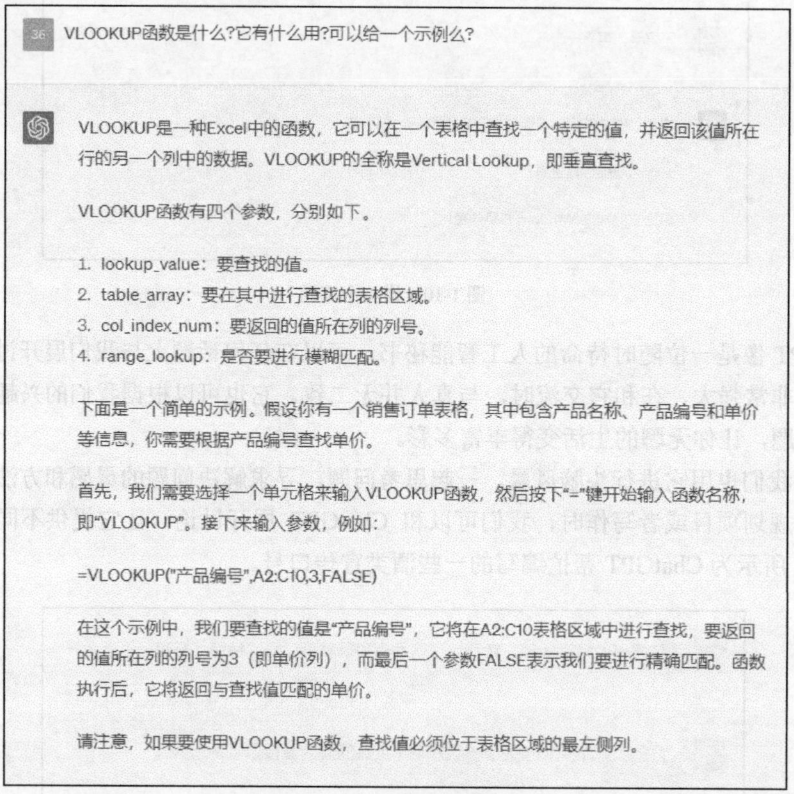

图 1-12 VLOOKUP 函数示例

可以看到，ChatGPT 不仅解释了 VLOOKUP 函数的作用，还对各个参数进行了解释说明，并给出了一个示例，最后还不忘记告诉你使用该函数时的注意事项。

我们还可以让 ChatGPT 帮忙制订一个详细的学习计划，比如英语口语的学习计划。我们可以问 ChatGPT：

你能为我制订一个 3 个月内提高英语口语并达到近乎流利水平的详细学习计划吗？

图 1-13 所示为 ChatGPT 给出的每月学习计划。不仅如此，它还给出了持续提高和维持英语水平的建议，如图 1-14 所示。

你能为我制订一个3个月内提高英语口语并达到近乎流利水平的详细学习计划吗？

当然可以！以下是一个为期3个月的详细英语口语学习计划，帮助你提高英语口语水平并达到近乎流利的程度：

第一个月：基础知识和词汇积累

1. 每天学习10-20个常用英语单词，积累词汇。
2. 阅读和了解基本英语语法规则，例如时态、名词、动词、形容词等。
3. 每天观看或收听至少30分钟的英语视频或音频，例如新闻、电影、播客等，以提高听力水平。
4. 通过英语歌曲学习语言，提高发音和语感。

第二个月：练习和交流

1. 每天进行至少15分钟的口语练习，模仿英语母语者的发音和语调。
2. 加入英语学习小组或在线社区，与母语为英语的人交流。
3. 每周至少进行两次的英语口语角活动，与他人进行实际对话练习。
4. 开始阅读英语文章或书籍，总结常用短语和表达，尝试用英语写日记或短文。

第三个月：深入提高和实践

1. 选择一个感兴趣的主题，准备进行英语演讲或报告，提高语言组织能力。
2. 阅读或观看更高级别的英语资料，例如学术文章、报告或纪录片，提高理解能力。
3. 每天进行至少30分钟的口语练习，模拟真实场景，例如面试、旅行或商务沟通。
4. 寻找英语母语者进行语言交流，互相学习对方的母语，提高英语口语实战能力。

图 1-13 英语口语学习计划

持续提高和维持水平

1. 坚持每天与人用英语交流，将英语融入日常生活。
2. 定期学习新词汇和短语，扩大词汇量。
3. 参加英语相关活动，如英语俱乐部、演讲比赛等，与志同道合的人一起提高。

请记住，学习英语需要时间和耐心。只要你坚持实践并保持积极的态度，你的英语口语水平一定会不断提高。祝你好运！

图 1-14 持续提高和维持英语水平的建议

我们也可以利用 ChatGPT 来辅助编写代码。它可以充当开发工具，自动生成我们需要的代码框架或模板。假设我们想编写一个 Python 程序来读取一个 CSV 文件，并从中提取指定列的数据。可以这样向 ChatGPT 提问：

请帮我编写一个 Python 程序，读取 test.csv 文件，提取第 2 列和第 4 列的数据，并输出到新文件 output.csv 中。

ChatGPT 给出的回复和编写的代码如图 1-15 所示。

图 1-15　ChatGPT 给出的回复和编写的代码

从图 1-15 中可以看到，ChatGPT 不仅根据提示写出了完整的代码，还在代码中给出了注释：

- 读取 test.csv 文件；
- 创建并打开 output.csv 文件；
- 遍历 test.csv 的每一行数据；
- 提取第 2 列和第 4 列的数据；
- 将提取的数据写入 output.csv 文件。

不仅如此，ChatGPT 还在末尾给出了注意事项，如图 1-16 所示。

这个程序假定`test.csv`文件使用的是UTF-8编码。如果文件使用的是其他编码，请将`encoding='utf-8'`替换为相应的编码。

图 1-16　注意事项

作为程序员，我们只需说出要实现的具体功能，ChatGPT 就可以自动生成符合要求的代码，这是不是可以大大提高我们的代码编写效率呢？！

甚至还可以让 ChatGPT 成为我们的“人生教练”，从而在某种程度上为我们提供人生指导。比如，我希望制订一个情绪管理计划，可以向 ChatGPT 提出如下问题：

> 我想让你充当人生教练，我希望你能帮助我制订一个情绪管理计划。我意识到学习控制情绪对我来说是非常重要的，但我一直难以做到。请问你有什么具体的建议，可以帮助我培养更好的情绪管理习惯？

ChatGPT 站在“人生教练”的角度，给出了一份详细的建议，如图 1-17 所示。

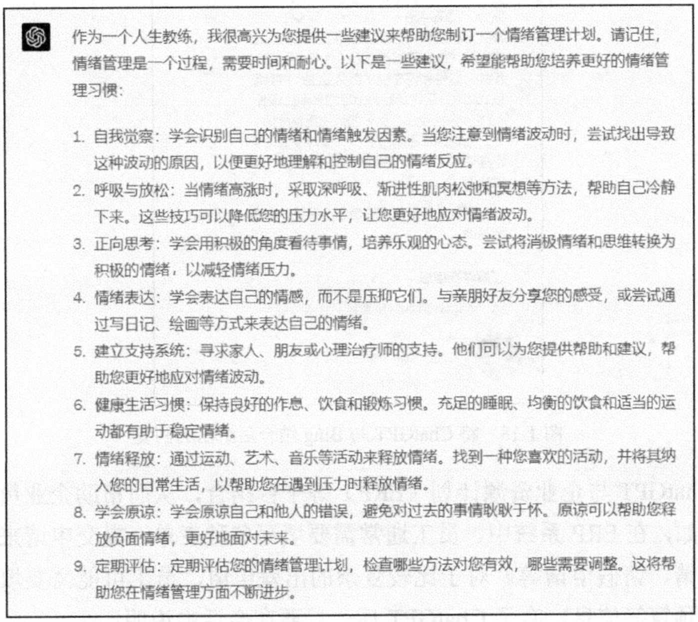

作为一个人生教练，我很高兴为您提供一些建议来帮助您制订一个情绪管理计划。请记住，情绪管理是一个过程，需要时间和耐心。以下是一些建议，希望能帮助您培养更好的情绪管理习惯：

1. 自我觉察：学会识别自己的情绪和情绪触发因素。当您注意到情绪波动时，尝试找出导致这种波动的原因，以便更好地理解和控制自己的情绪反应。
2. 呼吸与放松：当情绪高涨时，采取深呼吸、渐进性肌肉松弛和冥想等方法，帮助自己冷静下来。这些技巧可以降低您的压力水平，让您更好地应对情绪波动。
3. 正向思考：学会用积极的角度看待事情，培养乐观的心态。尝试将消极情绪和思维转换为积极的情绪，以减轻情绪压力。
4. 情绪表达：学会表达自己的情感，而不是压抑它们。与亲朋好友分享您的感受，或尝试通过写日记、绘画等方式来表达自己的情绪。
5. 建立支持系统：寻求家人、朋友或心理治疗师的支持。他们可以为您提供帮助和建议，帮助您更好地应对情绪波动。
6. 健康生活习惯：保持良好的作息、饮食和锻炼习惯。充足的睡眠、均衡的饮食和适当的运动都有助于稳定情绪。
7. 情绪释放：通过运动、艺术、音乐等活动来释放情绪。找到一种您喜欢的活动，并将其纳入您的日常生活，以帮助您在遇到压力时释放情绪。
8. 学会原谅：学会原谅自己和他人的错误，避免对过去的事情耿耿于怀。原谅可以帮助您释放负面情绪，更好地面对未来。
9. 定期评估：定期评估您的情绪管理计划，检查哪些方法对您有效，哪些需要调整。这将帮助您在情绪管理方面不断进步。

图 1-17 人生教练

ChatGPT 具有强大的语言理解与生成能力，可以像人类一样学习和交流。这使得它可以应用在不同的场景中，给我们的工作和生活带来了深远的影响。当前，媒体、创意、广告和金融等行业的许多公司已经开始使用 ChatGPT，通过将它与现有的工具和平台结合，可高效地解决复杂的工作问题。

比如，可以将 ChatGPT 与搜索引擎（比如微软的 Bing）相结合，进行更精准的信息查询。如果我们想要查找关于某个专业知识的信息，可以直接在 Bing 中问 ChatGPT。Bing 会分析我们的提问，理解我们的意图，然后提供相关的搜索关键词和准确的网页链接，让我们快速找到需要的内容。

图 1-18 所示为向 Bing 提问“疫情过后，你觉得哪些行业值得投资？”的结果。可以看到，

Bing 很快为我们生成了答案，并在最下方给出了详细的页面链接。

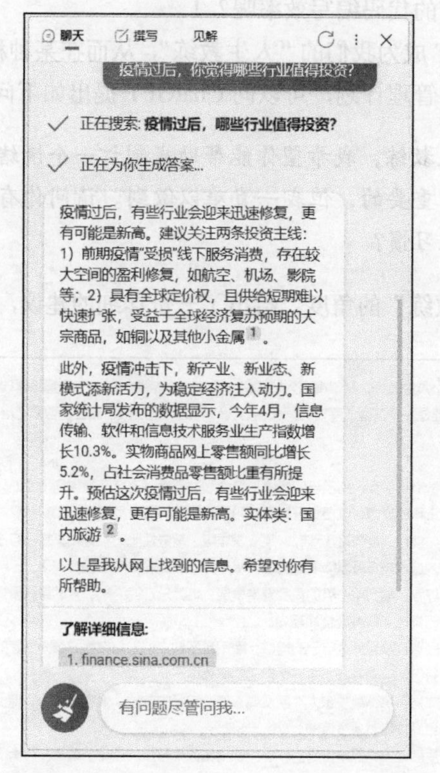

图 1-18 将 ChatGPT 与 Bing 结合后给出的回复

还可以将 ChatGPT 与企业资源计划（ERP）等平台结合，从而帮助企业员工提高工作效率和办公体验。比如，在 ERP 系统中，员工通常需要填写各种表单、提交申请来启动某项工作流程，比如出差申请、请假申请等。对于比较复杂的出差申请，员工可能需要填写出差地点、天数、交通方式、预算等信息。有了 ChatGPT 后，只要在会话中说明：

> 我下周要从武汉到广州出差 3 天，预计机票和酒店费用 3000 元，帮我生成一份金蝶 ERP 系统的出差申请。

ChatGPT 就会自动生成一份出差申请范例，如图 1-19 所示。我们只需填写实际内容即可，大大节省了时间和精力。

微软公司推出的人工智能助手 Microsoft 365 Copilot（简称为 Copilot）可以让我们更加高效轻松地使用 Office 软件——不再需要记忆繁杂的功能和格式，也不必手动编辑大量内容，只需要简单地表达我们的需求，Copilot 就可以自动实现它们。

比如在 Word 中，我们通常需要手动输入大量文字来编辑文档。有了 Copilot，只需要告诉它我们想要的文档主题、需要包含的内容要点，它就可以自动生成一份文档草稿，里面包含了指定的所有要素，我们直接以此为基础修改和完善即可，从而节省了大量的工作时间。

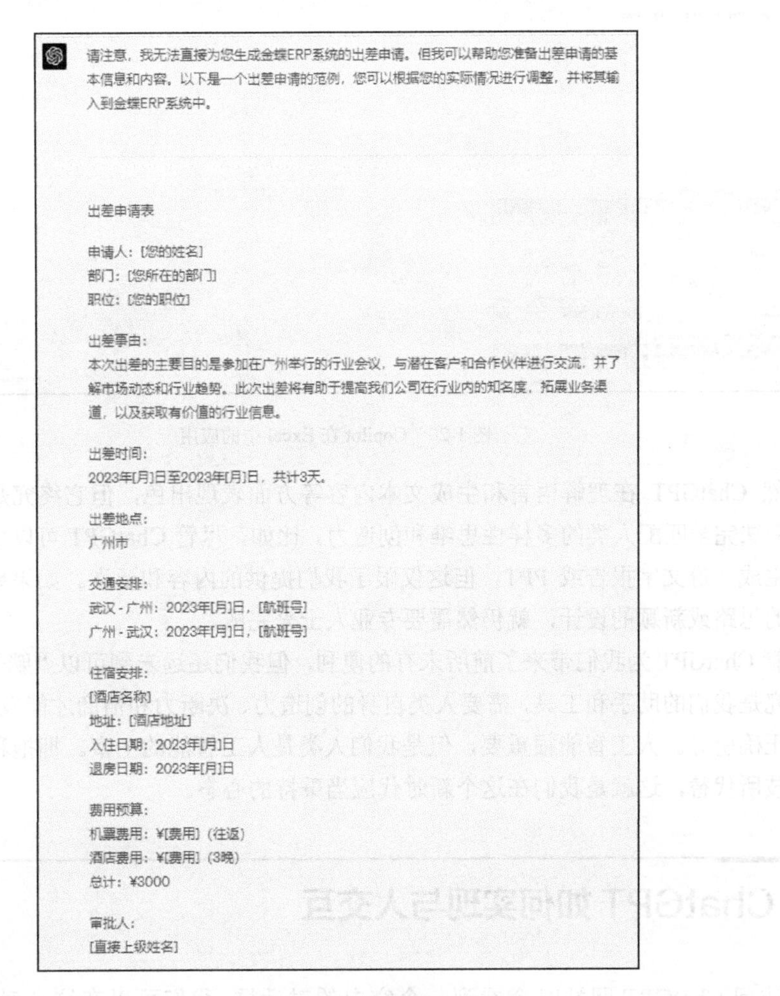
请注意，我无法直接为您生成金蝶ERP系统的出差申请。但我可以帮助您准备出差申请的基本信息和内容。以下是一个出差申请的范例，您可以根据您的实际情况进行调整，并将其输入到金蝶ERP系统中。

出差申请表

申请人：[您的姓名]
部门：[您所在的部门]
职位：[您的职位]

出差事由：
本次出差的主要目的是参加在广州举行的行业会议，与潜在客户和合作伙伴进行交流，并了解市场动态和行业趋势。此次出差将有助于提高我们公司在行业内的知名度，拓展业务渠道，以及获取有价值的行业信息。

出差时间：
2023年[月]日至2023年[月]日，共计3天。

出差地点：
广州市

交通安排：
武汉 - 广州：2023年[月]日，[航班号]
广州 - 武汉：2023年[月]日，[航班号]

住宿安排：
[酒店名称]
地址：[酒店地址]
入住日期：2023年[月]日
退房日期：2023年[月]日

费用预算：
机票费用：¥[费用]（往返）
酒店费用：¥[费用]（3晚）
总计：¥3000

审批人：
[直接上级姓名]

图 1-19 出差申请

在 Excel 中，我们通常需要记住各种函数和图表的使用方式，才能进行数据统计和可视化。有了 Copilot，我们只需要表达自己想要实现的功能，它就会自动生成符合要求的图表，同时插入对应的函数和格式，如图 1-20 所示。

在 PowerPoint 中，我们常常需要综合文字、图片、图表等元素来制作一份漂亮的商业 PPT。有了 Copilot，只需输入要表达的内容和风格要求，它就可以自动生成一份内容丰富、格式优美的 PPT，里面包含我们需要的所有要素，然后我们就可以以此为基础轻松完善和使用了。

ChatGPT 的出现无疑推动了一次“工具革命”，给我们的工作和生活带来了深刻的变化。看着它能做的事情如此之多，功能如此之强大，我们难免会产生一个想法：有了 ChatGPT，我们是不是就可以“躺平”了？

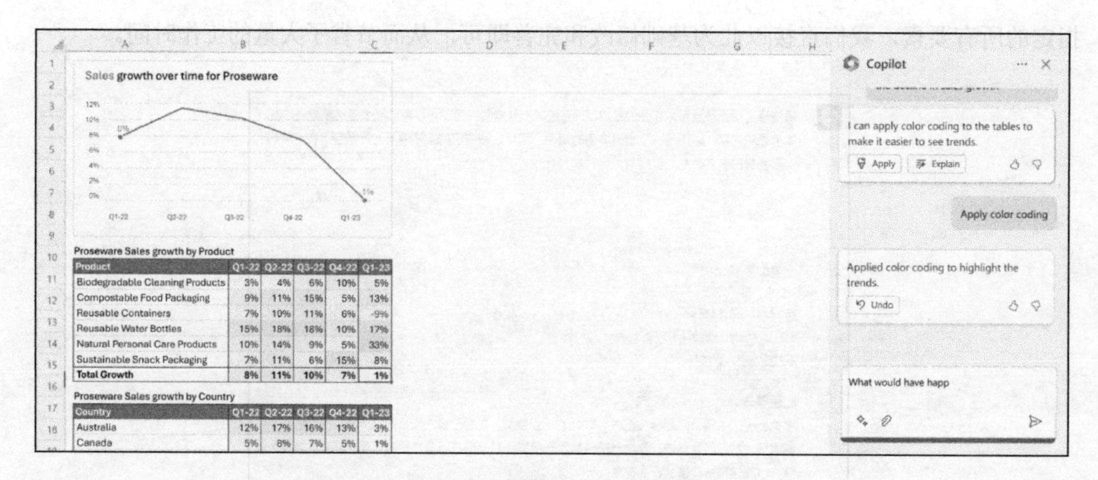

图 1-20　Copilot 在 Excel 中的应用

虽然 ChatGPT 在理解语言和生成文本内容等方面表现出色，但它终究是一项人工智能技术，还无法完全匹配人类的多样性思维和创造力。比如，尽管 ChatGPT 可以根据我们的自然语言描述生成一份文字报告或 PPT，但这仅限于我们提供的内容和要素。如果要在报告中融入更加独创的思路或新颖的设计，就仍然需要专业人士来完成。

尽管 ChatGPT 为我们带来了前所未有的便利，但我们还远未到可以“躺平”的地步。人工智能终究是我们的助手和工具，需要人类自身的创造力、决断力和情商才能发挥它的最大效用，并得到正确引导。人工智能很重要，但是我们人类是人工智能的主宰。拥抱科技的变革，但不要被科技所代替，这就是我们在这个新时代应当秉持的心态。

1.6　ChatGPT 如何实现与人交互

在访问 ChatGPT 网站时会看到一个空白的对话框，我们可以在这个对话框中输入任想说的内容。比如，可以输入各种句子、问题，或者任何文字，且文字的内容或形式没有任何限制。

一旦输入完成并提交，ChatGPT 立刻开始工作。它会自动分析我们输入的内容，并尝试理解要表达的意思，然后在几秒钟的时间内生成一个回复。如果我们不太满意这个回复，可以随时输入新的内容让它继续给出回复。

所以和 ChatGPT 交互的关键就是一问一答的交流。我们问什么它就回复什么，然后根据它的回复我们再提出新的问题，如此循环往复。在这个交互的过程中，ChatGPT 不断学习和提高，越来越准确地理解我们的意图和上下文，并产生加高质量的回复。

虽然和 ChatGPT 的交互看起来非常简单，我们只需要专注于表达自己的想法，它就会主动响应和回复，就像和真人聊天一样自然。但是，在这个简单的交互过程的背后，ChatGPT 使用了复杂的人工智能技术和大量的语言数据进行训练，才得以模拟出人类级别的交互体验。

ChatGPT 使用了 Transformer 模型。Transformer 模型是一种基于自注意力（Self-Attention）机制的序列到序列（Sequence to Sequence，Seq2Seq）模型，如图 1-21 所示。它就像一位翻译官，可以实现人类的语言和机器语言的转换。

图 1-21 Transformer 模型

Transformer 由一堆编码器（encoder）和一堆相同数量的解码器（decoder）构成，如图 1-22 所示。当我们输入一段文本时，这段文本首先进入 Transformer 模型中的“编码器”进行编码。编码完成后的文本会送入“解码器”，解码后就得到了我们可以理解的输出文本。

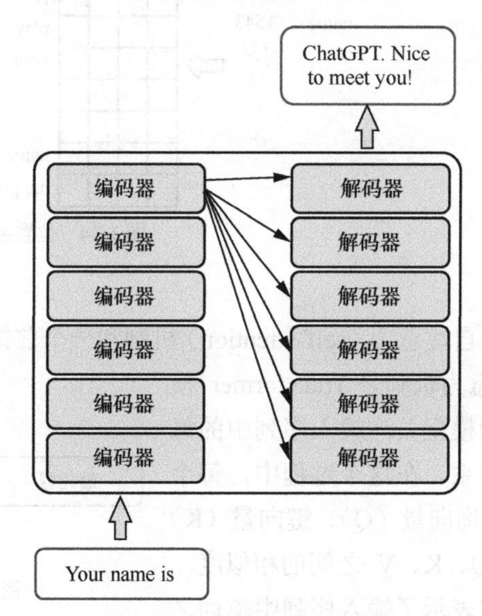

图 1-22 Transformer 的构成

下面详细介绍一下 Transformer 模型是如何将人类的提示输入转为输出的。具体涉及以下几个环节。

1. 输入编码

首先，我们需要将输入的文字转换成计算机可以理解的形式。ChatGPT 使用的词典就像是一本超大型的词典，里面收集了很多词和短语。为了能让计算机处理这些词汇，将每个单词或符号转换为一个向量（一组数字），这个过程称为“词嵌入”。这个向量代表了该词的基本含义，以及它在句子中该如何使用、其所具备的语法特征等。所有这些信息都包含在这个向量中。

来看一个简单的例子：

词语：play

向量：<意思：玩耍，娱乐活动 >< 词性：动词><时态：进行时态><单复数：单数/复数>

根据这个向量（见图 1-23），ChatGPT 就知道 play 是一个表示玩耍和娱乐的动词，可以有进行时态和单复数两种形式。所以，无论在什么句子和上下文中出现这个词，ChatGPT 都可以正确理解其含义和用法，然后产生语义恰当的输出。

接下来，为了让 Transformer 模型理解单词在句子中的位置信息，我们会给每个向量添加一个特殊的“位置编码”，如图 1-24 所示。当 ChatGPT 接收到输入的“Your name is”这一串字符时，它就会根据每个 Token 的位置编码，取出相应的向量。

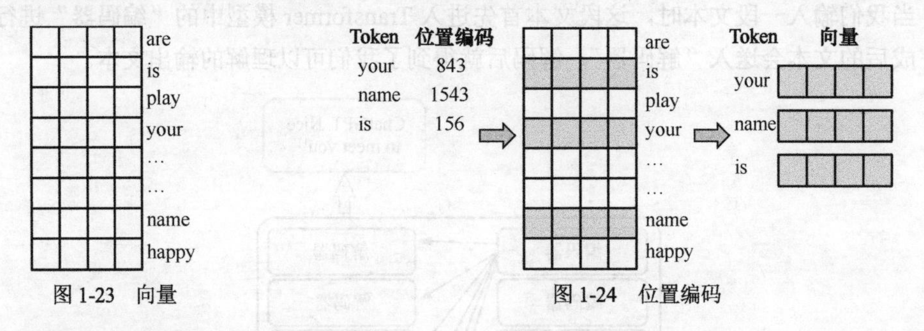

图 1-23　向量　　图 1-24　位置编码

2. 自注意力机制

一个编码器中包含一个自注意力（self-attention）机制和一个前馈（feed forward）神经网络，如图 1-25 所示。其中，自注意力机制是 Transformer 模型的核心部分，它可以帮助模型关注输入序列中的每个单词与其他单词之间的关系。在这个过程中，每个单词都会生成三个向量：查询向量（Q）、键向量（K）和值向量（V）。通过计算 Q、K、V 之间的相似度，可以得到一个权重矩阵，它表示了输入序列中单词之间的关系。

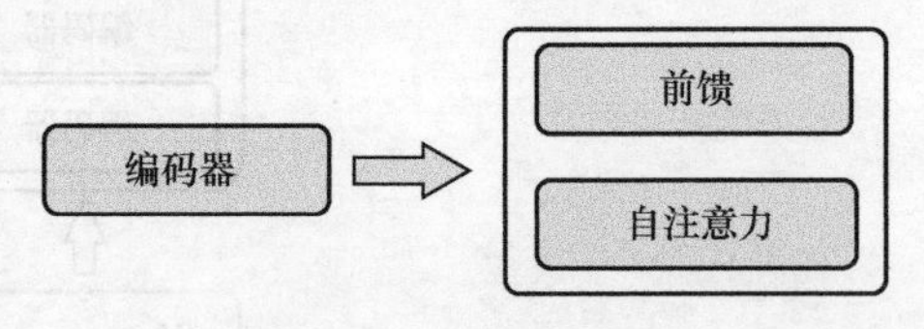

图 1-25　编码器的组成

想象一下，你正参加一个生日聚会，每个人都在交谈。在这个过程中，每个人都扮演着不同的角色（查询向量 Q、键向量 K 和值向量 V）。自注意力机制就像是一个“社交牛人”，可以了解每个人在聚会中的角色和关系。

- **查询向量（Q）**：查询向量就像是每个人的“提问者”角色，他们会提出问题，了解别人在聚会中的角色和地位。
- **键向量（K）**：键向量就像是每个人的“回答者”角色，他们会回答别人的问题，提供自己在聚会中的角色和地位的信息。

- **值向量（V）**：值向量就像是每个人的“贡献者”角色，他们会根据自己在聚会中的角色和地位，为聚会带来不同的价值。

通过计算每个人（单词）在三个角色之间的互动，“社交牛人”（自注意力机制）就可以了解每个人在聚会中的关系和重要性。这样，就能了解每个人之间的相互关系，并提供可以搞活整个聚会氛围的信息。

3. 多头自注意力

为了捕捉输入序列中不同层次的信息，Transformer 模型使用了多个自注意力层，这被称为“多头自注意力”。这些自注意力层可以在多个不同的表示空间中捕获单词之间的关系，从而增强模型的表达能力。

想象一下，在这个生日聚会上，有几位“社交牛人”（多头自注意力）同时在场。每位“社交牛人”关注着不同的主题或者八卦，以便更全面地了解聚会上的互动信息。

- **“社交牛人”1**：专注于了解谁是谁的好朋友，从而挖掘出聚会上人际关系的信息。
- **“社交牛人”2**：关注的是谁在生日礼物赠与方面最慷慨，从而揭示出与礼物相关的信息。
- **“社交牛人”3**：旨在寻找聚会上最有趣的人，以了解谁为聚会带来了最多的欢笑。

通过这几位“社交牛人”在不同主题上的观察，可以共同为我们提供更丰富、更全面的关于聚会氛围的信息。

在多头自注意力中，每个“头”就像是一位“社交牛人”，关注着不同方面的信息。通过结合这些“社交牛人”的观察，Transformer 模型能够更全面地了解输入序列中的单词之间的关系，从而提高翻译的准确性和表达能力。

4. 前馈神经网络

多头自注意力的输出会经过一层前馈神经网络，以进一步整合信息并生成最终的输出序列。

想象一下，聚会上的几位“社交牛人”（多头自注意力）已经完成了各自的观察，现在需要将这些观察整合在一起，以形成一个全面的关于聚会的总结。这时，聚会组织者（前馈神经网络）登场了。

聚会组织者会听取每位“社交牛人”的观察和建议，然后将这些信息融合在一起，形成一个完整的关于聚会的总结。这个过程包括以下步骤。

- **收集信息**：聚会组织者会从每位“社交牛人”那里收集关于聚会的观察信息，例如人际关系、礼物和幽默等方面的信息。
- **整合信息**：聚会组织者将观察到的这些信息进行整合，找出其中的共性和差异，以便更好地了解整个聚会的氛围。
- **形成总结**：最后，聚会组织者会根据整合后的信息形成一个关于聚会的总结，这个总结将包含聚会各个方面的信息。

在 Transformer 模型中，前馈神经网络就是这个聚会组织者，负责整合多头自注意力的输出，从而进一步提炼信息并生成最终的输出序列。通过这个生日聚会的场景，我们可以更容易地理解前馈神经网络在 Transformer 模型中的作用。

5. 解码器

在输出阶段，模型会将前馈神经网络的输出逐个解码，生成最终的输出序列。这个过程可能涉及概率和搜索算法，以确保生成最佳的输出序列。

在聚会结束后，聚会组织者（前馈神经网络）已经为我们提供了一个关于聚会的详细总结。现在，我们需要将这个总结转化为一份有趣、引人入胜的聚会报告。这时，聚会撰稿人（解码器）就派上用场了。

- **筛选信息**：聚会撰稿人首先仔细阅读聚会组织者提供的总结，筛选出最重要、最有趣的信息。这类似于模型中的概率计算，用于挑选最可能的输出。
- **组织结构**：聚会撰稿人根据筛选出的信息，以有趣的方式组织文本结构。这类似于模型中的搜索算法，可以确保生成的文本结构符合要求。
- **生成报告**：聚会撰稿人根据组织好的结构，逐个编写文本内容，生成一份引人入胜的聚会报告。这类似于解码器逐个生成最终的输出序列。

在 Transformer 模型中，解码器就是这个聚会撰稿人，负责将前馈神经网络的输出逐个解码，生成有趣、引人入胜的输出序列。

1.7 ChatGPT 的局限性

ChatGPT 是一个人工智能语言模型，虽然具有很强的学习和应用能力，但在知识更新、情境理解、情感判断、泛化能力和实时互动等方面仍存在局限性。

- **知识更新滞后**：在本书写作时，ChatGPT 的知识库截止时间为 2021 年 9 月（指的是 ChatGPT-4 版本），对于此后出现的事件、新技术和新观点等信息，ChatGPT 无法提供准确的回答。例如，如果你问及中国队在 2022 年冬奥会上的获奖情况，它将无法提供正确答案（见图 1-26）。
- **无法理解复杂情境**：ChatGPT 在一些复杂的情景下，以及处理一些复杂的问题时可能会出现误解。比如，当一个问题包含许多限制条件，或者需要综合多个方面进行分析时，它可能无法给出准确的答案。
- **缺乏情感判断**：ChatGPT 作为一款人工智能语言模型，并不具备真正的情感和人类共情能力。在处理一些情感问题时，它可能无法像人类一样准确地理解和回应。例如，在处理心理咨询相关的问题时，它可能无法像专业的心理咨询师那样给出有针对性的建议。
- **泛化能力不足**：ChatGPT 在处理一些特定领域的问题时，可能会给出过于泛化的答案。这是因为在训练过程中会接触到大量不同领域的信息，所以在某些领域的专业性问题上，它可能无法提供详尽的答案。比如，当你询问一个深度的医学问题时，它可能只能给出一个概括性的答案。

- **无法进行实时互动**：ChatGPT 不能像人类一样实时感知和回应外部环境的变化。这意味着它无法在现实场景中进行即时、有效的沟通。例如，在实时面试场景中，ChatGPT 无法像人类面试官一样，根据应聘者的反应和表现调整提问方式与内容。

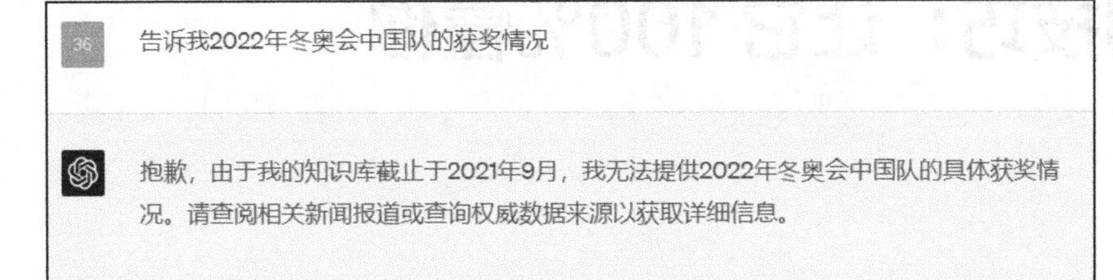

图 1-26 ChatGPT 知识更新滞后的体现

1.8 如何避开 ChatGPT 的局限性

尽管人工智能在我们的生活中日益深入，但这并不意味着人类的作用会被“替代”，相反，这是在释放我们的潜能，让我们创造更多可能。要真正发挥人工智能的力量，我们必须理解它的局限性，学会如何引导与合作。要避开 ChatGPT 的局限性，主要从以下几个方面进行。

- **确认信息来源**：对于涉及具体数据、最新事件或专业知识的问题，请参考权威和可靠的信息来源，例如政府网站、学术期刊或正规新闻媒体。
- **结合人类专家意见**：在面临复杂问题或需要深入了解的领域时，寻求相关领域的人类专家意见，以获得更详细和准确的信息。
- **验证答案的准确性**：在获取 ChatGPT 的回答后，可以通过其他渠道验证答案的准确性，例如网络搜索、参考相关图书或请教专业人士。
- **提供详细背景信息**：在向 ChatGPT 提问时，尽量提供详细的背景信息，以便它更好地理解问题，从而给出更准确的答案。
- **提问方式**：尽量将问题简化和明确，避免提出过于复杂或模糊的问题。这将有助于 ChatGPT 更好地理解问题并提供有效的回答。
- **多次尝试**：如果我们对 ChatGPT 的回答不满意，可以尝试以不同的方式重新提问，或将问题进行拆分，以获得更有用的答案。
- **适当降低期望值**：请记住，ChatGPT 是一个人工智能语言模型，尽管它在许多方面表现出色，但在某些情况下仍可能无法提供完美的答案。因此，我们需要适当调整对 ChatGPT 的期望值，以免过分依赖。

第2章

提问技巧：让它100%懂你

ChatGPT是一种基于推理生成机制的语言模型，用预先的数据集来回答问题。所以我们有时会感觉它的回答存在重复、不稳定、不准确等问题。

那么，怎么避免这些问题呢？这就需要我们向ChatGPT发起有效的提问了。比如，在提问前我们要确定好目标，要问简单易懂的问题，不要太复杂，也不要带有偏见等。这样，ChatGPT才能更好地理解我们的问题，才能回答得更加准确。

2.1 什么是优质提问

要想成功地和ChatGPT聊天，关键是要提高提问质量。就像电视访谈节目一样，只有主持人提出的问题足够清晰易懂且重点明确，嘉宾才有可能给出准确且精彩的回答。我们和ChatGPT的关系也一样。

2.1.1 优质提问原则1：清晰

如果我们能提出一连串细致清晰而又重点突出的问题，ChatGPT就有可能给出一连串高质量的回答。而高质量的回答是我们成功聊天和完成交流任务的基础。

那么，什么样的提问才算是清晰细致呢?比如，我们想买一台笔记本电脑，但是面对五花八门的型号，一时之间不知道该如何选择。这时，我们可能会忍不住直接问ChatGPT：

帮我推荐一款笔记本电脑。

而ChatGPT只是随机推荐了几款笔记本电脑，里面不一定有我们想要的（见图2-1）。

在我们向ChatGPT提出一个问题时，如果问题过于宽泛、模糊不清，让ChatGPT一头雾水，它又如何能给出一个准确的答复呢?要想让ChatGPT给我们一个满意的回答，提出清晰明确而不是过于宽泛的问题是关键。

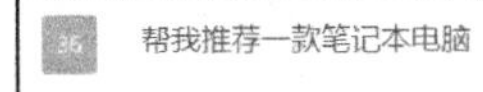

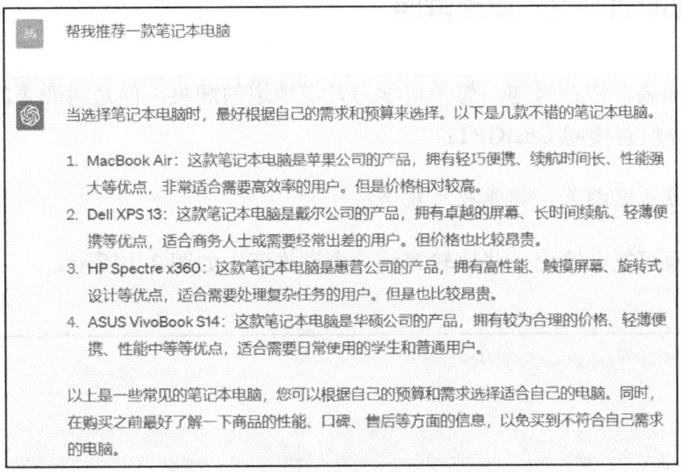

帮我推荐一款笔记本电脑

当选择笔记本电脑时，最好根据自己的需求和预算来选择。以下是几款不错的笔记本电脑。

1. MacBook Air：这款笔记本电脑是苹果公司的产品，拥有轻巧便携、续航时间长、性能强大等优点，非常适合需要高效率的用户。但是价格相对较高。
2. Dell XPS 13：这款笔记本电脑是戴尔公司的产品，拥有卓越的屏幕、长时间续航、轻薄便携等优点，适合商务人士或需要经常出差的用户。但价格也比较昂贵。
3. HP Spectre x360：这款笔记本电脑是惠普公司的产品，拥有高性能、触摸屏幕、旋转式设计等优点，适合需要处理复杂任务的用户。但是也比较昂贵。
4. ASUS VivoBook S14：这款笔记本电脑是华硕公司的产品，拥有较为合理的价格、轻薄便携、性能中等等优点，适合需要日常使用的学生和普通用户。

以上是一些常见的笔记本电脑，您可以根据自己的预算和需求选择适合自己的电脑。同时，在购买之前最好了解一下商品的性能、口碑、售后等方面的信息，以免买到不符合自己需求的电脑。

图 2-1 不清晰的问题产生不想要的结果

我们需要对问题进行调整，给 ChatGPT 提供更加具体和有指导性的信息。比如，针对前面的电脑购买推荐问题，我们可以这么问：

> 我主要使用电脑办公和看电影，对显示屏和音效要求较高，请推荐一款性能强劲、价格在 6000 元左右的笔记本电脑。

在图 2-2 中可以看到，ChatGPT 针对关注点“显示屏和音效”给出了价格在 6000 元左右的笔记本电脑的推荐。

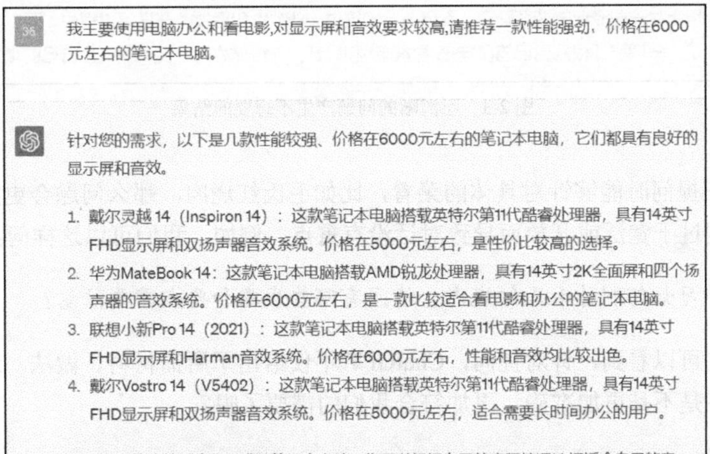

我主要使用电脑办公和看电影,对显示屏和音效要求较高,请推荐一款性能强劲、价格在6000元左右的笔记本电脑。

针对您的需求，以下是几款性能较强、价格在6000元左右的笔记本电脑，它们都具有良好的显示屏和音效。

1. 戴尔灵越 14（Inspiron 14）：这款笔记本电脑搭载英特尔第11代酷睿处理器，具有14英寸FHD显示屏和双扬声器音效系统。价格在5000元左右，是性价比较高的选择。
2. 华为MateBook 14：这款笔记本电脑搭载AMD锐龙处理器，具有14英寸2K全面屏和四个扬声器的音效系统。价格在6000元左右，是一款比较适合看电影和办公的笔记本电脑。
3. 联想小新Pro 14（2021）：这款笔记本电脑搭载英特尔第11代酷睿处理器，具有14英寸FHD显示屏和Harman音效系统。价格在6000元左右，性能和音效均比较出色。
4. 戴尔Vostro 14（V5402）：这款笔记本电脑搭载英特尔第11代酷睿处理器，具有14英寸FHD显示屏和双扬声器音效系统。价格在5000元左右，适合需要长时间办公的用户。

以上是几款比较适合您需求的笔记本电脑，您可以根据自己的实际情况选择适合自己的电脑。同时，在购买之前最好了解一下商品的性能、口碑、售后等方面的信息，以免买到不符合自己需求的电脑。

图 2-2 清晰的问题产生预期的结果

2.1.2　优质提问原则 2：重点鲜明

假设我们对湘菜非常感兴趣，想亲自学习几道地道的湘菜，但是对湘菜的食材与烹饪方法不太了解。如果我们直接问 ChatGPT：

我想学习几道湘菜，你能教教我吗？

ChatGPT 很有可能会给出一些比较笼统的食谱推荐，如图 2-3 所示。

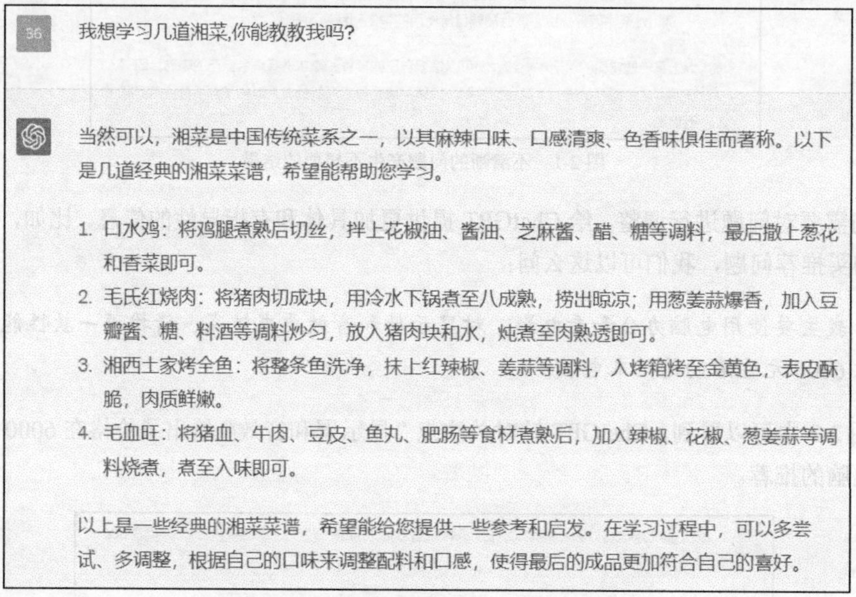

我想学习几道湘菜,你能教教我吗?

当然可以，湘菜是中国传统菜系之一，以其麻辣口味、口感清爽、色香味俱佳而著称。以下是几道经典的湘菜菜谱，希望能帮助您学习。

1. 口水鸡：将鸡腿煮熟后切丝，拌上花椒油、酱油、芝麻酱、醋、糖等调料，最后撒上葱花和香菜即可。
2. 毛氏红烧肉：将猪肉切成块，用冷水下锅煮至八成熟，捞出晾凉；用葱姜蒜爆香，加入豆瓣酱、糖、料酒等调料炒匀，放入猪肉块和水，炖煮至肉熟透即可。
3. 湘西土家烤全鱼：将整条鱼洗净，抹上红辣椒、姜蒜等调料，入烤箱烤至金黄色，表皮酥脆，肉质鲜嫩。
4. 毛血旺：将猪血、牛肉、豆皮、鱼丸、肥肠等食材煮熟后，加入辣椒、花椒、葱姜蒜等调料烧煮，煮至入味即可。

以上是一些经典的湘菜菜谱，希望能给您提供一些参考和启发。在学习过程中，可以多尝试、多调整，根据自己的口味来调整配料和口感，使得最后的成品更加符合自己的喜好。

图 2-3　不清晰的问题产生不想要的结果

如果我们在提问时能够针对具体的菜肴，比如毛氏红烧肉，那么问题会更加具体和明确，从而避免了问题过于宽泛或开放而导致对话没有重点。例如，我们可以这样问：

我想学习如何制作毛氏红烧肉，请问有哪些步骤和要点需要注意？

在图 2-4 中可以看到，针对提问，ChatGPT 不仅给出了所需材料、做法，还给出了注意事项。这样的回答是不是更加准确，更加符合我们的需要了呢？

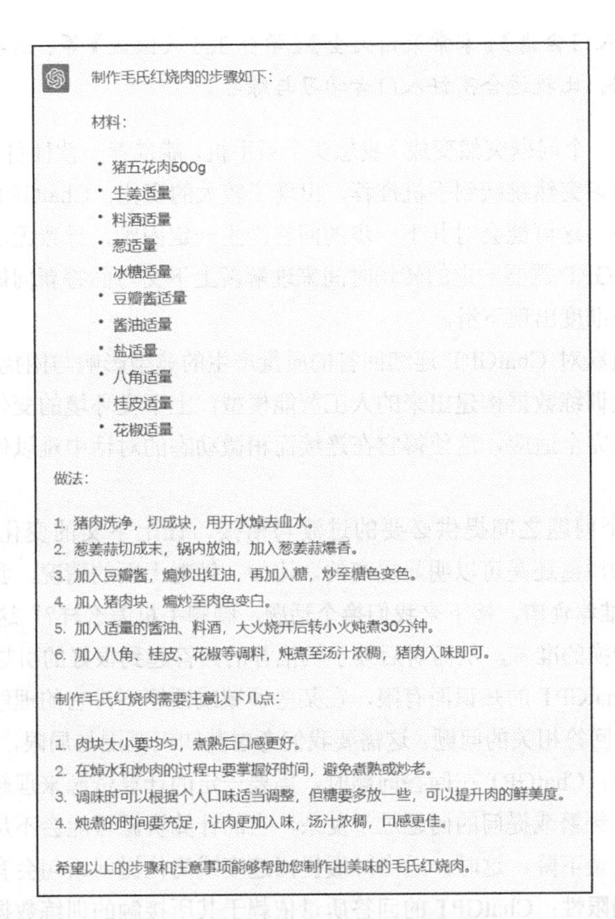
制作毛氏红烧肉的步骤如下：

材料：

- 猪五花肉500g
- 生姜适量
- 料酒适量
- 葱适量
- 冰糖适量
- 豆瓣酱适量
- 酱油适量
- 盐适量
- 八角适量
- 桂皮适量
- 花椒适量

做法：

1. 猪肉洗净，切成块，用开水焯去血水。
2. 葱姜蒜切成末，锅内放油，加入葱姜蒜爆香。
3. 加入豆瓣酱，煸炒出红油，再加入糖，炒至糖色变色。
4. 加入猪肉块，煸炒至肉色变白。
5. 加入适量的酱油、料酒，大火烧开后转小火炖煮30分钟。
6. 加入八角、桂皮、花椒等调料，炖煮至汤汁浓稠，猪肉入味即可。

制作毛氏红烧肉需要注意以下几点：

1. 肉块大小要均匀，煮熟后口感更好。
2. 在焯水和炒肉的过程中要掌握好时间，避免煮熟或炒老。
3. 调味时可以根据个人口味适当调整，但糖要多放一些，可以提升肉的鲜美度。
4. 炖煮的时间要充足，让肉更加入味，汤汁浓稠，口感更佳。

希望以上的步骤和注意事项能够帮助您制作出美味的毛氏红烧肉。

图 2-4 重点鲜明的问题产生预期的结果

2.1.3 优质提问原则 3：相关性

有时我们会发现，即便某个问题本身已经较为清晰和重点鲜明，但 ChatGPT 仍然有可能无法给出满意的回答，尤其是在连续提问的场景下。这通常有以下几个原因。

- 上下文跳跃。如果连续的提问之间的上下文出现较大变化，ChatGPT 需要在短时间内完成上下文的转换，这可能会对其回答产生影响，导致无法准确理解后续提问的意图与要点。针对这种情况，建议在提问前在上下文之间提供一定的衔接和过渡。

比如，如果我们先问 ChatGPT：

> 我想学会烹饪，请推荐几本入门的食谱书。

ChatGPT 可以根据此提问给出如下回答：

《美食厨房入门食谱》《家常菜谱大全》《学会 365 天做饭》等，这些书收录了众多简单实用的家常菜谱，比较适合烹饪入门者学习与练习。

然而，我们的下一个问题突然变成“我想买个新手机，能推荐一款性价比较高的吗”。这时，由于上下文从烹饪学习突然跳跃到手机推荐，出现了较大的变化，ChatGPT 需要在短时间内完成主题的转换与调整，这可能会对其下一步的回答产生一定困难，导致无法做出准确判断与推荐。也就是说，ChatGPT 需要一定的转场时间来理解新上下文与回答新问题，否则可能会使后续回答的连贯性和精准度出现下滑。

这就是上下文跳跃对 ChatGPT 连续回答的质量产生的典型影响与困扰。由于 ChatGPT 是基于深度学习与海量训练数据构建出来的人工智能模型，上下文环境的变化往往需要经过一定的计算与调整后才能完全适应，这使得它在连续而稍微动态的对话中难以保证每次的回答都那么完美和连贯。

如果我们在多个问题之间提供必要的过渡与衔接，让上下文的变化不至于太过突兀，ChatGPT 连续回答的质量还是可以明显提高的。比如，针对上面的情况，我们可以在后续提问前补充一句：“谢谢推荐食谱。接下来我们换个话题，聊聊手机怎么样?”这可以让 ChatGPT 事先做好一定上下文转换的准备，从而对后续手机推荐的回答起到很好的引导作用。

- **知识盲区**：ChatGPT 的知识面有限，在某些领域或话题下，它的理解和判断能力较为薄弱，难以准确回答相关的问题。这需要我们考虑其知识范围与局限，在提问前进行斟酌。
- **计算资源受限**：ChatGPT 在回答问题时，需要一定的计算资源来理解问题并生成答案。如果提问过于频繁或提问的问题过于复杂，它的计算资源可能会不足以应对，导致后续问题的回答质量下降。这时，适当减缓提问速度或简化提问语句会有所帮助。
- **训练数据的局限性**：ChatGPT 的回答质量依赖于其所接触的训练数据，如果某个话题的训练数据较少，它对该话题的理解和回答能力也会相应受限。这需要我们在提问前考虑其训练数据的广度与深度。

连续提问的效果还会受到很多其他因素的影响，即使个别问题本身相当清晰，ChatGPT 也未必能保证每次能够完美且准确地回答。但如果我们在提问前做出全面考量，避免上下文跳跃，关注其知识与数据的局限性，并给予必要的辅助或衔接，ChatGPT 的连续回答的质量还是比较高的。

2.2 优质提问的十大技巧

通过前文，虽然我们已经知道了发起优质提问的要点：清晰、重点鲜明和相关性。但我们可能还是会遇到这样的问题：我们的提问很清晰，重点也很鲜明，ChatGPT 的回答还是太过于“套路化”。接下来，我们一起探讨发起优质提问的技巧，确保我们与 ChatGPT 的每次对话都游刃有余。

2.2.1 角色扮演

角色扮演是指通过扮演一个角色来体验、表达和探索这个角色的人物性格、行为和心理状态的一种活动。在与 ChatGPT 的交互中，可以通过角色扮演的方式，让 ChatGPT 更好地理解我们的需求，从而给出更准确的答案。可以尝试使用不同的角色扮演，让 ChatGPT 更好地理解我们的问题，提高问答效率和准确性。我们不仅可以让 ChatGPT 扮演营销员、翻译、面试官、产品经理、足球解说员、小说家、诗人、哲学家……甚至还可让它扮演 Linux 终端、SQL 终端、Python 解释器等角色。

例如，我们是工作繁忙的上班族，可能需要处理大量的工作任务，同时还要平衡生活和工作的压力。我们可以通过扮演上班族的角色，向 ChatGPT 提问：

> 我是一名工作繁忙的上班族，我需要了解如何更好地管理我的时间、提高效率和应对压力。

在图 2-5 中可以看到，通过这种方式，ChatGPT 可以给出一些实用的建议和技巧，帮助我们更好地应对工作和生活的挑战。

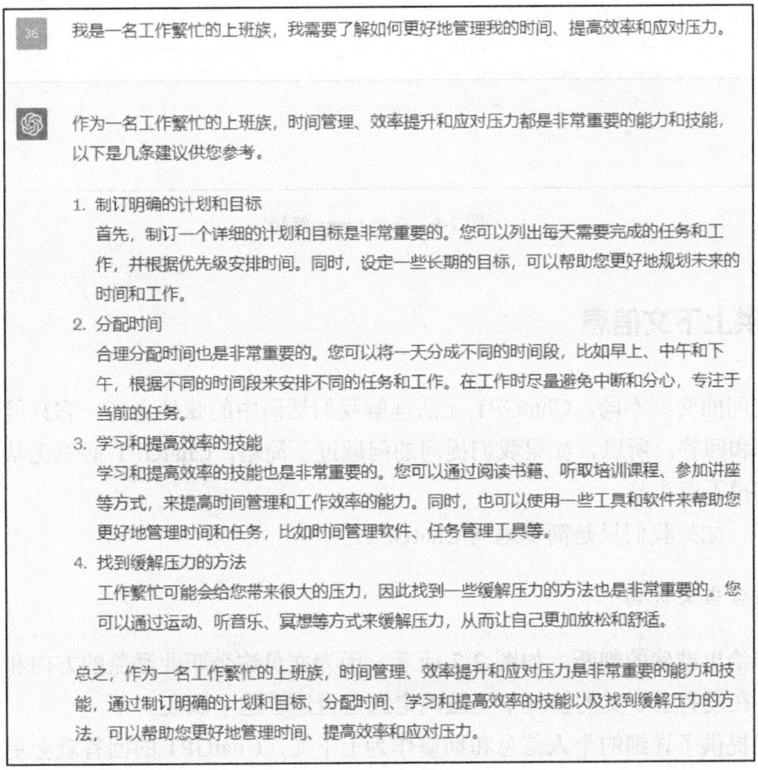

我是一名工作繁忙的上班族，我需要了解如何更好地管理我的时间、提高效率和应对压力。

作为一名工作繁忙的上班族，时间管理、效率提升和应对压力都是非常重要的能力和技能，以下是几条建议供您参考。

1. 制订明确的计划和目标
   首先，制订一个详细的计划和目标是非常重要的。您可以列出每天需要完成的任务和工作，并根据优先级安排时间。同时，设定一些长期的目标，可以帮助您更好地规划未来的时间和工作。
2. 分配时间
   合理分配时间也是非常重要的。您可以将一天分成不同的时间段，比如早上、中午和下午，根据不同的时间段来安排不同的任务和工作。在工作时尽量避免中断和分心，专注于当前的任务。
3. 学习和提高效率的技能
   学习和提高效率的技能也是非常重要的。您可以通过阅读书籍、听取培训课程、参加讲座等方式，来提高时间管理和工作效率的能力。同时，也可以使用一些工具和软件来帮助您更好地管理时间和任务，比如时间管理软件、任务管理工具等。
4. 找到缓解压力的方法
   工作繁忙可能会给您带来很大的压力，因此找到一些缓解压力的方法也是非常重要的。您可以通过运动、听音乐、冥想等方式来缓解压力，从而让自己更加放松和舒适。

总之，作为一名工作繁忙的上班族，时间管理、效率提升和应对压力是非常重要的能力和技能，通过制订明确的计划和目标、分配时间、学习和提高效率的技能以及找到缓解压力的方法，可以帮助您更好地管理时间、提高效率和应对压力。

图 2-5 扮演上班族

为了熟练使用 Linux 中的命令，我们可以让 ChatGPT 充当 Linux 终端。我们向 ChatGPT 提问：

我想让你充当 Linux 终端。我将输入命令，您将回复终端应显示的内容。您只在唯一代码块内回复终端输出，不要写其他解释。除非指示，否则不要键入命令。第一个命令是 pwd。

从图 2-6 中可以看到，即使没有 Linux 操作系统环境，我们也可以通过 ChatGPT 练习啦。

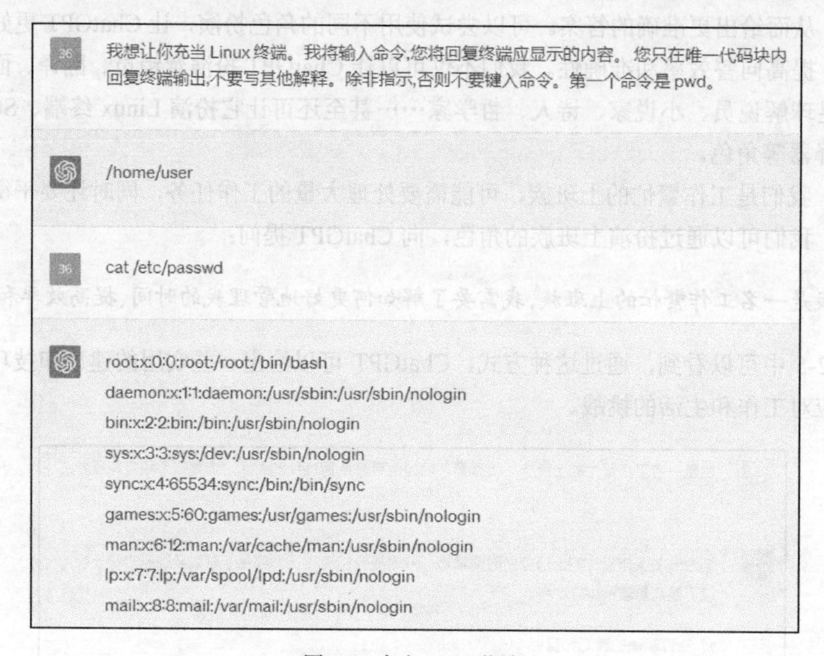

图 2-6　充当 Linux 终端

2.2.2　提供上下文信息

与人类之间的交流不同，ChatGPT 无法理解我们话语中的弦外之音。它只能就问题的字面意思进行理解和回答。所以，如果我们提问的问题过于简略，ChatGPT 必然无从下手，它的回答也会让我们摸不着头脑。

举个例子，如果我们只是简单地问 ChatGPT：

我适合当文员吗？

它将很难给出准确的判断，如图 2-7 所示。因为文员这个职业涵盖的方向和要求都较为广泛，ChatGPT 在没有上下文的情况下无法确定您是否适合这个职业。

如果我们提供了详细的个人信息和期望作为上下文，ChatGPT 的回答就会更加可靠。比如我们可以这么描述：

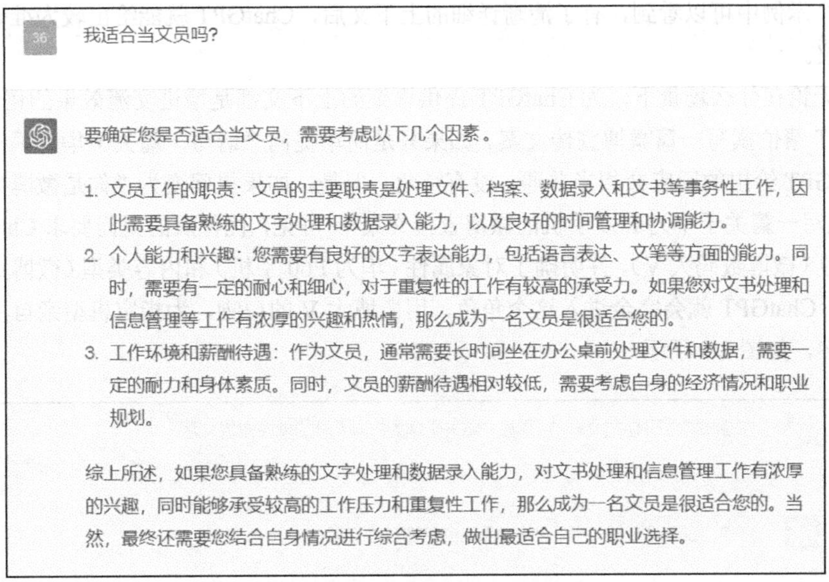

36 我适合当文员吗?

要确定您是否适合当文员，需要考虑以下几个因素。

1. 文员工作的职责：文员的主要职责是处理文件、档案、数据录入和文书等事务性工作，因此需要具备熟练的文字处理和数据录入能力，以及良好的时间管理和协调能力。
2. 个人能力和兴趣：您需要有良好的文字表达能力，包括语言表达、文笔等方面的能力。同时，需要有一定的耐心和细心，对于重复性的工作有较高的承受力。如果您对文书处理和信息管理等工作有浓厚的兴趣和热情，那么成为一名文员是很适合您的。
3. 工作环境和薪酬待遇：作为文员，通常需要长时间坐在办公桌前处理文件和数据，需要一定的耐力和身体素质。同时，文员的薪酬待遇相对较低，需要考虑自身的经济情况和职业规划。

综上所述，如果您具备熟练的文字处理和数据录入能力，对文书处理和信息管理工作有浓厚的兴趣，同时能够承受较高的工作压力和重复性工作，那么成为一名文员是很适合您的。当然，最终还需要您结合自身情况进行综合考虑，做出最适合自己的职业选择。

图 2-7 简单的问题给出不满意的回复

我是一名25岁的女性，大学中文系毕业。我性格安静，工作认真负责。我希望找一份工作环境稳定的办公室工作，工作内容比较固定和重复，不需要频繁加班。我的技能特长是中文打字速度较快，文笔流畅。所以，我在想文员这个工作是否会适合我？

在这样清晰的上下文描述下，ChatGPT给出的回复如图2-8所示。

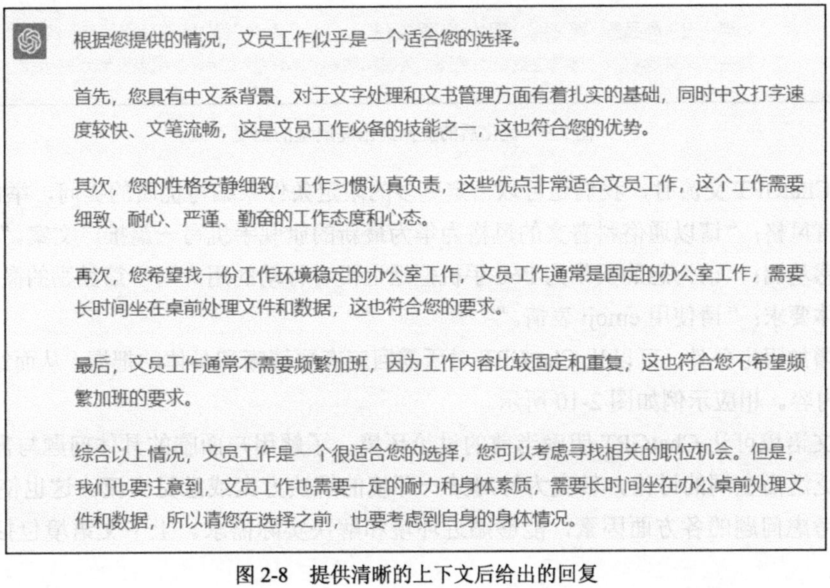

根据您提供的情况，文员工作似乎是一个适合您的选择。

首先，您具有中文系背景，对于文字处理和文书管理方面有着扎实的基础，同时中文打字速度较快、文笔流畅，这是文员工作必备的技能之一，这也符合您的优势。

其次，您的性格安静细致，工作习惯认真负责，这些优点非常适合文员工作，这个工作需要细致、耐心、严谨、勤奋的工作态度和心态。

再次，您希望找一份工作环境稳定的办公室工作，文员工作通常是固定的办公室工作，需要长时间坐在桌前处理文件和数据，这也符合您的要求。

最后，文员工作通常不需要频繁加班，因为工作内容比较固定和重复，这也符合您不希望频繁加班的要求。

综合以上情况，文员工作是一个很适合您的选择，您可以考虑寻找相关的职位机会。但是，我们也要注意到，文员工作也需要一定的耐力和身体素质，需要长时间坐在办公桌前处理文件和数据，所以请您在选择之前，也要考虑到自身的身体情况。

图 2-8 提供清晰的上下文后给出的回复

在这个示例中可以看到，有了清晰详细的上下文后，ChatGPT 就能给出较为准确和可信的判断与建议。

所以无论在什么场景下，为 ChatGPT 提供详细的上下文都是增进交流效果的秘诀。比如，让 ChatGPT 帮忙撰写一篇微博宣传文案。如果只是简单提问“请写一篇关于华为手机的微博文案”，ChatGPT 给出的回应会相当普通，没有特色。但是，如果提问变为“你是微博数码专栏大 V，请帮我写一篇关于华为 P60 手机的微博宣传文案”。可见，优化后的提问要求 ChatGPT 承担特定的角色（微博数码大 V），并明确了对象属性（华为 P60 手机）和内容类型（微博宣传文案）。这样一来，ChatGPT 就会完全进入这个角色，用微博大 V 的口吻，为指定机型亲自撰写一篇专业推广文案，如图 2-9 所示。

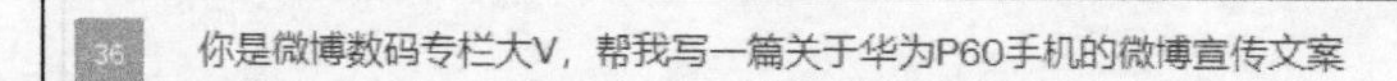

36
你是微博数码专栏大V，帮我写一篇关于华为P60手机的微博宣传文案
好的，以下是一份关于华为P60手机的微博宣传文案：
【华为P60，你值得拥有的旗舰手机】
华为P60，是一款兼具高端配置和出色性能的旗舰智能手机。它不仅配备了强大的处理器和高分辨率的屏幕，还拥有出色的拍照能力、智能翻译、语音助手等多种创新功能，让你的生活更加便捷和美好。
华为P60不仅在性能方面表现出色，同时也十分注重美学设计和品牌价值。它拥有流线型外观、独特的配色方案，通过国际认证和多次荣获奖项等方式，展现出其优秀的品牌价值和信誉度。
如果你追求高品质、高性能、高颜值的智能手机，那么华为P60绝对是你值得拥有的选择。现在就来选购吧，让你的生活更加便捷、美好和精彩！#华为P60# #旗舰手机# #高品质#

图 2-9　优化后的提问给出高质量的回复

在与 ChatGPT 交流时，我们还可以指定更多的限定条件来编写优质的提问，举例如下。

- 语言风格：“请以通俗科普文的风格为华为最新的旗舰手机写一篇推广文案。”
- 情感基调：“请为想购买华为 P60 手机但迟迟没有行动的用户写一篇鼓励的微博。”
- 具体要求：“请使用 emoji 表情。”

通过增加限定条件，可以让 ChatGPT 对所需回应有更清晰和具体的把握，从而给出更加符合要求的内容。相应示例如图 2-10 所示。

上下文语境可让 ChatGPT 明确当前的讨论环境，了解用户面临的具体问题与需求。它使聊天脱离泛泛而空洞的讨论，转变为针对某一环境的解决方案或意见交流。这也使 ChatGPT 需要综合考虑问题的各方面因素，能够贴近环境和解决实际需求。上下文语境包括但不限于以下情景。

- **角色定位**：比如微博数码大 V、工作繁忙的上班族、Linux 终端。
- **对象属性**：比如华为 P60 手机、奔驰 GLB、宝马 X1。
- **限定话题**：比如讨论有关量子计算机的最新进展。
- **内容类型**：比如微博宣传文案、博客、邮件。
- **语言风格**：比如通俗幽默的语言，小说体、科普文风格、国家地理的游记体。
- **情感基调**：比如开心的、积极的、鼓励式和安慰式的基调。
- **附加要求**：比如使用 emoji 表情、不超过 100 字。

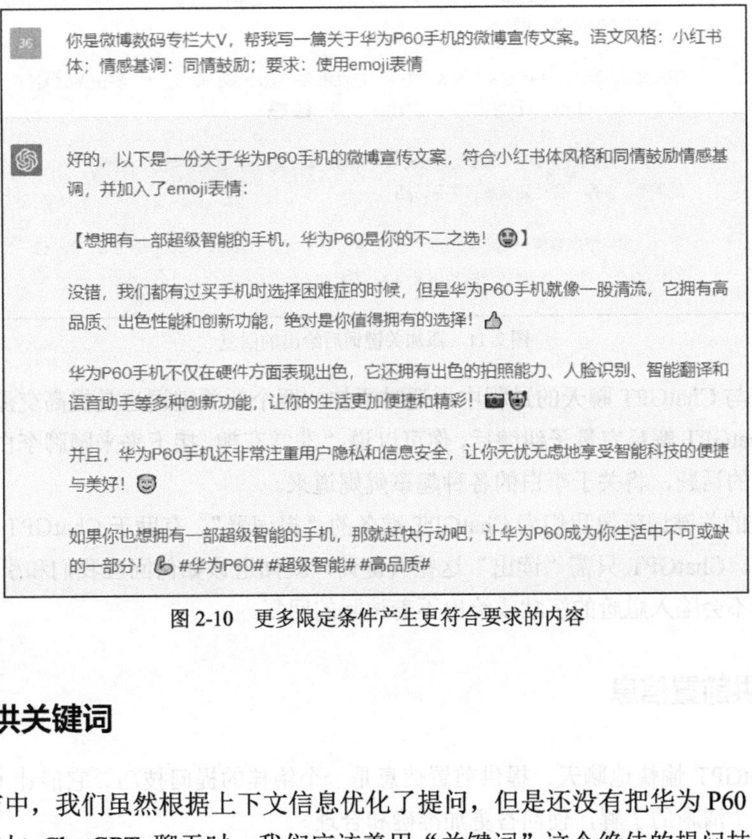

你是微博数码专栏大V，帮我写一篇关于华为P60手机的微博宣传文案。语文风格：小红书体；情感基调：同情鼓励；要求：使用emoji表情

好的，以下是一份关于华为P60手机的微博宣传文案，符合小红书体风格和同情鼓励情感基调，并加入了emoji表情：

【想拥有一部超级智能的手机，华为P60是你的不二之选！】

没错，我们都有过买手机时选择困难症的时候，但是华为P60手机就像一股清流，它拥有高品质、出色性能和创新功能，绝对是你值得拥有的选择！

华为P60手机不仅在硬件方面表现出色，它还拥有出色的拍照能力、人脸识别、智能翻译和语音助手等多种创新功能，让你的生活更加便捷和精彩！

并且，华为P60手机还非常注重用户隐私和信息安全，让你无忧无虑地享受智能科技的便捷与美好！

如果你也想拥有一部超级智能的手机，那就赶快行动吧，让华为P60成为你生活中不可或缺的一部分！ #华为P60# #超级智能# #高品质#

图 2-10 更多限定条件产生更符合要求的内容

2.2.3 提供关键词

在上一节中，我们虽然根据上下文信息优化了提问，但是还没有把华为 P60 收集的主要卖点说清楚。在与 ChatGPT 聊天时，我们应该善用“关键词”这个绝佳的提问技巧。它能帮助 ChatGPT 更好地理解要求，让聊天更加自然与流畅。比如，在加入华为 P60 手机的卖点作为关键词后，我们这样向 ChatGPT 提问：

> 你是微博数码专栏大 V，帮我写一篇关于华为 P60 手机的微博宣传文案。语文风格：小红书体；情感基调：同情鼓励；要求：使用 emoji 表情；关键词：超聚光 XMAGE 影像、玲珑四曲屏、双向北斗卫星消息、超大电池。

ChatGPT 给出的回复如图 2-11 所示。

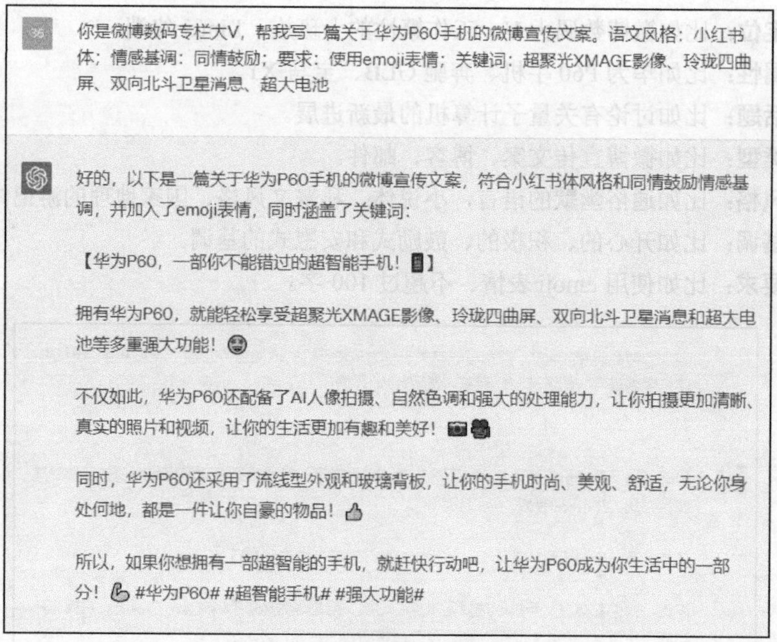

你是微博数码专栏大V，帮我写一篇关于华为P60手机的微博宣传文案。语文风格：小红书体；情感基调：同情鼓励；要求：使用emoji表情；关键词：超聚光XMAGE影像、玲珑四曲屏、双向北斗卫星消息、超大电池

好的，以下是一篇关于华为P60手机的微博宣传文案，符合小红书体风格和同情鼓励情感基调，并加入了emoji表情，同时涵盖了关键词：

【华为P60，一部你不能错过的超智能手机！】

拥有华为P60，就能轻松享受超聚光XMAGE影像、玲珑四曲屏、双向北斗卫星消息和超大电池等多重强大功能！

不仅如此，华为P60还配备了AI人像拍摄、自然色调和强大的处理能力，让你拍摄更加清晰、真实的照片和视频，让你的生活更加有趣和美好！

同时，华为P60还采用了流线型外观和玻璃背板，让你的手机时尚、美观、舒适，无论你身处何地，都是一件让你自豪的物品！

所以，如果你想拥有一部超智能的手机，就赶快行动吧，让华为P60成为你生活中的一部分！ #华为P60# #超智能手机# #强大功能#

图 2-11　添加关键词后给出的回复

同样，在与 ChatGPT 聊天的过程中，适时添加一两个新关键词也是提高交流效果的秘诀。比如，在让 ChatGPT 解释完量子纠缠后，你可以说："非常有趣，接下来来聊聊李白吧!"ChatGPT 会立刻转入新的话题，将关于李白的各种趣事娓娓道来。

恰到好处的关键词就像我们为 ChatGPT 准备的"提词器"，有助于 ChatGPT 轻松理解我们的要求和话题。ChatGPT 只需"读出"这些关键词，就知道该如何回应我们和引导交流方向，从而避免对话不会陷入尴尬的沉默或给出不着边际的回复。

2.2.4　提供前置信息

要与 ChatGPT 愉快地聊天，提供前置信息是一个绝佳的提问技巧。它能让 ChatGPT 对我们的要求有一个清晰的了解，使回答更加准确和合理。

假设我们想与 ChatGPT 讨论一本小说，但如果只简单地说："让我们来聊聊这本小说吧。"ChatGPT 可能会不知所措，因为它并不知道具体要聊的是哪本小说。这时，提供一些前置信息就变得尤为必要。假设我们最近正在阅读《射雕英雄传》，现在很想与 ChatGPT 深入探讨这部小说。我们可以在聊天开始之前先提供以下前置信息：

> 我最近在闲暇之余重温金庸老先生的《射雕英雄传》，被此书深深吸引。我们来聊聊这部武侠小说吧，我特别想讨论书中的几个主要人物。

这些前置信息让ChatGPT立刻明白我们想聊的是《射雕英雄传》这部武侠小说的故事和人物。它也知道我们打算集中探讨主要人物这一话题。于是，它可以通过提问或直接提供观点，引导我们开始这段探讨。

- 这部小说中哪些主要人物最吸引你?为什么?
- 我个人最喜欢郭靖这个人物，他忠诚善良而又执著追求武学，是一个非常阳光的角色。你有什么看法?
- 华筝和黄蓉是两个非常不同的女主角，前者温婉柔弱而后者刚强任性，你更偏向谁?
- ……

在聊天中，我们也可以继续提供更加具体的前置信息，让讨论变得更有深度。比如，"我觉得最让我难过的一个情节是郭靖在一次比武中不慎打伤了华筝，这使两个人的感情出现裂痕。这部分写得很有感染力，让我为郭靖和华筝的感情遭遇而揪心。"

这些前置信息可以让ChatGPT针对提到的具体情节和人物展开深入探讨，分析导致这段感情裂痕的因素，并分享它对人物和情节的理解，和我们进行一场充满情感认同的小说解析。

由于ChatGPT目前使用的数据集截止到2021年9月，对于这个时间之后发生的事情一无所知。因此，如果就这个时间之后发生的事情进行提问，ChatGPT就会一本正经地胡说八道了。针对这种情况，我们可以利用前置信息提问技巧，采用"一段内容 + 基于这段内容的提问"的方式，即先把内容"喂"给ChatGPT，然后再就关心的问题发起提问即可，如图2-12所示。

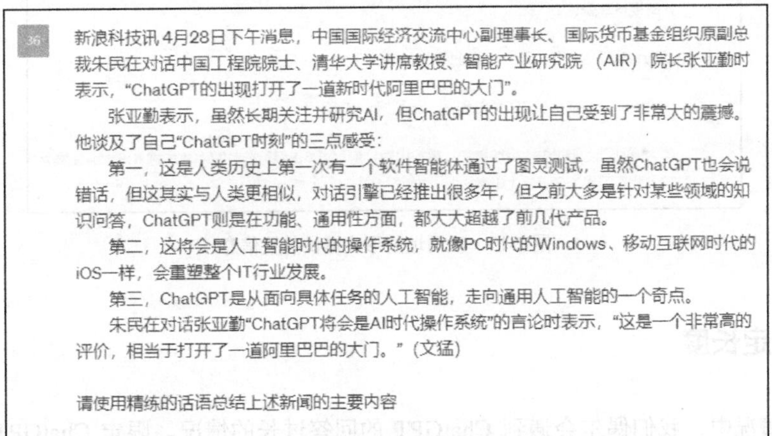

新浪科技讯 4月28日下午消息，中国国际经济交流中心副理事长、国际货币基金组织原副总裁朱民在对话中国工程院院士、清华大学讲席教授、智能产业研究院（AIR）院长张亚勤时表示，"ChatGPT的出现打开了一道新时代阿里巴巴的大门"。

张亚勤表示，虽然长期关注并研究AI，但ChatGPT的出现让自己受到了非常大的震撼。他谈及了自己"ChatGPT时刻"的三点感受：

第一，这是人类历史上第一次有一个软件智能体通过了图灵测试，虽然ChatGPT也会说错话，但这其实与人类更相似，对话引擎已经推出很多年，但之前大多是针对某些领域的知识问答，ChatGPT则是在功能、通用性方面，都大大超越了前几代产品。

第二，这将会是人工智能时代的操作系统，就像PC时代的Windows、移动互联网时代的iOS一样，会重塑整个IT行业发展。

第三，ChatGPT是从面向具体任务的人工智能，走向通用人工智能的一个奇点。

朱民在对话张亚勤"ChatGPT将会是AI时代操作系统"的言论时表示，"这是一个非常高的评价，相当于打开了一道阿里巴巴的大门。"（文猛）

请使用精练的话语总结上述新闻的主要内容

中国国际经济交流中心副理事长、国际货币基金组织原副总裁朱民表示，ChatGPT的出现是人工智能时代的奇点，将成为AI时代的操作系统，重塑整个IT行业发展。同时，ChatGPT也将打开阿里巴巴的大门，具有重要的战略价值。

图2-12 提供前置信息发起提问

针对互联网上最新的信息，我们也可以采用网址的方式提供前置信息，让ChatGPT阅读网址中的信息之后，再就内容进行提问。比如，可以这样向ChatGPT提问：

```
https://new.qq.com/rain/a/20230501A04IGX00
```

你是微博数码专栏大 V，请认真阅读上面网址内容，帮我写一篇关于华为 P60 手机的微博宣传文案。语文风格：小红书体；情感基调：同情鼓励；要求：使用 emoji 表情；关键词：超聚光 XMAGE 影像、玲珑四曲屏、双向北斗卫星消息、超大电池。

ChatGPT 生成的回复如图 2-13 所示。从中可以看到，ChatGPT 写的小红书体的微博宣传文案是不是更优质了呢？！

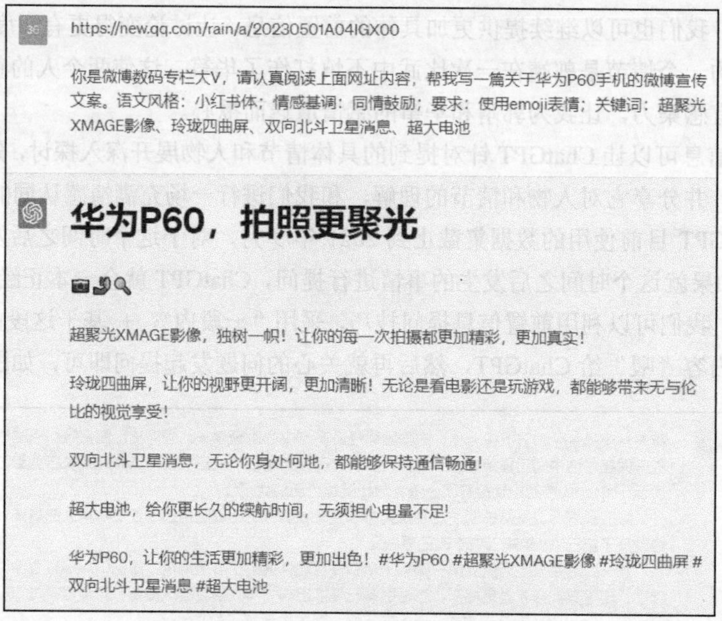

https://new.qq.com/rain/a/20230501A04IGX00

你是微博数码专栏大V，请认真阅读上面网址内容，帮我写一篇关于华为P60手机的微博宣传文案。语文风格：小红书体；情感基调：同情鼓励；要求：使用emoji表情；关键词：超聚光XMAGE影像、玲珑四曲屏、双向北斗卫星消息、超大电池

华为P60，拍照更聚光

超聚光XMAGE影像，独树一帜！让你的每一次拍摄都更加精彩，更加真实！

玲珑四曲屏，让你的视野更开阔，更加清晰！无论是看电影还是玩游戏，都能够带来无与伦比的视觉享受！

双向北斗卫星消息，无论你身处何地，都能够保持通信畅通！

超大电池，给你更长久的续航时间，无须担心电量不足！

华为P60，让你的生活更加精彩，更加出色！#华为P60 #超聚光XMAGE影像 #玲珑四曲屏 #双向北斗卫星消息 #超大电池

图 2-13　以网址的形式提供前置信息

2.2.5　限定长度

在现实情况中，我们偶尔会遇到 ChatGPT 的回答过长的情况。限定 ChatGPT 的回应篇幅是一个非常有用的技巧，它可以迫使 ChatGPT 精炼表达，在有限的字数或段落中传达更丰富的信息。

比如，如果我们限定 ChatGPT 在 2 段话内回答“什么是相对论”，它会在极致地精炼后给出出色的表达：

相对论提出时空不是绝对的，而是相对的。不同的参照系对时空的测量会产生差异。光速不变，是连接不同参照系的桥梁。

相对论彻底改变了经典力学中的绝对时空观念。它极大地扩展了我们对宇宙和时间本质的认知。相对论是现代物理学的基石，它影响着从基本粒子到整个宇宙的研究。

所以，在与 ChatGPT 聊天时，如果给它某些字数或篇幅的限制，反而会让 ChatGPT 激发出更精彩的回应。这会迫使 ChatGPT 在有限的范围内斟酌词句，捕捉要点，达到简洁而不失深度的表达效果。

如图 2-14 所示，我们可以让 ChatGPT 帮忙写 10 句宣传语，如果不满意，可以继续追问，直到满意为止。

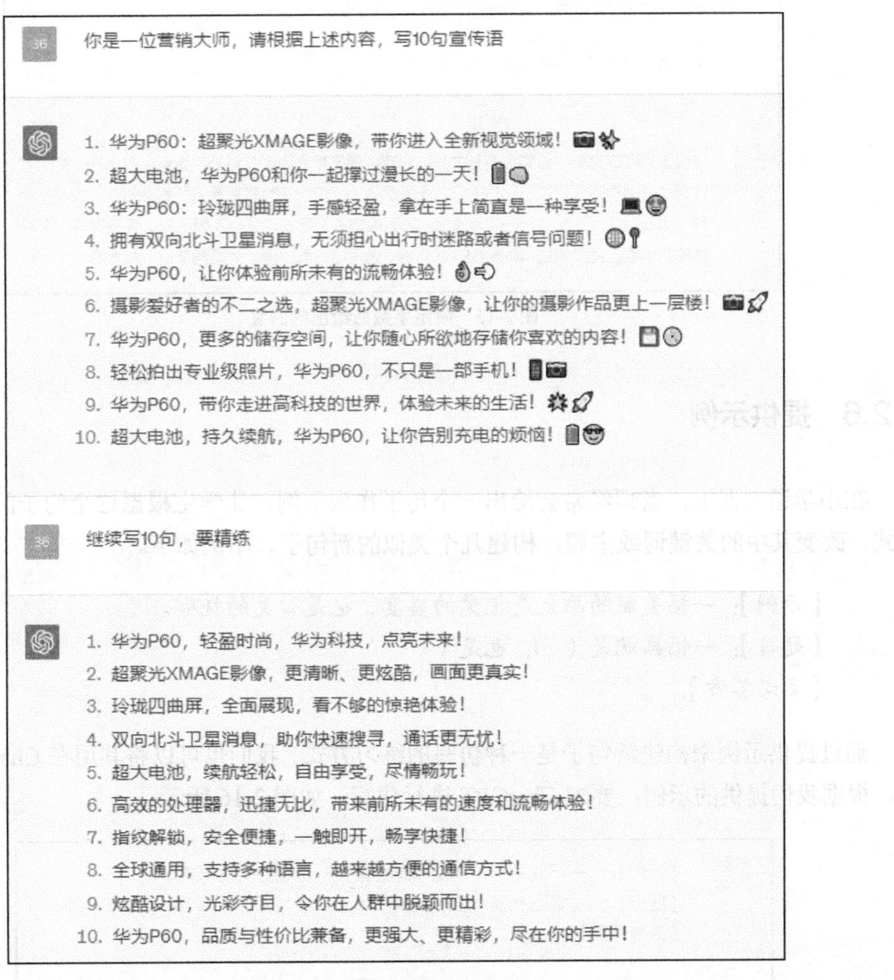

图 2-14　限制长度后给出的回复

在让 ChatGPT 从事文章、摘要、营销方案等文本类写作时，我们还可以限定具体字数、段落数等，如图 2-15 所示。

新浪科技讯 4月28日下午消息，中国国际经济交流中心副理事长、国际货币基金组织原副总裁朱民在对话中国工程院院士、清华大学讲席教授、智能产业研究院（AIR）院长张亚勤时表示，"ChatGPT的出现打开了一道新时代阿里巴巴的大门"。

张亚勤表示，虽然长期关注并研究AI，但ChatGPT的出现让自己受到了非常大的震撼。他谈及了自己"ChatGPT时刻"的三点感受：

第一，这是人类历史上第一次有一个软件智能体通过了图灵测试，虽然ChatGPT也会说错话，但这其实与人类更相似，对话引擎已经推出很多年，但之前大多是针对某些领域的知识问答，ChatGPT则是在功能、通用性方面，都大大超越了前几代产品。

第二，这将会是人工智能时代的操作系统，就像PC时代的Windows、移动互联网时代的iOS一样，会重塑整个IT行业发展。

第三，ChatGPT是从面向具体任务的人工智能，走向通用人工智能的一个奇点。

朱民在对话张亚勤"ChatGPT将会是AI时代操作系统"的言论时表示，"这是一个非常高的评价，相当于打开了一道阿里巴巴的大门。"（文猛）

请总结上述新闻的主要内容，100字。

中国国际经济交流中心副理事长朱民在对话中国工程院院士张亚勤时表示，ChatGPT的出现打开了一道新时代阿里巴巴的大门。张亚勤认为，ChatGPT将会是人工智能时代的操作系统，重塑整IT行业发展，并成为通用人工智能的一个奇点。这是人类历史上第一次有一个软件智能体通过图灵测试，ChatGPT在功能、通用性方面，都大大超越了前几代产品。

图 2-15　限定字数后给出的回复

2.2.6　提供示例

在小学语文课上，老师经常会给出一个句子作为示例，让学生根据这个句子的结构和表达方式，改变其中的关键词或主题，构建几个类似的新句子。举例如下。

【示例】：一幅美丽的画就是视觉的盛宴，也是心灵的抚慰。
【题目】：一幅画就是（　），也是（　）。
【参考答案】：

通过提供示例来构建新句子是一种仿写的练习方式。我们也可以将其用在 ChatGPT 中。比如，根据我们提供的示例，要求 ChatGPT 进行仿写，如图 2-16 所示。

【示例】：一幅美丽的画就是视觉的盛宴，也是心灵的抚慰。
【题目】：一幅画就是（），也是（）。
【参考答案】：

一幅富有情感的画就是沟通心灵的桥梁，也是激发想象力的火花。

图 2-16　提供示例进行仿写

在现有示例的启发下，ChatGPT 可提高对不同写作方式和练习形式的理解，从而做出更加准确、符合预期的回应。

在实际应用中，我们也可以先给 ChatGPT 一个示例，让它充分理解示例的写作风格和版式格式等，如图 2-17 所示。

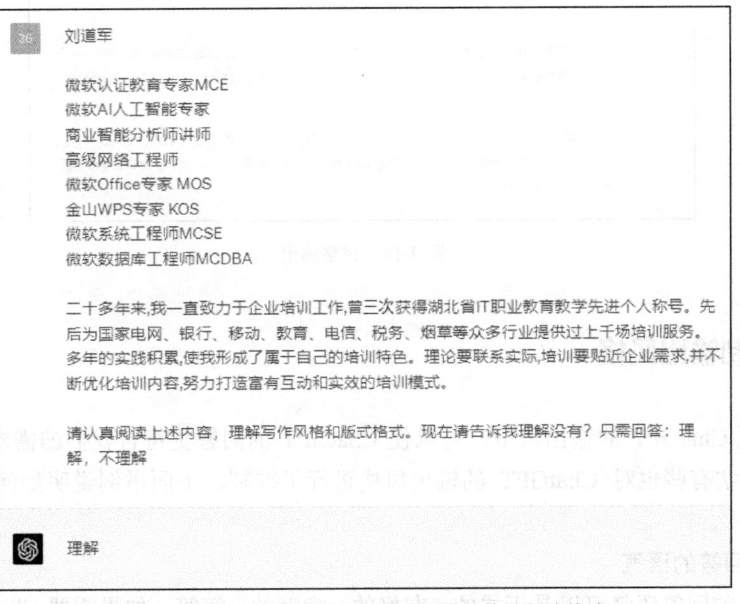

图 2-17 让 ChatGPT 理解示例的写作风格和版式格式

在确认 ChatGPT 理解之后，我们就可以让它帮忙按要求改写了。如图 2-18 所示，我们把想要改写的原文“喂”给 ChatGPT。

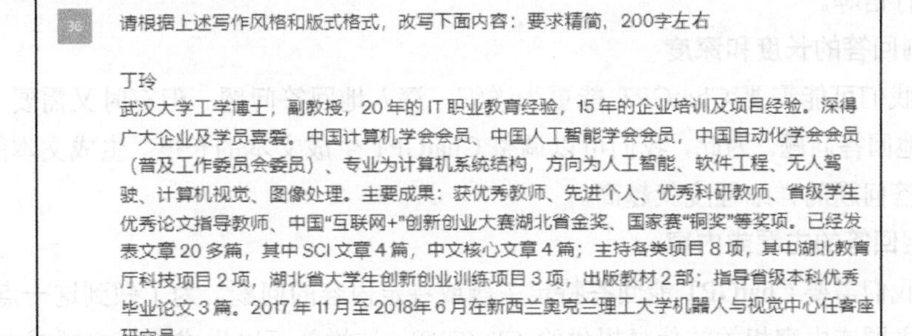

图 2-18 向 ChatGPT“喂”内容

ChatGPT 生成的完整输出如图 2-19 所示。

怎么样？ChatGPT 给出的答案还满意吗？

丁玲

武汉大学工学博士
副教授
计算机系统结构专家
人工智能、软件工程、无人驾驶、计算机视觉、图像处理领域研究者

20年IT职业教育经验，15年企业培训及项目经验，广受企业与学员好评。荣获优秀教师、先进个人、优秀科研教师、省级学生优秀论文指导教师等奖项，发表论文20余篇，主持多项科研项目。中国计算机学会会员、中国人工智能学会会员、中国自动化学会普及工作委员会委员。

丁玲教授在培训与研究中，始终坚持实际应用与理论相结合，紧跟行业需求。2017年11月至2018年6月担任新西兰奥克兰理工大学机器人与视觉中心客座研究员，不断提升教学质量，开创实用高效的教育模式。

图 2-19　完整输出

2.2.7　控制输出风格

通过控制 ChatGPT 的输出风格，可以使 ChatGPT 的回答更符合我们的需求。在前面的提问技巧中，其实有些也对 ChatGPT 的输出风格进行了控制。下面举例说明如何控制 ChatGPT 的输出风格。

1. 调整回答的语气

ChatGPT 的回答语气可以是正式的、友好的、幽默的，等等。如果需要 ChatGPT 在回答问题时保持正式的语气，可以使用一些形式化的语言和词汇，例如使用“您”而不是“你”来称呼对方，使用正式的敬语等。相反，如果我们需要 ChatGPT 在回答问题时保持友好、随和的语气，则可以使用一些口语化的语言和词汇，例如使用“你”而不是“您”来称呼对方，使用一些俚语和流行语等。

2. 控制回答的长度和深度

有时，我们可能需要 ChatGPT 能更为详细、深入地回答问题。但有时又需要 ChatGPT 能简短、直接地回答问题。为此，我们可以调整 ChatGPT 生成文本的长度。生成文本的长度越长，ChatGPT 回答问题的详细程度就越高。

3. 指定回答的主题或内容

有时，我们需要 ChatGPT 能回答特定主题或特定内容的问题。为了做到这一点，我们可以将问题和与主题或内容相关的信息提供给 ChatGPT，这样就可以生成与该主题或内容相关的回答了。例如，如果需要 ChatGPT 回答有关健康的问题，我们可以在问题中明确指定“健康”这个主题或关键词，这样 ChatGPT 就会生成与健康相关的回答。

4. 控制回答的情感色彩

ChatGPT 的回答可以带有不同的情感色彩，例如积极的、消极的、中性的等。如果我们需

要 ChatGPT 在回答问题时带有积极的情感，可以在问题中添加一些鼓励性的语言或表达方式，比如“你可以做得很好”等。相反，如果需要 ChatGPT 在回答问题时带有消极的情感，则可以在问题中添加一些负面的语言或表达方式，比如“我很担心这个问题”等。

5. 调整回答的语言风格

ChatGPT 的回答可以采用不同的语言风格，例如正式的、口语化的、学术的等。如果我们需要 ChatGPT 在回答问题时采用学术语言风格，可以在问题中使用一些学术术语和概念，例如使用科学名词、专业词汇等。相反，如果需要 ChatGPT 在回答问题时采用口语化的语言风格，则可以在问题中使用一些俚语、流行语等。

6. 输出为 Excel 表格形式

例如，我把个人简历内容复制给 ChatGPT，并要求它整理后以 Excel 表格的形式输出内容。ChatGPT 将生成如图 2-20 所示的输出结果（篇幅所限，这里删除了部分内容）。

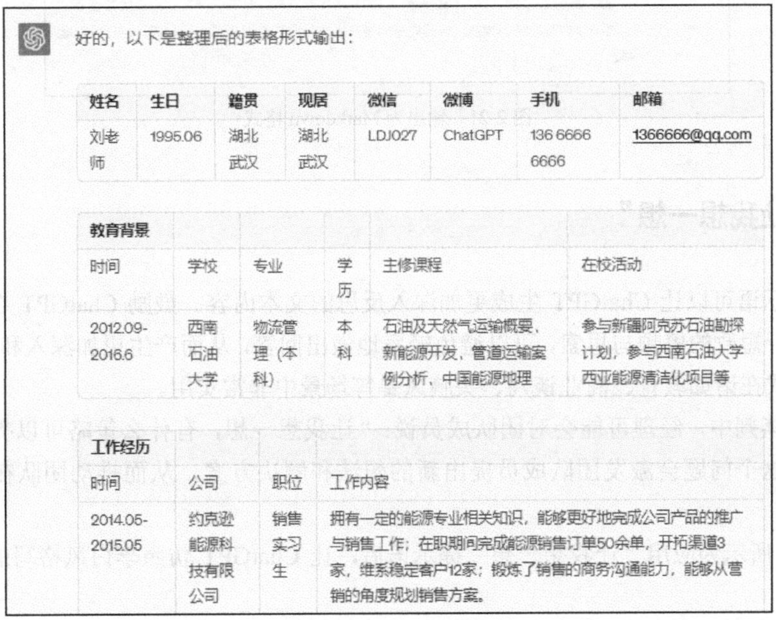

好的，以下是整理后的表格形式输出：

姓名	生日	籍贯	现居	微信	微博	手机	邮箱
刘老师	1995.06	湖北武汉	湖北武汉	LDJ027	ChatGPT	136 6666 6666	1366666@qq.com

教育背景					
时间	学校	专业	学历	主修课程	在校活动
2012.09-2016.6	西南石油大学	物流管理（本科）	本科	石油及天然气运输概要、新能源开发、管道运输案例分析、中国能源地理	参与新疆阿克苏石油勘探计划，参与西南石油大学西亚能源清洁化项目等

工作经历			
时间	公司	职位	工作内容
2014.05-2015.05	约克逊能源科技有限公司	销售实习生	拥有一定的能源专业相关知识，能够更好地完成公司产品的推广与销售工作；在职期间完成能源销售订单50余单，开拓渠道3家，维系稳定客户12家；锻炼了销售的商务沟通能力，能够从营销的角度规划销售方案。

图 2-20　以 Excel 表格的形式输出

7. 输出为 Markdown 格式

Markdown 是一种简单易用的文本格式，用于快速创建格式良好的文件，其文件通常以.md 为扩展名。在 Markdown 文件中，只需使用一些极为基础的标记符号，就可以添加不同的格式效果。

比如，在 Markdown 中，我们可以用两个星号（**）将文字括起来，这样这段文字就会变成斜体效果，也可以在一行文字的开头使用 1～6 个#号来表示不同级别的标题。还可以将其转换为其他格式，如 HTML 格式、Word 文档或者思维导图等。因此，我们经常会控制 ChatGPT，使其输出为 Markdown 格式，以便与其他软件进行配合，如图 2-21 所示。

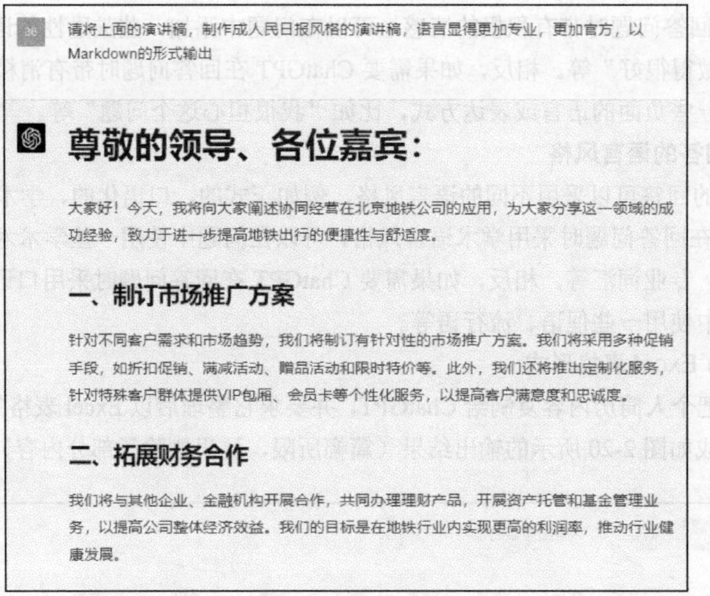

请将上面的演讲稿，制作成人民日报风格的演讲稿，语言显得更加专业，更加官方，以Markdown的形式输出
尊敬的领导、各位嘉宾：
大家好！今天，我将向大家阐述协同经营在北京地铁公司的应用，为大家分享这一领域的成功经验，致力于进一步提高地铁出行的便捷性与舒适度。
一、制订市场推广方案
针对不同客户需求和市场趋势，我们将制订有针对性的市场推广方案。我们将采用多种促销手段，如折扣促销、满减活动、赠品活动和限时特价等。此外，我们还将推出定制化服务，针对特殊客户群体提供VIP包厢、会员卡等个性化服务，以提高客户满意度和忠诚度。
二、拓展财务合作
我们将与其他企业、金融机构开展合作，共同办理理财产品，开展资产托管和基金管理业务，以提高公司整体经济效益。我们的目标是在地铁行业内实现更高的利润率，推动行业健康发展。

图 2-21　输出为 Markdown 格式

2.2.8 “让我想一想”

这个提示语可以让 ChatGPT 生成更加深入反思的文本内容。鼓励 ChatGPT 在回应或表达观点之前进行短暂的停顿与思索，可以避免轻率地做出回答，从而产生更加深入和全面的分析。这种引导方式在诸如教育、商业谈判、头脑风暴等场景中非常实用。

在商业谈判中，经理可能会对团队成员说：“让我想一想，有什么策略可以提高我们的市场份额？”这个问题会激发团队成员提出新的想法和解决方案，从而推动团队在竞争中取得优势。

图 2-22 所示为应用“让我想一想”提示语后，让 ChatGPT 仿照李白风格写的一首诗。还不错吧？

让我想一想，仿唐代诗人李白，写一篇关于春天的诗，要求：四句，每句7个字词
春风轻拂绿柳丝，
桃花笑开蜜蜂舞。
江水东流踏岸芳，
鸟鸣山谷百花艳。

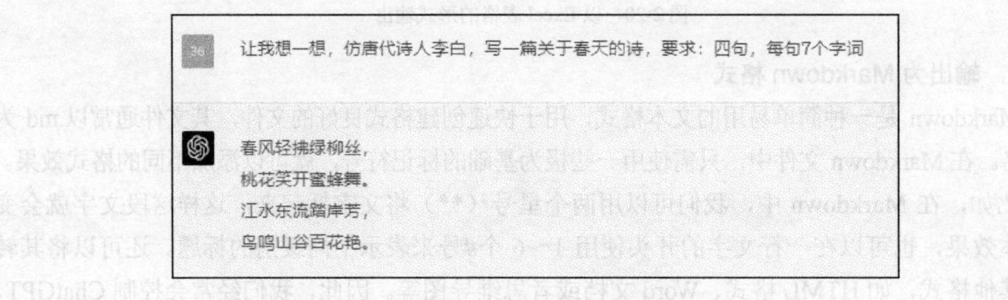

图 2-22　“让我想一想”的应用

2.2.9 限定受众对象

在 ChatGPT 中使用限定受众对象作为提示词，可以帮助 ChatGPT 针对特定受众生成更为精准的回答。通过明确受众对象，ChatGPT 可以提供更加贴切、相关的信息，从而提高回答的质量和用户满意度。

比如，如果有一位用户想要了解如何为中小学生编写科普文章，则可以提供以下提示词："关于为中小学生编写科普文章的建议。"这样，ChatGPT 就会知道目标受众是中小学生，然后可以针对这一特定群体提供更具针对性的建议，如使用简单易懂的语言、增加有趣的插图和实例等。

再比如，有一位用户想了解如何与初创企业创始人进行有效的沟通，则可以提供以下提示词："针对初创企业创始人的有效沟通技巧。"ChatGPT 会知道目标受众是初创企业的创始人，并针对这一特定群体提供更具针对性的沟通技巧，如建立信任的方式、采用创新的沟通渠道、关注创始人面临的特定挑战等。

2.2.10 检查问题

ChatGPT 是一种基于推理生成机制的语言模型，有时给我们的回答要么不正确，要么比较宽泛。因此，我们一定要检查 ChatGPT 的回答，并验证答案是否正确。比如，在 2.1.2 节中 ChatGPT 给出的几道湘菜中，"口水鸡"和"毛血旺"应该是川菜，而不是湘菜吧（见图 2-23）。

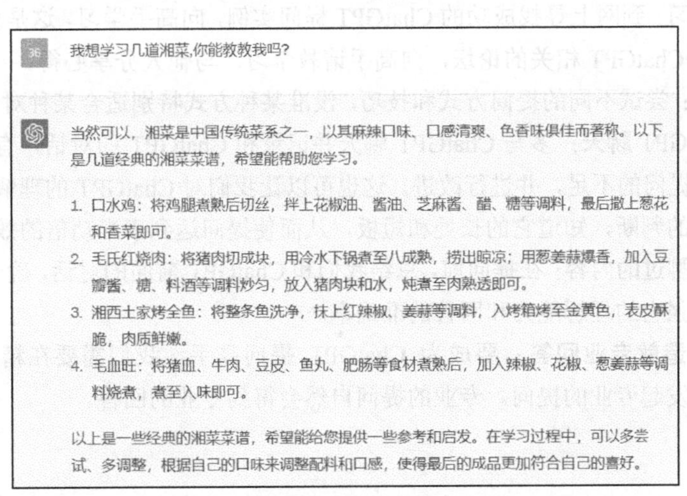

图 2-23 错误回答

因此，我们需要确认 ChatGPT 是否准确理解了问题。如果发现理解存在偏差，那么我们需要以及时澄清和调整，以防产生误导。此外，还要检查 ChatGPT 的回答是否符合预期，如果不尽如人意，可以一直追问，直到得到满意答复，如图 2-24 所示。一定要对回答进行检查、论证。

口水鸡是湘菜的传统菜吗？
口水鸡并不是湘菜的传统菜之一，而是川菜中的一道经典名菜。口水鸡起源于四川省内江市，由于其独特的口味和口感，逐渐被推广到全国各地，并成为了一道备受欢迎的中华美食。
然而，湘菜和川菜都属于中国八大菜系之一，虽然两者有所不同，但都以辣味和独特的口感著称。在湖南地区，也有很多类似口水鸡的麻辣口味菜肴，例如麻辣鸡丝、麻辣鸭舌等。因此，口水鸡虽然不是传统的湘菜菜肴，但在湖南地区也有相似的美食文化。

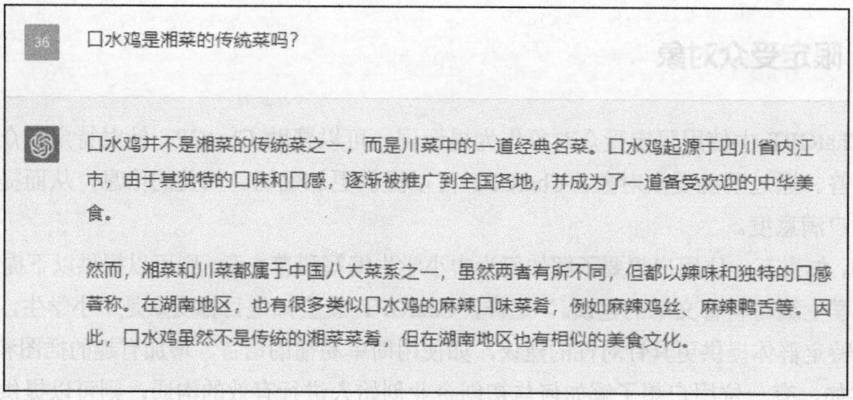

图 2-24 检查回答

2.3 优化 ChatGPT 提问技巧

要成为 ChatGPT 提问高手，秘诀就是——练习!练习！再练习！持之以恒地练习是成为 ChatGPT 高手的关键！

- **多练习**：当 ChatGPT 的回答不尽如人意时，我们需要反复测试并改进提问，如此循环往复，直至获得满意的回答。
- **向高手学习**：到网上寻找成功的 ChatGPT 提问实例，向高手学习，这是优化提问的捷径。我们加入 ChatGPT 相关的论坛，向高手请教学习，与他人分享心得。
- **开拓思路**：尝试不同的提问方式和技巧，没准某种方式特别适合某种对话，效果特别好。
- **多与 ChatGPT 聊天**：多与 ChatGPT 聊天并记录和 ChatGPT 的对话，有利于我们总结经验，发现提问的不足，并进行改进。这也可以让我们对 ChatGPT 的理解能力有一个比较全面准确的判断，知道它的长处和短板，从而使提问达到事半功倍的效果。
- **总结前面聊过的内容**：在提问前，总结我们和 ChatGPT 前面的对话，确保话题是连贯的，这可以增强它的理解能力和回答的准确率。
- **专业提问造就专业回答**：要成为 ChatGPT 提问高手，我们需要在精研某个领域，向 ChatGPT 发起专业的提问。专业的提问自然会得到专业的回答。

第 3 章

公文自动写作：工作效率翻倍的秘诀

本章将深入讨论公文的基本概念、种类和结构，并通过 4 个实战演练来详细介绍如何借助 ChatGPT 编写各类公文。通过这些实战演练，读者可以见识到 ChatGPT 在公文写作中发挥的作用以及潜力，这也为广大读者提升公文写作的效率提供了另外一种选择。

3.1 什么是公文

公文，即公务文书，是国家机关及其他社会组织在履行职权和实施管理的过程中形成的具有法定效用与规范格式的文件材料，是办理公务的重要工具。简单来说，公文就是政府部门、企事业单位和其他组织在处理日常事务时使用的书面文件。

公文的 4 个关键方面如下所示。

- **制定公文的对象**：国家机关及其他社会组织有权制定和处理公文。这些机关和组织都是依据国家法律和相关规章制度建立的，具有法定地位。例如，教育部可能会发布关于教育政策的公文。
- **公文产生的背景**：当这些具有法定地位的机关和组织在履行职权和进行管理工作时，会产生公文。比如，在开展校园安全检查时，某高校可能会发布关于安全问题的公文。
- **公文的特点**：公文具有法定效用和规范格式，这使它们与普通文章和资料有所区别。公文的法定效用来源于制定公文的机关或组织的法定地位。而规范的格式使公文更具权威性和有效性，也便于处理。
- **公文的作用**：公文是处理政务和办理事务的重要工具。各级机关、组织在日常工作中需要通过公文来表达意图、处理事务、实施管理。

例如，一所大学可能会发布“通知”来向学生布置考试事宜，或者使用“报告”向上级汇报科研成果。在与其他单位联系时，可以使用“公函”往来沟通。在记录会议决定时，可以使用“决议”或“会议纪要”。

3.2 公文的种类

作为公文的使用者，我们有必要了解公文的各种类型和特点。根据其用途和性质，公文大致可以分为 15 种。

3.2.1 通知

主要用于传达有关政策、法规、措施以及重要事项。通知通常由上级部门或组织发给下级部门、有关人员或内部成员，以便在组织内部或者涉及的相关方中广泛传播信息，如政府部门发布新政策、企事业单位宣布内部制度变更、学校通知学生有关活动事宜等。通知的主要特点如下所示。

- **来源权威**：通知通常由政府部门、企事业单位或其他组织的主管部门发出，具有一定的权威性。
- **内容明确**：通知的内容通常针对具体的政策、法规、措施或重要事项，要求接收方了解、遵守或执行。
- **信息简洁**：通知应简明扼要地表达信息，清晰地传达目的、要求及执行时间等关键信息，避免冗长和模糊的陈述。
- **格式规范**：通知遵循公文的基本格式和结构，包括抬头、称呼、主题、正文、署名、日期等部分。

3.2.2 公告

公告是一种公开发布的信息传递形式，通常用于向公众或特定群体通报某一重要消息、决策、政策或事件。与通知类似，公告的主要目的是向相关人员传达关键信息，但其适用范围更广泛，可能涉及公众、客户、合作伙伴等不同的接收对象，如政府发布新法规、企业宣布产品召回、学校通知考试安排等。公告的主要特点如下所示。

- **公开性**：公告通常在公共场所、公司网站、社交媒体等平台上发布，以便让尽可能多的人了解其中的信息。
- **来源权威**：公告通常由政府部门、企事业单位或其他组织发出，以表明其权威性和可信度。
- **内容明确**：公告的内容应针对具体的事项或事件，明确传达目的、要求或后续行动等关键信息。
- **信息简洁**：公告应简明扼要地表达信息，避免冗长和模糊的陈述，以便受众快速了解其主要内容。

- **格式规范**：尽管公告在格式上可能较为灵活，但仍需保持一定的规范性，需包括抬头、正文、日期等部分。

3.2.3 报告

报告主要用于系统地呈现某一主题、事件或问题的详细信息，以便受众了解、评估并采取相应行动。报告通常由个人、团队或机构编写，并提交给上级领导、相关部门或其他利益相关者。在实际工作中，报告可以用于各种场合，如员工向领导汇报工作成果、专家提交调查报告、项目经理报告项目进展等。报告的主要特点如下所示。

- **内容翔实**：报告需要对所研究的主题、事件或问题进行全面、深入的分析，并提供详细的数据、事实和论证。
- **逻辑清晰**：报告应按照一定的逻辑结构（如引言、正文、结论等）进行组织，使受众能够顺畅地了解整个内容。
- **客观性**：报告应尽可能客观地反映事实，避免主观臆断和情感色彩，以保证报告的公正性和可信度。
- **观点明确**：报告应明确表达作者的观点、建议和预期成果，使受众能够了解报告的目的和价值。
- **格式规范**：报告应遵循公文的基本格式和结构，需包括标题、正文、署名、日期等部分。

3.2.4 通告

通告是一种简洁、公开发布的信息传递形式，主要用于向公众或特定群体通知某一重要消息、事项、安排或活动。通告通常由政府部门、企事业单位或其他组织发出，并通过公共场所、公司网站、社交媒体等平台进行发布，如政府发布紧急预警信息、企业宣布临时停工安排、学校通知考试时间变更等。通告的主要特点如下所示。

- **公开性**：通告通常在公共场所、公司网站、社交媒体等平台上发布，以便让尽可能多的人了解其中的信息。
- **来源权威**：通告通常由政府部门、企事业单位或其他组织发出，以表明其权威性和可信度。
- **内容简洁**：通告的内容应简明扼要，直接传达关键信息，避免冗长和模糊的陈述。
- **针对性强**：通告通常针对特定的事件、事项或活动，明确传达目的、要求及相关细节等关键信息。
- **格式规范**：尽管通告在格式上可能较为灵活，但仍需保持一定的规范性，需包括抬头、正文、日期等部分。

3.2.5 通报

通报主要用于向相关人员或部门传达某一事件、事故、问题或成果的信息。通报的目的是通知、评价或督促相关方采取相应行动。通报通常由政府部门、企事业单位或其他组织发出，并针对特定的接收对象，如政府通报事故原因和处理结果、企业通报员工考核结果、学校通报学生违纪处分等。通报的主要特点如下所示。

- **针对性强**：通报通常针对特定的事件、事故、问题或成果，以便向相关人员或部门传达关键信息和要求。
- **来源权威**：通报通常由政府部门、企事业单位或其他组织发出，具有一定的权威性和可信度。
- **内容明确**：通报的内容应明确传达事实、原因、影响、处理结果以及后续行动等关键信息，以便受众能够清楚了解情况。
- **信息简洁**：通报应简明扼要地表达信息，避免冗长和模糊的陈述，以便受众快速了解其主要内容。
- **格式规范**：通报应遵循公文的基本格式和结构，包括抬头、称呼、主题、正文、署名、日期等部分。

3.2.6 公报

公报主要用于向公众传递政府部门、企事业单位或其他组织的重要决策、政策、事件或成果等信息。公报通常具有权威性、公开性和信息性，可以帮助公众了解组织的动态、成就和发展方向，如政府发布经济数据、企业宣布重大合作项目、组织通报环保成果等。公报的主要特点如下所示。

- **来源权威**：公报通常由政府部门、企事业单位或其他组织发出，具有一定的权威性和可信度。
- **公开性**：公报在公共场所、公司网站、社交媒体等平台上发布，以便让尽可能多的人了解其中的信息。
- **内容翔实**：公报需要对涉及的决策、政策、事件或成果进行全面、深入的描述，并提供详细的数据、事实和论证。
- **信息性**：公报应提供有价值的信息，如政策解读、事件进展、成果展示等，以帮助公众了解组织的动态和发展方向。
- **格式规范**：公报应遵循公文的基本格式和结构，包括标题、正文、署名、日期等部分。

3.2.7 纪要

纪要主要用于记录会议、研讨、活动等场合中的主要内容、讨论结果和达成的共识。纪要的目的是保留关键信息，提供参考依据，并确保参会者对于讨论内容和后续行动有清晰的了解，如会议纪要、研讨会纪要、工作总结等。纪要的主要特点如下所示。

- **记录性**：纪要主要用于记录会议、研讨、活动等场合中的关键信息，如参会者、主题、讨论内容、决策等。
- **内容简洁**：纪要应简明扼要地反映主要内容和讨论结果，避免冗长和模糊的陈述，以便受众快速了解情况。
- **客观性**：纪要应尽可能客观地反映事实，避免主观臆断和情感色彩，以保证记录的公正性和可信度。
- **结构清晰**：纪要应按照一定的逻辑结构（如时间顺序、议题分类等）进行组织，使受众能够顺畅地了解整个内容。
- **格式规范**：纪要应遵循公文的基本格式和结构，包括标题、正文、署名、日期等部分。

3.2.8 公函

公函是一种正式的公文形式，主要用于在政府部门、企事业单位或其他组织之间传递信息、请求协助、提出建议或寻求合作等。公函具有正式性、礼貌性和格式规范性，通常用于处理较为正式的公务事项，如政府部门之间的信息传递、企业间的合作请求、组织间的协助征求等。公函的主要特点如下所示。

- **正式性**：公函是一种正式的公文形式，用于处理正式的公务事项，体现了发送方和接收方之间的尊重与礼貌。
- **礼貌性**：公函应使用礼貌、谨慎的措辞，表达敬意和尊重，以维护双方的关系和形象。
- **内容明确**：公函应明确传达目的、请求、建议等关键信息，以便接收方能够清楚了解发送方的意图和需求。
- **结构清晰**：公函应按照一定的逻辑结构（如引言、正文、结尾等）进行组织，以便接收方能够顺畅地了解整个内容。
- **格式规范**：公函应遵循公文的基本格式和结构，包括抬头、称呼、主题、正文、结束语、署名、日期等部分。

3.2.9 请示

请示主要用于向上级领导或相关部门请教、征求意见或批准某一事项。请示通常包含对某一问题的详细描述、分析以及建议的解决方案，目的是获取上级的指导、建议或批准。请示体现了组织之间的分工合作、层级管理和责任划分，如向上级请示项目批准、征求人事任免意见、请教政策解释等。请示的主要特点如下所示。

- **上下级关系：**请示通常由下级向上级发出，以征求上级的意见、指导或批准。
- **内容明确：**请示应详细描述涉及的问题、分析、建议等关键信息，以便上级能够充分了解情况并做出决策。
- **请求性质：**请示主要用于请教、征求意见或批准，体现了尊重上级和遵循组织规定的原则。
- **结构清晰：**请示应按照一定的逻辑结构（如引言、问题描述、分析、建议、结尾等）进行组织，使上级能够顺畅地了解整个内容。
- **格式规范：**请示应遵循公文的基本格式和结构，包括抬头、称呼、主题、正文、署名、日期等部分。

3.2.10 决议

决议主要用于记录组织、机构或会议中做出的重要决策、共识或行动计划。决议通常在经过充分讨论和共同商议的基础上产生，具有一定的约束力和执行性。决议体现了组织的决策过程、民主原则和责任划分，如政府部门的政策决策、企业董事会的重大决定、社团组织的活动安排等。决议的主要特点如下所示。

- **决策性：**决议主要用于记录组织、机构或会议中做出的重要决策、共识或行动计划。
- **约束力：**决议经过充分讨论和共同商议产生，具有一定的约束力和执行性，参与者需遵照执行。
- **民主原则：**决议通常在经过多方讨论、协商和投票的基础上产生，体现了民主决策和集体智慧的原则。
- **结构清晰：**决议应按照一定的逻辑结构（如背景、讨论、决策内容、实施安排等）进行组织，使受众能够顺畅地了解整个内容。
- **格式规范：**决议应遵循公文的基本格式和结构，包括抬头、主题、正文、署名、日期等部分。

3.2.11 决定

决定主要用于表达组织或机构对于某一问题或事项所做出的最终决策。这类决策具有权威性和执行性，通常在经过充分审议和讨论的基础上产生。决定体现了组织的决策能力、领导力和对成员的指导，如政府部门的政策决策、企业管理层的重大决定、学校或教育机构的制度安排等。决定的主要特点如下所示。

- **权威性**：决定是由具有决策权的组织或机构做出的，代表了组织的意志和决策能力。
- **执行性**：决定具有强制性和执行性，相关成员或部门需要遵循并执行做出的决定。
- **明确性**：决定应明确表达做出的决策内容、目标和执行安排，以便成员或部门能够清晰了解并执行。
- **结构清晰**：决定应按照一定的逻辑结构（如背景、决策内容、实施安排等）进行组织，使受众能够顺畅地了解整个内容。
- **格式规范**：决定应遵循公文的基本格式和结构，包括抬头、主题、正文、署名、日期等部分。

3.2.12 命令

命令主要用于高级领导或上级组织向下级组织或成员发布具有强制性、权威性的指令或要求。命令通常涉及重大事项、紧急任务或关键政策，接收方需要严格遵循并执行。命令体现了组织的权威、领导力和对下属的指导，如政府发布紧急政策、军队进行紧急行动、企业应对突发事件等。命令的主要特点如下所示。

- **权威性**：命令由具有决策权的高级领导或上级组织发出，具有强烈的权威性。
- **强制性**：命令具有明确的强制性，接收方需严格遵循并执行所发布的命令。
- **紧急性**：命令通常涉及重大事项、紧急任务或关键政策，需要迅速响应和执行。
- **结构清晰**：命令应按照一定的逻辑结构（如背景、指令内容、执行安排）进行组织，使接收方能够顺畅地了解整个内容。
- **格式规范**：命令应遵循公文的基本格式和结构，包括抬头、主题、正文、署名、日期等部分。

3.2.13 意见

意见主要用于表达组织、机构或个人对某一问题或事项的看法、建议或立场。意见通常在经过充分分析和思考的基础上提出，具有参考价值，但不具备强制性。意见体现了组织的思想交流、沟通合作和互动参与，如政策讨论、项目评估、方案改进等。意见的主要特点如下所示。

- **参考性**：意见提供了关于某一问题或事项的看法、建议或立场，具有一定的参考价值，但不具备强制性。
- **分析性**：意见通常在经过充分分析和思考的基础上提出，以便提供有价值的建议或指导。
- **沟通性**：意见可以帮助组织、机构或个人在处理问题或事项时进行思想交流、沟通合作和互动参与。
- **结构清晰**：意见应按照一定的逻辑结构（如背景、问题分析、建议或立场等）进行组织，使受众能够顺畅地了解整个内容。

- **格式规范**：意见应遵循公文的基本格式和结构，包括抬头、主题、正文、署名、日期等部分。

3.2.14 批复

批复主要用于上级组织或领导对下级组织或个人提交的请示、报告等文件的回复。批复通常对下级提出的问题、建议或请求做出指导性、明确性的回应，具有一定的权威性和执行性。批复体现了组织的领导力、指导力和对下属的关注，如政策执行、项目审批、工作调整等。批复的主要特点如下所示。

- **权威性**：批复由上级组织或领导发出，具有一定的权威性，代表了组织或领导的意见和决策。
- **指导性**：批复对下级提出的问题、建议或请求做出具有指导性的回应，以便为下级提供明确的指导和支持。
- **执行性**：批复具有一定的执行性，下级组织或个人需要按照批复的内容采取相应的行动或调整。
- **结构清晰**：批复应按照一定的逻辑结构（如背景、问题回应、指导意见等）进行组织，使受众能够顺畅地了解整个内容。
- **格式规范**：批复应遵循公文的基本格式和结构，包括抬头、主题、正文、署名、日期等部分。

3.2.15 议案

议案主要用于提出在会议、议会或其他集体讨论场合中需要审议和决策的问题、方案或建议。议案通常在经过充分研究和准备的基础上提出，并在讨论过程中得到修改、完善或批准。议案体现了组织的决策能力、沟通合作和民主参与，如政策制定、项目评审、制度改革等。议案的主要特点如下所示。

- **提案性**：议案是为了在会议、议会或其他集体讨论场合中提出需要审议和决策的问题、方案或建议。
- **准备性**：议案通常在经过充分研究和准备的基础上提出，以确保议案的合理性、可行性和价值。
- **讨论性**：议案需要在会议、议会或其他集体讨论场合中进行充分的讨论、修改和完善，以达成共识和决策。
- **结构清晰**：议案应按照一定的逻辑结构（如背景、问题分析、方案或建议等）进行组织，使参与者能够顺畅地了解整个内容。
- **格式规范**：议案应遵循公文的基本格式和结构，包括抬头、主题、正文、署名、日期等部分。

按照行文关系，公文可以分为上行、平行和下行：

- 上行公文是指下级组织或个人向上级组织或领导汇报、请示等的公文；
- 平行公文是指同级组织或个人之间进行沟通、协作等的公文；
- 下行公文是指上级组织或领导向下级组织或个人发布指示、命令等的公文。

在实际使用中，公文类型可能会因具体场景和目的而有所不同。某些公文在实际应用中可能既用于上行公文，又用于下行或平行公文，具体的行文关系取决于实际的使用场景和目的。表 3-1 对公文的行文关系进行了分类整理。

表 3-1 行文关系

行文关系	公文种类
上行	报告、请示、汇报
平行	通知、公函、纪要、议案、通报（有时也可视为下行，具体取决于使用场景和目的）
下行	决议、决定、命令、公告、通告、意见、批复、公报

3.3 公文的结构

公文的结构通常遵循一定的格式和规范，以保证内容清晰和传达准确。虽然不同类型的公文在结构上可能略有差异，但大致可以概括为以下几个部分。

- **抬头**：公文抬头主要包括发文单位的名称，一般书写在公文的顶部居中位置，用以标明公文的来源。
- **称呼**：称呼位于正文之前，用以明确公文的接收对象。例如，“亲爱的同事们”或“各位领导”。
- **主题**：公文主题简洁地概括公文的内容，使读者一眼就能了解公文要传达的信息。主题通常位于称呼之下，且居中书写。
- **正文**：正文是公文的核心部分，详细阐述公文要传达的内容。正文的结构和内容因公文类型和具体需求而异。通常，正文可以分为以下几个部分。
  - **引言**：简要说明公文的背景、原因和目的。
  - **主体**：详细阐述公文的内容、观点、要求等。主体部分可以进一步细分为事实、理由、建议等子部分。
  - **结尾**：总结公文的主要观点，提出具体要求和期望。
- **附件**：附件是用于支持或补充正文内容的相关文件或资料。如果有附件，需要在正文结尾处注明，并在公文后附上。
- **日期**：公文的日期位于文末，通常包括年、月、日。日期可以表示公文的时效性和执行期限。
- **署名**：署名用于明确公文的责任人，通常是发文单位的主管领导。署名位于日期下方，可表示公文的权威性。

- **公文编号**：公文编号是用于管理和查找公文的唯一标识，通常包括发文单位简称、年份、顺序号等信息。公文编号位于公文的顶部或底部，便于归档和检索。

这些部分共同构成了公文的基本结构。不同类型的公文可能在结构上有所调整，但总体遵循这一框架。在撰写公文时，要注意遵循规范的格式，保证信息传达的准确性和有效性。

3.4 ChatGPT——助力公文写作的“黑科技”

利用 ChatGPT，公文写作可以更加高效、快捷、准确、精细化，甚至智能化。本节将探讨如何利用 ChatGPT 进行公文写作，从会议通知、工作计划、工作报告、工作纪要、公函等多个方面进行实战演练，帮助大家深入理解和应用 ChatGPT，并彻底领略这一“黑科技”的魅力。

3.4.1 ChatGPT 辅助公文写作必备技巧

在使用 ChatGPT 辅助公文写作时，合理利用一些写作技巧，可以全面提升公文写作的效率与公文质量。

1. 提供明确的指示和要求

在使用 ChatGPT 写作公文时，提供明确的指示和要求对于获得满意的输出结果至关重要。以下是详细说明和示例。

- 描述公文类型和目的

在向 ChatGPT 提出公文写作请求时，首先需要明确公文的类型（如通知、报告、请示等）和目的。这有助于 AI 更好地理解我们的需求，从而生成符合要求的内容。例如：“请帮我写一份通知，通知全体员工参加下周五的年度总结会议。”

- 提供关键信息和数据

为了确保公文内容的准确性和完整性，请提供关键信息和数据。这些信息可能包括日期、时间、地点、涉及人员、具体数字等。例如：“在报告中，请包括 2023 年第一季度的销售额、利润、同比增长和各产品类别的销售情况。”

- 设定适当的格式和结构

如果有特定的格式和结构要求，请在请求中明确说明。这将确保生成的公文满足规范要求，易于阅读和理解。例如：“请根据以下结构编写报告：引言、正文（包括销售额、利润、同比增长和产品类别表现）、结论和建议。”

- 指定风格和语气

不同的公文可能需要不同的风格和语气。在提供指示时，请明确我们期望的写作风格（如正式、简洁、详细等）和语气（如严肃、友好、客观等）。例如：“请使用正式、简洁的写作风格和客观的语气编写这份报告。"

■ 请求多个版本或修改建议

如果我们希望看到不同版本的公文或对现有内容提出修改建议，可以在指示中明确表达。例如："请为这份请示提供两个版本，一个版本详细描述问题的背景和原因，另一个版本简要总结问题并直接提出解决方案。"

通过提供明确的指示和要求，可以更好地引导ChatGPT生成满足需求的公文。在综合考虑了上述要求后，就可以写出一个好的通知的提问模型：

"请帮我写一份正式且简洁的通知，目的是通知公司全体员工参加下个月第一周的健康与安全培训。通知需要包括培训的具体日期、时间、地点、培训内容和参与人员。请使用严肃的语气，并按照以下结构进行编写：标题、培训背景与目的、培训时间与地点、培训内容、参与人员、报名方式和结语。"

这个提问模型包含了明确的公文类型（通知）、目的、关键信息（培训日期、时间、地点等）、写作风格、语气以及格式和结构要求，有助于引导ChatGPT生成满足需求的通知。在具体应用中，可以填写具体内容，相应的提问如下：

"请帮我写一份正式且简洁的通知，目的是通知公司全体员工参加"ChatGPT实战应用"培训。通知需要包括如下信息：

日期：5月8日

时间：周一全天（9:00—18:00）

地点：多媒体教室

培训内容：

第1讲 揭秘ChatGPT：为何ChatGPT能一枝独秀？

第2讲 提问技巧：让它100%懂你

第3讲 公文自动写作：工作效率翻倍的秘诀

第4讲 PPT制作神器：汇报演讲如此简单

第5讲 轻松玩转Excel：数据分析不再难

第6讲 AI写VBA代码：轻松实现高效批处理

第7讲 AI助力Python：自动化办公如此简单

第8讲 求职秘籍：ChatGPT助你从容应对职场

第9讲 私人AI秘书：生活工作更轻松

第10讲 副业变现全攻略：月入过万不是梦

参与人员：全体员工

请使用严肃的语气，并按照以下结构进行编写：标题、培训背景与目的、培训时间与地点、培训内容、参与人员、报名方式和结语。"

因为提供了明确的指示和要求，ChatGPT 给出了如图 3-1 所示的高质量的回答。

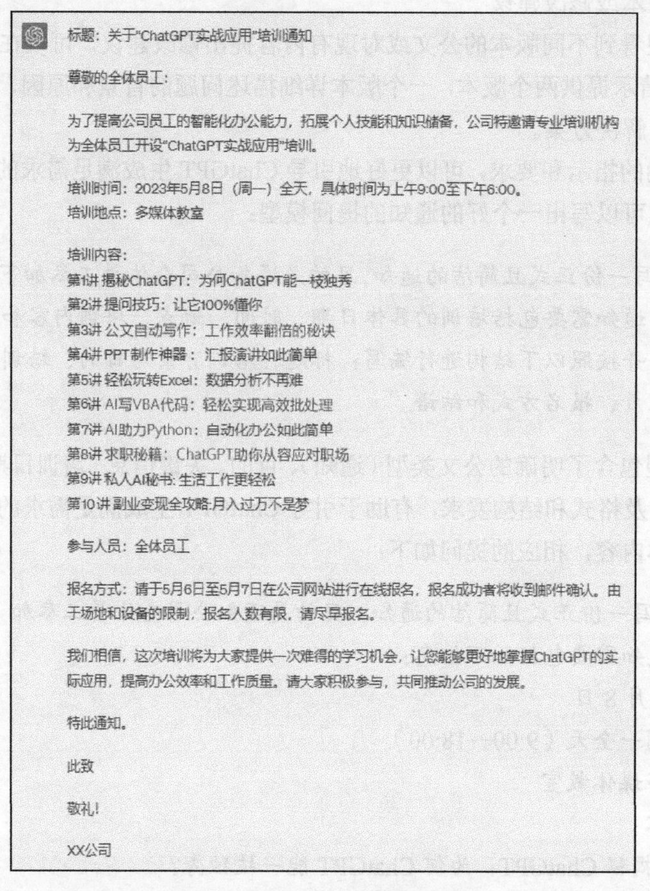
标题：关于"ChatGPT实战应用"培训通知

尊敬的全体员工：

为了提高公司员工的智能化办公能力，拓展个人技能和知识储备，公司特邀请专业培训机构为全体员工开设"ChatGPT实战应用"培训。

培训时间：2023年5月8日（周一）全天，具体时间为上午9:00至下午6:00。
培训地点：多媒体教室

培训内容：
第1讲 揭秘ChatGPT：为何ChatGPT能一枝独秀
第2讲 提问技巧：让它100%懂你
第3讲 公文自动写作：工作效率翻倍的秘诀
第4讲 PPT制作神器：汇报演讲如此简单
第5讲 轻松玩转Excel：数据分析不再难
第6讲 AI写VBA代码：轻松实现高效批处理
第7讲 AI助力Python：自动化办公如此简单
第8讲 求职秘籍：ChatGPT助你从容应对职场
第9讲 私人AI秘书：生活工作更轻松
第10讲 副业变现全攻略：月入过万不是梦

参与人员：全体员工

报名方式：请于5月6日至5月7日在公司网站进行在线报名，报名成功者将收到邮件确认。由于场地和设备的限制，报名人数有限，请尽早报名。

我们相信，这次培训将为大家提供一次难得的学习机会，让您能够更好地掌握ChatGPT的实际应用，提高办公效率和工作质量。请大家积极参与，共同推动公司的发展。

特此通知。

此致

敬礼！

XX公司

图 3-1　ChatGPT 生成的高质量回答

2. 利用 ChatGPT 的修订和优化功能

利用 ChatGPT 的修订和优化功能可以提高公文质量，使其更专业、准确且高效。以下是关于如何使用 ChatGPT 进行修订和优化的详细说明和示例。

■ 针对初稿提出改进要求

在收到 ChatGPT 生成的公文初稿后，如果我们发现有些地方需要修改或改进，可以向 ChatGPT 提出具体的改进要求。例如：

请重新审查刚刚生成的工作报告，特别是关于项目挑战部分的描述，使其更具说服力，更翔实。

■ 请求 ChatGPT 提供不同版本的公文

如果我们对生成的公文不是很满意，可以要求 ChatGPT 提供多个版本以供选择。例如：

请为我提供两个关于公司年度总结报告的不同版本，分别突出财务成果和团队协作方面的成就。

- 检查并修正语法和拼写错误

在通常情况下，ChatGPT 能生成语法准确且无拼写错误的文本，但凡事皆有例外。在收到 ChatGPT 生成的公文后，请仔细检查语法和拼写，如有需要，可要求 ChatGPT 进行修正。例如：

请检查刚刚生成的请示中的语法和拼写错误，并为我提供一个修正后的版本。

- 要求 ChatGPT 对特定段落或部分进行优化

如果我们认为某些部分需要进一步优化，可以向 ChatGPT 提供具体指示，要求其对特定段落或部分进行修改。例如：

请对刚刚生成的工作计划中关于市场推广策略的部分进行优化，以更清晰地表达我们的目标和执行方法。

通过以上方法，我们可以利用 ChatGPT 的修订和优化功能，让公文更加精确、专业且高效。这将有助于确保我们的公文能够更好地传达信息并取得预期效果。

3.4.2 实战演练 1：编写工作计划

在本节中，我们将以“工作计划”为例，演示如何使用 ChatGPT 协助编写工作计划。

1. 为 ChatGPT 提供明确的指示和要求

首先，向 ChatGPT 提供明确的指示和要求，以确保生成的内容符合需求。例如，我们可以输入以下指令。

请帮我撰写一份 2023 年度市场部工作计划，要求包括以下内容并按照相应结构组织：

一、工作重点阐述

二、支持与辅助工作

（一）统一思想、明确责任

（二）驻点营销、贴近市场

（三）充实成员，完善组织

三、重点工作安排

（一）品牌推广

（1）品牌形象

（2）产品定位

（二）销售网络建设

（三）市场推广

四、工作进度
第一季度工作进度
第二季度工作进度
第三季度工作进度
第四季度工作进度
五、资源配置
六、市场费用预算
在工作进度和市场费用预算部分，请以表格形式输出。

ChatGPT生成的结果如图3-2所示。

以下是一份2023年度市场部工作计划，按照要求包括工作重点阐述、支持与辅助工作、重点工作安排、工作进度、资源配置和市场费用预算。

一、工作重点阐述
我们的工作重点是提高公司市场份额和销售额，扩大市场影响力和品牌认知度。为此，我们将围绕品牌推广、销售网络建设和市场推广三个方面，制订具体的工作计划和措施。

二、支持与辅助工作
为了支持市场部工作的开展，我们将重点加强以下三个方面的工作。
(一) 统一思想、明确责任：加强对市场部全员培训，统一思想，明确责任和工作目标。
(二) 驻点营销、贴近市场：加强对各地市场的分析和研究，安排驻点人员，贴近市场，提高对当地市场的理解和掌握。
(三) 充实成员，完善组织：适时加强市场部成员的招聘和培训，优化组织结构和业务流程，提高部门的工作效率和执行力。

三、重点工作安排
(一) 品牌推广
1. 品牌形象：通过各种途径提升品牌形象，包括组织公益活动、与公众人物合作、加强媒体曝光等。
2. 产品定位：明确产品定位和市场定位，突出产品的特点和优势，提高产品的市场竞争力。
(二) 销售网络建设
加强销售网络的建设和拓展，扩大销售渠道和网络，提高产品的销售量和市场份额。
(三) 市场推广
3. 加强市场调研，了解市场变化和趋势，针对市场需求和客户需求，制订有效的营销策略。
4. 组织促销活动，提高产品的知名度和销售量。

四、工作进度

时间节点	工作进度
第一季度	1.完善品牌形象；2.拓展销售渠道；3.进行市场调研
第二季度	1.推出新产品；2.组织促销活动；3.加强客户关系
第三季度	1.完善市场定位；2.加强市场宣传

图3-2 ChatGPT生成的工作计划

在图 3-2 中可以看到，ChatGPT 的输出不完整。这是因为 ChatGPT 每次请求的最大文本有长度限制，我们可以输入“继续”指令，直至内容全部输出，如图 3-3 所示。

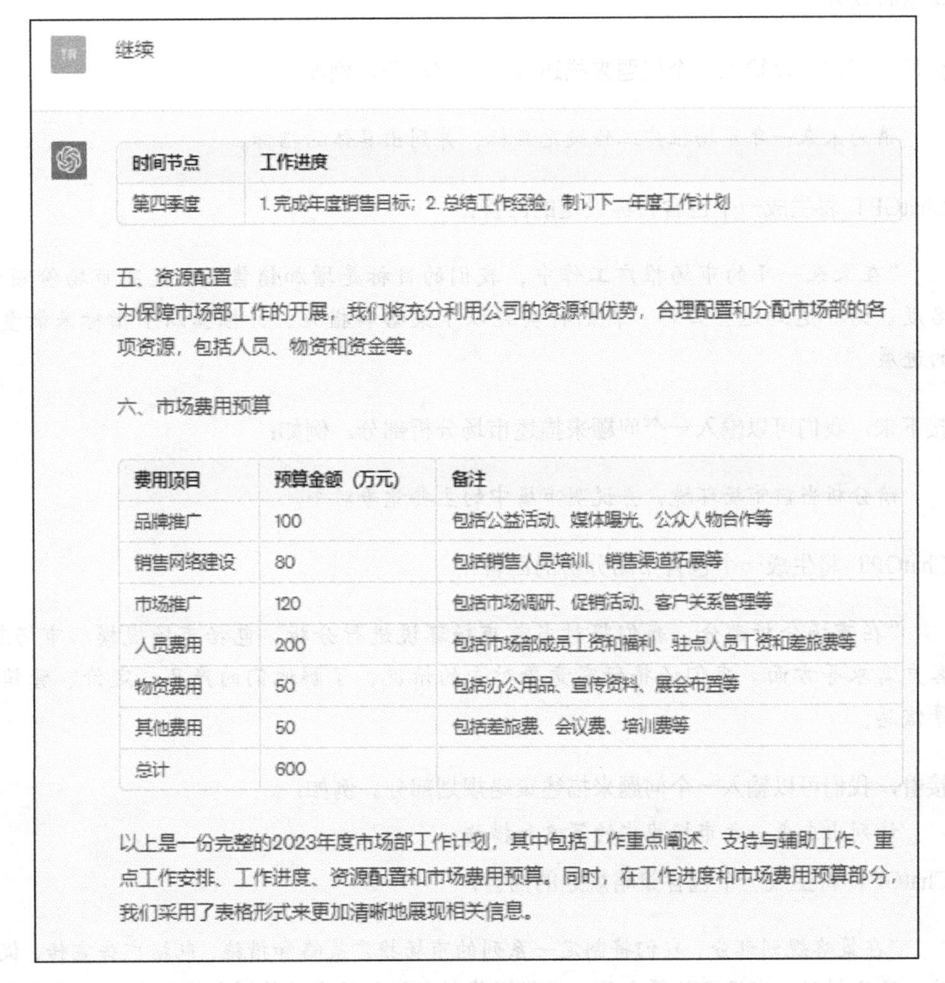

图 3-3 继续输出

如果我们想让 ChatGPT 输出更长的文本内容，可以考虑将较长的目标文本分割成多个部分。例如，可以将整个“市场部工作计划”分成几个段落，每个段落都作为一个问题输入到 ChatGPT 中，然后将每个段落的回答组合在一起形成完整的文本。

比如，我们可以输入一个问题作为引言。例如：

请写一份市场部工作计划，用于指导未来一年市场推广工作的开展。

ChatGPT 将生成一个包含引言的回答：

"在这份市场部工作计划中，我们将为未来一年的市场推广工作设定目标，并进行市场分析，制定策略规划，制订执行计划，并评估方法，以确保我们的市场推广工作能够实现预期的效果。"

然后，我们可以输入一个问题来描述目标设定部分，例如：

请为未来一年市场推广工作设定目标，并列出具体的指标。

ChatGPT 将生成一个包含目标设定的回答：

"在未来一年的市场推广工作中，我们的目标是增加销售额，提高市场份额和知名度。为了达到这些目标，我们将实施以下策略和措施，并根据以下指标来衡量我们的进展。"

接下来，我们可以输入一个问题来描述市场分析部分。例如：

请分析当前市场环境，并说明市场中的主要竞争对手。

ChatGPT 将生成一个包含市场分析的回答：

"在市场分析部分，我们将对当前市场环境进行分析，包括市场规模、市场趋势、客户需求等方面。我们还将研究竞争对手的情况，了解他们的产品、定价、营销策略等信息。"

接着，我们可以输入一个问题来描述策略规划部分。例如：

请列出未来一年市场推广的策略和措施。

ChatGPT 将生成一个包含策略规划的回答：

"在策略规划部分，我们将制定一系列的市场推广策略和措施，包括广告宣传、促销活动、产品创新、市场定位等方面。我们还将制定详细的实施计划和时间表，确保每项策略和措施都能够按计划完成。"

然后，我们可以输入一个问题来描述执行计划部分。例如：

请列出未来一年市场推广的具体执行计划。

ChatGPT 将生成一个包含执行计划的回答：

"在执行计划部分，我们将制定具体的执行计划和时间表，明确每项工作的负责人和完成时间。我们还将建立监测和评估机制，及时发现问题并采取相应措施。"

最后，我们可以输入一个问题来描述评估方法部分。例如：

请说明如何对未来一年市场推广的效果进行评估。

ChatGPT 将生成一个包含评估方法的回答：

“在评估方法部分，我们将建立有效的监测和评估机制，收集和分析市场推广的数据，并根据制定的指标进行评估和反馈。我们还将及时调整和优化市场推广的策略和措施，以确保我们的市场推广工作能够实现预期的效果。”

通过多次调用 ChatGPT，我们可以生成一份包含引言、目标设定、市场分析、策略规划、执行计划和评估方法的较长文本，且每个部分都有相应的回答。我们按照一定的顺序组合在一起，就可以形成完整的市场部工作计划。

2. 利用 ChatGPT 的修订和优化功能

在工作计划生成后，我们可以使用 ChatGPT 的修订和优化功能对内容进行调整和优化。例如，我们发现输出文本中“（三）市场推广”下的编号有误，可以要求 ChatGPT 进行修改，如图 3-4 所示。

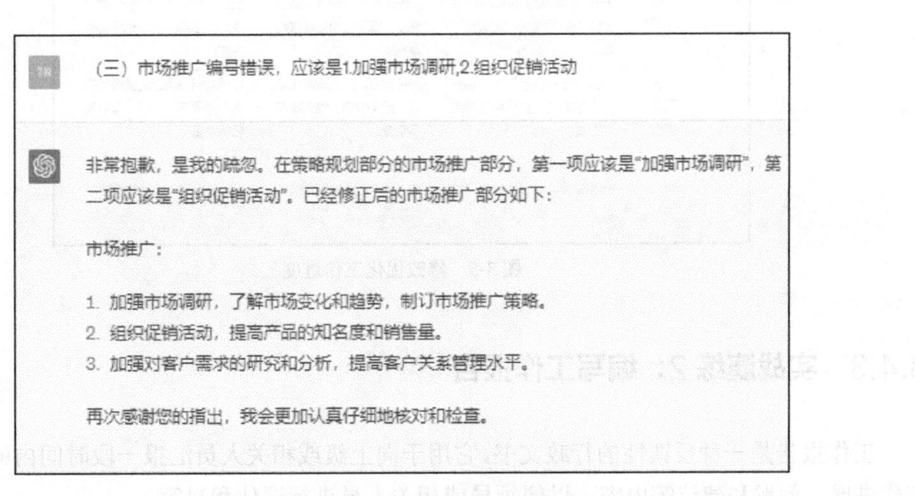

（三）市场推广编号错误，应该是1.加强市场调研,2.组织促销活动
非常抱歉，是我的疏忽。在策略规划部分的市场推广部分，第一项应该是"加强市场调研"，第二项应该是"组织促销活动"。已经修正后的市场推广部分如下：
市场推广：
1. 加强市场调研，了解市场变化和趋势，制订市场推广策略。
2. 组织促销活动，提高产品的知名度和销售量。
3. 加强对客户需求的研究和分析，提高客户关系管理水平。
再次感谢您的指出，我会更加认真仔细地核对和检查。

图 3-4 利用 ChatGPT 的修改功能优化输出

在工作进度部分输出了一个简单的表格。但是，我们希望的是一个季度对应一个详细的工作安排表格。我们可以告诉 ChatGPT，让它继续修改优化，如图 3-5 所示。

在输出结果的基础上进行适当修订和调整后，最终生成的工作计划既符合要求，又包含我们需要的所有要素，比较连贯完整。但是，通过这个实战演练也可以发现，ChatGPT 输出结果的质量仍需要人工判断，我们需要不断学习和实践，熟练掌握这种工作流程。

工作进度部分，请详细以表格形式写出每个季度的工作安排：如第一季度表格包含工作事项，一月、二月、三月

非常抱歉，之前的表格格式不对，以下是按照季度分开的市场部工作计划表格：

第一季度工作进度：

工作事项	一月	二月	三月
品牌推广	制订品牌推广计划和目标，确定重点品牌形象塑造和传播方式。	开展品牌文化内部宣传，提高员工品牌意识和认同感。	推出新年度品牌活动，提高品牌知名度和形象。
销售网络建设	评估销售数据和成绩，制订新年度销售目标和策略。	制订销售渠道拓展计划，提升产品的市场覆盖率。	建立销售团队和销售业绩考核机制，提高销售效率和质量。
市场推广	开展市场调研，了解市场变化和趋势，制订市场推广策略。	推出新年度促销活动，提高产品销售量和知名度。	制定新年度市场推广计划和目标，为下一季度的市场推广做好准备。

第二季度工作进度：

工作事项	四月	五月	六月
品牌推广	开展品牌形象塑造和传播活动，提高品牌的认知度和形象。	加强与媒体的合作和联合宣传，提高品牌知名度和曝光率。	推出品牌合作和社会公益活动，提高品牌形象和社会责任感。
销售网络建设	继续优化销售团队和销售业绩考核机制，提高销售效率和质量。	加强销售人员的培训和管理，提高销售业绩和客户满意度。	加强对销售渠道的管理和拓展，提高产品的市场覆盖率和销售量。
市场推广	开展市场调研，了解市场变化和趋势，制订市场推广策略。	推出促销活动和奖励计划，提高产品的知名度和销售量。	加强对客户需求的研究和分析，提高客户关系管理水平。

图 3-5　修改优化工作进度

3.4.3　实战演练 2：编写工作报告

工作报告是一种反馈性的行政文书，它用于向上级或相关人员汇报一段时间内的工作成果、工作进展、问题和建议等内容，以便领导或相关人员进行评估和决策。

工作报告的结构可以根据具体的要求和内容进行调整，但通常包括以下几个部分。

- **封面和扉页**：包括报告名称、日期、编制单位、作者等基本信息。
- **摘要**：简要介绍报告的目的、背景、主要内容、结论和建议等，长度通常在一页或两页之内。
- **目录**：列出报告的主要章节、段落和附录等内容，方便读者查阅。
- **引言**：介绍报告的主题、目的、范围和背景，引出报告的主要内容和结论。

- **工作总结**：介绍报告期间工作的总体情况，包括工作进展、完成情况、存在的问题和改进意见等。
- **正文**：详细介绍报告期间的工作情况，包括工作目标、任务、过程、结果等内容，通常根据具体的工作内容来安排章节和段落。
- **结论**：总结报告期间的工作成果，回答工作目标是否实现、工作任务是否完成等问题。
- **建议**：提出对未来工作的建议和改进意见，以改善工作质量和效率。
- **附录**：包括一些与工作报告有关的资料和数据，例如统计表格、图片、引用的文献等。

如果不清楚工作总结的目录结构，也可以直接让 ChatGPT 帮忙写一个供我们参考，如图 3-6 所示。

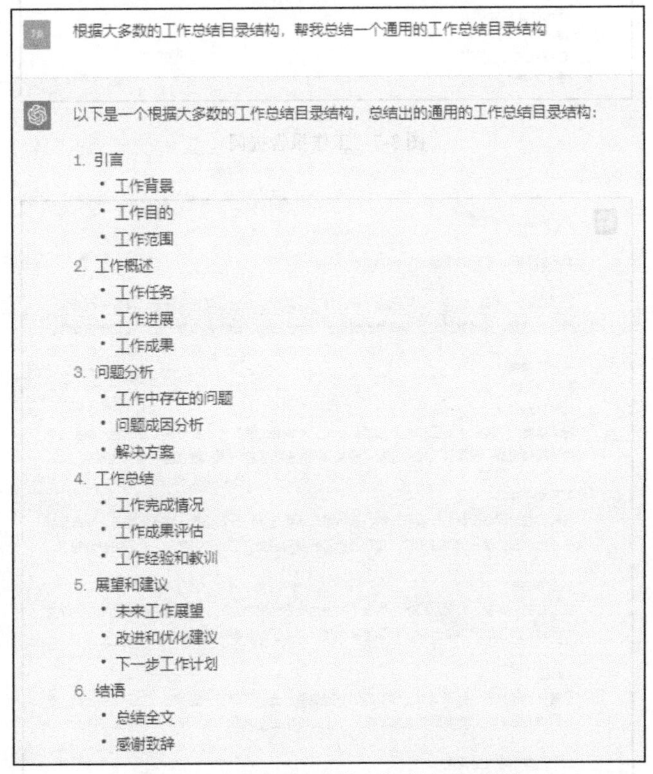

图 3-6　ChatGPT 生成的工作总结目录结构

在本案例中，假如我是一位网络运维人员，为了让 ChatGPT 写的内容与我的工作相关，需要用到角色扮演这一技巧，然后向 ChatGPT 提供明确的指示和要求、写作风格以及目录结构等。相应的提问如图 3-7 所示。

这个提问中包含了明确的公文类型（工作报告）、目的、写作风格，以及格式和结构要求，有助于引导 ChatGPT 生成满足需求的工作报告，如图 3-8 所示（篇幅所限，这里只截取了部分内容）。

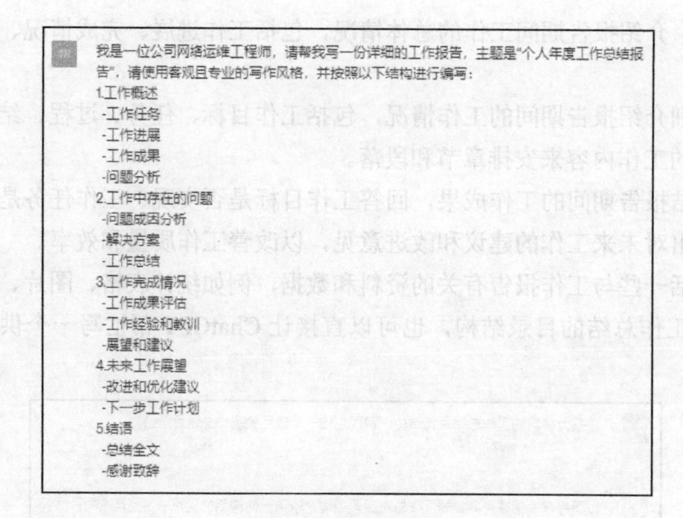
我是一位公司网络运维工程师，请帮我写一份详细的工作报告，主题是"个人年度工作总结报告"，请使用客观且专业的写作风格，并按照以下结构进行编写：
1.工作概述
-工作任务
-工作进展
-工作成果
-问题分析
2.工作中存在的问题
-问题成因分析
-解决方案
-工作总结
3.工作完成情况
-工作成果评估
-工作经验和教训
-展望和建议
4.未来工作展望
-改进和优化建议
-下一步工作计划
5.结语
-总结全文
-感谢致辞

图 3-7　工作报告提问

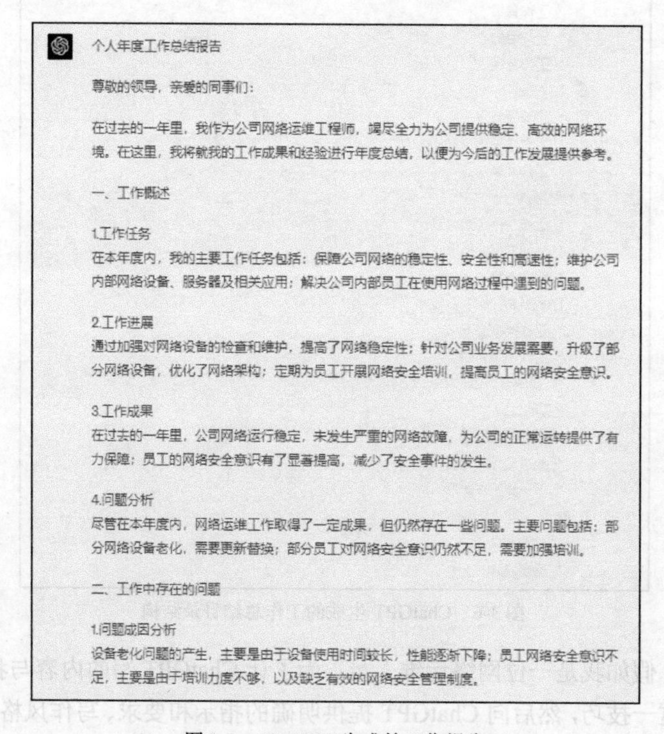
个人年度工作总结报告

尊敬的领导，亲爱的同事们：

在过去的一年里，我作为公司网络运维工程师，竭尽全力为公司提供稳定、高效的网络环境。在这里，我将就我的工作成果和经验进行年度总结，以便为今后的工作发展提供参考。

一、工作概述

1.工作任务
在本年度内，我的主要工作任务包括：保障公司网络的稳定性、安全性和高速性；维护公司内部网络设备、服务器及相关应用；解决公司内部员工在使用网络过程中遇到的问题。

2.工作进展
通过加强对网络设备的检查和维护，提高了网络稳定性；针对公司业务发展需要，升级了部分网络设备，优化了网络架构；定期为员工开展网络安全培训，提高员工的网络安全意识。

3.工作成果
在过去的一年里，公司网络运行稳定，未发生严重的网络故障，为公司的正常运转提供了有力保障；员工的网络安全意识有了显著提高，减少了安全事件的发生。

4.问题分析
尽管在本年度内，网络运维工作取得了一定成果，但仍然存在一些问题。主要问题包括：部分网络设备老化，需要更新替换；部分员工对网络安全意识仍然不足，需要加强培训。

二、工作中存在的问题

1.问题成因分析
设备老化问题的产生，主要是由于设备使用时间较长，性能逐渐下降；员工网络安全意识不足，主要是由于培训力度不够，以及缺乏有效的网络安全管理制度。

图 3-8　ChatGPT 生成的工作报告

接下来，我们还是要对 ChatGPT 的输出内容进行检查、修订和优化。在本案例中，ChatGPT 确实写出了一份结构完整、内容全面的工作报告，但似乎不是针对我的真实情况写的，所以我罗列了一个简单的内容并将其“喂”给 ChatGPT，如图 3-9 所示（只截取了部分内容）。

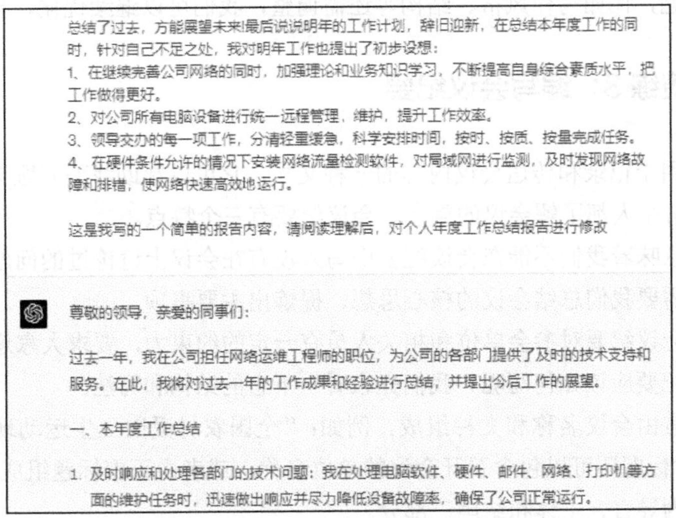

总结了过去，方能展望未来!最后说说明年的工作计划，辞旧迎新，在总结本年度工作的同时，针对自己不足之处，我对明年工作也提出了初步设想：
1、在继续完善公司网络的同时，加强理论和业务知识学习，不断提高自身综合素质水平，把工作做得更好。
2、对公司所有电脑设备进行统一远程管理，维护，提升工作效率。
3、领导交办的每一项工作，分清轻重缓急，科学安排时间，按时、按质、按量完成任务。
4、在硬件条件允许的情况下安装网络流量检测软件，对局域网进行监测，及时发现网络故障和排错，使网络快速高效地运行。

这是我写的一个简单的报告内容，请阅读理解后，对个人年度工作总结报告进行修改

尊敬的领导，亲爱的同事们：

过去一年，我在公司担任网络运维工程师的职位，为公司的各部门提供了及时的技术支持和服务。在此，我将对过去一年的工作成果和经验进行总结，并提出今后工作的展望。

一、本年度工作总结

1. 及时响应和处理各部门的技术问题：我在处理电脑软件、硬件、邮件、网络、打印机等方面的维护任务时，迅速做出响应并尽力降低设备故障率，确保了公司正常运行。

图 3-9 喂入相关内容

因为“喂”入了相关内容，ChatGPT 的输出更贴合我的真实情况了。但我发现它又忘记了前面要求的目录结构。继续提出优化要求（见图 3-10），现在生成的内容的真实性和结构都已经达到要求。

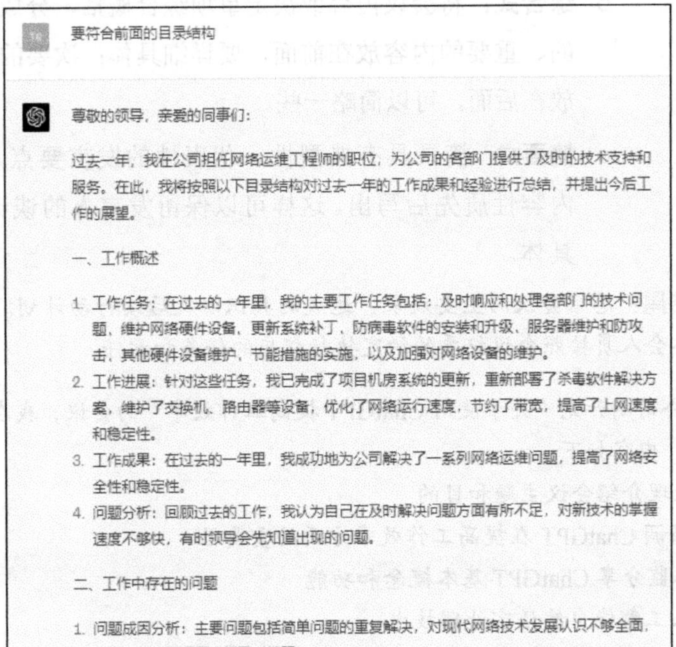

要符合前面的目录结构

尊敬的领导，亲爱的同事们：

过去一年，我在公司担任网络运维工程师的职位，为公司的各部门提供了及时的技术支持和服务。在此，我将按照以下目录结构对过去一年的工作成果和经验进行总结，并提出今后工作的展望。

一、工作概述

1. 工作任务：在过去的一年里，我的主要工作任务包括：及时响应和处理各部门的技术问题、维护网络硬件设备、更新系统补丁，防病毒软件的安装和升级、服务器维护和防攻击、其他硬件设备维护、节能措施的实施，以及加强对网络设备的维护。
2. 工作进展：针对这些任务，我已完成了项目机房系统的更新，重新部署了杀毒软件解决方案，维护了交换机、路由器等设备，优化了网络运行速度，节约了带宽，提高了上网速度和稳定性。
3. 工作成果：在过去的一年里，我成功地为公司解决了一系列网络运维问题，提高了网络安全性和稳定性。
4. 问题分析：回顾过去的工作，我认为自己在及时解决问题方面有所不足，对新技术的掌握速度不够快，有时领导会先知道出现的问题。

二、工作中存在的问题

1. 问题成因分析：主要问题包括简单问题的重复解决，对现代网络技术发展认识不够全面，以及有时出现问题未能及时发现。

图 3-10 继续优化输出

如果还有问题，比如写作风格、结构等还需调整，我们可以继续优化，直到满意为止！

3.4.4 实战演练 3：编写会议纪要

会议纪要是用于记录和传达会议内容的一种文档，它可以帮助我们回顾会议的讨论内容和决定事项，确保每个人都了解会议的重点。会议纪要有三个特点。

- **纪实性**：意味着我们不能在会议纪要中写入没有在会议上讨论过的问题。
- **提要性**：需要我们总结会议的核心思想，提炼出主要事项。
- **约束性**：会议纪要对参会单位和相关人员有一定的约束力，要求大家遵守和执行。

那么，会议纪要应该如何写呢？我们先来看一下它的结构和写法。

- **标题**：通常由会议名称和文种组成，例如："全国农村爱国卫生运动现场经验交流会纪要"。有时标题还可以包含召开会议的单位名称，或者由正副标题组成。
- **正文**：分为导言、主体和结尾三部分。
    - **导言**：简要介绍会议的基本情况，如名称、时间、地点、参加人员和主要议题等。
    - **主体**：有三种写法——条项式、综合式和摘要式。
        - **条项式**：将讨论的问题和决定事项逐条列出。
        - **综合式**：将会议内容或决定事项综合概括，分成若干部分。主要的、重要的内容放在前面，要详细具体；次要的和一般性的内容放在后面，可以简略一些。
        - **摘要式**：摘录具有典型性、代表性的发言要点，按发言顺序或内容性质先后写出。这样可以保留发言人的谈话风格，更客观、具体。
    - **结尾**：总结会议的主要成果、达成的共识以及后续行动计划。此外，可以提醒参会人员按照会议纪要的约定执行相应的任务和责任。

例如，公司刚开完"关于使用 ChatGPT 提高工作效率"的会议，我在会议上做了简单的会议记录，内容如下：

1. 张经理介绍会议主题和目的
    - 强调 ChatGPT 在提高工作效率方面的重要性
2. 李总监分享 ChatGPT 基本概念和功能
    - 人工智能自然语言处理技术
    - 理解和生成自然语言
    - 应用场景：撰写邮件、回答问题、撰写报告等

3. 王经理阐述 ChatGPT 在提高工作效率方面的应用
   - 辅助撰写邮件：智能提示、语句生成
   - 自动回答问题：FAQ 查询、知识库检索
   - 撰写报告：自动生成摘要、数据分析
4. 张经理提出实施方案
   - 试用期：1 个月
   - 培训：提供 ChatGPT 操作培训
   - 反馈：收集员工使用情况和意见建议
5. 员工提问环节
   - 资料保密问题
   - 系统兼容性
   - 技术支持
6. 张经理总结
   - 重申 ChatGPT 在提高工作效率方面的作用
   - 鼓励大家积极参与试用和培训
   - 期待通过 ChatGPT 提高整体工作效率

现在需要根据上面的会议记录，让 ChatGPT 帮我写一份会议纪要。首先，把会议记录复制给 ChatGPT，然后发起提问，如图 3-11 所示。

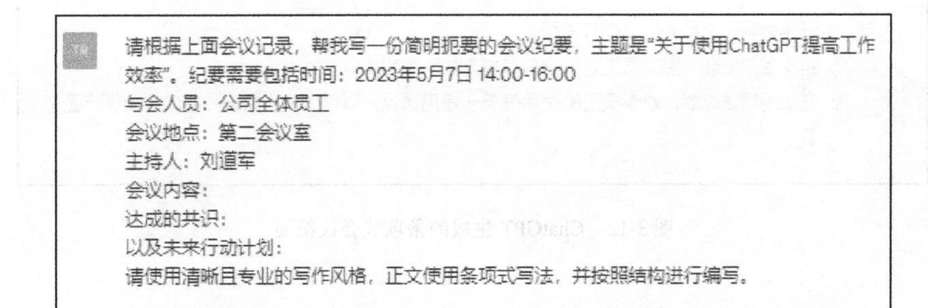

图 3-11 将会议记录复制为 ChatGPT 然后发起提问

要求 ChatGPT 使用清晰且专业的写作风格，正文使用条项式写法，并按照结构进行编写，即得到如图 3-12 所示的高质量的内容。还可以继续优化输出，比如正文改为摘要式写法、综合式写法等。

关于使用ChatGPT提高工作效率会议纪要

一、基本信息

1. 时间：2023年5月7日 14:00-16:00
2. 与会人员：公司全体员工
3. 会议地点：第二会议室
4. 主持人：刘道军

二、会议内容

1. 张经理介绍会议主题和目的，强调ChatGPT在提高工作效率方面的重要性。
2. 李总监分享ChatGPT基本概念和功能，包括人工智能自然语言处理技术、理解和生成自然语言以及应用场景。
3. 王经理阐述ChatGPT在提高工作效率方面的应用，如辅助撰写邮件、自动回答问题和撰写报告等。
4. 张经理提出实施方案，包括试用期、培训和反馈等。
5. 员工提问环节，关注资料保密、系统兼容性和技术支持等问题。

三、达成的共识

1. 认识到ChatGPT在提高工作效率方面的重要性和作用。
2. 愿意积极参与试用和培训，提高对ChatGPT的熟悉程度。

四、未来行动计划

1. 开展为期一个月的ChatGPT试用。
2. 组织相关培训，提高员工对ChatGPT操作的熟练程度。
3. 在试用期结束后，收集员工的使用情况和意见建议，以便进一步完善和推广ChatGPT工具。

图 3-12 ChatGPT 生成的条项式会议纪要

3.4.5 实战演练 4：编写公函

公函是一种正式的书信形式，适用范围非常广泛，既包括政府机关、企事业单位、学校等各种组织机构之间的文件往来，也包括个人与组织机构之间的交流。公函与普通的书信不同，它具有以下几个特点。

- **正式性**：公函是一种正式的书信形式，需要使用规范、得体的语言表达。在公函中，需要使用正式的称呼、职务称谓等。
- **明确性**：公函需要表达明确的意图，不能含糊不清，以免产生歧义，还需要对所表达的内容进行严密的推敲。

- **准确性**：公函需要使用准确的词语和语法，以免出现错误或疏漏。同时，也需要符合规范的写作格式和风格。

公函的格式要求通常包括抬头、正文、落款、附件等。写作风格通常要求简明、精练、准确、得体、礼貌等。需要使用正确的语法、标点、用词、措辞等。同时，也需要注意避免出现错别字、语病等问题。例如，我们让 ChatGPT 写一份关于“关于 ChatGPT 应用培训”的公函，要求写作风格要简明、礼貌，需要使用正确的语法、标点、用词、措辞。在图 3-13 中可以看到，ChatGPT 写出了格式规范、风格简明的公函内容。

好的，下面是一封关于“关于ChatGPT应用培训”的公函，简明、礼貌，使用正确的语法、标点、用词、措辞，包括抬头、正文和落款，供您参考：

抬头：

发件单位名称：XXXXX公司
发件单位地址：XXXXXXXXXXXX
联系电话：XXXXXXXXXX
传真：XXXXXXXXXX
邮政编码：XXXXXXXXX

正文：

收件人名称：XXXXX先生/女士
收件人地址：XXXXXXXXXXXX

尊敬的XXXXX先生/女士，

感谢您一直以来对我们公司的支持和信任。我们公司将于本月举办一次ChatGPT应用培训活动，旨在帮助广大用户更好地了解和掌握ChatGPT应用的基本原理、使用方法、操作技巧等，提升工作效率和质量。

本次培训活动内容丰富，我们特别邀请了行业内知名的专家和技术团队进行授课和现场演示，并提供实践体验和交流互动的机会，让每位学员都能够有实际的收获。我们相信，参加本次培训将会让您更加熟练地使用ChatGPT应用，从而更好地服务于您的工作和生活。

如您有意参加本次培训，请回复本信函告知参加人数和联系方式，以便我们更好地为您安排。同时，我们将为到场的学员提供相应的教材和实践机会，以帮助您更好地掌握和运用ChatGPT应用。

再次感谢您的关注和支持，祝您工作生活愉快！

此致

敬礼！

图 3-13 ChatGPT 生成的公函

第 4 章 PPT 制作神器：汇报演讲如此简单

在制作 PPT 时，你是否困扰于设计缺乏创新，数据展示不够生动？借助 AI，我们可以轻松拿捏职场 PPT 设计，事半功倍！

本章将介绍如何运用 AI 工具，包括 ChatPPT、Tome、Gamma 等，快速制作出高效、专业的 PPT，将枯燥的文字变成引人入胜的幻灯片，实现数据的美观可视化。让我们一起步入职场 PPT 设计的新时代，用 AI 让汇报更上一层楼！

4.1 职场 PPT 设计要领

本节将介绍 PPT 设计的简洁之美以及版式设计的四大原则：对齐、重复、对比和亲密。这些原则可以帮助我们在创建 PPT 时保持清晰度和视觉吸引力。通过正确地对齐元素，可以使页面看起来整齐有序；通过重复元素可以增强一致性和连贯性；通过对比可以突出重点和创造视觉效果；而亲密性则是将相关内容放在一起，增强逻辑性。此外，色彩搭配也很重要，可以运用单色配色法或近似色配色法，帮助我们创造出优雅和谐的配色方案。通过应用这些原则和技巧，我们可以制作出令人惊艳的幻灯片，提升信息传达效果。

4.1.1 简洁就是美

在制作 PPT 时，很多人的做法通常是打开一张空白的幻灯片就开始填写文字，导致整个 PPT 看起来就像一个普通的 Word 文档，缺乏版式的美感和结构性。或者试图把所有的元素都塞进一张小小的幻灯片中，包括标题、文字、图片、图表、剪贴画等，导致重点不突出，如图 4-1 所示。最后的结果是谁也无法理解 PPT 想要表达的主要内容。

好的 PPT 设计应该追求简洁、清晰，如图 4-2 所示。通过这种方式，我们能够引起观众的兴趣，让信息更易于理解和记忆，从而提高演示效果。

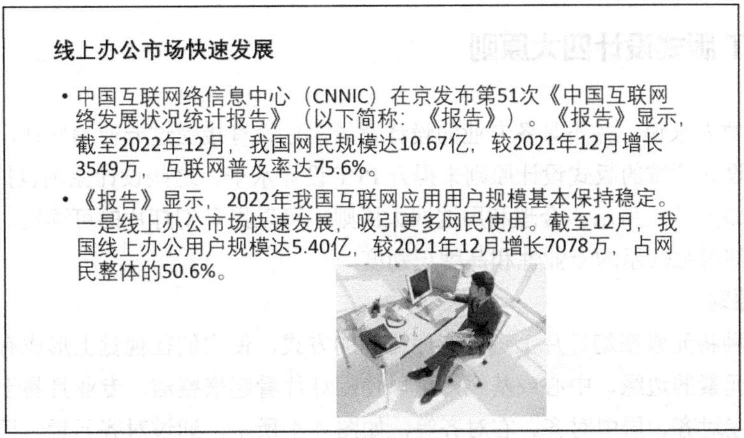

线上办公市场快速发展
• 中国互联网络信息中心（CNNIC）在京发布第51次《中国互联网络发展状况统计报告》（以下简称：《报告》）。《报告》显示，截至2022年12月，我国网民规模达10.67亿，较2021年12月增长3549万，互联网普及率达75.6%。
• 《报告》显示，2022年我国互联网应用用户规模基本保持稳定。一是线上办公市场快速发展，吸引更多网民使用。截至12月，我国线上办公用户规模达5.40亿，较2021年12月增长7078万，占网民整体的50.6%。

图 4-1 重点不突出的 PPT

线上办公市场快速发展
2022
106744
2021
103195
2018
82581
2017
77198
2016
73125
截至2022年12月
线上办公用户达5.40亿
占网民整体的50.6%
CNNIC
第51次《中国互联网络发展状况统计报告》

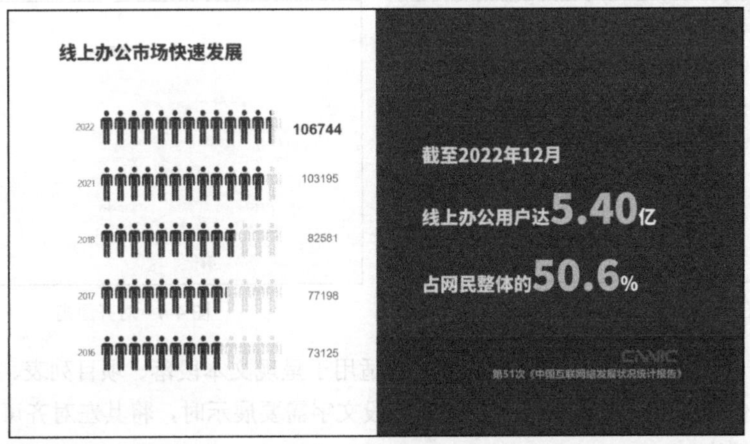

图 4-2 简洁清晰的 PPT

简洁的幻灯片意味着要避免使用过多的文字。要使用简短的语句和关键词来表达主要观点，而不是将整段文字都复制到幻灯片上。观众在观看幻灯片时通常更关注演讲者的讲解，而不是阅读大段文字。因此，使用简洁的文字，可以吸引观众的注意力，帮助他们更好地理解您的内容。

清晰的幻灯片需要有良好的版式和布局。确保文字和图像的排列整齐有序，不拥挤在一起。使用恰当的标题和分段，使内容结构清晰可见。使用大字体和清晰的字体样式，以确保文字易于阅读。如果有图表或图片，确保它们清晰可见，不失真或模糊。通过清晰的版式，可以让观众更轻松地理解幻灯片内容。

用“简洁就是美”作为 PPT 版式设计的核心思想。每一页幻灯片都应该有一个明确的重点，并且能够一目了然地传达信息。

4.1.2 PPT 版式设计四大原则

对于大多数人来说，并不具备专业的设计背景，也没有接受过专业的培训，但是我们依然可以借鉴平面设计领域的版式设计原则来提升 PPT 设计水平。这些设计原则包括对齐、重复、对比和亲密，如图 4-3 所示。合理利用这四大原则，可以提升幻灯片的可读性、吸引力和理解性，同时也能够增强演示的专业性和品牌识别度。

1. 对齐原则

对齐是一种将元素在幻灯片上进行有序排列的方式，使它们在视觉上形成有序和统一的布局。通过对齐元素的边缘、中心或基线，可以使幻灯片看起来整洁、专业且易于阅读。常见的对齐方式包括左对齐、居中对齐、右对齐等，如图 4-4 所示。通过对齐元素，还有助于建立视觉联系，使幻灯片的内容更加有条理。

图 4-3 版式设计四大原则

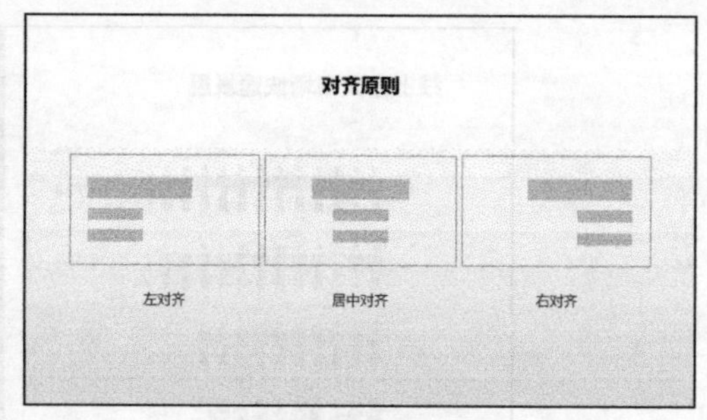

图 4-4 对齐原则

左对齐在 PPT 设计中的应用非常常见。它适用于呈现文本段落、项目列表、图像和标题以及引用或重要信息等。比如在图 4-5 中，有几段文字需要展示时，将其左对齐可以让阅读更加流畅、易于理解。

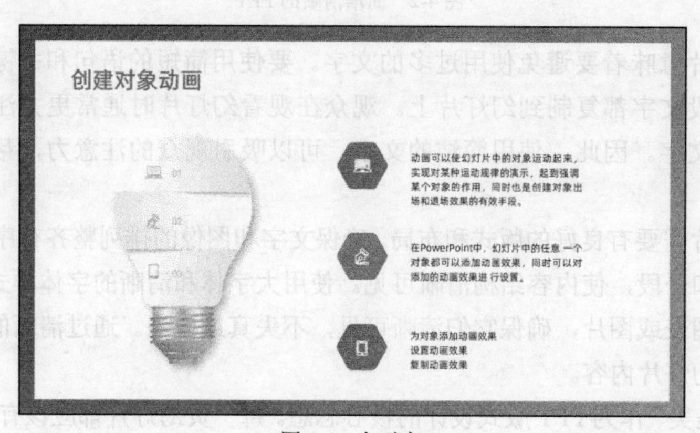

图 4-5 左对齐

在文字内容比较少时，使用居中对齐，可以设计出平衡、吸引人的幻灯片，使重要元素突出并提升整体视觉效果，如图 4-6 所示。在制作内容页面时，整体内容相对页面居中，可以产生视觉平衡感，如图 4-7 所示。

图 4-6 居中对齐

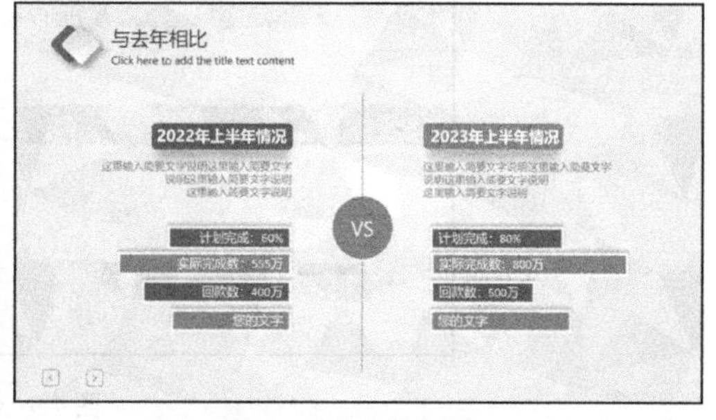

图 4-7 相对页面居中

右对齐在 PPT 设计中使用的频率不太高。在为了填补设计中右侧的视觉空缺，以达到排版上的平衡时，会用到右对齐，如图 4-8 所示。

图 4-8 右对齐

2. 重复原则

重复原则就是在版式设计中，同一级别的内容使用相同的风格重复出现。如图 4-9 所示，章节页面的版式风格、文字格式相同，内容页面的标题风格、文字格式相同。通过重复使用相似的元素和样式，可以建立一种一致性和统一性的视觉效果，提升幻灯片的专业性和可读性，使观众更容易理解和记忆要传达的内容。

3. 对比原则

通过运用对比原则，可以突出重点和关键信息。可以通过放大字号、改变颜色等，使重要的信息变得更加显眼，如图 4-10 所示。观众更容易识别幻灯片中的关键点和关联性，从而更好地理解想要传达的信息。

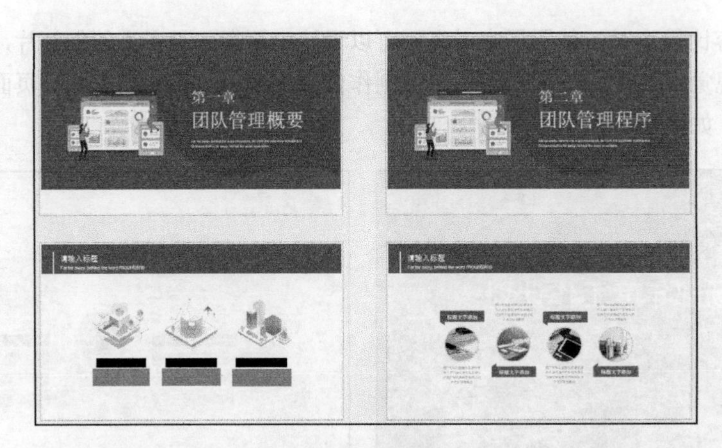

图 4-9 重复原则

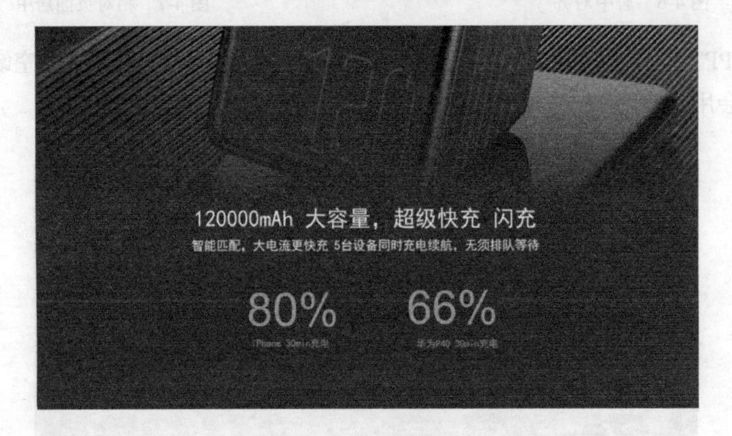

图 4-10 对比原则

4. 亲密原则

在制作 PPT 时，如果文字、图片等元素散乱分布，整个页面会显得杂乱无章，给观众带来不好的体验。为了让 PPT 更有逻辑性和结构性，我们可以运用亲密原则。如图 4-11 所示，亲密原则就是将有关联的文字和图片放在一块，与其他内容明显隔离，从而增强它们之间的联系。

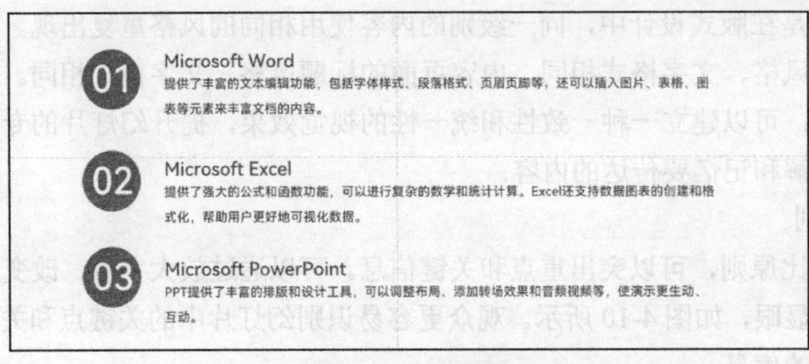

图 4-11 亲密原则

4.1.3 色彩要统一

在 PPT 设计中，良好的色彩搭配可以提升 PPT 的视觉吸引力，增强信息传递的效果，让整个演示更显专业和连贯性。然而，许多新手在设计 PPT 时常常犯一些色彩搭配的错误，比如在图 4-12 中，使用了过多的颜色且没有注意对比度等，导致页面颜色杂乱，缺乏统一的风格。

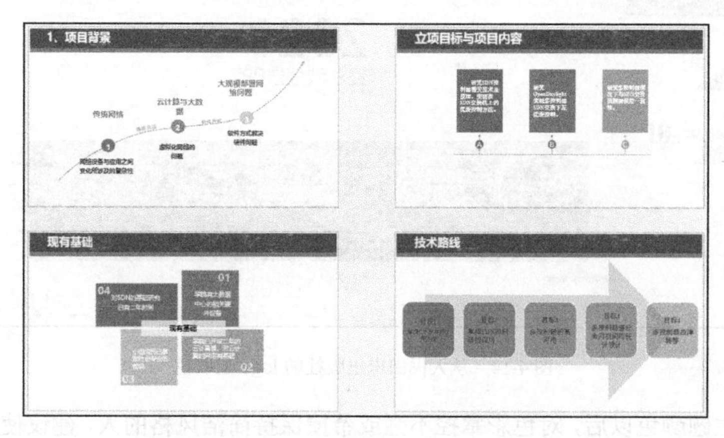

图 4-12 页面颜色杂乱的 PPT

过多的颜色会让 PPT 页面显得混乱和杂乱。新手应该尽量限制使用的颜色数量，选择 1～3 种主要的配色方案，并在整个演示中保持一致性。另外，还要注意元素之间颜色的对比度。如果对比度太低，会使得文字或图像难以辨认。

既然 PPT 配色如此重要，那么对于新手，该如何配色呢？建议先确定主题颜色，主题颜色可以为整个 PPT 提供一个基准，所有幻灯片都围绕着这个主题颜色展开，以创建一种统一的外观和风格。主题颜色该如何确定呢？在制作 PPT 时，先选择文字或形状，在选择填充颜色时，使用取色器在公司的 logo 上取色，作为主题颜色，如图 4-13 所示。

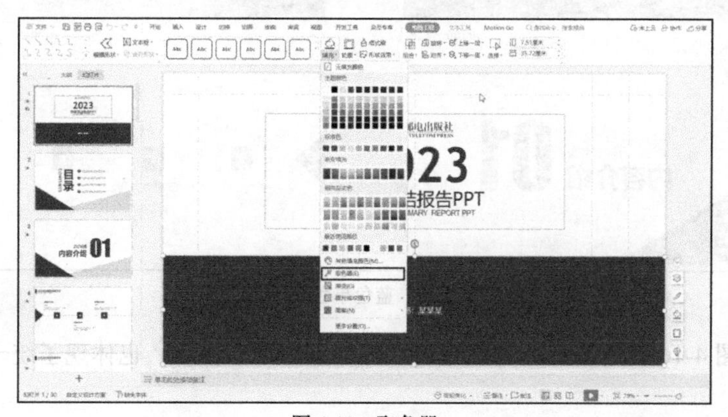

图 4-13 取色器

比如在图 4-14 中，可以从人民邮电出版社的 logo 上取色，并将其作为主题颜色（RGB：0，66，125）。

图 4-14 从人民邮电出版社的 logo 上取色

在确定了主题颜色以后，对色彩掌控不强或希望保持简洁风格的人，建议使用单色配色法，即主色调+无色（如黑、白、灰色），这些无色可以用于文本、图标或其他元素的配合，以增加对比度和可读性。例如，在图 4-15 中，如果我们选择了蓝色作为主色调，则可以使用不同深浅的蓝色来突出重点信息和背景。同时，可以搭配灰色或白色作为文本颜色，以确保清晰可读。

图 4-15 蓝色单色配色法

再比如，图 4-16 使用绿色作为主色调，外加黑、白、灰色，也体现了统一、简洁的设计效果。

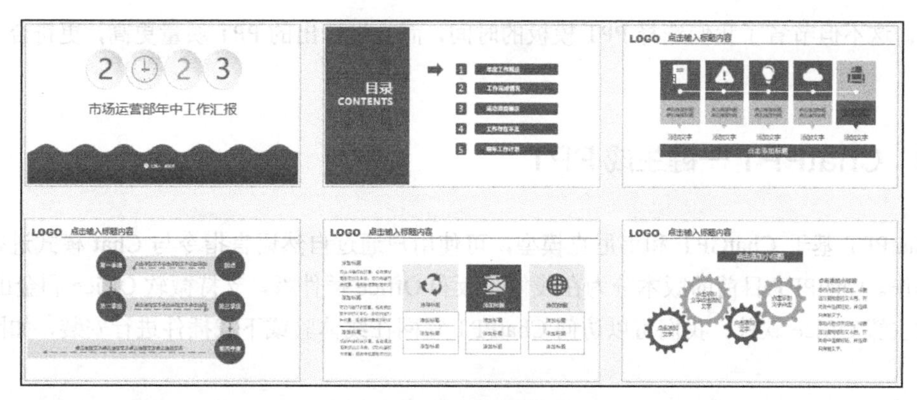

图 4-16　绿色单色配色法

如果希望色彩丰富，可以使用近似色配色法，即主色调+多个辅色。比如，图 4-17 通过选择相邻的颜色，创造出了柔和、和谐的色彩组合。

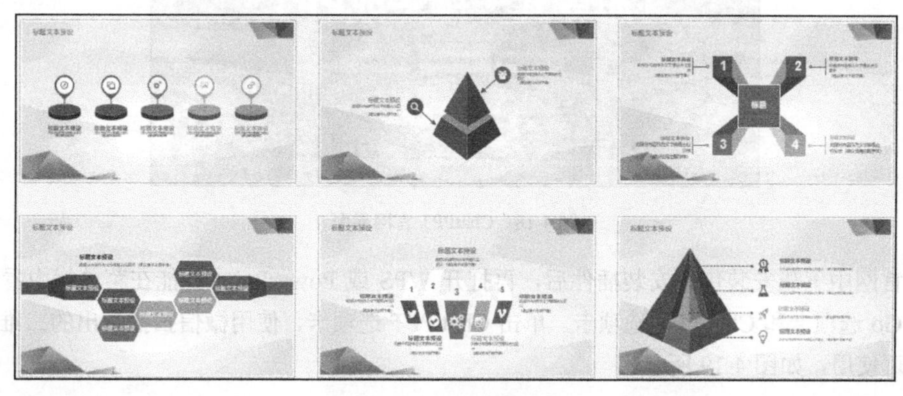

图 4-17　近似色配色法

有关色彩搭配的更多内容，大家可以通过相关图书或线上资源（比如 CopyPalette 网站和 Adobe Color 配色工具）自行学习了解，这里不再赘述。

4.2 利用 AI 快速制作 PPT

大多数人在设计 PPT 时，一打开 PPT 制作工具就去找模板。使用模板确实很简单，它已经排好版式，选好颜色，确定好图片和文字位置，我们只需要像做填空题那样，在模板上填写相应内容就可以了。PPT 模板确实简化了 PPT 制作过程，提高了制作效率。

但是，现在我们有了更为强大的 AI 工具，它可以自动生成内容框架、设计主题配色、插入高质量图片、整理文本等，如果不满意，我们还可以调整 AI 的推荐结果，让它生成我们想要的 PPT。这不但节省了我们选择 PPT 模板的时间，而且设计出的 PPT 质量更高，更符合我们的预期。

4.2.1 ChatPPT 一键生成 PPT

ChatPPT 基于 ChatGPT 和韦尼克模型，可使用户通过自然语言指令与 Chat 模式进行 PPT 文档创作。ChatPPT 目前的版本分为在线体验版和 Office 插件版，支持微软 Office 和金山 WPS 这两大主流 Office 软件。我们可以访问 ChatPPT 官网在线体验或下载插件进行安装，如图 4-18 所示。

图 4-18 ChatPPT 官网界面

从官网中下载安装包并安装插件后，再打开 WPS 或 PowerPoint 就能在菜单栏中看到一个 Motion Go 选项卡和 Chat PPT 选项卡。单击 Chat PPT 选项卡，使用微信扫描弹出的二维码，登录后即可使用，如图 4-19 所示。

图 4-19 登录 ChatPPT

比如，如果我们想让 ChatPPT 帮忙生成一份“个人年度工作总结报告”PPT，并指定内容风格为“专业”（见图 4-20），色彩语言为“大海”（见图 4-21），然后输入相应指令后单击生成按钮即可，如图 4-22 所示。

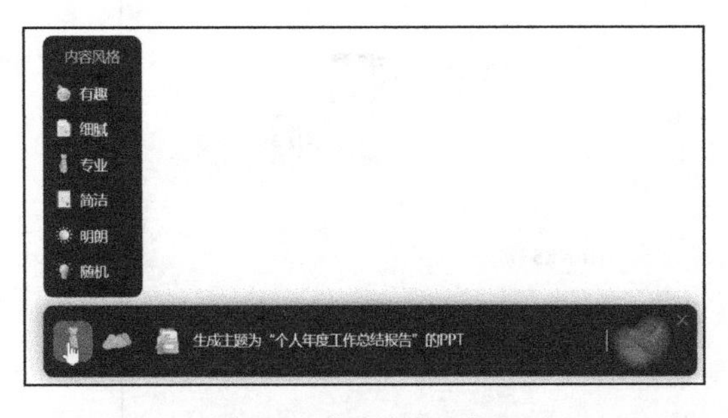

图 4-20　指定内容风格

火焰
森林
大海
蓝天
晚霞
炊烟
随机
生成主题为“个人年度工作总结报告”的PPT

图 4-21　指定色彩语言

图 4-22　输入指令

ChatPPT 根据指令生成了多个标题方案，如图 4-23 所示。如果不满意，可以单击“重新生成”按钮，也可以选择一个相对满意的标题后进行简单修改。

这里选择了第二个标题方案“年度工作总结报告——工作亮点与问题探讨”。单击之后，ChatPPT 根据该标题方案生成了多个大纲方案，如图 4-24 所示。将鼠标指针指向相应的大纲方案即可看到具体内容。选择适合的大纲，然后根据提示选择生成内容的丰富程度后，ChatPPT 便根据指令快速生成了 PPT，如图 4-25 所示。

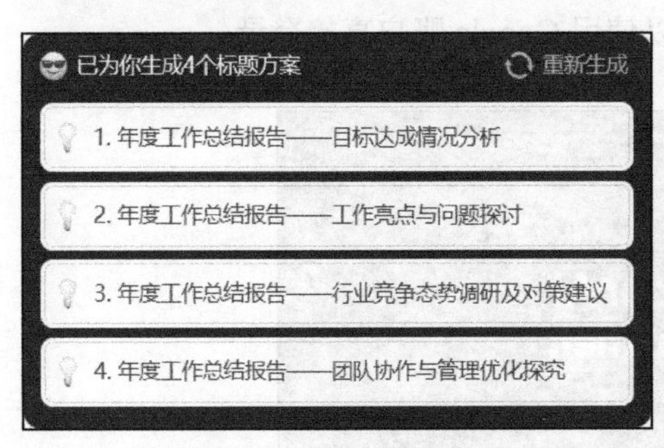

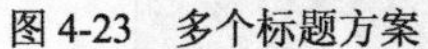
图 4-23　多个标题方案

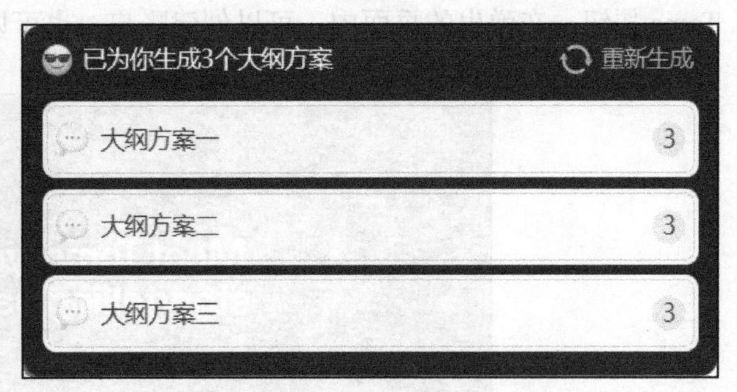

图 4-24　大纲方案

可以看到，生成的 PPT 中包括封面、目录页、过渡页、内容页和封底，甚至还为页面配备了图片。

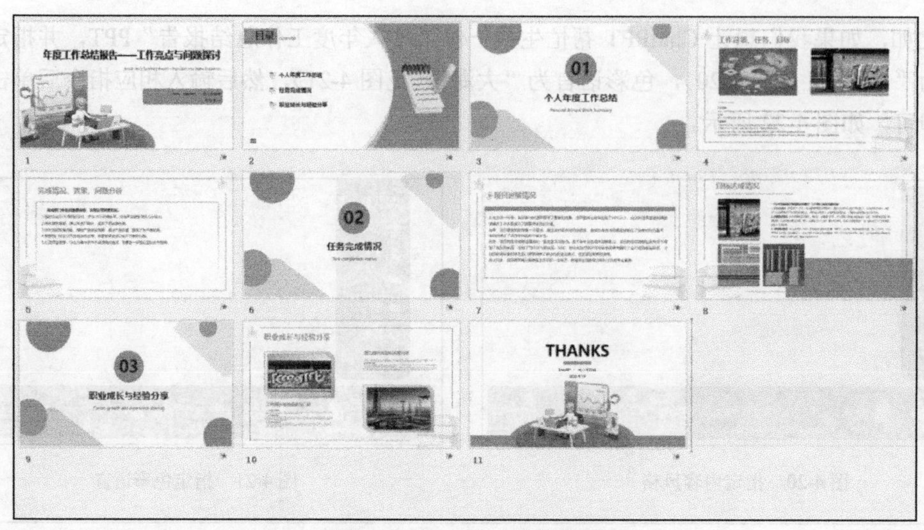

图 4-25　ChatPPT 生成的 PPT

4.2.2　Tome 一键生成 PPT

Tome 也是一个人工智能 PPT 生成工具，它基于 GPT 语言模型和 DALL-E 图像生成模型开发而成，支持中文。我们只需要输入一个 PPT 主题，Tome 就可以自动生成一份完整的 PPT。

Tome 充分考虑了 PPT 的内容和美观性，可以生成富有逻辑又配图精美的 PPT。它生成的 PPT 不但主题清晰，而且字体、颜色、布局都经过考量，让人一眼就能捕捉到其要表达的核心方向。当然，如果我们不满意，也可以在 Tome 生成的 PPT 基础上进行调整，直至完全符合我们的创意要求。

为了使用 Tome，我们需要先注册。为此，打开 Tome 官网，如图 4-26 所示。然后单击 Try Tome 按钮，在弹出的页面中，可以创建账户，也可以使用 Google 账户直接登录。

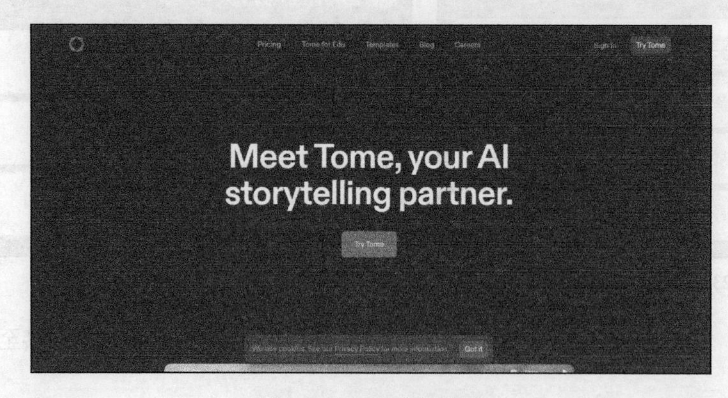

图 4-26　Tome 官网页面

登录成功后，由于我们是第一次访问 Tome，因此需要创建一个工作区。我们可以给工作区随便取一个名字，比如这里将其命名为 PPT，然后单击右上角的 Create 按钮，就可以创建 PPT 了，如图 4-27 所示。

图 4-27 创建 PPT

单击 Create 按钮后，在页面的最下面出现一个输入栏，如图 4-28 所示。在输入栏中输入主题“请帮我生成主题为人工智能助力办公效率提升的 PPT”，然后选择“Create presentation about 请帮我生成主题为人工智能助力办公效率提升的 PPT”选项。

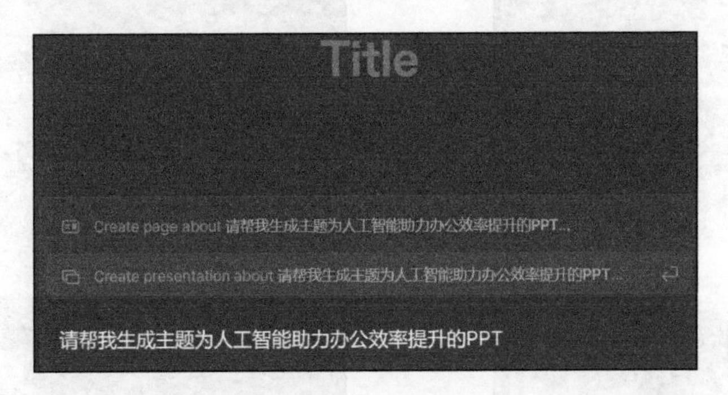

图 4-28 输入栏

这样一份内容丰富的 PPT 就生成了，如图 4-29 所示。可以看到，与 ChatPPT 相比，Tome 的文字和配图能力都比较强。

图 4-29 Tome 生成的 PPT

Tome 也支持对细节进行修改。如果需要修改文字内容，可以在文字区域直接修改。如果需要修改文字格式，可选中文本，然后在自动出现的工具栏修改字体大小、颜色、序列、编号等，如图 4-30 所示。

图 4-30　修改文字格式

如果需要对图片进行修改，可以单击选择图片，然后单击右侧的 Image settings 按钮，在弹出的 Image 对话框中选择 Upload 按钮上传图片，或单击 Create 按钮，通过提示语（Prompt）生成 4 张图片，从中选择合适的进行替换，如图 4-31 所示。

Tome 还支持通过修改主题颜色来批量修改 PPT 的风格。为此，单击右侧的 Set theme 按钮（图中未显示），出现图 4-32 所示的对话框，然后在 Tome theme 中选择一个主题颜色即可。也可以自定义 Page、Heading 和 Paragraph 的颜色。

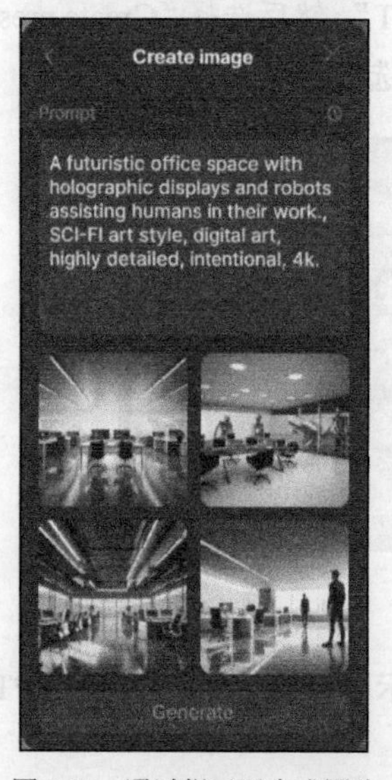

图 4-31　通过提示语生成图片

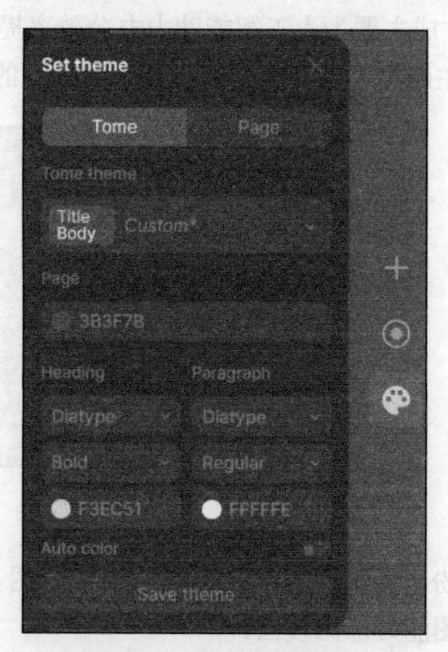

图 4-32　Set theme 对话框

在修改并满意后，就可以将生成的 PPT 拿来使用了。不过，Tome 目前并不支持直接将 PPT 导出，而是只能生成一个在线链接。如果升级为 Pro 用户后，可将 PPT 输出为 PDF 格式。

4.2.3　Gamma 生成 PPT

Gamma 目前基于 GPT-4 模型，可以使文本以网页、演示文稿或文档的形式发布，并提供网页分析功能。

在生成演示文稿方面，可通过简单的拖放功能轻松创建和编辑幻灯片，同时结合图像、视频和音频等，使幻灯片更具动态性和交互性。Gamma 在文字处理、图形化表达方面的能力也是相当强悍！图 4-33 是使用 Gamma 生成的 PPT，视觉效果是不是很强？！简洁、统一、设计感十足。

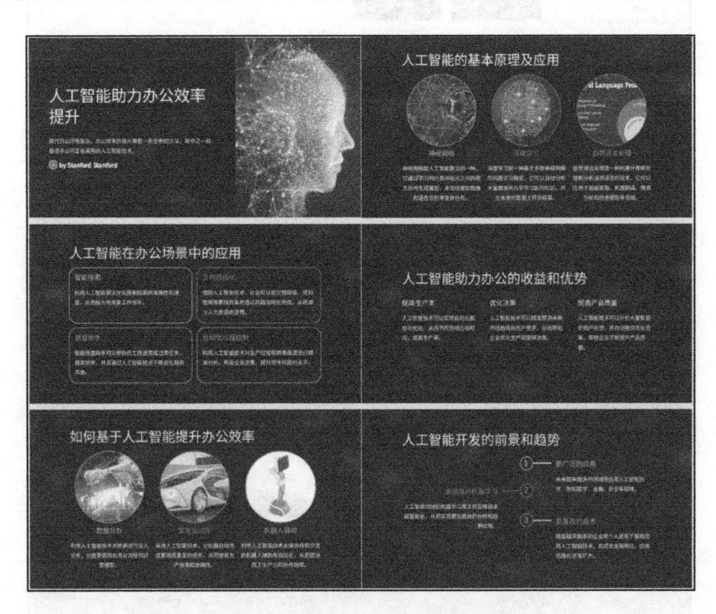

图 4-33 Gamma 生成的 PPT

在使用 Gamma 之前，依然需要先注册。为此，打开 Gamma 官网，如图 4-34 所示。然后单击 Sign up for free 按钮，在弹出的页面中，可以创建账户，也可以使用 Google 账户直接登录。如果是第一次登录，需要创建一个工作区。

图 4-34 Gamma 官网页面

在 Gamma 的主页面中，可以利用 AI 创建新的文档，也可以把 Word 文档或 PPT 内容以文本形式导入 Gamma 进行创作。这里，我们选择 New With AI，创建一个新的文档，如图 4-35 所示。

在弹出的 New with AI 窗口中，可以选择通过引导（Guided）方式创建，也可以把文本复制到 Gamma 中（Text to Deck）进行创建，如图 4-36 所示。这里选择 Guided，我们只需提供一个主题，AI 将自动生成大纲初稿。

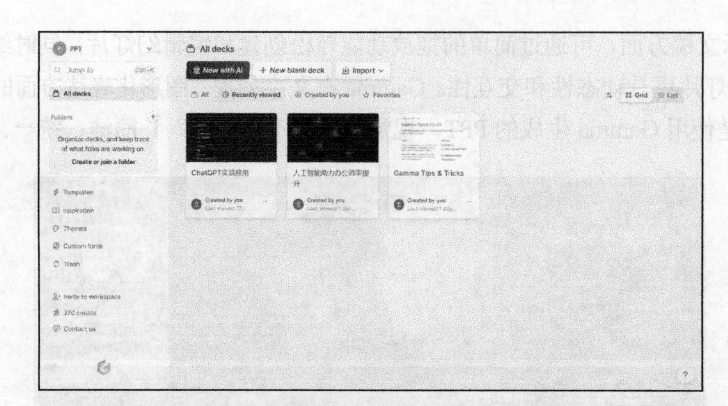

图 4-35　创建新文档

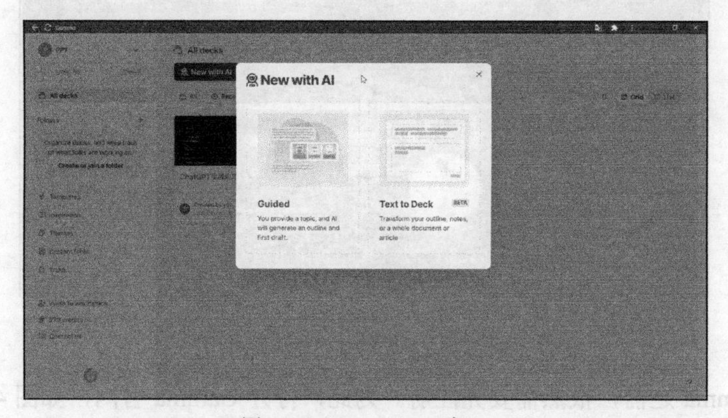

图 4-36　New with AI 窗口

Gamma 可以根据输入的主题生成演示文稿、文档和 Web 页面。由于希望生成演示文稿，所以我们选择 Presentation，然后在提示栏中输入主题“人工智能助力办公效率提升”后确认，如图 4-37 所示。

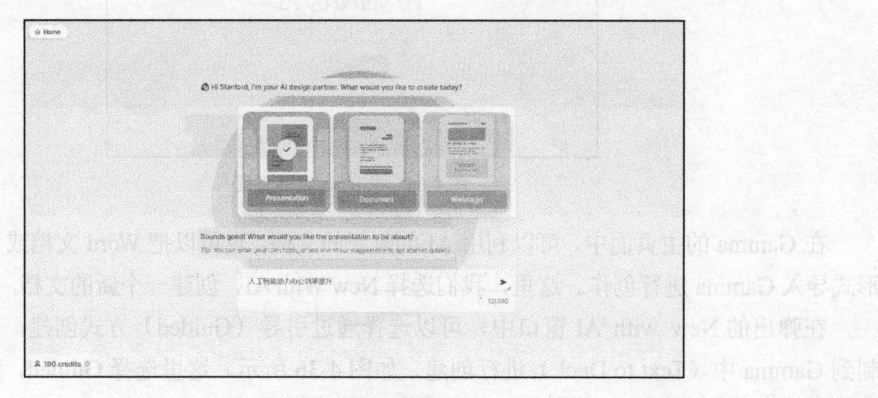

图 4-37　输入主题

Gamma 根据主题自动生成了大纲初稿。如果不满意，可以单击 Try again 按钮继续生成大纲；也可以在文本框中修改或输入自己的大纲内容，然后单击 Continue 按钮，如图 4-38 所示。

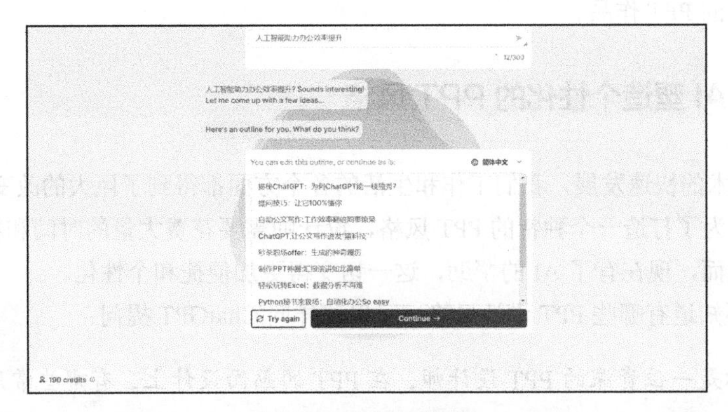

图 4-38 生成大纲初稿

接下来，在页面右侧的主题对话框中，选择一个喜欢的主题和背景颜色后单击 Continue 按钮，如图 4-39 所示。可以看到 Gamma 开始根据大纲自动生成 PPT 页面。

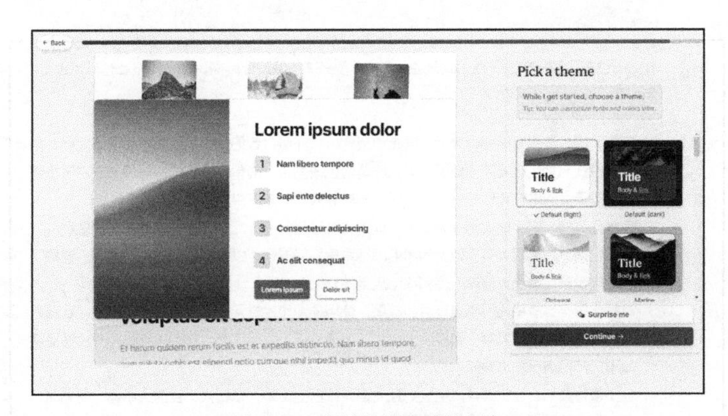

图 4-39 选择主题和背景颜色

生成 PPT 后，Gamma 还支持修改主题、文本格式、版式布局，以及添加视觉模板、图片、视频等，以丰富 PPT 的内容和版式。如果我们对某部分内容不满意，还可以单击页面右侧的机器人图标，使用 AI 继续修改内容。

目前 Gamma 只支持输出为 PDF 格式。

4.3 借助 AI 工具定制职场类 PPT

如果老板交给我们一份文案，要求我们在一个小时内根据文案制作出专业的 PPT。该怎么办呢？如果使用传统的办法，可能阅读完文案就需要一两个小时，更别说提炼并制作 PPT 了。现在我们可以借助 AI 工具，获取文案的关键信息，选择合适的模板，然后利用 AI 工具帮助我们快速完成专业的 PPT 作品。

4.3.1　使用 AI 塑造个性化的 PPT 风格

随着 AI 技术的快速发展，我们工作和生活的各个方面都得到了巨大的改变，包括 PPT 设计领域。过去，为了打造一个独特的 PPT 风格，设计师需要花费大量的时间和精力，进行艰苦的设计工作。然而，现在有了 AI 的帮助，这一切变得更加便捷和个性化。

如果我们不知道有哪些 PPT 设计风格，可以这样向 ChatGPT 提问：

> 现在你是一位资深的 PPT 设计师，在 PPT 的画面设计上，有哪些常用风格，请举例说明。

它会给出一些推荐风格，并对每个风格特点和应用场景进行说明，如图 4-40 所示。我们还可以使用 ChatGPT 提问中的追问技巧，请它继续推荐，以了解更多的 PPT 设计风格。

作为一位资深的PPT设计师，以下是几个常用的PPT画面设计风格，每个风格都有其特点和适用场景。

1. 简约风格：简约风格强调简洁、清晰和现代感，注重内容的重点和视觉效果的最大化。常用的设计元素包括简洁的排版、大块的背景色或图片、简单的图标和符号等。这种风格适用于需要突出内容和信息传达的场景，如商业演示、教育讲座和项目汇报。
2. 扁平化风格：扁平化风格强调简单、直观和图形化的设计元素，摒弃了过多的阴影和纹理。它通常使用明亮的颜色、简单的图标和扁平的按钮，以提供清晰的视觉效果。这种风格适用于产品展示、品牌宣传和移动应用的介绍。
3. 故事化风格：故事化风格通过讲述故事、使用插图和视觉元素来吸引观众的兴趣。它强调情感共鸣和情节的发展，通过引入人物、场景和情节展示信息。这种风格适用于讲述品牌故事、产品演示和讲座演讲。
4. 社交媒体风格：社交媒体风格受到社交媒体平台的影响，以引人注目的大字体、明亮的颜色、简洁的图标和按钮为特点。这种风格常用于社交媒体营销、数字广告和个人简历展示。
5. 活力动感风格：活力动感风格通过运动效果、动画和鲜艳的颜色来传递活力和动感。它包括动态元素、流线型形状和光影效果，给人以活力、创新和现代感。这种风格适用于体育赛事、产品发布和创意演示。

图 4-40　PPT 设计风格推荐

如果有一家科技类公司想使用未来科技风格设计 PPT，但不知道应该使用什么样的元素和色彩，可以继续向 ChatGPT 提问：

> 在 PPT 画面设计上，未来科技风格的 PPT 应该采用什么样的元素和颜色。

如图 4-41 所示，ChatGPT 详细给出了未来科技风格的 PPT 建议使用的元素和颜色选择方案。

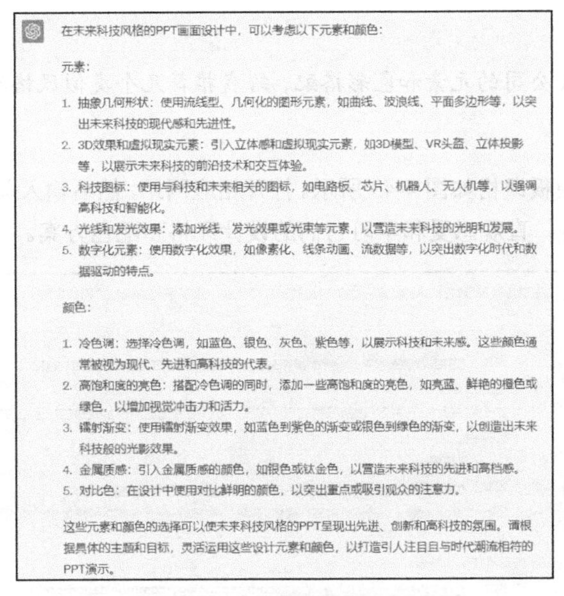
在未来科技风格的PPT画面设计中，可以考虑以下元素和颜色：

元素：

1. 抽象几何形状：使用流线型、几何化的图形元素，如曲线、波浪线、平面多边形等，以突出未来科技的现代感和先进性。
2. 3D效果和虚拟现实元素：引入立体感和虚拟现实元素，如3D模型、VR头盔、立体投影等，以展示未来科技的前沿技术和交互体验。
3. 科技图标：使用与科技和未来相关的图标，如电路板、芯片、机器人、无人机等，以强调高科技和智能化。
4. 光线和发光效果：添加光线、发光效果或光束等元素，以营造未来科技的光明和发展。
5. 数字化元素：使用数字化效果，如像素化、线条动画、流数据等，以突出数字化时代和数据驱动的特点。

颜色：

1. 冷色调：选择冷色调，如蓝色、银色、灰色、紫色等，以展示科技和未来感。这些颜色通常被视为现代、先进和高科技的代表。
2. 高饱和度的亮色：搭配冷色调的同时，添加一些高饱和度的亮色，如亮蓝、鲜艳的橙色或绿色，以增加视觉冲击力和活力。
3. 镭射渐变：使用镭射渐变效果，如蓝色到紫色的渐变或银色到绿色的渐变，以创造出未来科技般的光影效果。
4. 金属质感：引入金属质感的颜色，如银色或钛金色，以营造未来科技的先进和高档感。
5. 对比色：在设计中使用对比鲜明的颜色，以突出重点或吸引观众的注意力。

这些元素和颜色的选择可以使未来科技风格的PPT呈现出先进、创新和高科技的氛围。请根据具体的主题和目标，灵活运用这些设计元素和颜色，以打造引人注目且与时代潮流相符的PPT演示。

图 4-41　未来科技风格推荐

对于很多 PPT 新手来说，尽管知道了这些元素和颜色方案，但是仅通过文字描述依然无法有一个形象的感知。此时，可以让 ChatGPT 再推荐几个类似风格的企业。可以这样提问：

请给我推荐一些符合未来科技风格的企业或品牌。

如图 4-42 所示，ChatGPT 推荐了一些符合未来科技风格的企业。接下来，我们就可以在搜索引擎中输入公司的名称，查阅它们的官网或其他介绍性内容，对其有一个直观的感受，然后就可以选择合适的配色方案和视觉元素了。

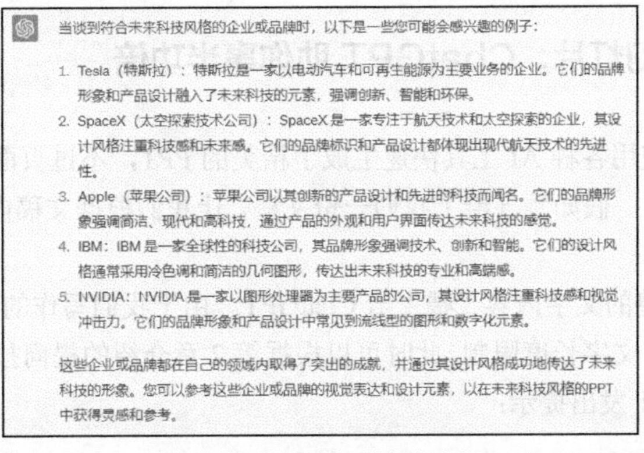
当谈到符合未来科技风格的企业或品牌时，以下是一些您可能会感兴趣的例子：

1. Tesla（特斯拉）：特斯拉是一家以电动汽车和可再生能源为主要业务的企业。它们的品牌形象和产品设计融入了未来科技的元素，强调创新、智能和环保。
2. SpaceX（太空探索技术公司）：SpaceX是一家专注于航天技术和太空探索的企业，其设计风格注重科技感和未来感。它们的品牌标识和产品设计都体现出现代航天技术的先进性。
3. Apple（苹果公司）：苹果公司以其创新的产品设计和先进的科技而闻名。它们的品牌形象强调简洁、现代和高科技，通过产品的外观和用户界面传达未来科技的感觉。
4. IBM：IBM是一家全球性的科技公司，其品牌形象强调技术、创新和智能。它们的设计风格通常采用冷色调和简洁的几何图形，传达出未来科技的专业和高端感。
5. NVIDIA：NVIDIA是一家以图形处理器为主要产品的公司，其设计风格注重科技感和视觉冲击力。它们的品牌形象和产品设计中常见到流线型的图形和数字化元素。

这些企业或品牌都在自己的领域内取得了突出的成就，并通过其设计风格成功地传达了未来科技的形象。您可以参考这些企业或品牌的视觉表达和设计元素，以在未来科技风格的PPT中获得灵感和参考。

图 4-42　ChatGPT 推荐的企业

也可以直接让 ChatGPT 帮我们推荐合适的 PPT 模板作为风格设计的参考。我们可以这样向

ChatGPT 提问：

> 借鉴 NVIDIA 公司的元素和色彩搭配，给我推荐几个类似风格的 PPT 模板，并给出参考模板的网址。

ChatGPT 推荐的模板风格如图 4-43 所示。打开相应网站，然后输入关键词，如 futuristic tech 或 digital technology 等，直观感受和学习它们的设计风格和配色方案。

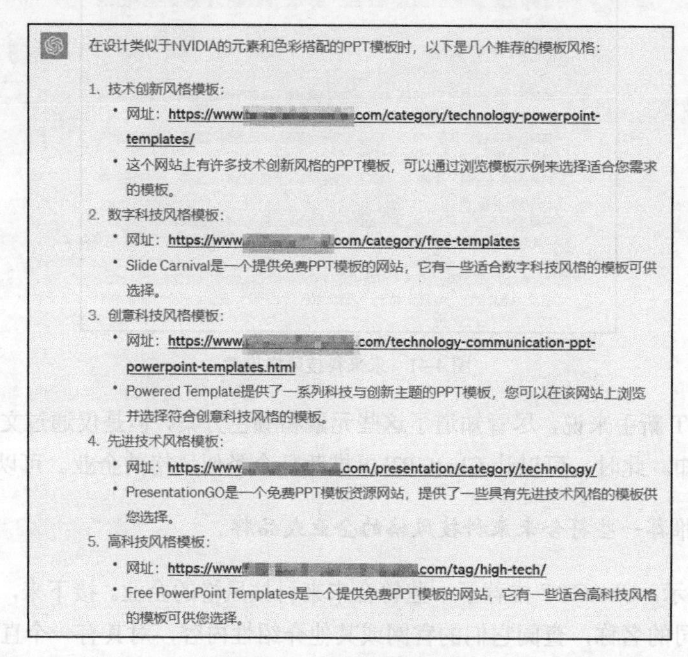

图 4-43　推荐的模板风格

4.3.2　从文字到幻灯片：ChatGPT 助你事半功倍

在 4.2 节，我们使用各种 AI 工具快速生成了精美的 PPT，不过页面内容是由 AI 完成的，不具备个性化和针对性。假如领导给了我们一份文稿，让我们根据文稿内容快速制作一份 PPT。该怎么办呢？

首先，需要将完整的文字内容"喂"给 ChatGPT。由于我们写作的工作计划或方案的内容比较多，而 ChatGPT 有文字长度限制，此时可以根据第 2 章介绍的提问技巧进行操作。如图 4-44 所示，我们向 ChatGPT 发出提示：

> 我现在将向你分段输入文章内容，请只需阅读，不要作任何回答，现在请告诉我准备好了吗？只需回答"好了"，或"没有"。

然后就可以分段"喂"入所有内容。建议在每个分段前给予明确提示，如"现在输入第 1 部分内容"等字样。

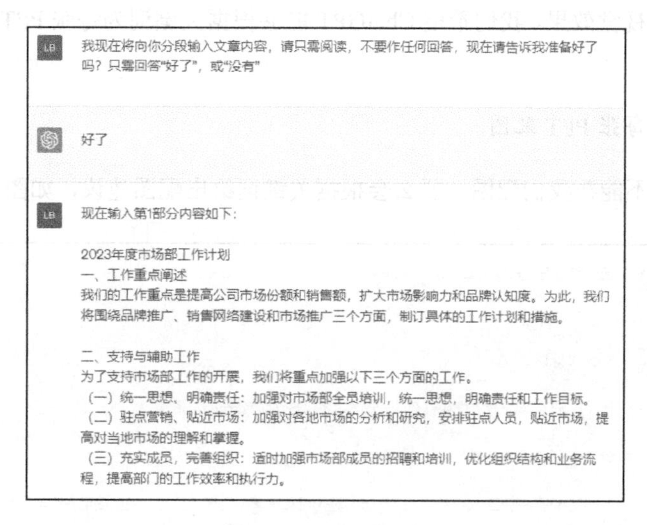

图 4-44　提示分段输入

将全部内容"喂"入完成后，让 ChatGPT 根据内容帮我们提炼出适合的结构内容。可以这样向 ChatGPT 提问：

> 请结合上面三部分内容，把这份资料整理成一份 15 页的 PPT 大纲，以 Markdown 的形式输出。

ChatGPT 生成的 PPT 大纲如图 4-45 所示。

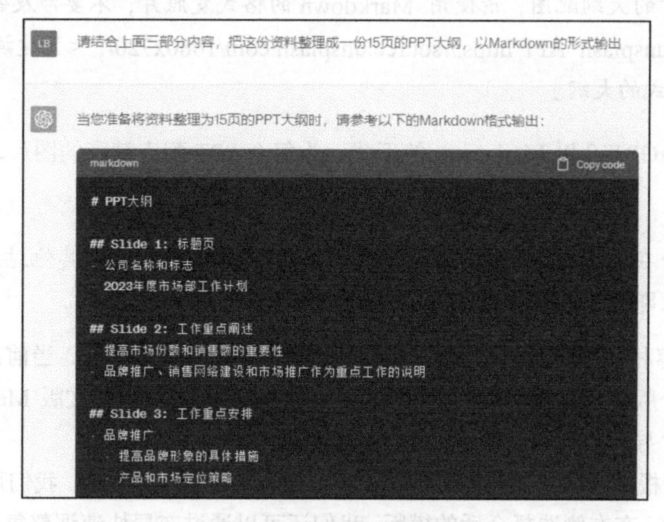

图 4-45　生成的 PPT 大纲

配套资源验证码：231188

如果对生成的大纲不满意，可以单击 ChatGPT 中的 Regenerate Response 按钮重新生成，也可以对生成的文字进行修改。

为了有更好的视觉效果，我们希望 ChatGPT 能够根据关键词为每张 PPT 配图。如果直接向 ChatGPT 提问：

请帮我给每张 PPT 配图。

ChatPPT 要么不能帮我们配图，要么会根据关键词给出配图建议，如图 4-46 所示。

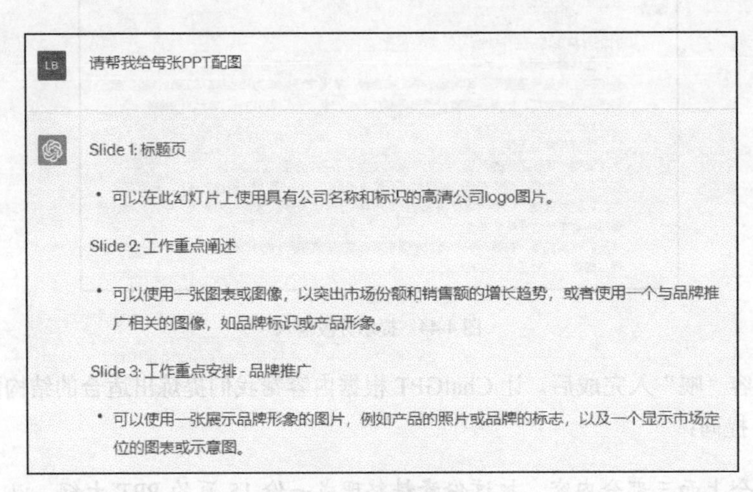

图 4-46 配图建议

我们可以这样提问：

请为刚才的大纲配图，请使用 Markdown 的格式发照片，不要涉及斜线，不要使用代码块，使用 unsplash APl https://source.unsplash.com/1080x720/? <关键词> 输出成完整的 Markdown 形式的大纲。

接下来，ChatGPT 会以 Markdown 的形式，为每个 PPT 配上精彩的图片，如图 4-47 所示。

注意

ChatGPT 会在以 https 打头的网址中搜索图片，如果希望搜索其他站点的图片，只需更改相应的网址即可，但不要改变 unsplash APl 和<关键词>。

有了文字内容和图片后，可以借助 MindShow 工具快速生成 PPT。当前，MindShow 有网页版和 PC 版两个版本，这里使用的是网页版。我们将前面生成的图文版 Markdown 内容复制过来，然后单击“导入创建”按钮，如图 4-48 所示。

MindShow 会根据导入内容生成相应的 PPT 页面，如图 4-49 所示。我们可以根据需要，在左侧调整大纲内容，在右侧选择合适的模版。我们还可以通过布局快速调整每一张 PPT 的版式。

图 4-47　为 PPT 配图

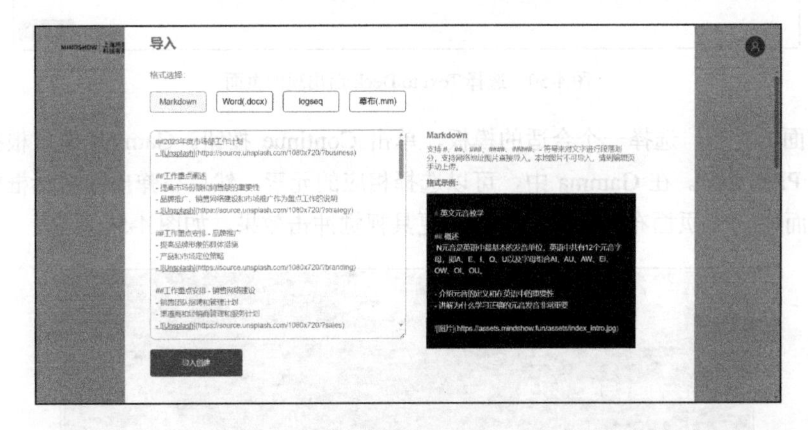

图 4-48　导入创建

图 4-49　MindShow 生成的 PPT

我们也可以让 ChatGPT 根据内容直接生成文字大纲，然后在 Gamma 中选择 New with AI，在弹出的对话框中选择 Text to Deck，出现如图 4-50 所示的页面。然后在 Provide instructions 中选择“简体中文”，在 Add or paste in content 中，将复制的大纲内容粘贴过来，然后单击右下角的 Generate 按钮。

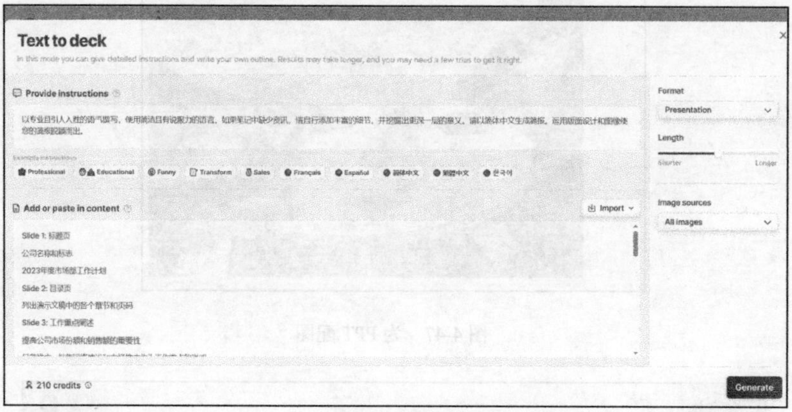

图 4-50　选择 Text to Deck 后出现的页面

根据前面的介绍，选择一个合适的模板，单击 Continue 按钮。Gamma 便可根据大纲内容生成相应的 PPT 页面。在 Gamma 中，可以选择相应的元素，然后在弹出的对话框中进行相应的修改，从而使 PPT 页面布局更合理，图像更具视觉冲击效果，如图 4-51 所示。

图 4-51　修改后的 PPT

4.3.3 AI 助力数据可视化

在 PPT 设计中，图表是非常有用的工具，可以帮助我们更好地呈现数据和信息。相较于冗长的数字和文字，图表通过色彩和形状，将数据转化为可视化的形式，可让观众更轻松地理解数据的含义。通过精心设计的图表，我们还可以将关键数据和信息凸显出来，引起观众的关注。

最常见的图表制作工具当属 Excel 和 Power BI，不过这两个工具相对比较专业，操作复杂，不太容易上手。接下来介绍一款图表制作类 AI 工具——镝数图表，它的操作很简单，简单到只需上传数据，镝数图表就可以为我们生成专业的图表。

打开镝数图表的官网，注册并登录，从图表模板中选择想要生成的图表模板，然后在右侧栏中选择“编辑数据”，通过修改表格内容或上传数据，便可直接生成相应的图表，如图 4-52 所示。

生成图表后，单击右上角的“下载”按钮，在弹出的“下载作品”对话框中选择合适的文件类型和图片大小，然后单击“下载”按钮，将下载后的作品插入到对应的 PPT 页面即可（见图 4-53）。

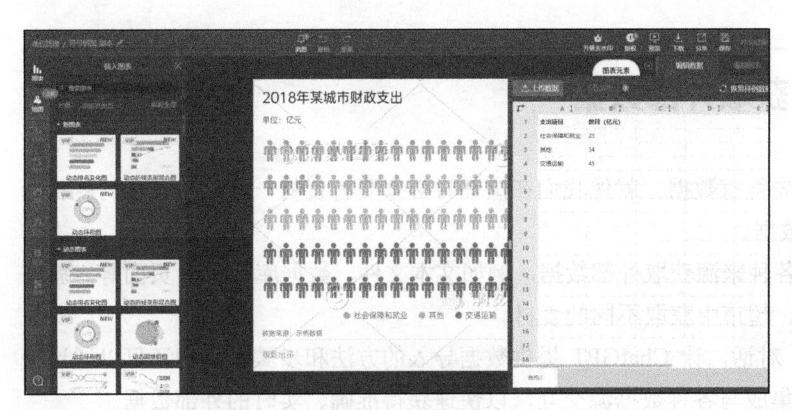

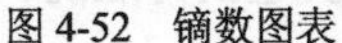
图 4-52 镝数图表

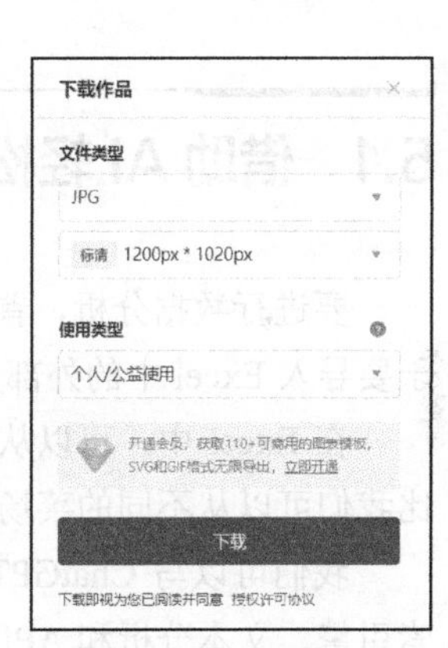

图 4-53 下载作品

第 5 章

轻松玩转 Excel：数据分析不再难

你是否对 Excel 函数感到困扰，总是无法快速高效地使用逻辑函数、分类汇总函数、文本函数、查找引用函数以及日期与时间函数？别再为此苦恼了！本章将揭示如何借助 AI 轻松获取和清洗数据，让 AI 化繁为简，让你轻松驾驭 Excel 函数。

让我们一起启动数据处理的 AI 加速器，探索新时代的数据分析技术吧！

5.1 借助 AI 轻松获取外部数据

要进行数据分析，首先得有数据。就像我们在烹饪时必须要有食材一样。这些食材就相当于要导入 Excel 中的外部数据。

在 Excel 中，可以从各种来源获取外部数据，例如文本文件、数据库、Web 页面等。就好比我们可以从不同的菜场、超市中获取不同的食材。

我们可以与 ChatGPT 对话，让 ChatGPT 提供数据导入的方法和步骤。我们还可以通过搜索引擎、文本分析和 API 集成与各种数据源交互，以快速获得准确、实时的外部数据。

5.1.1 利用“导入向导”从文件获取数据

本节以如何从 txt 文本文件导入数据为例，让 ChatGPT 为我们提供导入方法和步骤。我们可以这样向 ChatGPT 提问：

> 你是一位资深的 Excel 大师，我要导入外部的 txt 文本文件到 Excel 中，有哪些方法？请详细说明。

ChatGPT 给出了两种方法和详细步骤，如图 5-1 所示。

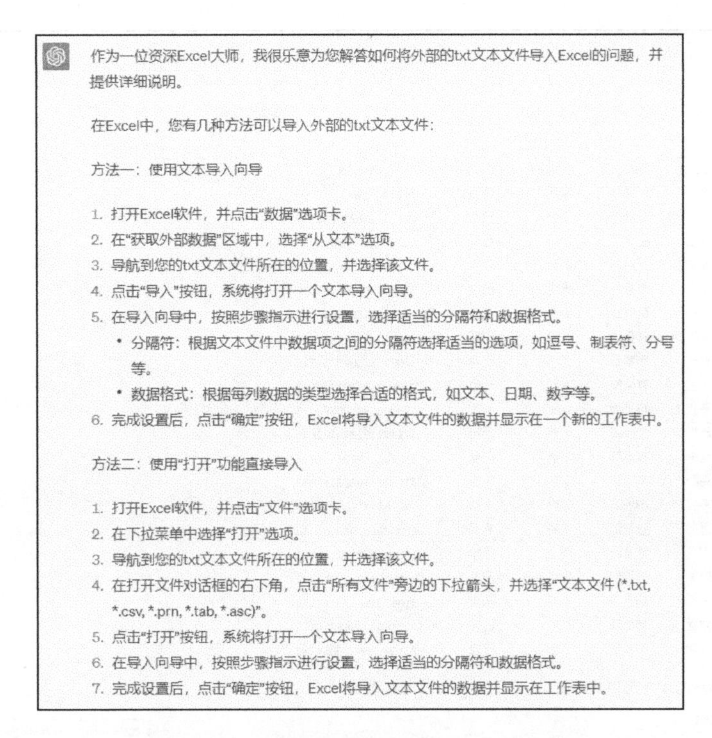

作为一位资深Excel大师，我很乐意为您解答如何将外部的txt文本文件导入Excel的问题，并提供详细说明。

在Excel中，您有几种方法可以导入外部的txt文本文件：

方法一：使用文本导入向导

1. 打开Excel软件，并点击"数据"选项卡。
2. 在"获取外部数据"区域中，选择"从文本"选项。
3. 导航到您的txt文本文件所在的位置，并选择该文件。
4. 点击"导入"按钮，系统将打开一个文本导入向导。
5. 在导入向导中，按照步骤指示进行设置，选择适当的分隔符和数据格式。
    - 分隔符：根据文本文件中数据项之间的分隔符选择适当的选项，如逗号、制表符、分号等。
    - 数据格式：根据每列数据的类型选择合适的格式，如文本、日期、数字等。
6. 完成设置后，点击"确定"按钮，Excel将导入文本文件的数据并显示在一个新的工作表中。

方法二：使用"打开"功能直接导入

1. 打开Excel软件，并点击"文件"选项卡。
2. 在下拉菜单中选择"打开"选项。
3. 导航到您的txt文本文件所在的位置，并选择该文件。
4. 在打开文件对话框的右下角，点击"所有文件"旁边的下拉箭头，并选择"文本文件 (*.txt, *.csv, *.prn, *.tab, *.asc)"。
5. 点击"打开"按钮，系统将打开一个文本导入向导。
6. 在导入向导中，按照步骤指示进行设置，选择适当的分隔符和数据格式。
7. 完成设置后，点击"确定"按钮，Excel将导入文本文件的数据并显示在工作表中。

图 5-1 ChatGPT 给出的文件导入方法和步骤

不同的 Office 版本，其具体的操作步骤可能会略有不同。下面我们通过 Microsoft Excel 2019 和 WPS Office 2019 进行操作演示。

首先来看如何将 txt 文本文件导入 Microsoft Excel 中。

打开 Excel，依次单击“数据”>“从文本/CSV”，如图 5-2 所示。在弹出的对话框中，选择相应的 txt 文本文件，如本例中的“员工信息.txt”文本文件，然后单击“导入”按钮。

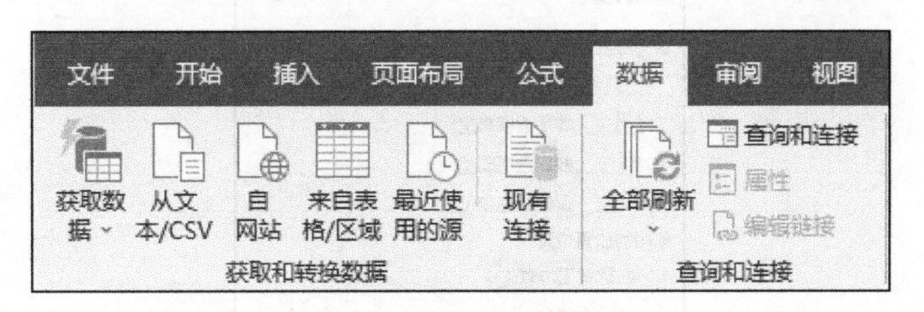

图 5-2 选择数据源

在“员工信息.txt”对话框中，从“分隔符”中选择原始文件的列之间的分隔方式，这里自动推荐了“制表符”，如图 5-3 所示。如果源数据分隔方式在“分隔符”下拉列表中找不到，可选择“自定义”，然后输入分隔符号。之后，单击右下角的“加载”下拉列表，从中选择“加载到”。

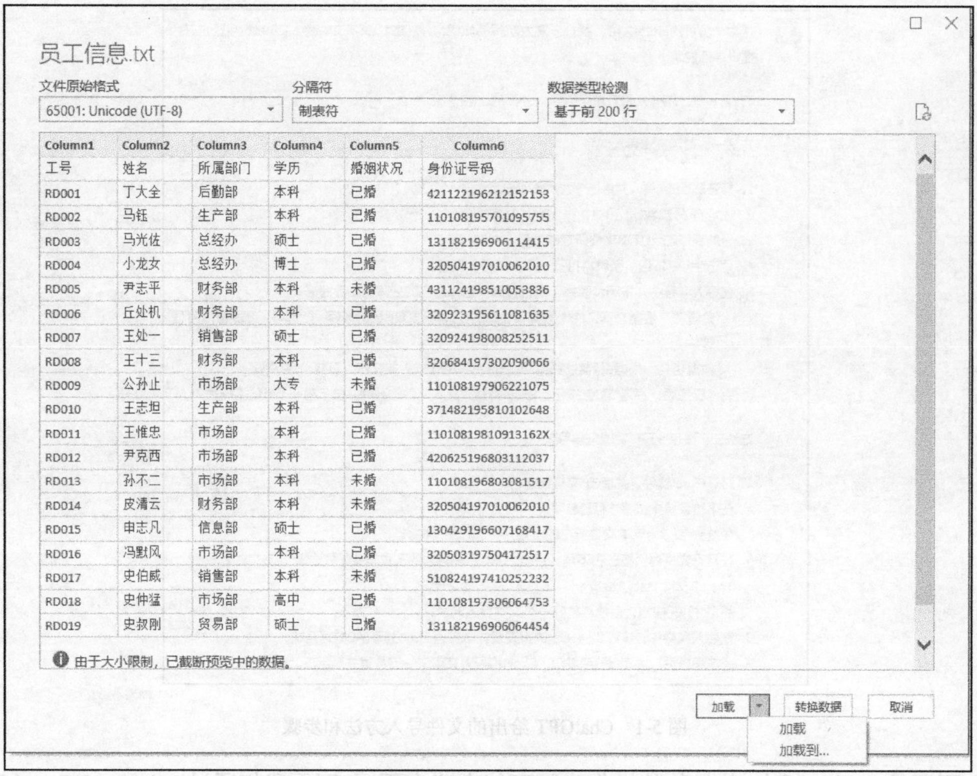
员工信息.txt
文件原始格式
65001: Unicode (UTF-8)
分隔符
制表符
数据类型检测
基于前 200 行
Column1 Column2 Column3 Column4 Column5 Column6
工号 姓名 所属部门 学历 婚姻状况 身份证号码
RD001 丁大全 后勤部 本科 已婚 421122196212152153
RD002 马钰 生产部 本科 已婚 110108195701095755
RD003 马光佐 总经办 硕士 已婚 131182196906114415
RD004 小龙女 总经办 博士 已婚 320504197010062010
RD005 尹志平 财务部 本科 未婚 431124198510053836
RD006 丘处机 财务部 本科 已婚 320923195611081635
RD007 王处一 销售部 硕士 已婚 320924198008252511
RD008 王十三 财务部 本科 已婚 320684197302090066
RD009 公孙止 市场部 大专 未婚 110108197906221075
RD010 王志坦 生产部 本科 已婚 371482195810102648
RD011 王惟忠 市场部 本科 已婚 110108198109131 62X
RD012 尹克西 市场部 本科 已婚 420625196803112037
RD013 孙不二 市场部 本科 未婚 110108196803081517
RD014 皮清云 财务部 本科 未婚 320504197010062010
RD015 申志凡 信息部 硕士 已婚 130429196607168417
RD016 冯默风 市场部 本科 已婚 320503197504172517
RD017 史伯威 销售部 本科 未婚 510824197410252232
RD018 史仲猛 市场部 高中 已婚 110108197306064753
RD019 史叔刚 贸易部 硕士 已婚 131182196906064454
由于大小限制，已截断预览中的数据。
加载
转换数据
取消
加载
加载到...

图 5-3 选择分隔方式

在如图 5-4 所示的“导入数据”对话框中，在“请选择该数据在工作簿中的显示方式”中选择“表”；在“数据的放置位置”中，根据实际情况选择导入数据的起始位置，这里选择“现有工作表”的 A1 单元格，然后单击“确定”按钮。

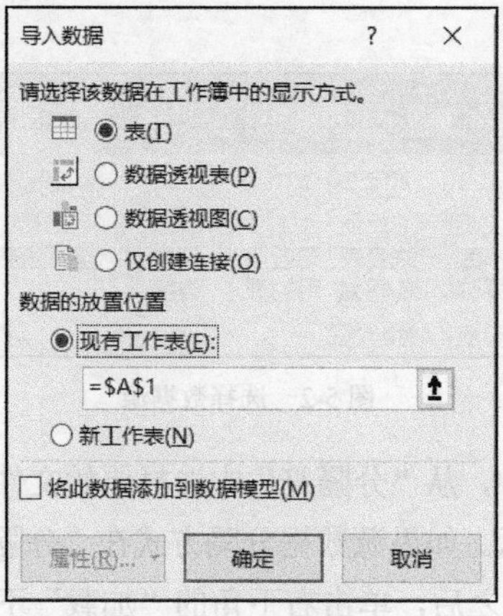
导入数据
请选择该数据在工作簿中的显示方式。
表(T)
数据透视表(P)
数据透视图(C)
仅创建连接(O)
数据的放置位置
现有工作表(E):
=$A$1
新工作表(N)
将此数据添加到数据模型(M)
属性(R)...
确定
取消

图 5-4 导入数据

数据即以表格的形式导入 Excel 表中，如图 5-5 所示。在右侧可以看到一个“查询&连接”区域，如果需要对数据进行修改，如添加、组合、删除行/列、格式转换等，可双击“员工信息”，即可进入 Power Query 编辑器进行修改。

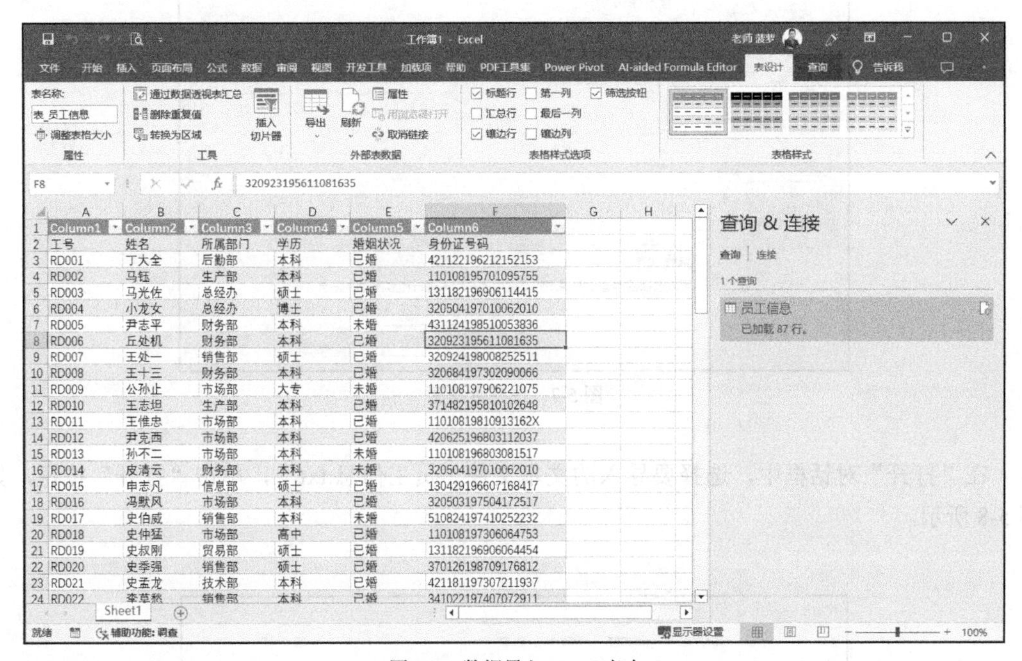

图 5-5 数据导入 Excel 表中

接下来看如何将 txt 文本文件导入 WPS 表格中。

在 WPS Office 中，由于没有 Power Query 组件，因此外部数据的导入方式与 Microsoft Office 不太一样。如图 5-6 所示，在 WPS Office 中 依次单击“数据”>“导入数据”，然后单击“导入数据”按钮。

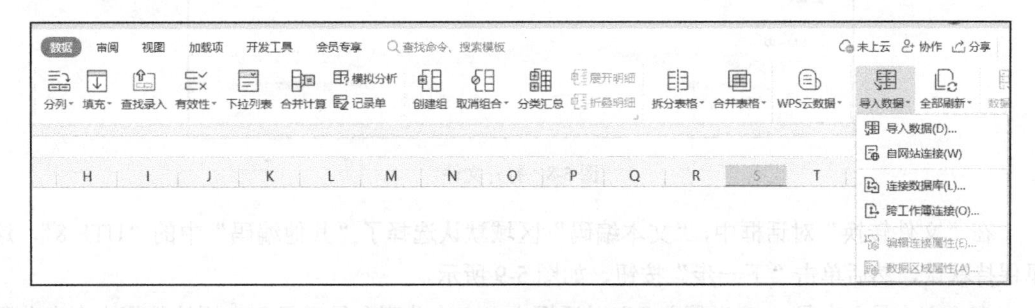

图 5-6 在 WPS Office 中导入数据

然后，在“第一步：选择数据源”对话框中，选择“直接打开数据文件”，单击“选择数据源”按钮，如图 5-7 所示。

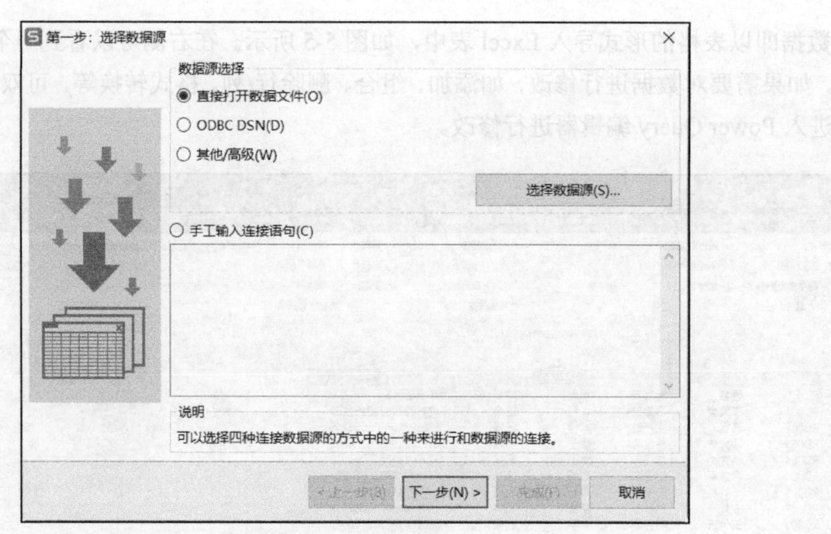

图 5-7 选择数据源

在“打开”对话框中，选择要导入的文本文件“员工信息.txt”，单击“打开”按钮，如图 5-8 所示。

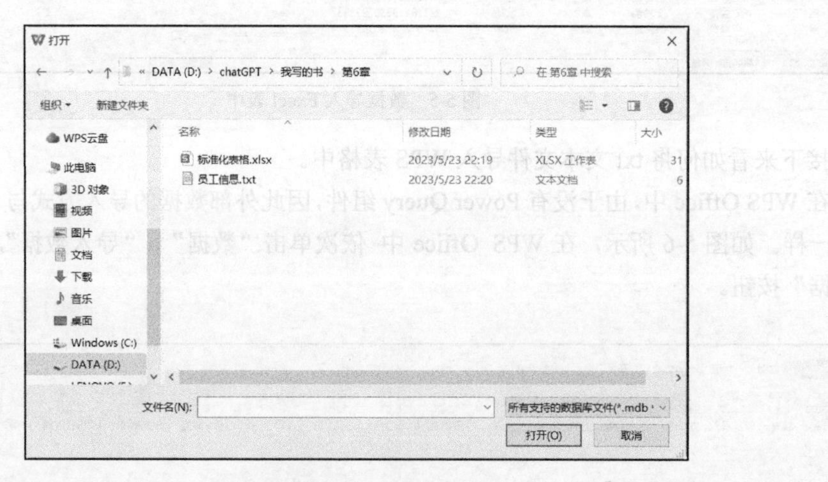

图 5-8 打开文件

在“文件转换”对话框中，“文本编码”区域默认选择了“其他编码”中的“UTF-8”，这里保持默认，然后单击“下一步”按钮，如图 5-9 所示。

在“文本导入向导 - 3 步骤之 1”对话框中，文本分列向导已经判定原始数据中存在分隔符，所以在“原始数据类型”中自动选择了“分隔符号”。如果原始数据中的列之间没有分隔符，这里可以选择“固定宽度”，然后单击“下一步”按钮，如图 5-10 所示。

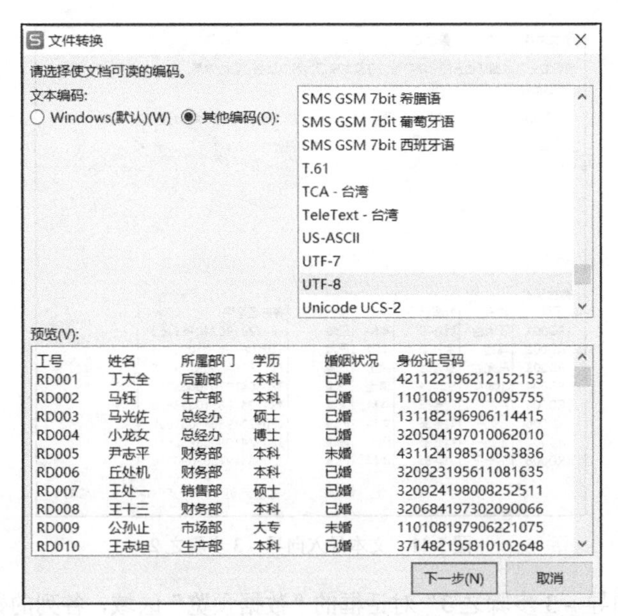

图 5-9　文件转换

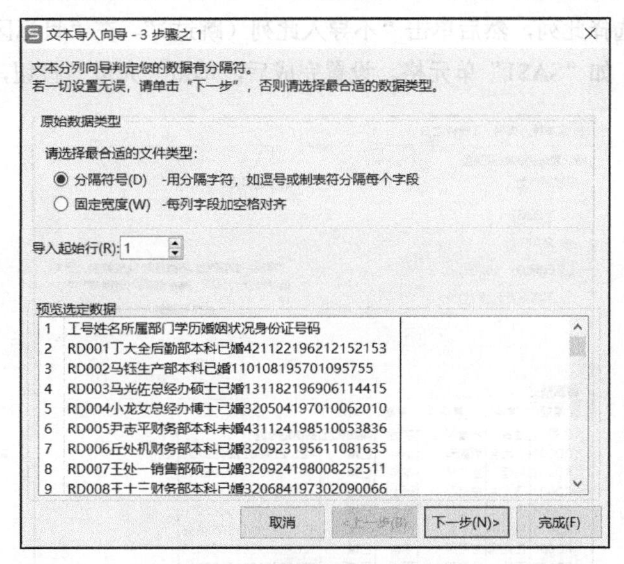

图 5-10　文本导入向导 - 3 步骤之 1

在“文本导入向导 - 3 步骤之 2”对话框中，根据原始数据的分列符号，在“分隔符号”栏中选择相应的选项（这里是“Tab 键”）。如果选项中没有，则选择“其他”，并在右侧的文本框中输入相应的符号。根据“数据预览”中分列后的效果，判断正确设置后，单击“下一步”按钮，如图 5-11 所示。

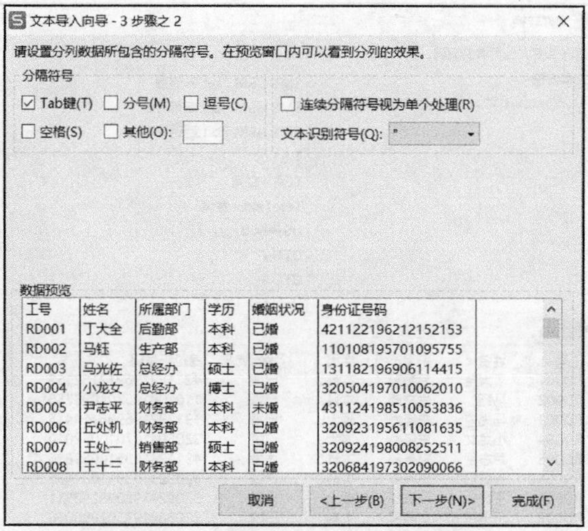

图 5-11　文本导入向导 - 3 步骤之 2

在“文本导入向导 - 3 步骤之 3”对话框的“数据预览”区域，各列的数据类型默认为“常规”，根据需要修改数据类型。如选中“身份证号码”列，设置列数据类型为“文本”。如不期望导入某一列，可选择此列，然后单击“不导入此列（跳过）”。在“目标区域”中，修改导入后数据的起始位置，如“$A$1”单元格。设置完成后，单击“完成”按钮，如图 5-12 所示。

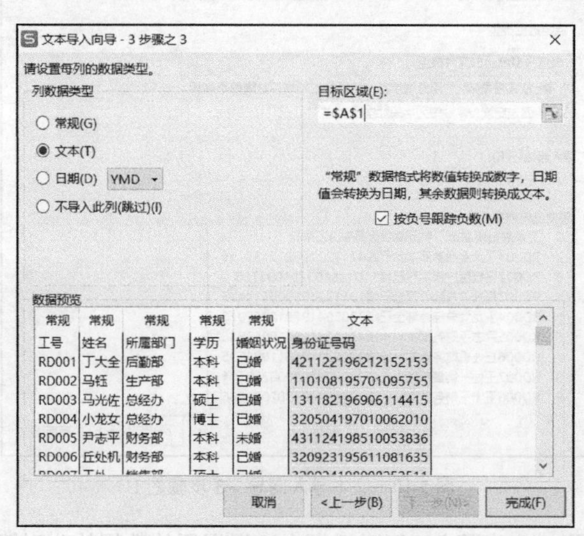

图 5-12　文本导入向导 - 3 步骤之 3

在 Microsoft Excel 中，数据是以表格形式导入的，而在 WPS Office 中，数据导入后是以简单数据区域呈现的，如果需要转换为“表格”，可将鼠标指针定位于数据区域中任一单元格后，然后单击“插入”>“表格”，或使用 Ctrl + T 组合键转换。

除了利用“导入向导”导入数据外，还可以使用 ChatGPT 写出 VBA 代码或 Python 代码，实现外部数据导入的自动化。相关内容可见后续章节。

5.1.2 利用 AI 搜索引擎获取外部数据

Bing AI 是由微软公司发布的人工智能技术，AI 被集成到 Bing 搜索引擎中，能够为用户提供更加智能化的搜索服务。在 Bing 的主页中，单击“聊天”按钮可进入聊天模式，如图 5-13 所示。在“新主题”栏中，利用提问技巧输入提问内容：

请给我提供 2023 年一季度中国消费报告数据，包括类别、额度、增长率，以表格形式输出。

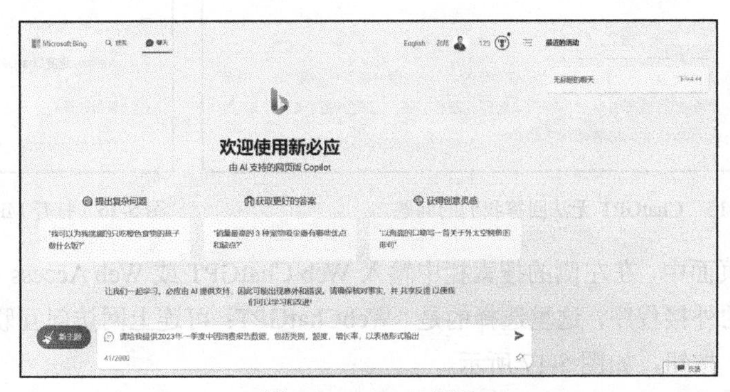

图 5-13 Bing AI 界面

Bing 根据互联网上的数据，生成了 2023 年一季度中国消费报告数据，并给出了参考网站，如图 5-14 所示。我们可以单击相应链接进行察看，也可以把结果以 PDF、Text 和 Word 格式直接导出，还可以通过简单的复制粘贴，把表格中的数据导入 Excel 中。

类别	额度	增长率
全国居民人均消费支出	6738元	5.4%
城镇居民人均消费支出	8303元	4.8%
农村居民人均消费支出	4629元	5.5%

图 5-14 Bing 生成的结果

在ChatGPT中，如果输入相同的提问，则会因为知识的日期信息而无法回答我们的问题，如图5-15所示。

在ChatGPT Plus版本中，Bing已经作为一个插件与ChatGPT进行了融合，但在免费版本中无法使用。这里以Microsoft Edge浏览器为例，教大家如何使用插件，让ChatGPT通过网络获取最新数据。如图5-16所示，单击地址栏右边的扩展按钮，选择“打开Microsoft Edge加载项”。

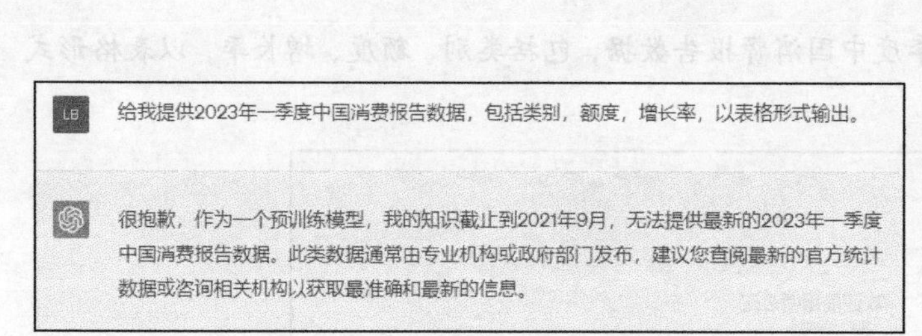

图5-15 ChatGPT无法回答我们的问题

图5-16 打开Microsoft Edge加载项

在弹出的新页面中，在左侧的搜索栏中输入Web ChatGPT或Web Access（不区分大小写），即可搜索到相关的外接程序，这里选择的是“WebChatGPT：可连上网访问互联网的ChatGPT”，然后单击“获取”按钮，如图5-17所示。

图5-17 获取外接程序

在弹出的窗口中，单击“添加扩展”按钮，此插件便加到了“扩展”中（见图5-18）。可以单击扩展按钮，然后单击扩展插件名称后的眼睛图标，控制其在工具栏上的显示或隐藏。

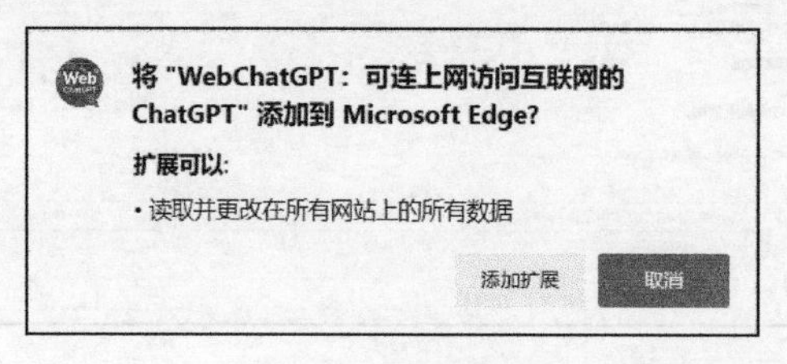

图5-18 添加扩展

之后重新登录 ChatGPT，显示插件已经安装成功，如图 5-19 所示。请确保 Web access 处于打开状态，再次输入提问。

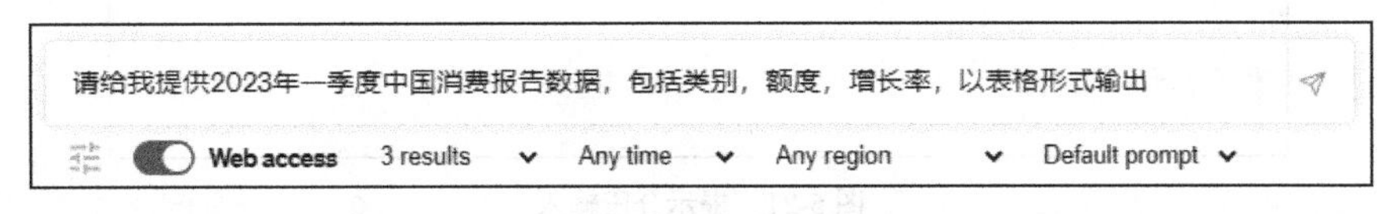

图 5-19　Web access 处于打开状态

从图 5-20 中可以看到，ChatGPT 在提问后面加入了搜索到的网址，并以表格形式输出了内容。

Web search results:

[1] "Apr 18, 2023 · 分城乡看，城镇居民人均消费支出8303元，增长4.8%，扣除价格因素，实际增长3.5%；农村居民人均消费支出4629元，增长5.5%，扣除价格因素，实际增长2.1%，占人均消费支出的比重为31.6%；人均衣着 ..."
URL: http://www.stats.gov.cn/sj/zxfb/202304/t20230418_1938712.html

[2] "Apr 21, 2023 · 根据国家统计局数据，一季度升级类商品销售大幅增长，限额以上单位金银珠宝类、化妆品类商品零售额分别增长13.6%、5.9%；美团数据显示，一季度仅北
休闲消费类新增商户数量大幅提升。"
URL: http://www.gov.cn/yaowen/2023-04/21/content_5752605.htm

[3] "May 10, 2023 · 我们的分析基于2022年7月对中国各地逾6700名消费者进行的有关消费态度和行为的系统性调研、针对中国及其他国家/地区市场消费者进行的有关舆情和信
据，以及麦肯锡全球研究院（mgi）的经济建模。"
URL:
https://www.mckinsey.com.cn/2023%E9%BA%A6%E8%82%AF%E9%94%A1%E4%B8%AD%E5%9B%BD%E6%B6%88%E8%B4%B9%E8%80%85%E6%8A%A5%E5%91%8A%EF

Current date: 2023/5/27

Instructions: Using the provided web search results, write a comprehensive reply to the given query. Make sure to cite results using [[number](URL)] notation after the reference
the same name, write separate answers for each subject.
Query: 请给我提供2023年一季度中国消费报告数据，包括类别，额度，增长率，以表格形式输出
Reply in 中文

根据提供的搜索结果，以下是2023年一季度中国消费报告数据的概要：

类别	额度	增长率
城镇居民人均消费支出	8303元	4.8%（实际增长3.5%）
农村居民人均消费支出	4629元	5.5%（实际增长4.2%）
居民人均食品烟酒消费支出	2128元	2.1%
金银珠宝类商品零售额（限额以上单位）	-	13.6%[2]
化妆品类商品零售额（限额以上单位）	-	5.9%[2]

图 5-20　ChatGPT 通过网络获取最新数据

5.1.3 利用 AI 分析文本并提取数据

ChatGPT 可以通过文本分析来提取外部数据。如果我们有一段文本数据，例如报告、新闻内容，可以向 ChatGPT 提供这些文本，并询问关于数据的特定问题。ChatGPT 会分析文本并提供有关数据或其他有用信息的回答。

例如，我有一篇关于“2023 年一季度居民收入和消费支出情况”的文本，内容比较长，每次分段输入部分内容后，不希望 ChatGPT 反馈。我们可以先向 ChatGPT 提问（见图 5-21）：

> 我现在将向你分段输入文章内容，请只需阅读，不要作任何回答，现在请告诉我准备好了吗？只需回答“好了”，或“没有”。

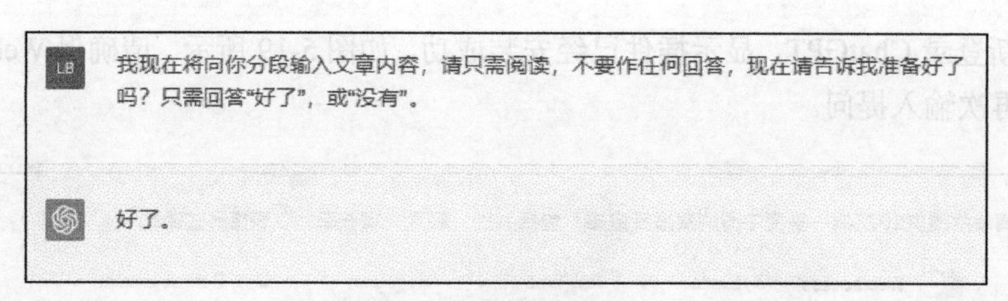

图 5-21　提示分段输入

通过"现在输入第 1 部分内容如下："的方式开头，分段输入全部的文本内容，如图 5-22 所示。

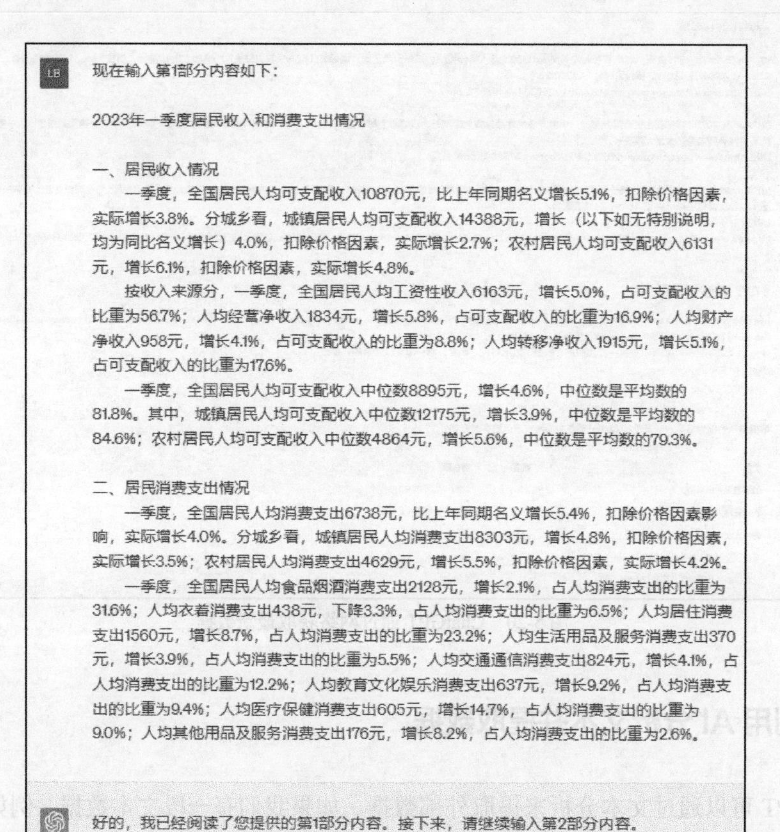

图 5-22　分段输入文本内容

在全部文本内容输入完毕后，就可以向 ChatGPT 提问了。比如，如果我们希望获取全国居民收入情况和居民消费支出情况数据，可以这样提问：

请认真阅读上述内容，帮我整理出一季度全国居民收入情况和居民消费支出情况表，其中包括额度和增长率，以表格形式输出。

ChatGPT 给出的结果如图 5-23 所示。

LB 请认真阅读上述内容，帮我整理出一季度全国居民收入情况和居民消费支出情况表，其中包括额度和增长率，以表格形式输出。

好的，我将帮您整理出一季度全国居民收入情况和居民消费支出情况的表格。请稍等片刻。

	人均可支配收入（元）	增长率（%）
全国	10870	5.1
- 城镇	14388	4.0
- 农村	6131	6.1

	人均可支配收入中位数（元）	增长率（%）
全国	8895	4.6
- 城镇	12175	3.9
- 农村	4864	5.6

	人均消费支出（元）	增长率（%）
全国	6738	5.4
- 城镇	8303	4.8
- 农村	4629	5.5

图 5-23 从文本提取数据

如果我们拿到的是一个 PDF 格式的文件，则可以直接使用 ChatPDF。在打开的 ChatPDF 页面中，单击 Drop PDF here 按钮，上传 PDF 格式的文件，如图 5-24 所示。

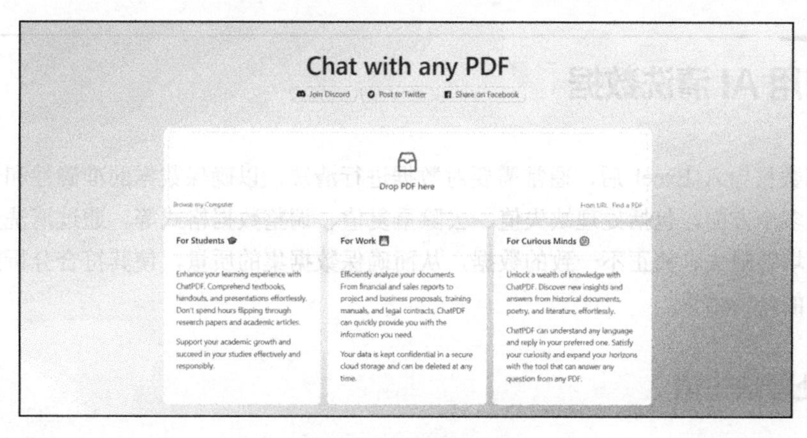

图 5-24 上传 PDF 文件

然后在如图 5-25 所示页面的提问栏中输入提问：

请帮我整理出一季度全国居民收入情况和居民消费支出情况表，其中包括额度和增长率，以表格形式输出。

ChatPDF 为我们提取出关键的数据。但是 ChatPDF 无法以表格形式输出，而是以分隔符的方式进行分列。我们可以复制内容到文本文件，再利用 Excel 的“导入向导”方式将数据导入 Excel。

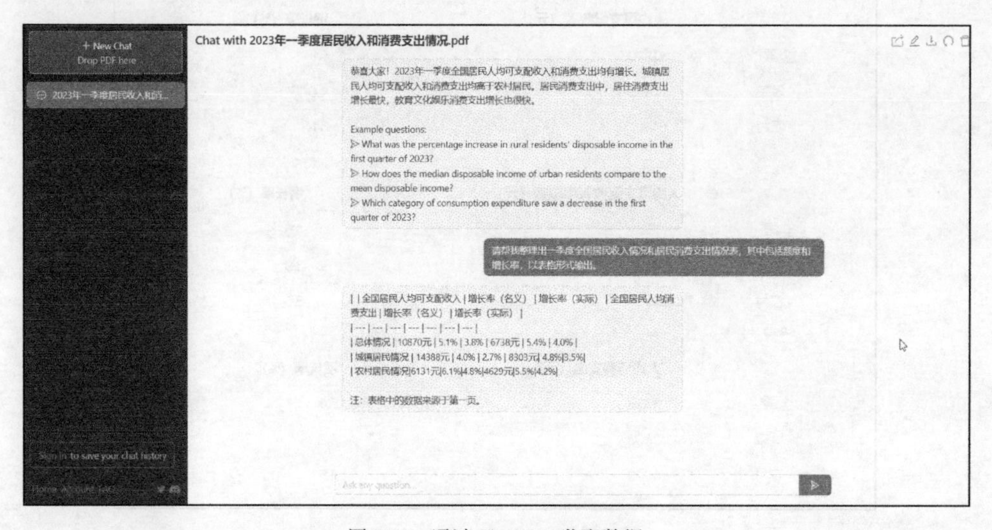

图 5-25　通过 ChatPDF 获取数据

此外，ChatGPT 还可以通过 API 集成与各种数据源进行交互。可以利用 ChatGPT 的 API 连接到数据库、在线数据服务或其他数据源，从中提取所需的外部数据。

5.2　利用 AI 清洗数据

将外部数据导入 Excel 后，通常需要对数据进行清洗，以确保数据的准确性和一致性。数据清洗涉及多个方面，包括处理缺失值、去除重复值、调整数据格式等。通过清洗数据，可以消除错误、填补缺失、修正不一致的数据，从而确保数据集的质量，使其符合分析的要求，最终产生可靠的分析结果。

5.2.1　处理缺失值

缺失值是指导入的源数据集中有空白单元格或者以特殊符号表示的缺失数据。如图 5-26 所示，从外部导入数据后，部分单元格为空值，现在需将所有空值的单元格用数值 0 进行填充，或删除有缺失值的行。

在 Microsoft Excel 或 WPS Office 中，先定位空白单元格，再批量填充 0。具体方法如下。

1．用鼠标单击数据区域中的任一单元格，然后按 Ctrl + A 组合键，选择要定位单元格的区域。

2．按 Ctrl + G 组合键，或通过“开始”>“查找和选择”>“定位条件”，打开“定位”对话框，然后单击“定位条件”按钮，弹出如图 5-27 所示的“定位条件”对话框。从中选择“空值”，单击“确定”按钮，即可把区域中为空值的单元格全部选中。

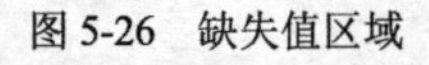

	A	B	C	D
1	1月	2月	3月	4月
2	83	65	68	73
3	63	62	85	61
4	99	50	60	66
5	63	34	91	54
6			35	80
7	58	63	46	96
8	61	78	84	
9			46	27
10	55	96	55	
11	20	34	82	66
12	48		35	
13			78	58
14	97		72	35
15	60	82	69	
16	91	41	68	23
17	52		84	23
18	99	39	86	31
19	88	63	54	47

图 5-26 缺失值区域

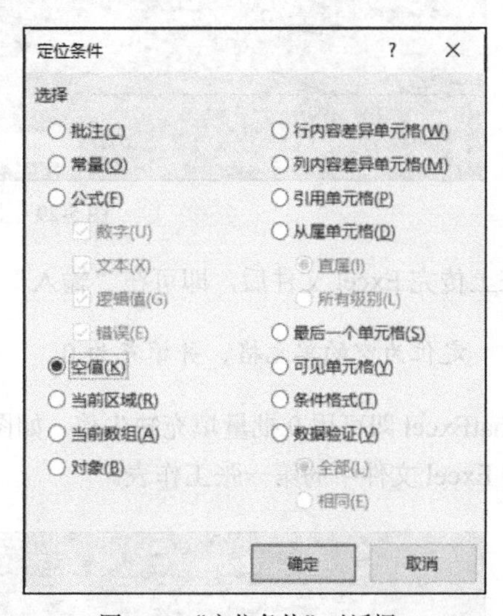

图 5-27 “定位条件”对话框

3．直接输入数值，比如 0，然后按 Ctrl + Enter 组合键。

如果要删除具有缺失值的行，则在步骤 3 中，选择“开始”>“单元格”>“删除”>“删除单元格”，打开“删除文档”对话框。在其中选择“整行”后，单击“确定”按钮（见图 5-28）。在 WPS Office 中，可通过“开始”>“行和列”>“删除单元格”>“删除行”达到同样的效果。

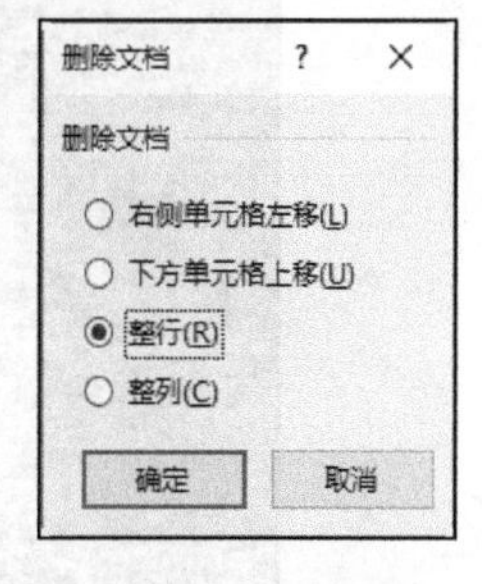

图 5-28 删除整行

如何通过 AI 来处理缺失值呢？这里推荐使用 ChatExcel 工具。打开 ChatExcel 官网后，单击“现在开始”按钮，然后单击“请上传表格”，上传需要处理的 Excel 文件即可，如图 5-29 所示。

注意

ChatExcel 出自北京大学深圳研究生院信息工程学院袁粒老师团队。

注意

ChatExcel 对上传文件的大小和列数有限制。

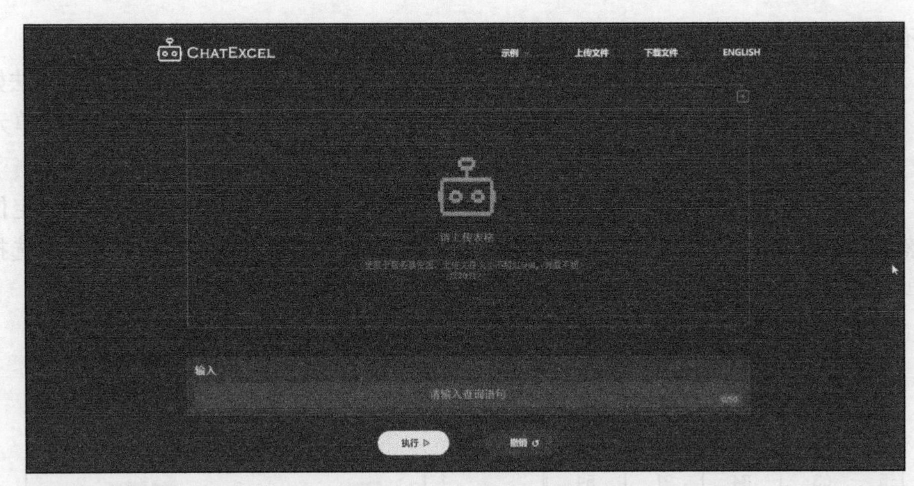

图 5-29　上传 Excel 文件

在上传完 Excel 文件后，即可在“输入”栏中进行提问：

定位为空的单元格，并填充为 0。

ChatExcel 即可用 0 批量填充缺失值，如图 5-30 所示。需要注意的是，目前 ChatExcel 只支持上传 Excel 文件中的第一张工作表。

CHATEXCEL　示例　上传文件　下载文件　ENGLISH

表格 1

1月	2月	3月	4月
83	65	68	73
63	62	85	61
99	50	60	66
63	34	91	54
0	0	35	80
58	63	46	96

输入

定位为空的单元格，并填充为0

执行　撤销

图 5-30　批量填充缺失值

如果需要批量删除具有空值单元格的行，可在“输入”栏中进行提问：

删除具有空白单元格的行。

相应的结果如图 5-31 所示。

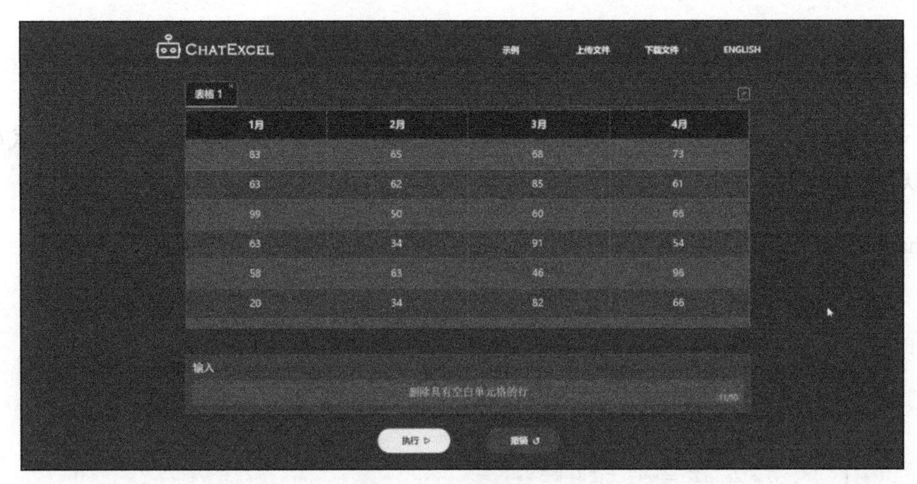

图 5-31 批量删除行

如果结果有误，可以单击“撤销”按钮后重新优化提问。处理完后，可以单击上方的“下载文件”按钮，下载处理后的表格。

5.2.2 去除重复值

当在 Excel 中处理数据时，经常会遇到重复值的情况，即数据中存在重复的记录或数值。重复值可能会干扰数据分析的准确性，一般需要对重复值进行删除。

可以使用 Microsoft Excel 的“删除重复项”功能进行处理。比如，对于图 5-32 所示的表格，需要删除“订购日期”“客户”“产品”和“数量”都相同的行。

首先选择要处理的数据范围，然后在“数据”选项卡的“数据工具”组中选择“删除重复项”，弹出如图 5-33 所示的对话框。从中选择要基于哪些列进行删除，然后单击“确定”按钮。Excel 会删除所有重复的记录，只保留唯一的值。

	A	B	C	D	E
1	编号	订购日期	客户	产品	数量
2	1	2023/1/19	丁大全	键盘	32
3	2	2023/1/24	丁大全	无线网卡	40
4	3	2023/1/24	丁大全	无线网卡	40
5	4	2023/2/4	丁大全	无线网卡	34
6	5	2023/2/6	马钰	鼠标	65
7	6	2023/2/22	马光佐	无线网卡	54
8	7	2023/3/1	马钰	鼠标	21
9	8	2023/3/1	马钰	鼠标	21
10	9	2023/3/14	马光佐	键盘	56
11	10	2023/3/26	丁大全	无线网卡	89
12	11	2023/4/8	马光佐	鼠标	97
13	12	2023/5/12	丁大全	鼠标	56

图 5-32 具有重复数据的表格

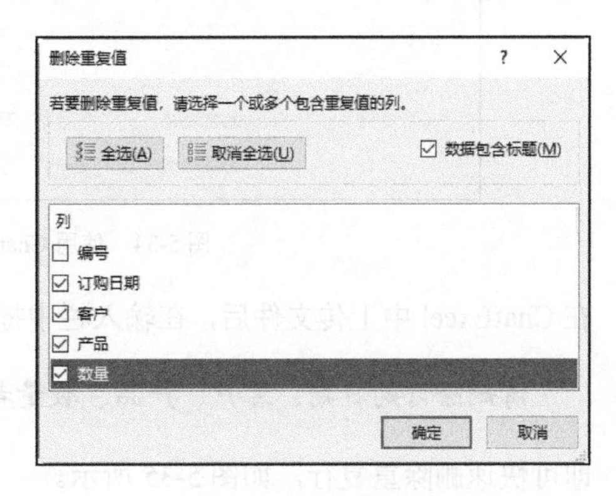

图 5-33 删除重复值

在 WPS Office 中，则通过“数据”>“重复项”>“删除重复项”进行操作。

在 ChatGPT 中，可以直接复制表格内容，然后追加提问：

请删除以上日期、客户、产品、数量都相同的行数据，不要解释，以表格形式输出删除后的结果。

ChatGPT 给出的结果如图 5-34 所示。

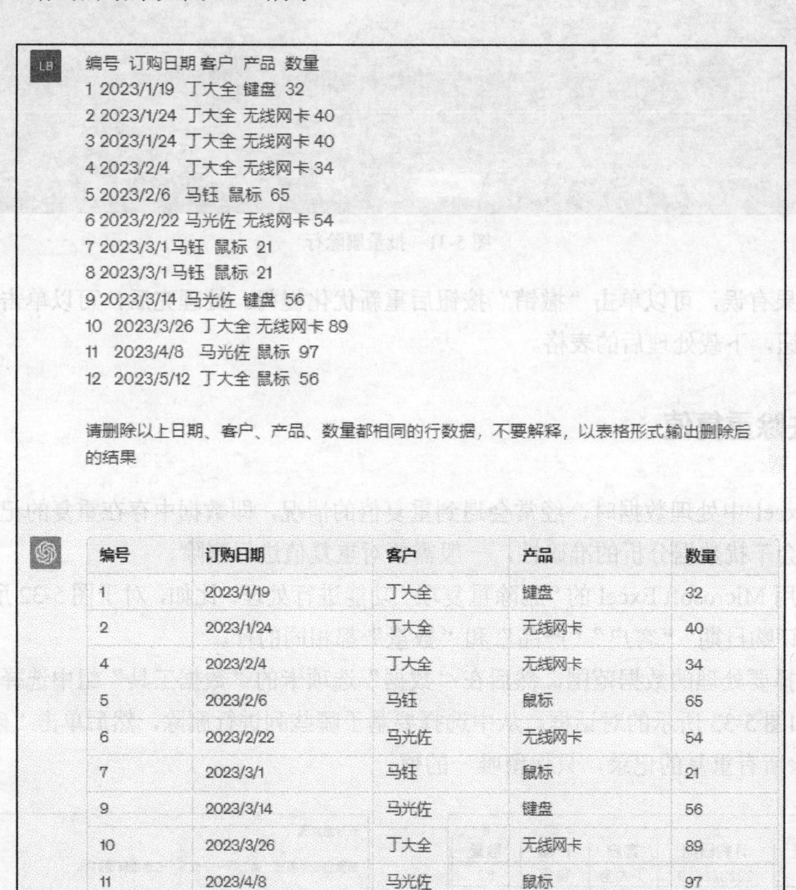

编号	订购日期	客户	产品	数量
1	2023/1/19	丁大全	键盘	32
2	2023/1/24	丁大全	无线网卡	40
4	2023/2/4	丁大全	无线网卡	34
5	2023/2/6	马钰	鼠标	65
6	2023/2/22	马光佐	无线网卡	54
7	2023/3/1	马钰	鼠标	21
9	2023/3/14	马光佐	键盘	56
10	2023/3/26	丁大全	无线网卡	89
11	2023/4/8	马光佐	鼠标	97
12	2023/5/12	丁大全	鼠标	56

图 5-34　使用 ChatGPT 删除重复数据

在 ChatExcel 中上传文件后，在输入栏中提问：

请删除订购日期、客户、产品、数量都相同的重复行。

即可快速删除重复行，如图 5-35 所示。

图 5-35 使用 ChatExcel 删除重复行

5.2.3 处理错误格式

如果导入 Excel 中的数据格式有问题，可能会导致与该单元格相关的公式或计算结果出现错误。例如，如果一个单元格包含文本，但是其值将用于数值计算，则会导致计算错误。如果错误格式的单元格以源数据的形式用于图表制作，也会使图表显示异常。

1. 删除文本格式的单位符号

如图 5-36 所示，在“数量”列中，数量单位是以文本格式输入的，这将无法使用 Excel 的公式与函数进行计算。

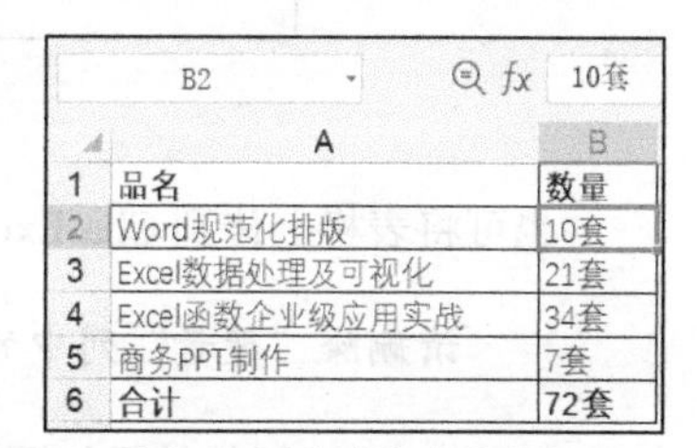

B2 fx 10套

	A	B
1	品名	数量
2	Word规范化排版	10套
3	Excel数据处理及可视化	21套
4	Excel函数企业级应用实战	34套
5	商务PPT制作	7套
6	合计	72套

图 5-36 文本格式的数值

为此，可以使用 Excel 的“替换”法删除。先选择要处理的列，然后在“查找和替换”对话框中选择“替换”选项卡，在“查找内容”中输入“套”，单击“全部替换”按钮，如图 5-37 所示。

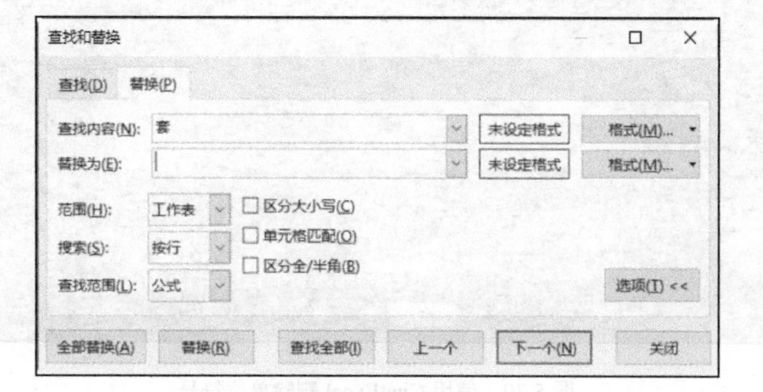

图 5-37 查找和替换

然后复制表格到 ChatGPT 中，并提问：

以上数据包括标题行，请删除第 2 列中的单位“套”，以表格形式，输出结果。

ChatGPT 返回的结果如图 5-38 所示。

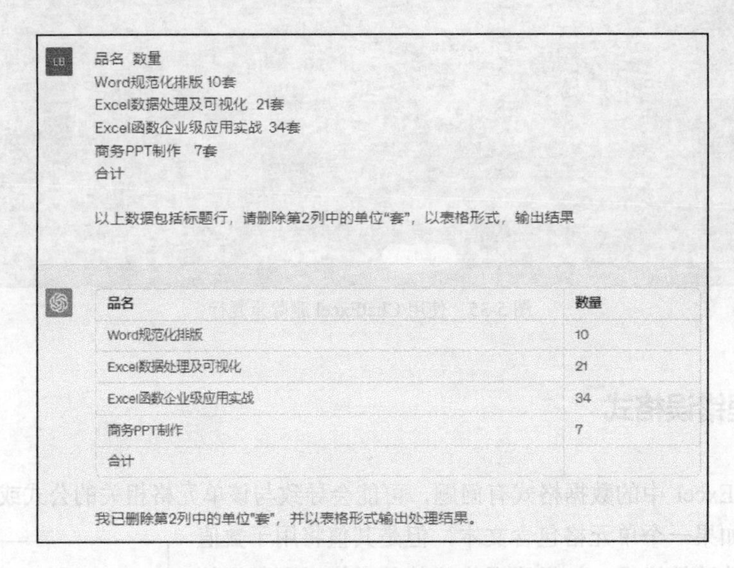

图 5-38　使用 ChatGPT 删除单位符号

也可将表格上传到 ChatExcel 中，然后在“输入”栏中输入指令：

请删除“数量”列中的单位符号。

ChatExcel 返回的结果如图 5-39 所示。

图 5-39　使用 ChatExcel 删除单位符号

2. 转换非法的日期格式

如图 5-40 所示，Excel 表格中包含多种非法的日期格式，而且无法通过更改单元格格式和分列的方式进行快速更改。

可以把表格内容复制到 ChatGPT，并给出相应指令。ChatGPT 立刻转换成了标准的日期格式，如图 5-41 所示。

	A
1	日期
2	2023年5月1日
3	2023年5月2号
4	2023.5.3
5	20230504

图 5-40 非法的日期格式

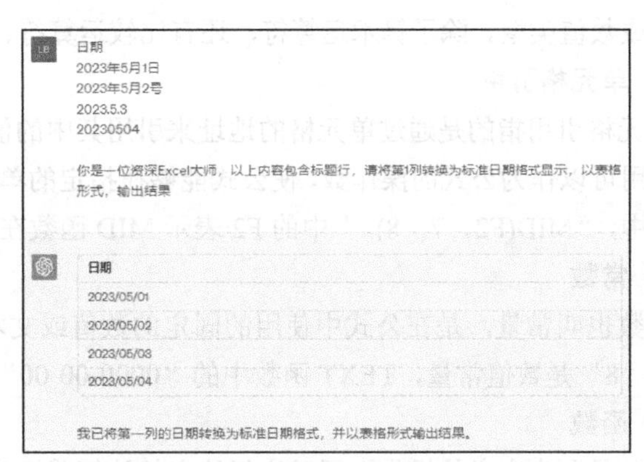

图 5-41 使用 ChatGPT 生成标准的日期格式

5.3 AI 助力 Excel 函数：简单、快速、高效

想象一下，你正在面对一堆烦琐的 Excel 数据，而学习那些复杂的函数语法似乎就像是在攀登一座陡峭的山峰。有了 AI 工具，我们就可以化繁为简，顺利掌握各种函数的奥秘。我们无须枯燥地研究各种函数手册，只需简单了解函数语法，就能通过与 AI 的对话，解决那些让人头疼的问题，从而轻松处理数据，进行复杂的计算，并创建专业的报告。

5.3.1 认识 Excel 公式与函数

Excel 公式由不同的组件组成。我们可以借助图 5-42 研究一下 Excel 公式的主要组成部分。

=1*TEXT(MID(F2,7,8),"0000-00-00")

H2 =1*TEXT(MID(F2,7,8),"0000-00-00")

	A	B	C	D	E	F	G	H
1	工号	姓名	所属部门	学历	婚姻状况	身份证号码	性别	出生日期
2	G0001	丁大全	后勤部	本科	已婚	421122196212152153	男	1962/12/15
3	G0002	马钰	生产部	本科	已婚	110108195701095755	男	1957/1/9
4	G0003	马光佐	总经办	硕士	已婚	131182196906114415	男	1969/6/11
5	G0004	小龙女	总经办	博士	已婚	320504197010062010	男	1970/10/6
6	G0005	尹志平	财务部	本科	未婚	431124198510053836	男	1985/10/5
7	G0006	丘处机	财务部	本科	已婚	320923195611081635	男	1956/11/8
8	G0007	王处一	销售部	硕士	已婚	320924198008252511	男	1980/8/25

图 5-42 公式组成

1. 等号

Excel 公式始于一个等号（=），用来告诉我们后面的内容是一个公式，而不是普通的文本。

2. 运算符

运算符用于执行具体的计算或操作。常见的运算符包括加号（+）、减号（-）、乘号（*）、除号（/）等。在图 5-42 中，使用 1 乘以后面输出的结果，主要目的是把后面的文本型数值强制转换成数值类型。除了算术运算符，还有比较运算符、文本运算符等。

3. 单元格引用

单元格引用指的是通过单元格的地址来引用其中的值，以列字母和行号的组合来表示。单元格引用可以作为公式的操作数，使公式能够在指定的单元格范围内进行计算。例如，在图 5-42 的公式中，“MID(F2，7，8) ”中的 F2 表示 MID 函数在运算时调取了 F2 单元格的值。

4. 常数

常数也叫常量，是在公式中使用的固定的数值或文本值。例如，“MID(F2，7，8) ”中的“7”和“8”是数值常量，TEXT 函数中的“0000-00-00”是文本常量。

5. 函数

函数是预先定义的操作，用于执行特定的计算或操作。对一些比较特殊或复杂的运算，使用函数反而变得很简单。函数以函数名和一对圆括号表示，括号内部包含函数的参数，当函数有多个参数时，相互之间使用逗号进行隔离。例如“=SUM(A1:A5)”，使用 SUM 函数计算单元格范围 A1 到 A5 的总和。“MID(F2，7，8)”是使用 MID 函数截取 F2 单元格中的文本，从第 7 位开始，截取 8 个字符，多个参数之间使用逗号进行隔离。

5.3.2 AI 助力逻辑函数实战运用

逻辑函数是 Excel 中最常用的函数，它可以根据条件的成立与否，做出不同的选择或执行不同的操作。比如我们打算明天出去玩，可以使用 IF 函数来判断天气状况：如果天气晴朗，就会选择去户外；如果天气下雨，就会选择在室内。

表 5-1 所示为一些常见的逻辑函数、功能及应用示例。

表 5-1 常见逻辑函数

函数名	功能	示例
IF	用于执行条件判断，根据条件执行不同的操作	=IF(A1>10，"大于 10"，"小于等于 10")
AND	判断多个条件是否同时成立，成立则返回逻辑值 True，否则返回 False	=AND(A1>5， A1<10)
OR	判断多个条件中是否至少有一个成立，成立则返回逻辑值 True，否则返回 False	=OR(A1="苹果"， A1="橘子")

续表

函数名	功能	示例
ISODD	判断值是否为奇数，并返回逻辑值	=ISODD(17)
ISNUMBER	判断单元格是否为数字，并返回逻辑值	=ISNUMBER(A1)
ISTEXT	判断单元格是否包含文本，并返回逻辑值	=ISTEXT(A1)
IFERROR	判断公式是否出错，如果是则返回指定值	=IFERROR(A1/B1, "错误")
IFNA	判断公式是否返回#N/A 错误，如果是则返回指定值	=IFNA(VLOOKUP(A1 , B1:C10 , 2 , FALSE), "未找到")

1. IF 函数实战应用

图 5-43 所示为一个成绩表，假如平均成绩大于等于 70 分，则综合评定结果为“合格”，小于 70 分则判定为“不合格”。类似这种根据某个判定条件，返回一个指定的结果或执行某个操作，只能使用 IF 函数来搞定了。

	A	B	C	D	E	F
1	销售员	理论	案例分析	论文	平均成绩	综合评定
2	丁大全	82	85	80	82	
3	马钰	54	80	70	68	
4	马光佐	48	55	50	51	
5	小龙女	65	75	70	70	

图 5-43　成绩表

依据表格和要求，直接让 ChatGPT 写出公式。我们可以这样提问：

你是一位 Excel 数据分析专家，根据 E2 单元格的成绩，如果大于等于 70 分，则返回“合格”，否则返回“不合格”，请写出 Excel 公式。

ChatGPT 给出的结果如图 5-44 所示。

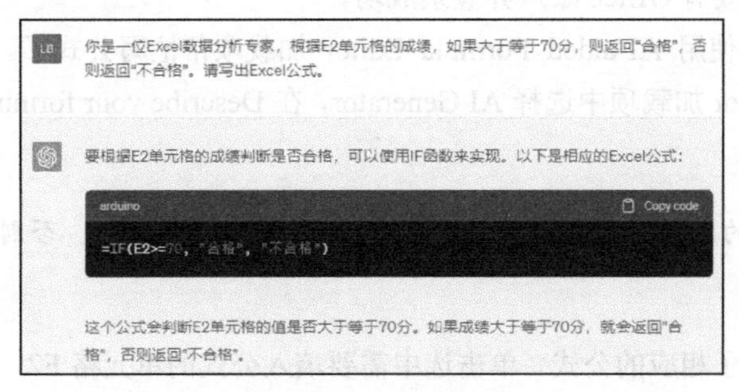

图 5-44　IF 单条件公式

单击 Copy code 复制公式，将其粘贴到 F2 单元格中，然后利用填充功能，向下拖动，将公式一直复制到 F5 单元格。

如果我们使用的是 Microsoft Excel，可以使用 AI-aided Formula Editor 加载项工具。第一次使用时，需选择“插入”>“加载项”>“获取加载项”，在弹出的“Office 加载项”对话框中，输入关键词 AI 进行搜索，如图 5-45 所示。

图 5-45　Office 加载项

在搜索结果中单击 AI-aided Formula Editor 右侧的“添加”按钮，在弹出的页面中选择“我同意上述所有条款和条件。”，单击“继续”，如图 5-46 所示。可以看到在 Excel 的右侧中出现了 AI-aided Formula Editor 加载项。

需要注意的是“AI-aided Formula Editor”加载项会向 Microsoft 提供使用或共享你的账户的权限。也就是说你需要有 Office 账户并登录成功。

接下来，就可以使用 AI-aided Formula Editor 加载项帮忙写公式了。如图 5-47 所示，在 AI-aided Formula Editor 加载项中选择 AI Generator，在 Describe your formula 中输入如下文字后单击 Submit 按钮：

根据 E2 单元格的成绩，如果大于等于 70 分，则返回“合格”，否则返回“不合格”，请写出 Excel 公式。

可以看到，生成了相应的公式。单击选中需要填入公式的单元格 F2，然后单击加载项中的左箭头按钮，公式便写入到指定的单元格中。

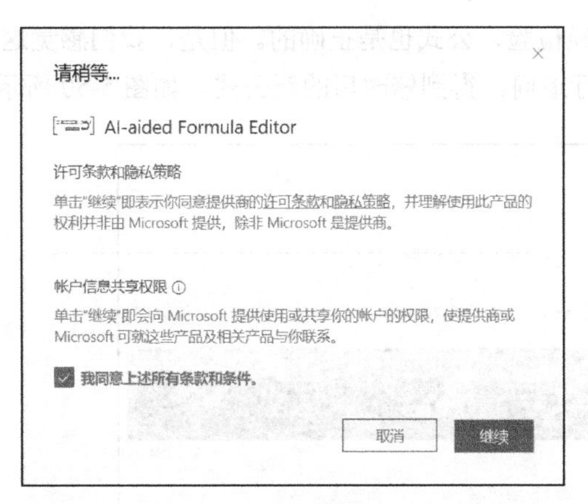

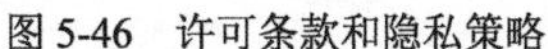

图 5-46　许可条款和隐私策略

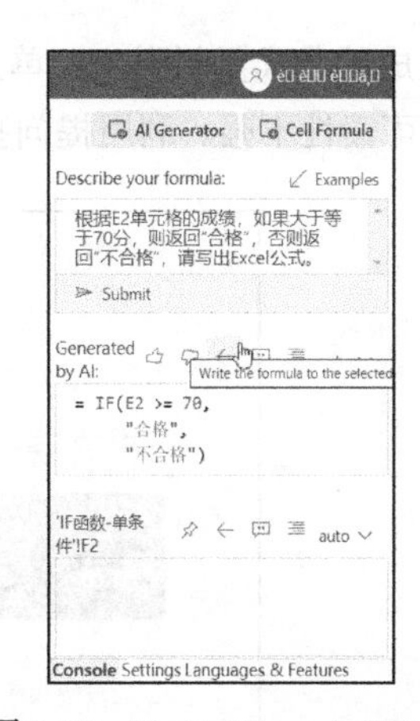

图 5-47　AI-aided Formula Editor

在介绍完了 IF 函数的单条件应用案例后，接下来转到多条件应用案例，需要使用嵌套的 IF 函数来实现更复杂的逻辑判断。相应的案例如图 5-48 所示，相应的要求如下：

	A	B	C
1	销售员	综合成绩	综合评定
2	丁大全	82	
3	马钰	95	
4	马光佐	48	
5	小龙女	77	

图 5-48　IF 多条件案例

根据第 B 列综合成绩，如果小于 70 分为“不及格”，70 分到 80 分之间为“及格”，80 分到 90 分之间为“良”，大于等于 90 分则为“优”。

使用 ChatGPT 进行描述和提问：

你是一位 Excel 数据分析专家，根据 B2 单元格中的综合成绩，小于 70 分则返回“不及格”，70 分到 80 分之间为“及格”，80 分到 90 分之间为“良”，大于等于 90 分则为“优”，写出 Excel 公式。

ChatGPT 给出的结果如图 5-49 所示。

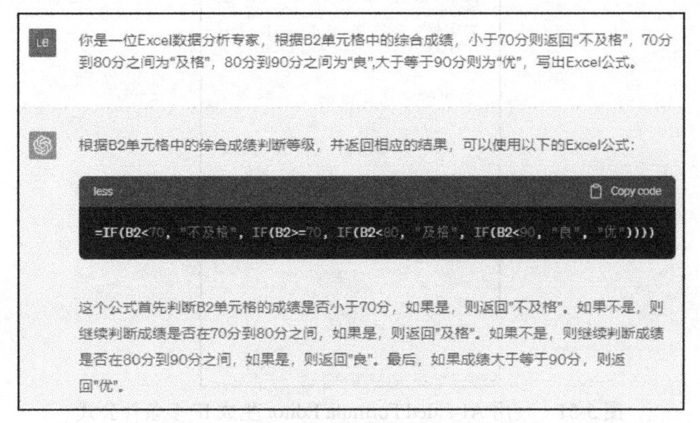

图 5-49　ChatGPT 生成的多条件 IF 公式

将生成的公式复制到C2单元格，经检验，公式也是正确的。但是，我们感觉这个公式的逻辑性和可读性不强。利用提问技巧进行追问，得到修改后的新公式，如图5-50所示。

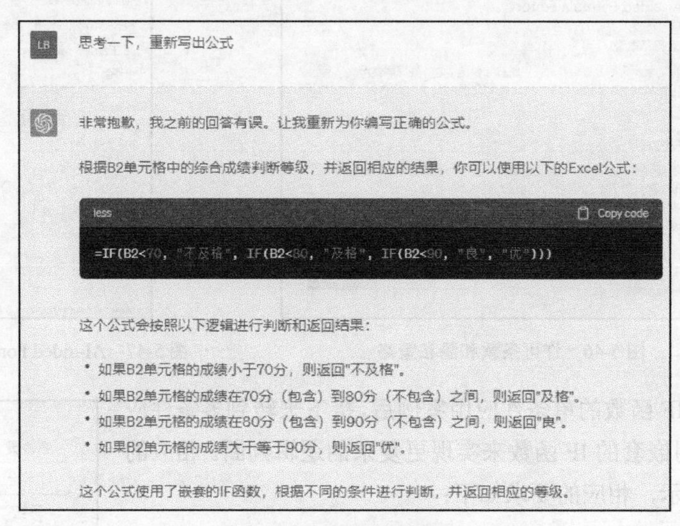

图5-50 修改后的新公式

在使用ChatGPT提问时，如果回答有误，使用“想一想”“思考一下”等表述，会让ChatGPT静心思考而不是急于回答问题，相应地，精准度也会有很大的提高。

也可以在AI-aided Formula Editor加载项中输入描述，得到相应的公式，如图5-51所示。如果觉得公式有误或者不简洁，继续单击Submit按钮就会得到新的答案。也可以考虑改变提问方式，获得新的答案。

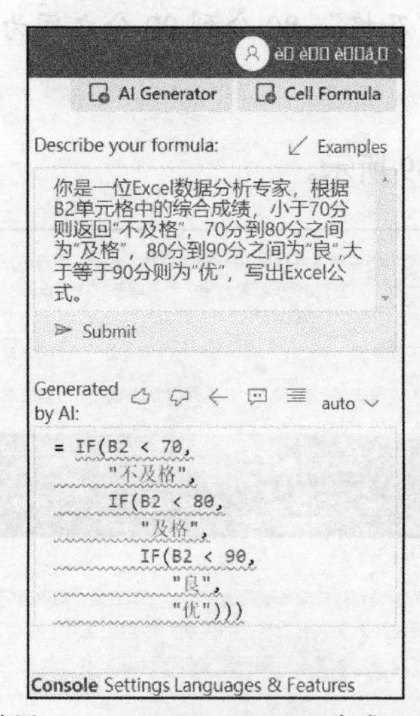

图5-51 使用AI-aided Formula Editor生成IF多条件公式

2. AND 和 OR 函数实战应用

根据如图 5-52 所示的案例表格，现在要求“理论”“案例分析”“论文”的成绩都大于等于 70 分，则综合评定为“及格”，否则为“不及格”。

	A	B	C	D	E
1	销售员	理论	案例分析	论文	综合评定
2	丁大全	82	85	80	
3	马钰	54	80	70	
4	马光佐	48	55	50	
5	小龙女	65	75	70	

图 5-52　案例表格

在 ChatGPT 中，通过描述源数据单元格引用位置和最终要求，将生成的公式复制到 E2 单元格，如图 5-53 所示。可以看到，ChatGPT 生成的公式中，混合使用了 IF 和 AND 函数。

在 AI-aided Formula Editor 加载项中输入描述后，也给出了相应的公式，如图 5-54 所示。将公式写入 E2 单元格。

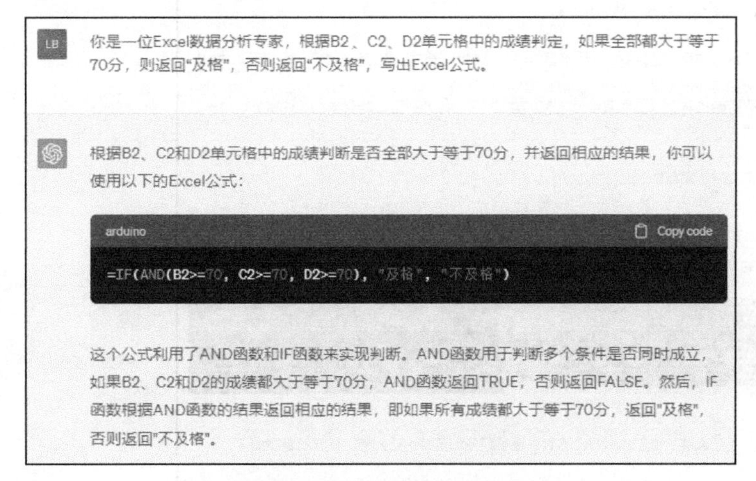

图 5-53　IF 与 AND 函数的混合使用

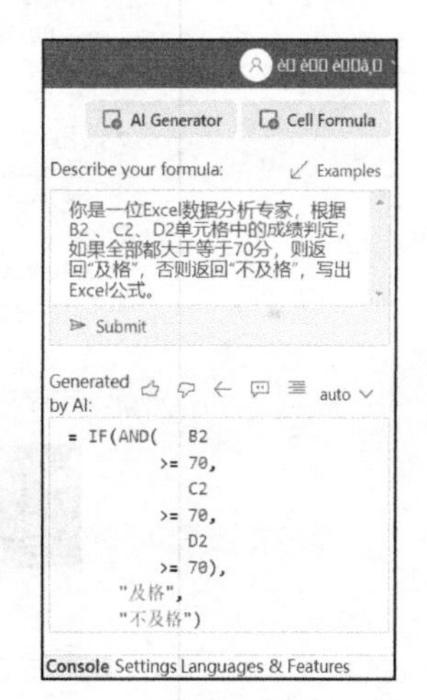

图 5-54　AI-aided Formula Editor 生成的公式

接下来，我们通过一个更复杂的逻辑判断案例（见图 5-55），看一下 ChatGPT 在 Excel 复杂函数方面的表现。现要求如下。

> 管理层：工龄 10 年以上（含）休假 20 天；6～9 年，休假 15 天；工龄 2～5 年，休假 7 天，1 年以下，无休假。
>
> 普通员工：工龄 10 年以上（含）休假 10 天；6～9 年，休假 5 天；工龄 2～5 年，休假 2 天，1 年以下，无休假。

	A	B	C	D	E	F	G
1	工号	姓名	所属部门	职务	入职时间	本公司工龄	年休假天数
2	G0001	丁大全	后勤部	总经理	1980/11/15	42	
3	G0002	马钰	生产部	副总经理	1982/10/16	40	
4	G0003	马光佐	总经办	副总经理	1986/1/8	37	
5	G0004	小龙女	总经办	职员	1986/4/8	37	
6	G0005	尹志平	财务部	职员	1988/4/28	35	
7	G0006	丘处机	财务部	劳务工	1991/10/18	31	
8	G0007	王处一	销售部	经理	1992/8/25	30	
9	G0008	王十三	财务部	副经理	1995/7/21	27	

图 5-55　更复杂的逻辑判断案例

根据分析，总经理、副总经理、经理、副经理为管理层，其他则为普通员工。我们可以像图 5-56 这样向 ChatGPT 发起提问。可以看到，ChatGPT 给出了准确的答案。这也说明，通过利用提问技巧，并清晰描述表格结构、隐含信息以及要求，才能得到精确的答案。

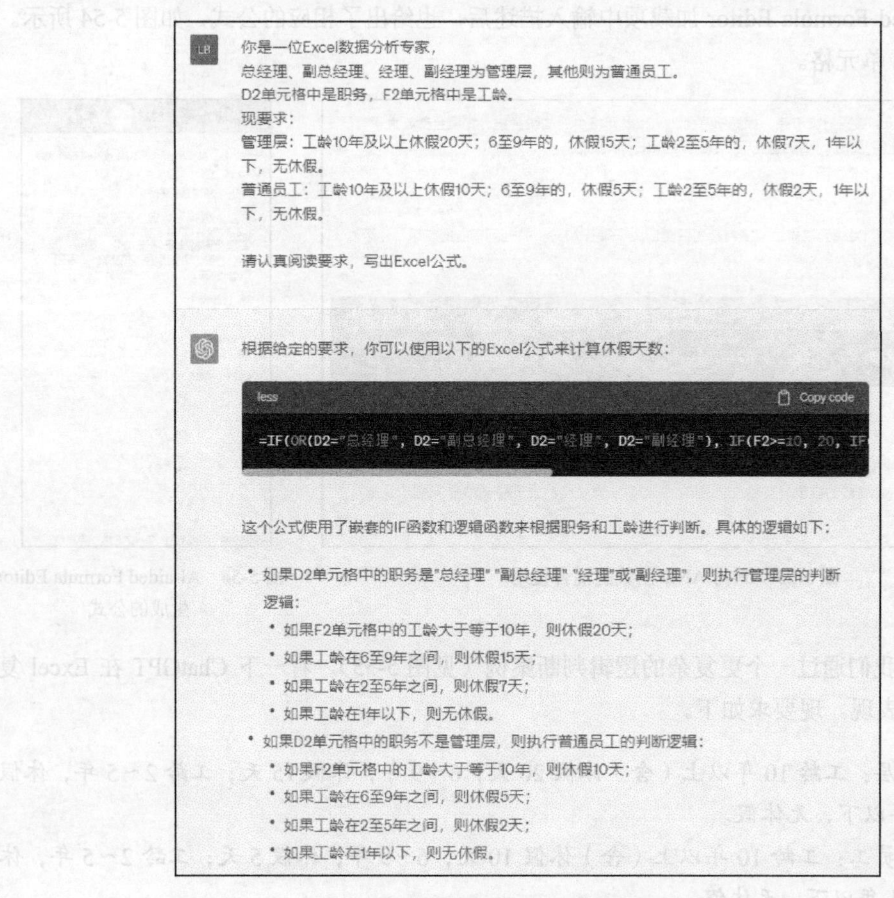

LB

你是一位Excel数据分析专家，
总经理、副总经理、经理、副经理为管理层，其他则为普通员工。
D2单元格中是职务，F2单元格中是工龄。
现要求：
管理层：工龄10年及以上休假20天；6至9年的，休假15天；工龄2至5年的，休假7天，1年以下，无休假。
普通员工：工龄10年及以上休假10天；6至9年的，休假5天；工龄2至5年的，休假2天，1年以下，无休假。

请认真阅读要求，写出Excel公式。

根据给定的要求，你可以使用以下的Excel公式来计算休假天数：

less　Copy code

```
=IF(OR(D2="总经理", D2="副总经理", D2="经理", D2="副经理"), IF(F2>=10, 20, IF
```

这个公式使用了嵌套的IF函数和逻辑函数来根据职务和工龄进行判断。具体的逻辑如下：

- 如果D2单元格中的职务是"总经理" "副总经理" "经理"或"副经理"，则执行管理层的判断逻辑：
  - 如果F2单元格中的工龄大于等于10年，则休假20天；
  - 如果工龄在6至9年之间，则休假15天；
  - 如果工龄在2至5年之间，则休假7天；
  - 如果工龄在1年以下，则无休假。
- 如果D2单元格中的职务不是管理层，则执行普通员工的判断逻辑：
  - 如果F2单元格中的工龄大于等于10年，则休假10天；
  - 如果工龄在6至9年之间，则休假5天；
  - 如果工龄在2至5年之间，则休假2天；
  - 如果工龄在1年以下，则无休假。

图 5-56　复杂的提问技巧

使用相同的描述和提问，在 AI-aided Formula Editor 或其他 AI 产品中也会得到类似的结果，最终答案取决于模型训练的程度，这里不再赘述。

3. IS 类信息函数实战应用

IS 类信息函数是 Excel 中常用的一类函数，用于检查和判断特定条件是否成立，并返回相应的逻辑值（TRUE 或 FALSE）。常用的 IS 类信息函数有 ISODD、ISEVEN、ISNUMBER、ISTEXT、ISLOGICAL 等。

IS 类函数在单独使用时非常简单，且意义不大，但它与其他函数混合使用时，可以发挥其最大的功能。比如，IS 类函数可以与 IF 函数混合使用，作为 IF 函数的条件判断。在图 5-57 所示的员工信息表中，身份证号码的第 17 位包含了性别信息，如果是奇数则为“男”，偶数则为“女”。

	A	B	C	D	E
1	姓名	部门	职称	身份证号	性别
2	刘道军	办公室	工程师	420351198002195733	
3	张明	办公室	政工师	342701197502138578	
4	张洋	业务部	经济师	342701197201232512	

图 5-57　员工信息表

我们可以这样提问：

请根据 D2 单元格中的身份证号的第 17 位来判断性别，使用 ISODD，写出 Excel 公式。

在明确要求使用 ISODD 函数后，ChatGPT 也就会明白使用 ISODD 是为了判断奇偶数，其返回的结果如图 5-58 所示。如果没有这句提示，ChatGPT 返回的公式可能是错误的，那么我们需要加上“如果为奇数则返回‘男’，否则返回‘女’”的提示。ChatGPT 也可能会使用 MOD 函数构建一个表达式来判断奇偶数，如=IF(MOD(MID(D2，17，1)，2)=1，"男"，"女")。

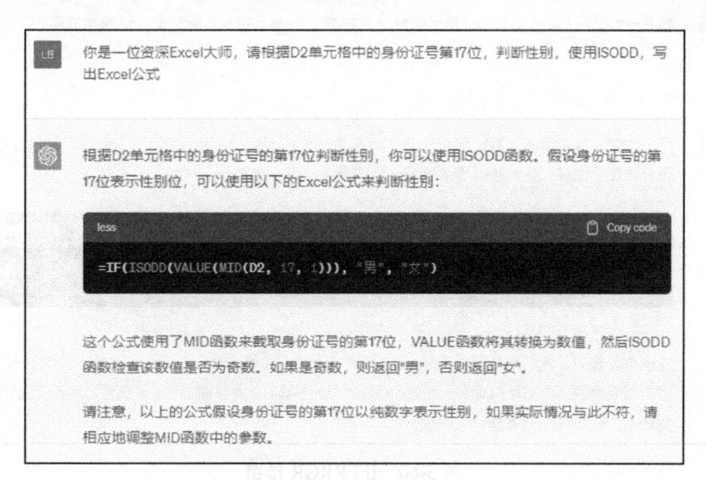

图 5-58　性别判断公式

如果你使用的是 Microsoft Excel，可以在 AI-aided Formula Editor 加载项中自行尝试。

4. IFERROR 和 IFNA 函数实战应用

IFERROR 和 IFNA 函数最早出现在 Microsoft Office 2007、WPS Office 2016 版本中，用于处理错误值。它们可以检查某个表达式或公式是否返回错误，并在出现错误时返回指定的值，从而提供更好的错误处理，使表格显示更规范、整洁。

IFERROR 函数的基本语法如下：

```
IFERROR(value, value_if_error)
```

其中，value 是要检查的表达式或公式，value_if_error 是在 value 出现错误时返回的值。

IFERROR 函数的作用是判断 value 是否返回错误值，如果返回错误值（如#VALUE!、#DIV/0! 等），则返回指定的 value_if_error 值；反之，则直接返回 value 的结果。

IFNA 是 Excel 中专门用于处理#N/A 错误值的函数，其他参数与用法和与 IFERROR 函数相同。

我们来看图 5-59 所示的表格。其中，完成率=实际完成÷计划完成。由于 B 列中某些单元格为空，即除数为 0，使得 D 列结果出现了“#DIV/0!”的错误值。

	A	B	C	D
1	项目	计划完成	实际完成	完成率
2	项目A	1000	1200	120%
3	项目B	1300	120	9%
4	项目C		3000	#DIV/0!
5	项目D	400	800	200%

图 5-59　IFERROR 函数使用的表格

我们可以这样向 ChatGPT 提问：

> 你是一位资深 Excel 大师，B2 单元格是计划完成，C2 单元格是实际完成，计算完成率，使用 IFERROR 排错，写出 Excel 公式。

也即，在正常描述中加入“使用 IFERROR 排错”的提示即可。

ChatGPT 返回的结果如图 5-60 所示。

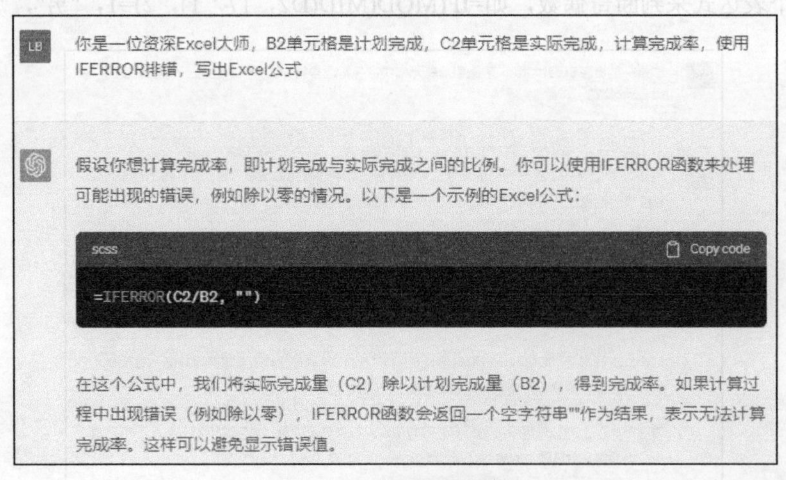

图 5-60　IFERROR 排错

如果你使用的是 Microsoft Excel，可以在 AI-aided Formula Editor 加载项中自行尝试。

5.3.3 AI 助力分类汇总函数实战应用

数据分类汇总是根据特定的条件对数据进行分组，并对分组进行汇总统计。在工作中，可以将数据按类别、时间维度、地区、条件等各种组合和技巧来进行数据分类汇总。表 5-2 列出了 Excel 中常用的分类汇总函数、功能及应用示例。

表 5-2 分类汇总函数

函数名	功能	示例
SUM	计算数据范围内的数值总和	=SUM(A1:A10) 计算 A1 到 A10 单元格范围内的数值总和
COUNT	计算数据范围内的非空单元格数量	=COUNT(A1:A10) 计算 A1 到 A10 单元格范围内的非空单元格数量
COUNTA	计算数据范围内的非空值数量	=COUNTA(A1:A10) 计算 A1 到 A10 单元格范围内的非空值数量
COUNTIF	计算满足指定条件的单元格数量	=COUNTIF(A1:A10, ">10") 计算 A1 到 A10 单元格范围内大于 10 的单元格数量
COUNTIFS	根据多个条件计算满足条件的单元格数量	=COUNTIFS(A1:A10, ">10", B1:B10, "Red") 计算满足 A1 到 A10 范围内大于 10，且 B1 到 B10 范围内为"Red"的单元格数量
SUMIF	计算满足指定条件的单元格数值总和	=SUMIF(A1:A10, ">10") 计算 A1 到 A10 单元格范围内大于 10 的数值总和
SUMIFS	根据多个条件计算满足条件的单元格数值总和	=SUMIFS(A1:A10, B1:B10, ">10", C1:C10, "Green") 计算满足 B1 到 B10 范围内大于 10，且 C1 到 C10 范围内为"Green"的数值总和
AVERAGEIF	计算满足指定条件的单元格数值平均值	=AVERAGEIF(A1:A10, ">10") 计算 A1 到 A10 单元格范围内大于 10 的数值平均值

从汇总方式上，汇总函数可以分为计数函数和求和汇总函数。从汇总条件，汇总函数上有下面两种常见的方式。

- **单一条件汇总**：如 SUMIF、COUNTIF、AVERAGEIF 等，可以根据单一条件对数据进行分类汇总。
- **多条件汇总**：如需要分类的条件有两个及以上时，就要使用多条件汇总函数，如 SUMIFS、COUNTIFS、AVERAGEIFS 等，根据多个条件对数据进行分类汇总。

除了使用单一条件和多条件进行分类汇总外，还有两种常见的匹配模式下的汇总：模糊匹配和精确匹配。

- 模糊匹配是指在分类汇总时，根据部分匹配或模式匹配的条件进行汇总。在模糊匹配中，星号（*）表示任意字符（包括零个或多个字符），问号（?）表示任意单个字符。

如=COUNTIFS(A2:A10，"John*")表示计算在 A2 到 A10 范围内，学生姓名以"John"开头的单元格的数量。

- 精确匹配是指在分类汇总时，根据完全匹配的条件进行汇总。

如=SUMIFS(B2:B10，A2:A10，"apple")表示计算在 A2 到 A10 范围内，产品名称为"apple"的销售额的总和。

1. COUNTIF 和 COUNTIFS 函数实战应用

在图 5-61 所示的表格中，左边数据区域中是员工信息清单，在在职员工统计分析表中需要统计各部门的人数。为此，可以使用 COUNTIF 单一条件统计的办法。

	A	B	C	D	E	F
1	工号	姓名	所属部门	学历	婚姻状况	性别
2	G0001	丁大全	后勤部	本科	已婚	男
3	G0002	马钰	生产部	本科	已婚	男
4	G0003	马光佐	总经办	硕士	已婚	男
5	G0004	小龙女	总经办	博士	已婚	男
6	G0005	尹志平	财务部	本科	未婚	男
7	G0006	丘处机	财务部	本科	已婚	男
8	G0007	王处一	销售部	硕士	已婚	男
9	G0008	王十三	财务部	本科	已婚	女
10	G0009	公孙止	市场部	大专	未婚	男
11	G0010	王志坦	生产部	本科	已婚	女
12	G0011	王惟忠	市场部	本科	已婚	女
13	G0012	尹克西	市场部	本科	已婚	男
14	G0013	孙不二	市场部	本科	未婚	男
15	G0014	皮清云	财务部	本科	未婚	男
16	G0015	申志凡	信息部	硕士	已婚	男
17	G0016	冯默风	市场部	本科	已婚	男
18	G0017	史伯威	销售部	本科	未婚	男

在职员工统计分析表

部门	在职总人数	性别		学历					
		男	女	博士	硕士	本科	大专	中专	高中
总经办									
人力资源部									
财务部									
贸易部									
后勤部									
技术部									
生产部									
销售部									
信息部									
质检部									
市场部									
合计									

图 5-61 分类统计示例使用的表格

我们可以这样提问：

> 你是一位资深 Excel 大师，表中 C 列是部门信息。在汇总表中，H6:H16 对应部门分类信息，请根据部门分类统计人数，写出 Excel 公式。

在图 5-62 中可以看到，ChatGPT 给出的公式使用的是 COUNTIFS 函数，其实这里也可以使用 COUNTIF、COUNTIFS 或者 SUMPRODUCT 函数。如果我们希望使用 COUNTIF 函数，可以用“请使用 COUNTIF 函数”继续向 ChatGPT 追问。另外，请检查统计区域，建议把$C$2:$C$100 改为 C:C。

如图 5-63 所示，AI-aided Formula Editor 给出了理想的公式。如果公式有误，可以重复单击 Submit 按钮重新生成。如果对生成的结果还不满意，可修改提问。

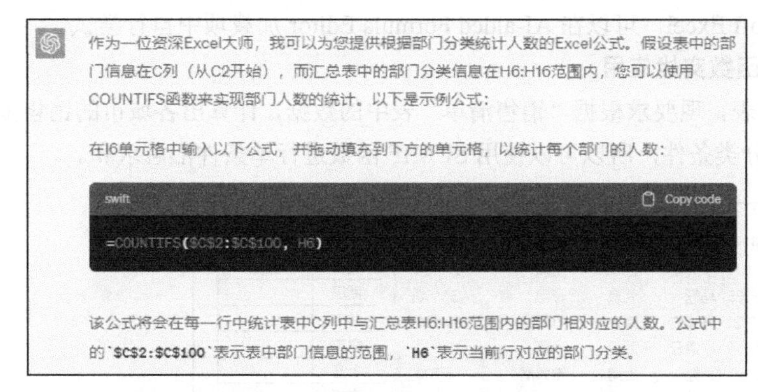

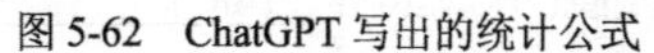
图 5-62　ChatGPT 写出的统计公式

图 5-63　AI-aided Formula Editor 写出的统计公式

在图 5-61 中，在在职员工统计分析表中需要按部门和性别进行分类统计。多条件统计需要使用 COUNTIFS 或者 SUMPRODUCT 函数，因为 SUMPRODUCT 应用了数组概念，且公式运算速度比较慢，这里建议使用 COUNTIFS 函数。

我们可以这样设计提问：

> 你是一位资深 Excel 大师，表中 C 列是部门信息，F 列是性别。在汇总表中，H6:H16 对应部门分类信息，J5:K5 对应性别，请根据部门和性别作为分类统计条件统计人数，使用 COUNTIFS 函数写出 Excel 公式，请注意单元格引用。

在图 5-64 中可以看到，ChatGPT 使用 COUNTIFS 函数写出了公式。请根据图 5-64 中的说明，修改部门和性别的引用范围，建议修改为$C:$C 和$F:$F。

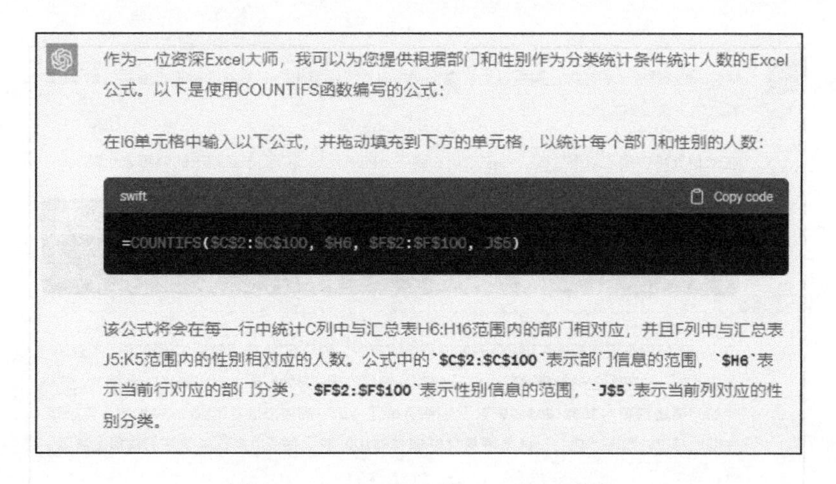

图 5-64　ChatGPT 写出的 COUNTIFS 公式

使用类似的提问，写出学历部门的统计公式。

如果你使用的是 Microsoft Excel，可以在 AI-aided Formula Editor 加载项中自行尝试。

2. SUMIF 和 SUMIFS 函数实战应用

在图 5-65 中有两个工作表，现要求根据“销售清单”表中的数据，计算出各城市的销售金额。由于只有“城市”作为分类条件，所以可以使用 SUMIF 函数进行单条件汇总求和。

序号	销售日期	销售员	城市	品名	销售金额
1	2023/1/17	丁大全	武汉	空调	37,200
2	2023/3/25	马钰	北京	彩电	31,100
3	2023/2/21	马光佐	南京	打印机	28,000
4	2023/4/19	皮清云	武汉	冰箱	12,600
5	2023/6/1	王处一	上海	电风扇	6,700
6	2023/5/4	丘处机	南京	数码相机	19,500
7	2023/1/6	丁大全	上海	空调	40,600
8	2023/3/14	马钰	武汉	彩电	21,800
9	2023/2/10	马光佐	上海	打印机	37,400
10	2023/4/10	皮清云	南京	冰箱	21,500
11	2023/6/26	王处一	武汉	电风扇	5,800

销售清单　汇总表

城市	金额
武汉	
北京	
南京	
上海	
广州	

销售清单　汇总表

图 5-65　SUMIF 案例使用的表格

我们可以这样提问：

你是一位资深 Excel 大师，“销售清单”工作表中 D 列是城市，F 列是销售金额。在“汇总表”中，A3:A7 对应城市分类信息，需要汇总各城市的销售总金额，使用 SUMIF 函数写出 Excel 公式。

如图 5-66 所示，ChatGPT 使用 SUMIF 函数给出了公式。请修改公式中 D 列和 F 列的引用区域。

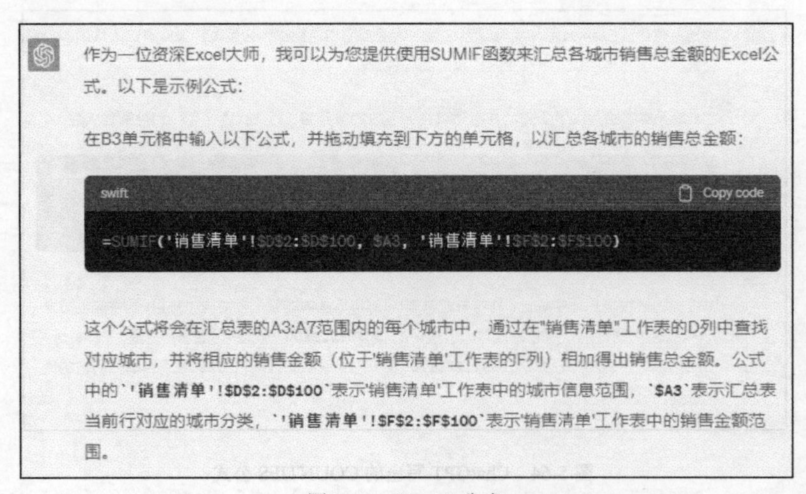
作为一位资深Excel大师，我可以为您提供使用SUMIF函数来汇总各城市销售总金额的Excel公式。以下是示例公式：
在B3单元格中输入以下公式，并拖动填充到下方的单元格，以汇总各城市的销售总金额：
swift
Copy code
=SUMIF('销售清单'!$D$2:$D$100, $A3, '销售清单'!$F$2:$F$100)
这个公式将会在汇总表的A3:A7范围内的每个城市中，通过在"销售清单"工作表的D列中查找对应城市，并将相应的销售金额（位于'销售清单'工作表的F列）相加得出销售总金额。公式中的`'销售清单'!$D$2:$D$100`表示'销售清单'工作表中的城市信息范围，`$A3`表示汇总表当前行对应的城市分类，`'销售清单'!$F$2:$F$100`表示'销售清单'工作表中的销售金额范围。

图 5-66　SUMIF 公式

在如图 5-67 所示的表格中，现要求汇总各城市每个销售员的销额总金额。为此，需要使用 SUMIFS 函数。这样向 ChatGPT 提问：

> 你是一位资深 Excel 大师，“销售清单”工作表中 C 列是销售员，D 列是城市，F 列是销售金额。在“汇总表”中，D3:D7 对应城市分类信息，E2:J2 对应销售员信息，需要汇总各城市每个销售员的销售总金额，使用 SUMIFS 函数写出 Excel 公式，注意单元格引用。

ChatGPT 写出了如图 5-68 所示的公式。我们根据实际情况调整数据表中城市、销售员和销售金额所在的列和起始行即可。优化后的公式如下：

```
=SUMIFS('销售清单'!$F:$F, '销售清单'!$D:$D, $D3, '销售清单'!$C:$C, E$2)
```

	A	B	C	D	E	F
1	序号	销售日期	销售员	城市	品名	销售金额
2	1	2023/1/17	丁大全	武汉	空调	37,200
3	2	2023/3/25	马钰	北京	彩电	31,100
4	3	2023/2/21	马光佐	南京	打印机	28,000
5	4	2023/4/19	皮清云	武汉	冰箱	12,600
6	5	2023/6/1	王处一	上海	电风扇	6,700
7	6	2023/5/4	丘处机	南京	数码相机	19,500
8	7	2023/1/6	丁大全	上海	空调	40,600
9	8	2023/3/14	马钰	武汉	彩电	21,800
10	9	2023/2/10	马光佐	上海	打印机	37,400
11	10	2023/4/10	皮清云	南京	冰箱	21,500
12	11	2023/6/26	王处一	武汉	电风扇	5,800

销售清单 汇总表

	D	E	F	G	H	I	J
1							
2		丁大全	马钰	马光佐	皮清云	王处一	丘处机
3	武汉						
4	北京						
5	南京						
6	上海						
7	广州						

销售清单 汇总表

图 5-67 SUMIFS 案例使用的表格

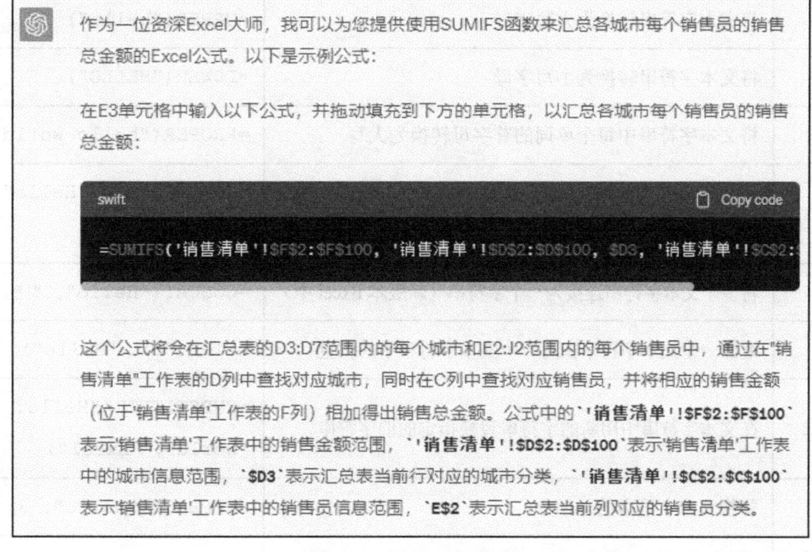
作为一位资深Excel大师，我可以为您提供使用SUMIFS函数来汇总各城市每个销售员的销售总金额的Excel公式。以下是示例公式：
在E3单元格中输入以下公式，并拖动填充到下方的单元格，以汇总各城市每个销售员的销售总金额：
swift
Copy code
=SUMIFS('销售清单'!$F$2:$F$100, '销售清单'!$D$2:$D$100, $D3, '销售清单'!$C$2:
这个公式将会在汇总表的D3:D7范围内的每个城市和E2:J2范围内的每个销售员中，通过在"销售清单"工作表的D列中查找对应城市，同时在C列中查找对应销售员，并将相应的销售金额（位于'销售清单'工作表的F列）相加得出销售总金额。公式中的`'销售清单'!$F$2:$F$100`表示'销售清单'工作表中的销售金额范围，`'销售清单'!$D$2:$D$100`表示'销售清单'工作表中的城市信息范围，`$D3`表示汇总表当前行对应的城市分类，`'销售清单'!$C$2:$C$100`表示'销售清单'工作表中的销售员信息范围，`E$2`表示汇总表当前列对应的销售员分类。

图 5-68 SUMIFS 公式

5.3.4　AI 助力文本函数实战应用

在实际的工作中，我们从外部获取的数据可能不符合规则，而借助于文本函数可以清洗和格式化不规则的数据。例如，可以使用 TRIM 函数去除文本中的前导和尾随空格。

如果需要将多个文本字符串连接在一起，可以使用 CONCATENATE 或 CONCAT 函数将多个单元格中的内容合并为一个字符串。

可以使用文本函数进行查找、替换工作。比如，使用 FIND 函数查找某个字符或字符串在文本中的位置，使用 SUBSTITUTE 函数替换文本中的特定字符或字符串。

可以使用文本函数从较长的字符串中提取出需要的部分。例如，使用 LEFT 函数提取字符串的左侧字符，使用 RIGHT 函数提取字符串的右侧字符，使用 MID 函数提取字符串的中间部分。

还可以使用文本函数将数字或日期转换为特定的文本格式。例如，使用 TEXT 函数将数字格式化为货币、百分比或自定义的格式。

表 5-3 列出了 Excel 中常用的文本函数、功能及应用示例。

表 5-3　Excel 中常用的文本函数

函数名	功 能	示 例
LEN	返回文本字符串的字符数	=LEN("Hello")
TRIM	去除文本字符串中的前导空格和尾随空格	=TRIM(" hello ")
UPPER	将文本字符串转换为大写字母	=UPPER("hello")
LOWER	将文本字符串转换为小写字母	=LOWER("HELLO")
PROPER	将文本字符串中每个单词的首字母转换为大写	=PROPER("hello world")
CONCATENATE	将多个文本字符串连接为一个字符串	=CONCATENATE("Hello", " ", "World")
CONCAT	将多个文本字符串连接为一个字符串（新版本 Excel 中）	=CONCAT("Hello", " ", "World")
FIND	返回一个文本字符串在另一个文本字符串中的位置	=FIND("o", "Hello")
SUBSTITUTE	在文本字符串中用新的字符串替换指定的旧字符串	=SUBSTITUTE("Hello, World", "World", "Excel")
REPLACE	替换文本字符串的一部分	=REPLACE("Hello", 3, 2, "p")
LEFT	返回文本字符串的左侧字符	=LEFT("Hello", 3)

续表

函数名	功 能	示 例
RIGHT	返回文本字符串的右侧字符	=RIGHT("Hello", 2)
MID	返回文本字符串中指定位置开始的一段字符	=MID("Hello", 2, 3)
TEXT	根据指定的格式将数字转换为文本	=TEXT(1234.567, "$#, ##0.00")

大部分文本类函数的使用相对比较简单，但我们需要知道它们的功能，这样才能更好地向 ChatGPT 提问。下面来看几个文本函数的应用案例。

1. 从身份证中提取出生日期

在如图 5-69 所示的表格中，需要从身份证号码里提取出生日期，因为出生日期是从第 7 位到第 14 位，所以只能使用 MID 函数提取。由于提取的文本不是日期格式，无法进行运算，因此还需要将其转换成日期格式。

	A	B	C
1	姓 名	身份证号码	出生日期
2	马钰	421122196212152153	
3	丁大全	110108195701095755	
4	王十三	131182196906114415	

图 5-69 提取出生日期使用的表格

可以这样提问：

你是一位资深 Excel 大师，请从 B2 单元格的身份证号码中提取出生日期，显示为标准日期格式，写出 Excel 公式。

如图 5-70 所示，ChatGPT 给出了公式，并使用 DATE 函数给出了标准的日期格式。这里也可使用 TEXT 函数转换成日期格式。

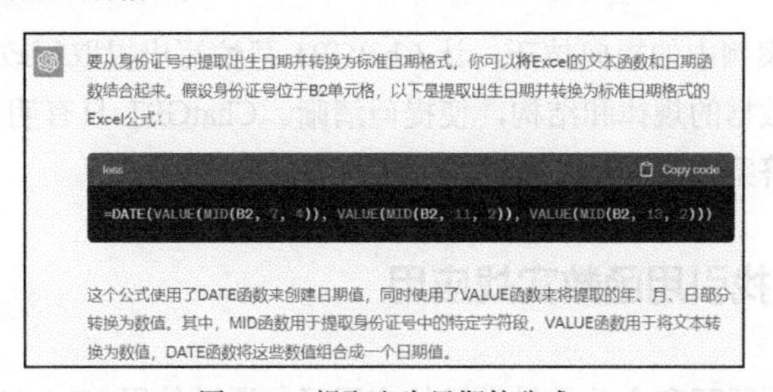

图 5-70 提取出生日期的公式

2. 根据地址提取所在城市

在图 5-71 所示的表格中，需要根据 B 列中的客户地址，提取出省会城市名称。

可以这样提问：

你是一位资深 Excel 大师，请根据 B2 单元格中的详细地址，提取出省会城市，例如“武汉市”，写出 Excel 公式。

	A	B	C	D
1	客户名称	客户地址	城市	行政区
2	马钰	湖北省武汉市洪山区		
3	丁大全	河北省邯郸市峰峰矿区		
4	王十三	江苏省南京市玄武区		
5	宋五	黑龙江省哈尔滨市南岗区		

图 5-71 提取城市名使用的表格

我们在提问中明确提到 B2 单元格是详细地址，并给出了省会城市的例子，不然使用 ChatGPT 写出的公式可能得到的是“武汉”，而没有“市”。

如图 5-72 所示，ChatGPT 给出了公式。但该公式不一定是最优的，根据下面的说明，优化公式如下：

```
=MID(B2, FIND("省", B2)+1, FIND("市", B2)-FIND("省", B2))
```

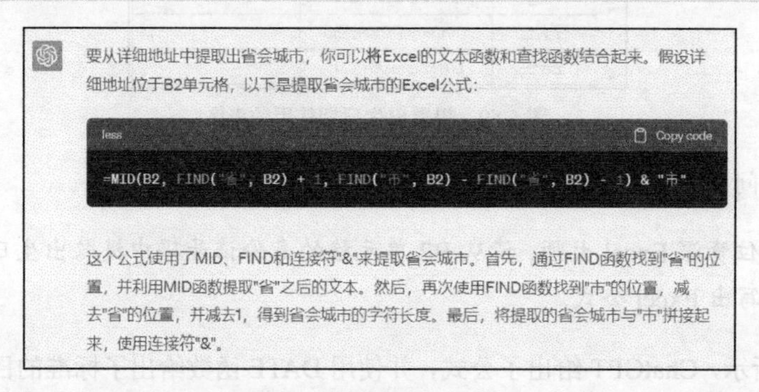

图 5-72 提取城市名的公式

大家可以根据该案例中的提问技巧，让 ChatGPT 帮忙写出提取行政区的公式。在提问时，一定要注意数据表中数据的规律和结构，使提问清晰。ChatGPT 只有明白了表的结构和逻辑关系，才能给出正确的答案。

5.3.5 AI 助力查找引用函数实战应用

在 Excel 中，数据匹配和合并是最常见的应用了。通过使用 VLOOKUP、HLOOKUP 等函数，可以在不同的数据表中查找和匹配相关数据，实现数据的合并、关联和补充。这在数据清洗、数据整合和报告生成时非常有用。

表 5-4 给出了常见的查找引用函数的功能和示例。

表 5-4 常见查找引用函数

函数名	功能	示例
VLOOKUP	垂直查找并返回对应值	=VLOOKUP(A2, A1:B10, 2, FALSE) 查找 A1：B10 中与 A2 单元格相匹配的值，并返回相应的第 2 列的值
HLOOKUP	水平查找并返回对应值	=HLOOKUP(A2, A1:B10, 2, FALSE) 查找 A1：B10 中与 A2 单元格相匹配的值，并返回相应的第 2 行的值
INDEX	根据行列位置返回值	=INDEX(A1:C5, 3, 2) 返回 A1：C5 区域中第 3 行第 2 列的值
MATCH	查找值在区域中的位置	=MATCH(A2, A1:A10, 0) 在 A1：A10 区域中查找 A2 的位置，并返回相对位置（行号或列号）

1. VLOOKUP 函数应用注意事项

VLOOKUP 可根据指定的一个条件，从指定区域内把满足条件的某列的单元格数据查找出来。基本语法如下：

```
=VLOOKUP（查找条件，查找区域，取数的列号，匹配模式）
```

使用 VLOOKUP 函数时，必须满足以下条件：

- 查找区域必须是列结构的，也就是数据必须按列保存；
- 查找条件必须是单条件的，不区分大小写；
- 查找方向是从左往右的，即查找条件在数据区域的左边某列，要取的数在查找条件的右边某列；
- 在查找数据区域中，查找条件所在的列不允许有重复数据。

2. MATCH 函数应用注意事项

MATCH 函数能帮助我们在一个数组或一个序列中找到特定值的位置。基本语法如下：

```
=MATCH（查找值，查找区域，匹配模式）
```

匹配模式可设置为数字-1、0 或者 1。设置为 0 时，为精确匹配查找；如果是 1、-1 或将其忽略，则为模糊匹配查找。一般情况下，MATCH 函数不能查找重复数据，不区分大小写。

3. INDEX 函数应用注意事项

INDEX 函数用来在数据区域中，把指定列和指定行的交叉单元格数据取出来。INDEX 函数有下面两种使用方法。

- 方法 1：从一个区域内查询数据

```
=INDEX（取数的区域，指定行号，指定列号）
```

■ 方法 2：从多个区域内查询数据

```
=INDEX（一个或多个单元格区域，指定行号，指定列号，区域的序号）
```

INDEX 常与 MATCH 函数联合使用，通常先使用 MATCH 定位出行和列的值，再使用 INDEX 函数从指定位置取数。

图 5-73 所示为使用 Excel 查找函数从查询表中提取出相应的数据。

序号	姓名	部门	入职日期	应出勤天数	实际出勤天数	基本工资	工龄工资	提成工资	缺勤扣	应发合计	个人所得税	实发合计
G0001	丁大全	后勤部	2019/01/04	26	26	2500	120	250	0	2870	102	2768
G0002	马钰	生产部	2019/01/02	26	26	2100	120	1300	0	3520	167	3353
G0003	马光佐	总经办	2017/02/10	24	24	3500	40	284	0	3824	208.6	3615.4
G0004	小龙女	服务部	2011/03/22	26	26	4500	40	2160	0	6700	645	6055
G0005	尹志平	销售部	2017/05/01	24	24	4000	40	350	0	4390	293.5	4096.5

查询表 | VLOOKUP | INDEX | INDEX2

姓名	部门	基本工资	工龄工资	提成工资	缺勤扣	应发合计	个人所得税	实发合计
丁大全								
马钰								
马光佐								
小龙女								
尹志平								

查询表 | VLOOKUP | INDEX | INDEX2

图 5-73　VLOOKUP 查找案例使用的表格

如果只是简单地向 ChatGPT 提问：

> 你是一位资深 Excel 大师，请根据 A 列中的查询条件，从“查询表”的 B2:M6 区域中提取出相应信息，写出 Excel 公式。

由于上述描述很简单，ChatGPT 并不知道表格的结构与逻辑，所以只能给出简单的回答，如图 5-74 所示。应用函数公式时，需要对应两张表修改相应的参数。

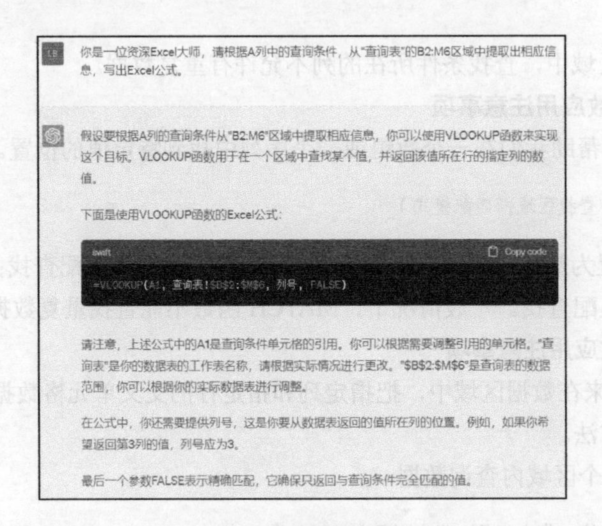

你是一位资深Excel大师，请根据A列中的查询条件，从"查询表"的B2:M6区域中提取出相应信息，写出Excel公式。
假设要根据A列的查询条件从"B2:M6"区域中提取相应信息，你可以使用VLOOKUP函数来实现这个目标。VLOOKUP函数用于在一个区域中查找某个值，并返回该值所在行的指定列的数值。
下面是使用VLOOKUP函数的Excel公式：
swift
Copy code
=VLOOKUP(A1，查询表!$B$2:$M$6，列号，FALSE)
请注意，上述公式中的A1是查询条件单元格的引用。你可以根据需要调整引用的单元格。"查询表"是你的数据表的工作表名称，请根据实际情况进行更改。"$B$2:$M$6"是查询表的数据范围，你可以根据你的实际数据表进行调整。
在公式中，你还需要提供列号，这是你要从数据表返回的值所在列的位置。例如，如果你希望返回第3列的值，列号应为3。
最后一个参数FALSE表示精确匹配，它确保只返回与查询条件完全匹配的值。

图 5-74　简单的回答

由于图 5-73 中的表格的结构和逻辑比较复杂，可以尝试使用下面的提问：

“查询表”中的标题从 A1 到 M1 依次是：序号 姓名部门 入职日期 应出勤天数 实际出勤天数 基本工资 工龄工资 提成工资 缺勤扣 应发合计 个人所得税 实发合计

生成的表格的标题从 A1 到 I1 依次是：姓名 部门 基本工资 工龄工资 提成工资 缺勤扣 应发合计 个人所得税 实发合计

你是一位资深 Excel 大师，请根据 A2:A6 中的查询条件，从“查询表”的 B2:M6 区域中提取出相应信息，写出 Excel 公式。

由于上述的描述很详细明确，ChatGPT 知道了两张表的逻辑结构，也就给出了更复杂、灵活的公式，如图 5-75 所示。

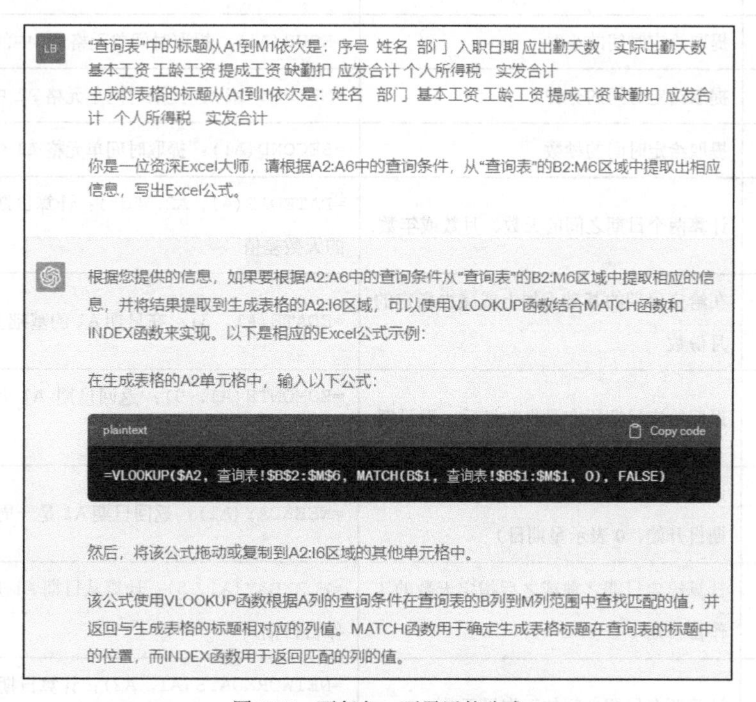

图 5-75 更复杂、更灵活的公式

5.3.6 AI 助力处理日期与时间函数实战应用

日期和时间函数在数据分析中的应用相当广泛，可以帮助我们了解趋势、分析季节性变化、跟踪关键指标等。无论是在市场营销、销售分析、财务分析还是项目管理中，日期和时间函数都是不可或缺的工具。

表 5-5 列出了一些常用的日期和时间函数的功能及示例。

表 5-5 常用的日期和时间函数

函数名	功能	示例
TODAY	返回当前日期	=TODAY()：返回当前日期
NOW	返回当前日期和时间	=NOW()：返回当前日期和时间
DATE	根据给定的年、月、日创建日期	=DATE(2023, 5, 30)：创建日期 2023/05/30
YEAR	提取给定日期的年份	=YEAR(A1)：提取日期单元格 A1 中的年份
MONTH	提取给定日期的月份	=MONTH(A1)：提取日期单元格 A1 中的月份
DAY	提取给定日期的日份	=DAY(A1)：提取日期单元格 A1 中的日份
HOUR	提取给定时间的小时	=HOUR(A1)：提取时间单元格 A1 中的小时
MINUTE	提取给定时间的分钟	=MINUTE(A1)：提取时间单元格 A1 中的分钟
SECOND	提取给定时间的秒数	=SECOND(A1)：提取时间单元格 A1 中的秒数
DATEDIF	计算两个日期之间的天数、月数或年数	=DATEDIF(A1, A2, "d")：计算日期 A1 和 A2 之间的天数差值
EDATE	在给定日期的基础上加上或减去指定的月份数	=EDATE(A1, 3)：在日期 A1 的基础上加上 3 个月
EOMONTH	返回给定日期所在月份的最后一天日期	=EOMONTH(A1, 0)：返回日期 A1 所在月份的最后一天
WEEKDAY	返回给定日期是一周中的第几天（从星期日开始，0 表示星期日）	=WEEKDAY(A1)：返回日期 A1 是一周中的第几天
WORKDAY	计算给定日期之前或之后指定天数的工作日日期	=WORKDAY(A1, 5)：计算从日期 A1 开始的第 5 个工作日日期
NETWORKDAYS	计算两个日期之间的工作日天数	=NETWORKDAYS(A1, A2)：计算日期 A1 和 A2 之间的工作日天数

1. DATEDIF 函数实战

根据图 5-76 中表格的出生日期计算年龄。

可以这样直接向 ChatGPT 提问：

你是一位资深 Excel 大师，请根据 G2 单元格中的出生日期计算到今天为止的年龄，请写出 Excel 公式。

	A	B	C	D	E	F	G	H
1	工号	姓名	所属部门	学历	身份证号码	性别	出生日期	年龄
2	RD001	丁大全	后勤部	本科	421122196212152153	男	1962/12/15	
3	RD002	马钰	生产部	本科	110108195701095755	男	1957/1/9	
4	RD003	马光佐	总经办	硕士	131182196906114415	男	1969/6/11	
5	RD004	小龙女	总经办	博士	320504197010062010	男	1970/10/6	
6	RD005	尹志平	财务部	本科	431124198510053836	男	1985/10/5	
7	RD006	丘处机	财务部	本科	320923195611081635	男	1956/11/8	
8	RD007	王处一	销售部	硕士	320924198008252511	男	1980/8/25	
9	RD008	王十三	财务部	本科	320684197302090066	女	1973/2/9	

图 5-76　DATEDIF 案例使用的表格

如图 5-77 所示，ChatGPT 根据提示给出了公式。DATEDIF 函数的第三个参数如果是 y，表示返回年份差；如果是 m，表示返回月份差；如果是 d，表示返回天数差。

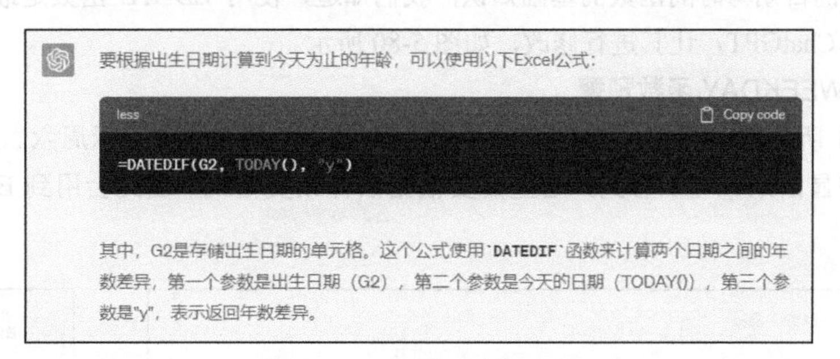

图 5-77　ChatGPT 生成的公式

2. EDATE 函数实战

以图 5-78 中的表格为基础，根据指定时间，计算指定未来某天的日期。

可以这样提问：

你是一位资深 Excel 大师，请根据 C2 单元格中的指定日期，D2 单元格中的年限，计算出到期日期，写出 Excel 公式。

	A	B	C	D	E
1	姓名	部门	签订日期	期限(年)	到期日
2	丁大全	后勤部	2021/12/10	2	
3	马钰	生产部	2023/2/1	2	
4	马光佐	总经办	2022/12/19	2	
5	小龙女	总经办	2021/12/1	2	
6	尹志平	财务部	2021/2/1	2	
7	丘处机	财务部	2022/6/22	2	
8	王处一	销售部	2022/9/1	2	

图 5-78　EDATE 案例使用的表格

如图 5-79 所示，ChatGPT 给出了公式，并在公式使用了函数嵌套。该公式虽然能够实现计算目的，但并不是最优的结果。

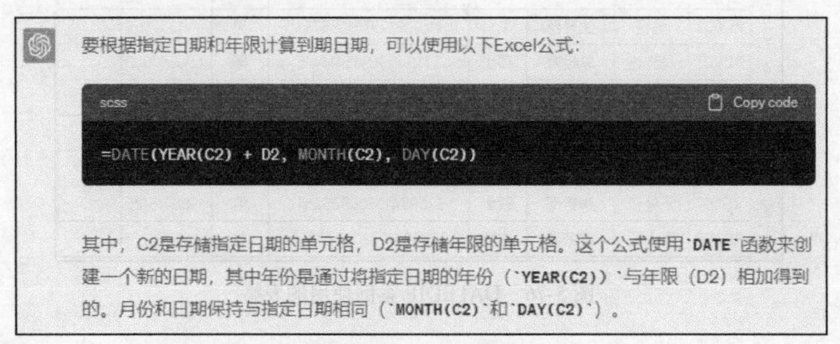

图 5-79　计算未来日期

根据所学的日期与时间函数的基础知识，我们知道，使用 EDATE 函数是最佳选择。我们可以继续追问 ChatGPT，让其进行修改，如图 5-80 所示。

3. 使用 WEEKDAY 函数预警

在图 5-81 所示的表格中，需要根据 A 列中的日期，把表格中表示周六、周天的数据使用特殊格式突显出来。可以看到，这里需要根据条件改变格式，因此会用到 Excel 条件格式功能。

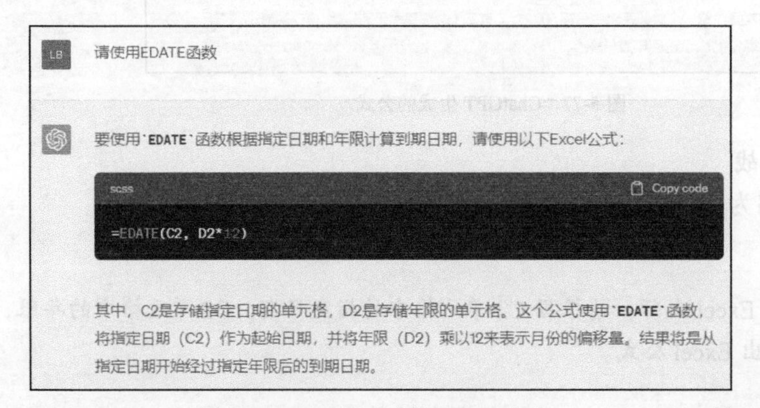

图 5-80　ChatGPT 生成的 EDATE 公式

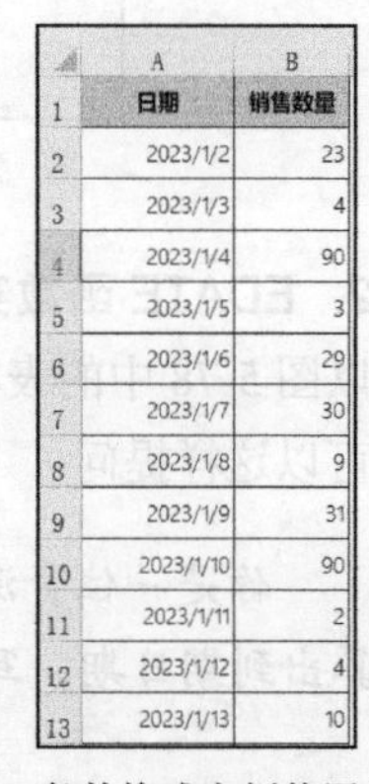

	A	B
1	日期	销售数量
2	2023/1/2	23
3	2023/1/3	4
4	2023/1/4	90
5	2023/1/5	3
6	2023/1/6	29
7	2023/1/7	30
8	2023/1/8	9
9	2023/1/9	31
10	2023/1/10	90
11	2023/1/11	2
12	2023/1/12	4
13	2023/1/13	10

图 5-81　条件格式案例使用的表格

可以这样向 ChatGPT 提问：

> 你是一位资深 Excel 大师，请根据 A 列中的日期作为条件，计算出中国的周六和周日，并使用灰色底纹把 A 列和 B 列给标识出来，写出 Excel 公式。

如图 5-82 所示，ChatGPT 给出了操作步骤和公式。认真检查后会发现公式没有考虑单元格引用问题。我们继续追问，让 ChatGPT 进行修改，结果如图 5-83 所示。

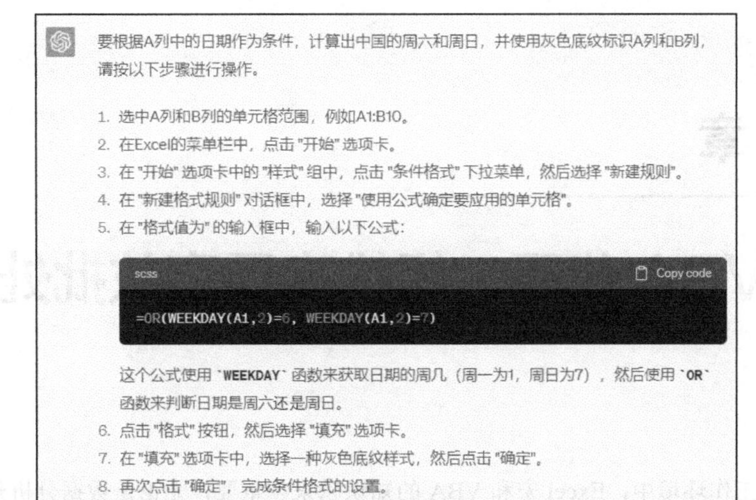

图 5-82　设置条件格式的公式

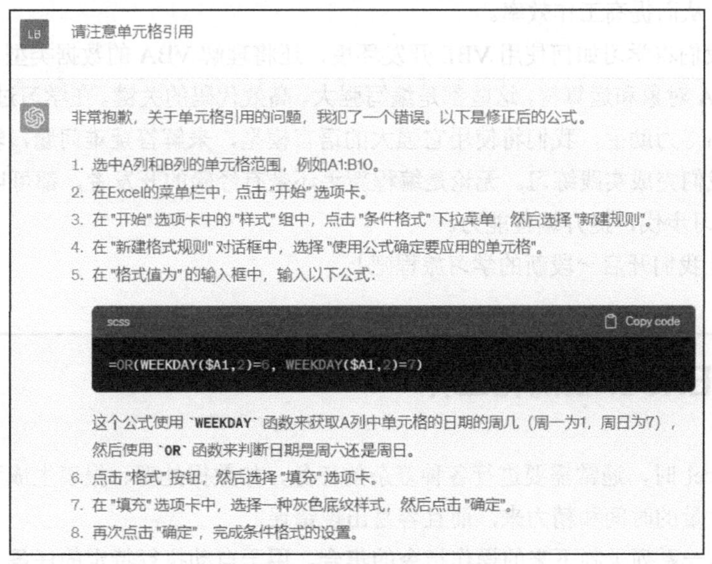

图 5-83　修改后的条件格式公式

第 6 章

AI 写 VBA 代码：轻松实现高效批处理

在现代的工作环境中，Excel 宏和 VBA 的知识越来越重要，无论是数据分析师、金融专业人士，还是项目管理者，都会用到。通过学习 VBA，我们可以创建和优化 Excel 宏，将重复性的任务自动化，从而提高工作效率。

在本章，我们将学习如何使用 VBE 开发环境，还将理解 VBA 的数据类型、常量与变量，并彻底掌握 VBA 对象和运算符，这些都是编写强大、高效代码的关键。在学习过程中，ChatGPT 将会成为我们的得力助手，我们将使用它强大的语言模型，来解答疑难问题，辅助理解复杂概念，甚至引导我们完成实践练习。无论是编程新手还是有经验的开发者，都可以通过 ChatGPT 加快 VBA 的学习步伐，提升编程能力。

接下来，让我们开启一段新的学习旅程吧！

6.1 使用 Excel 宏简化工作

在使用 Excel 时，通常需要进行各种复杂的任务，如数据处理、报表生成和分析等。这些任务可能需要大量的时间和精力来，而且容易出现错误。

Excel 宏是一系列录制下来的操作指令的集合，用于自动执行特定的任务。宏记录了用户在 Excel 中执行的操作，如选定单元格、插入公式、设置格式等。Excel 宏可以通过宏按钮或快捷键来触发执行。

假如我们需要把图 6-1 中的工资表制作成图 6-2 所示的工资条。如果手动完成这个任务，我们需要打开“工资表”文件，选择并复制第 1 行标题，将复制的单元格插入到第 2 条工资记录行的前面，然后重复这个过程。如果有几百上千行数据呢？显然，这样的重复性操作非常枯燥乏味，而且浪费时间。

如果使用 Excel 的宏功能，问题可以迎刃而解。录制宏就像是启动一台隐藏的摄像机，在操作 Excel 时，宏会记录下我们的每一个动作。当结束录制后，这段录制的宏就会保存下来。

	A	B	C	D	E	F	G	H	I	J	K	L	M
1	序号	姓名	部门	入职日期	应出勤天数	实际出勤天数	基本工资	工龄工资	提成工资	缺勤扣	应发合计	个人所得税	实发合计
2	G0001	丁大全	后勤部	2019/01/04	26	26	2500	120	250	0	2870	102	2768
3	G0002	马钰	生产部	2019/01/02	26	26	2100	120	1300	0	3520	167	3353
4	G0003	马光佐	总经办	2017/02/10	24	24	3500	40	284	0	3824	208.6	3615.4
5	G0004	小龙女	服务部	2011/03/22	26	26	4500	40	2160	0	6700	645	6055
6	G0005	尹志平	销售部	2017/05/01	24	24	4000	40	350	0	4390	293.5	4096.5

图 6-1　工资表

	A	B	C	D	E	F	G	H	I	J	K	L	M
1	序号	姓名	部门	入职日期	应出勤天数	实际出勤天数	基本工资	工龄工资	提成工资	缺勤扣	应发合计	个人所得税	实发合计
2	G0001	丁大全	后勤部	2019/01/04	26	26	2500	120	250	0	2870	102	2768
3	序号	姓名	部门	入职日期	应出勤天数	实际出勤天数	基本工资	工龄工资	提成工资	缺勤扣	应发合计	个人所得税	实发合计
4	G0002	马钰	生产部	2019/01/02	26	26	2100	120	1300	0	3520	167	3353
5	序号	姓名	部门	入职日期	应出勤天数	实际出勤天数	基本工资	工龄工资	提成工资	缺勤扣	应发合计	个人所得税	实发合计
6	G0003	马光佐	总经办	2017/02/10	24	24	3500	40	284	0	3824	208.6	3615.4
7	序号	姓名	部门	入职日期	应出勤天数	实际出勤天数	基本工资	工龄工资	提成工资	缺勤扣	应发合计	个人所得税	实发合计
8	G0004	小龙女	服务部	2011/03/22	26	26	4500	40	2160	0	6700	645	6055
9	序号	姓名	部门	入职日期	应出勤天数	实际出勤天数	基本工资	工龄工资	提成工资	缺勤扣	应发合计	个人所得税	实发合计
10	G0005	尹志平	销售部	2017/05/01	24	24	4000	40	350	0	4390	293.5	4096.5

图 6-2　工资条

接下来，我们在 Excel 2019 中录制一段手动复制工资表表头的操作。

这里需要用到"开发工具"选项卡，如果没有"开发工具"选项卡，请单击"文件">"选项"，在弹出的"Excel 选项"对框框右侧的"自定义功能区"列表中选择"所有选项卡"，然后在"主选项卡"中选中"开发工具"选项卡，如图 6-3 所示。

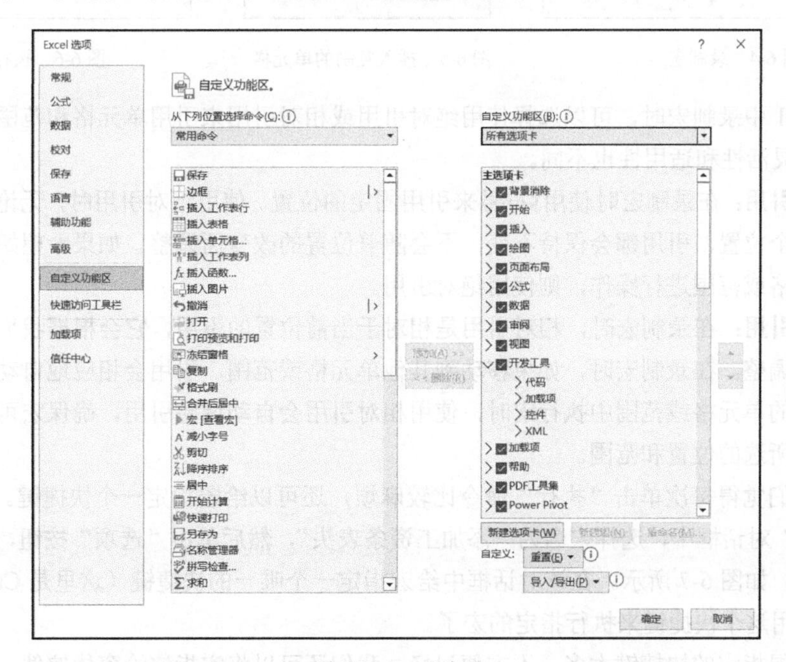

图 6-3　Excel 选项

首先，定位到“工资表”中表头所在的第 1 行的“A1”单元格，然后单击“开发工具”菜单，在“代码”区域中，单击“使用相对引用”后，再单击“录制宏”按钮，弹出“录制宏”对话框，在“宏名”中输入“添加工资条表头”，单击“确定”按钮，如图 6-4 所示。

接下来，选中“工资表”中的 A1：M1 区域后单击鼠标右键，从弹出的菜单中选择“复制”，然后在“工资表”中的第 2 条工资记录行上单击鼠标右键，从弹出的菜单中选择“插入复制的单元格”，在弹出的“插入”对话框中选择“活动单元格下移”，然后单击“确定”按钮，如图 6-5 所示。

继续单击 A3 单元格，然后单击“停止录制”按钮。录制完成后，我们来检验一下。单击“开发工具”>“代码”>“宏”，弹出“宏”对话框，如图 6-6 所示。选择宏名为“添加工资条表头”，然后多次单击“执行”按钮，即可快速完成表头的添加。

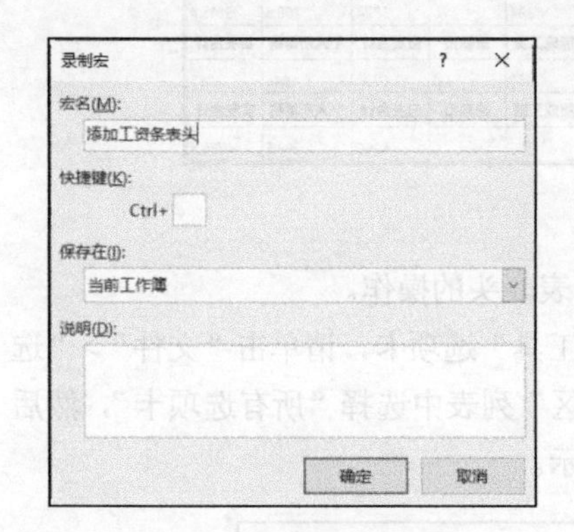

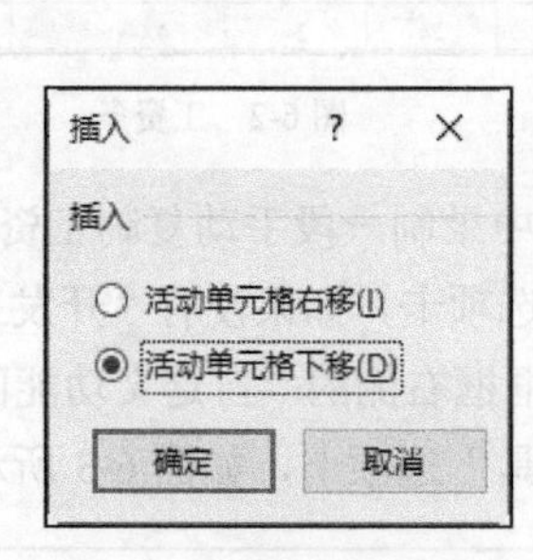

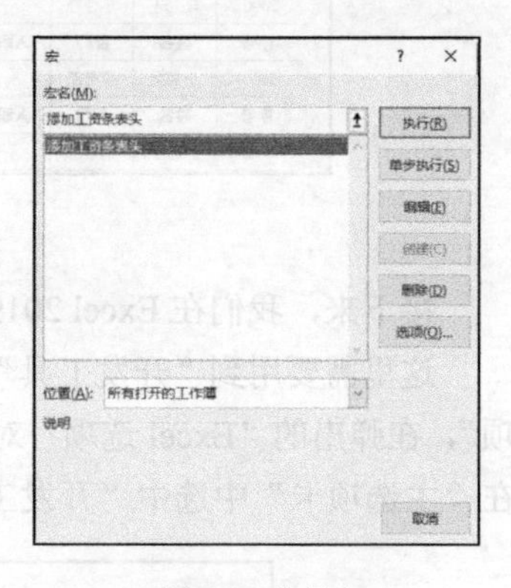

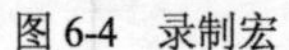

图 6-4 录制宏　　图 6-5 插入复制的单元格　　图 6-6 执行宏

在 Excel 中录制宏时，可以选择使用绝对引用或相对引用来引用单元格和范围。引用方式不同，宏的灵活性和适用性也不同。

- **绝对引用**：在录制宏时使用$符号来引用固定的位置。使用绝对引用时，无论在宏中移动到哪个位置，引用都会保持不变，不会随着位置的改变而调整。如果希望始终对固定的单元格或范围进行操作，则使用绝对引用。
- **相对引用**：在录制宏时，相对引用是相对于当前位置的引用，它会根据我们的操作位置自动调整。在录制宏时，如果移动到其他单元格或范围，引用会相应地自动改变。当在不同的单元格或范围中执行宏时，使用相对引用会自动调整引用，确保宏可以正确地应用到所选的位置和范围。

如果我们觉得每次单击“执行”命令比较麻烦，还可以给宏指定一个快捷键。在如图 6-6 所示的“宏”对话框中，选择宏名为“添加工资条表头”，然后单击“选项”按钮，弹出“宏选项”对话框，如图 6-7 所示。在该对话框中给宏指定一个唯一的快捷键（这里是 Ctrl + W），以后就可以使用这个快捷键来执行指定的宏了。

如果觉得指定的快捷键太多，不方便记忆，我们还可以将宏指定给窗体控件，就像使用电视遥控器一样，通过单击不同的控件，执行相应的宏。

单击“开发工具”菜单，然后在“控件”区域单击“插入”>“表单控件”>“按钮（窗体控件）”，在 Excel 表格中绘制一个矩形后，弹出“指定宏”对话框，如图 6-8 所示。在该对话框中选择宏名为“添加工资表表头”，然后单击“确定”按钮。这样就把宏指定给了绘制的按钮。

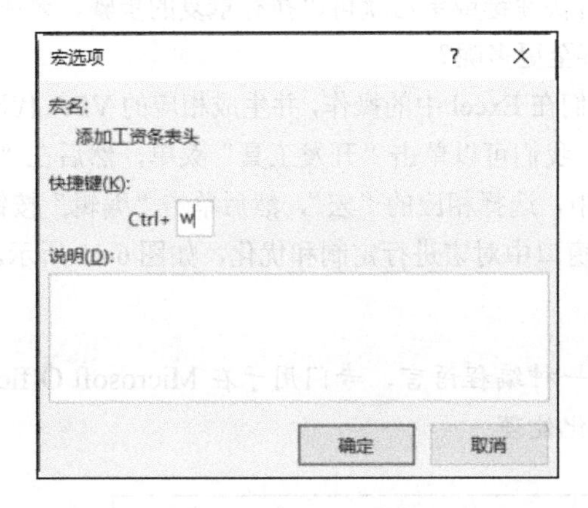

图 6-7 “宏选项”对话框

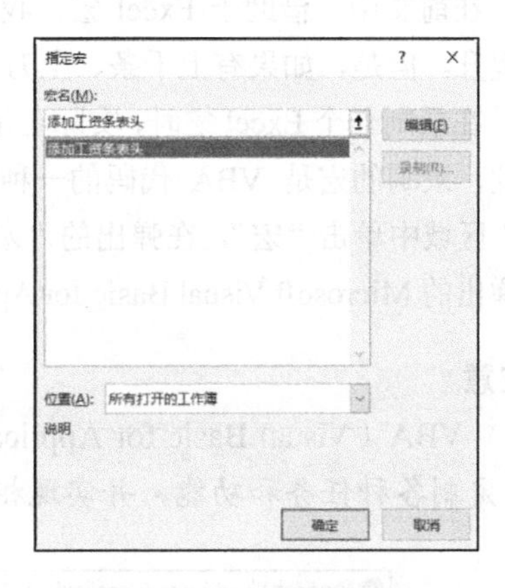

图 6-8 “指定宏”对话框

还可以绘制的按钮上单击鼠标右键，从弹出的菜单中选择“编辑文字”来修改按钮的名称，比如这里修改为“添加工资表表头”，如图 6-9 所示。在按钮上单击鼠标右键，从弹出的菜单中选择“设置控件格式”，可修改控件的字体、对齐方式，大小等，如图 6-10 所示。

添加工资表表头

图 6-9 修改后的按钮名称

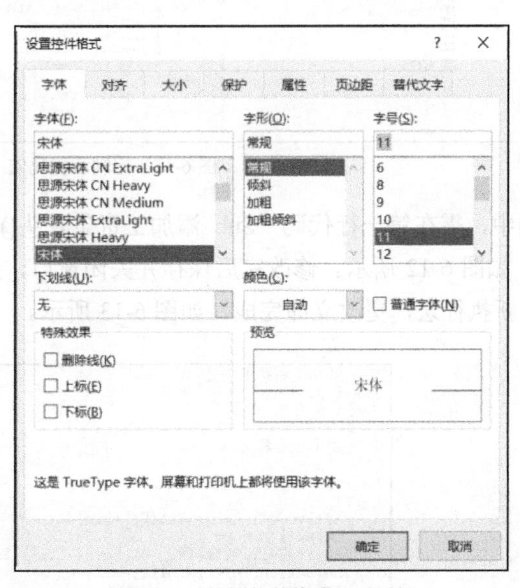

图 6-10 “设置控件格式”对话框

使用相同的方法，还可以把宏指定给形状或图片，这里不再赘述。

6.2 使用 VBA 优化宏

在前文中，借助于 Excel 宏，我们只需通过快捷键或单击就可以执行重复的步骤，效率得以提升。但是，如果有上千条、上万条数据，甚至更多呢？

在录制一个 Excel 宏时，实际上是在录制我们在 Excel 中的操作，并生成相应的 VBA 代码。因此，录制的宏是 VBA 代码的一种表现形式。我们可以单击“开发工具”菜单，然后在“代码”区域中单击“宏”，在弹出的“宏”对话框中，选择相应的“宏”，然后单击“编辑”按钮，在弹出的 Microsoft Visual Basic for Applications 窗口中对宏进行定制和优化，如图 6-11 所示。

注意

VBA（Visual Basic for Applications）是一种编程语言，专门用于在 Microsoft Office 中定制各种任务和功能，并实现相应的自动化处理。

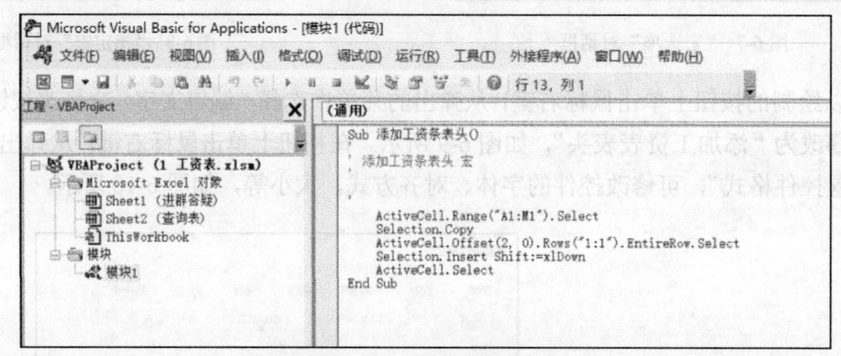

图 6-11　定制和优化宏

在本例中，需在第一行代码“Sub 添加工资条表头()”后增加两行代码，并在 End Sub 前增加 Next，如图 6-12 所示。修改完后保存并关闭窗口，返回 Excel 工作表界面。之后选中 A1 单元格，重新执行宏，更改立即完成，如图 6-13 所示。

```
Sub 添加工资条表头()
Dim i As Long
For i = 2 To 5
'
' 添加工资条表头 宏
'

'
    ActiveCell.Range("A1:M1").Select
    Selection.Copy
    ActiveCell.Offset(2, 0).Rows("1:1").EntireRow.Select
    Selection.Insert Shift:=xlDown
    ActiveCell.Select
Next
End Sub
```

图 6-12　修改后的 VBA 代码

	A	B	C	D	E	F	G	H	I	J	K	L	M
1	序号	姓名	部门	入职日期	应出勤天数	实际出勤天数	基本工资	工龄工资	提成工资	缺勤扣	应发合计	个人所得税	实发合计
2	G0001	丁大全	后勤部	2019/01/04	26	26	2500	120	250	0	2870	102	2768
3	序号	姓名	部门	入职日期	应出勤天数	实际出勤天	基本工资	工龄工资	提成工资	缺勤扣	应发合计	个人所得税	实发合计
4	G0002	马钰	生产部	2019/01/02	26	26	2100	120	1300	0	3520	167	3353
5	序号	姓名	部门	入职日期	应出勤天数	实际出勤天	基本工资	工龄工资	提成工资	缺勤扣	应发合计	个人所得税	实发合计
6	G0003	马光佐	总经办	2017/02/10	24	24	3500	40	284	0	3824	208.6	3615.4
7	序号	姓名	部门	入职日期	应出勤天数	实际出勤天	基本工资	工龄工资	提成工资	缺勤扣	应发合计	个人所得税	实发合计
8	G0004	小龙女	服务部	2011/03/22	26	26	4500	40	2160	0	6700	645	6055
9	序号	姓名	部门	入职日期	应出勤天数	实际出勤天	基本工资	工龄工资	提成工资	缺勤扣	应发合计	个人所得税	实发合计
10	G0005	尹志平	销售部	2017/05/01	24	24	4000	40	350	0	4390	293.5	4096.5

添加工资表表头

图 6-13　重新执行宏后的结果

从上述案例中可以看到，宏可以解决重复性的操作问题，但需要通过宏按钮或快捷键来触发执行。通过 VBA，我们可以编辑、定制和扩展宏的功能，使其能够满足更复杂的需求，并实现更强大的功能。

6.3 利用 ChatGPT 快速掌握 VBA 知识

在学习任何一门编程语言时，掌握基础语法都是至关重要的第一步，VBA 也不例外。理解 VBA 的语法基础，如数据类型、常量与变量、运算符、控制语句等，能够让我们清晰地知道如何有效地组织和控制代码，以解决实际问题。只有具备这些基础知识，才能逐步构建更复杂的逻辑，编写出结构良好、功能强大的程序。

现在借助于 ChatGPT 这位随时待命的专家导师，我们就可以在学习 VBA 编程的过程中，随时让它帮忙解答遇到的疑问，从而掌握 VBA 编程的精髓了。

6.3.1 VBE——VBA 开发环境

VBE（Visual Basic Editor）是 VBA 的集成开发环境，可用于编写、编辑和调试 VBA 代码。可以在 Excel 中单击“开发工具”菜单，在“代码”区域单击 Visual Basic 进入该环境，也可以按下 Alt+F11 组合键进入，还可以直接在 Excel 工作表名称上单击鼠标右键，在弹出的菜单中选择“查看代码”后进入，如图 6-14 所示。

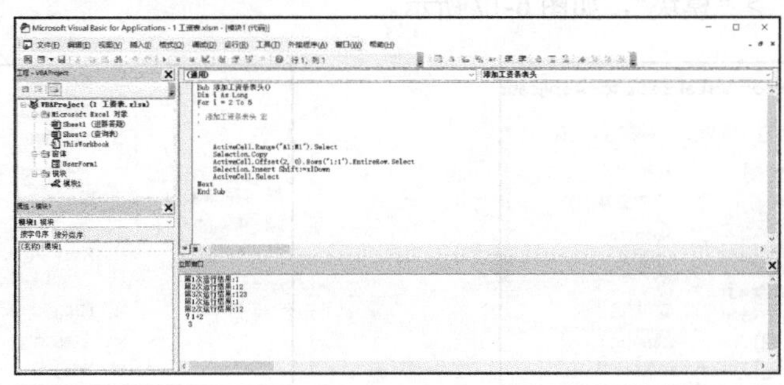

图 6-14　VBE

在 VBE 的主界面中，包含多个组件，具体如下。

- **菜单栏**：位于 VBE 窗口的顶部，提供了各种菜单选项和功能命令。可以通过菜单栏访问 VBE 的各种功能和工具，如文件操作、编辑选项、调试工具等。
- **工具栏**：位于菜单栏下方，包含一系列图标按钮，用于快速访问常用的功能和操作。不同的工具栏可能包含不同的按钮。在工具栏单击鼠标右键，可通过弹出的菜单显示或隐藏工具栏，如图 6-15 所示。

编辑
标准
调试
用户窗体
自定义(C)...

图 6-15　显示或隐藏工具栏

- **项目资源管理器**：位于 VBE 窗口的左侧，默认显示项目和模块的层次结构，可以从中看到所有已打开的 Excel 文件加载的宏。一个 Excel 工作簿就是一个项目，项目名称为“VBAProject(工作簿名称)”。在项目资源管理器中可以显示项目中的 Excel 对象、窗体对象、模块对象和类模块等 4 类对象。
- **代码编辑器**：VBE 的主要工作区，位于窗口的右侧。通过双击 Excel 对象或模块等可打开对应的代码区。它提供了一个文本编辑区域，可以在其中编写和编辑 VBA 代码。代码编辑器支持语法高亮、自动完成、括号匹配等功能，以帮助编写准确的代码。
- **属性窗口**：位于 VBE 窗口的底部，默认显示当前选定对象的属性和属性值。可以使用属性窗口更改对象的各种属性设置，如名称、字体、颜色、大小等。
- **立即窗口**：一个用于执行和调试代码的交互式命令行窗口，位于 VBE 窗口的底部。可以在立即窗口中输入 VBA 语句、调用过程或查看代码的输出结果和调试信息。

6.3.2　第一个 VBA 程序

在 Excel 中新建一个工作簿，然后按 Alt+F11 组合键进入 VBE 环境。接下来，我们创建第一个 VBA 程序。

1. 添加模块

在编写 VBA 程序前，需要先添加一个模块来保存 VBA 程序。可以在 VBE 环境中单击“插入”>“模块”来实现，如图 6-16 所示。也可以在项目中的 Excel 对象上单击右键，在弹出的菜单中选择“插入”>“模块”，如图 6-17 所示。

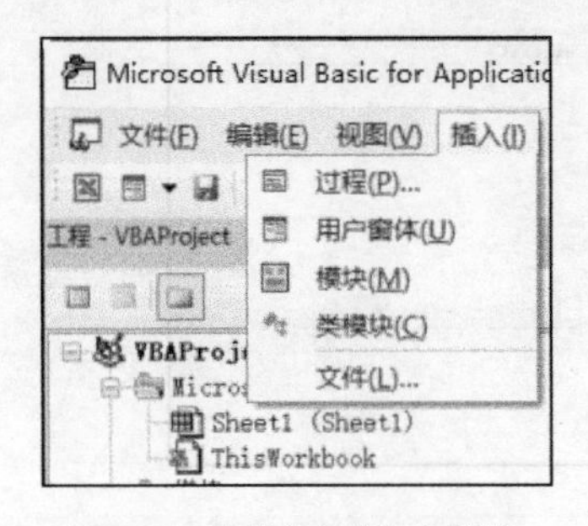

图 6-16　以菜单方式插入模块

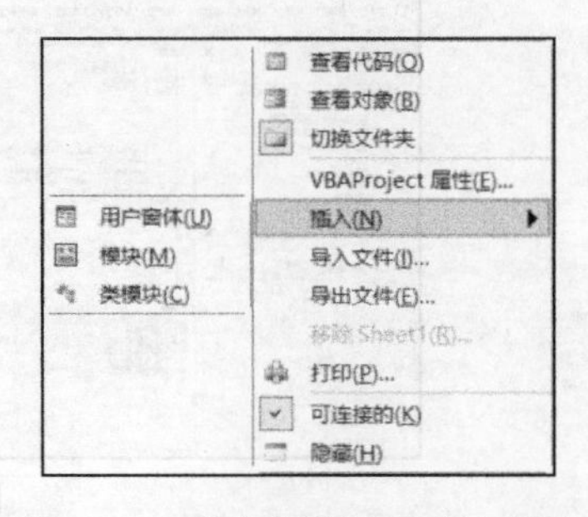

图 6-17　以单击右键的方式插入模块

2. 编写 VBA 程序

过程是一段用于完成特定任务的可执行的代码块。在 VBE 环境中单击“插入”>“过程”，在弹出“添加过程”对话框中，为过程起一个名称，这里为 test，然后单击“确定”按钮，如图 6-18 所示。这样便插入了一个空白的过程，如图 6-19 所示。

3. 写入一个测试代码

下面在空白过程中写入一个测试代码，注意将其写到两行中间的空白处，如图 6-20 所示。

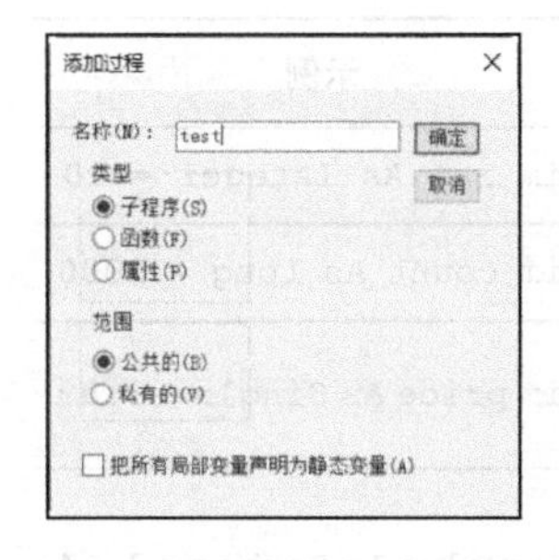

图 6-18 “添加过程”对话框

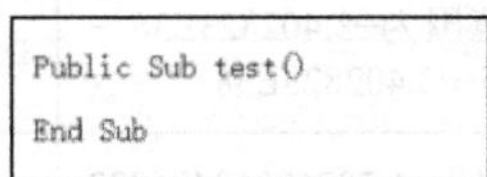

图 6-19 空白过程

```
Public Sub test()
    MsgBox "AI助力Excel VBA:轻松实现高效批处理"
End Sub
```

图 6-20 写入测试代码

4. 运行 VBA 程序

下面运行 VBA 程序。按 F5 键，或单击“运行”>“运行子过程/用户窗体”，或单击工具栏中的“运行子过程/用户窗体”按钮，运行 VBA 程序，运行结果如图 6-21 所示。

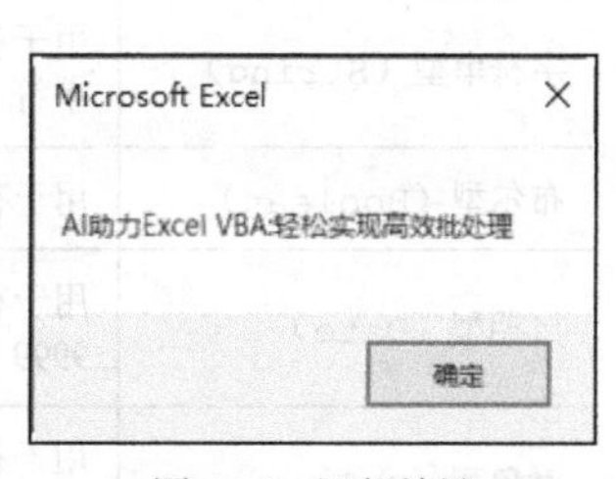

图 6-21 运行结果

对于刚学习 VBA 编程的我们来说，不懂 MsgBox 关键字是什么意思。这该怎么办呢？可以将鼠标光标放置于 MsgBox 关键字上的任意位置，然后按下 F1 键，可打开 MsgBox 函数的帮助页面，如图 6-22 所示。可以通过该页面详细了解和学习它的语法、设置等。

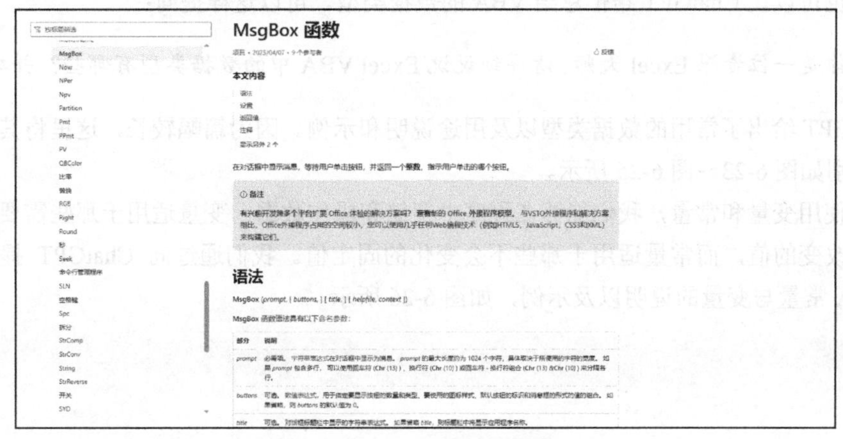

图 6-22 MsgBox 函数的帮助页面

6.3.3 VBA 数据类型、变量与常量

就像选择合适的容器来存储物品一样，在 Excel VBA 中选择适当的数据类型可以确保我们正确地存储、处理和使用数据。在 Excel VBA 中，常见的数据类型如表 6-1 所示。

表 6-1 Excel VBA 中常见的数据类型

数据类型	作用	示例
整数型（Integer）	用于存储整数值，范围为-32768～32767	Dim num As Integer = 10
长整型（Long）	用于存储长整数值，范围为-2147483648～2147483647	Dim count As Long = 1000
单精度浮点型（Single）	用于存储单精度浮点数值，范围为-3.402823E38～-1.401298E-45 和 1.401298E-45～3.402823E38	Dim price As Single = 3.99
双精度浮点型（Double）	用于存储双精度浮点数值，范围为-1.79769313486232E308～-4.94065645841247E-324 和 4.94065645841247E-324～1.79769313486232E308	Dim value As Double = 3.14
字符串型（String）	用于存储文本字符串，可以包含字母、数字和特殊字符	Dim name As String = "John"
布尔型（Boolean）	用于存储布尔值，可以是 True（真）或 False（假）	Dim flag As Boolean = True
日期型（Date）	用于存储日期和时间值，范围为 1900 年 1 月 1 日～9999 年 12 月 31 日	Dim today As Date = Date()
对象型（Object）	用于存储引用类型的对象，可以是内置的 Excel 对象或自定义对象	Dim obj As Object = Range("A1")

我们也可以让 ChatGPT 帮忙总结 VBA 的数据类型。可以这样提问：

你是一位资深 Excel 大师，请详细说说 Excel VBA 中的数据类型有哪些？并举例说明。

ChatGPT 给出了常用的数据类型以及用途说明和示例。因为篇幅较长，这里将其分成 3 段给出，分别如图 6-23～图 6-25 所示。

通过使用变量和常量，我们能够在程序中存储和操作数据。变量适用于那些需要在程序执行过程中改变的值，而常量适用于那些不会变化的固定值。我们通过向 ChatGPT 提问，得到 Excel VBA 常量与变量的说明以及示例，如图 6-26 所示。

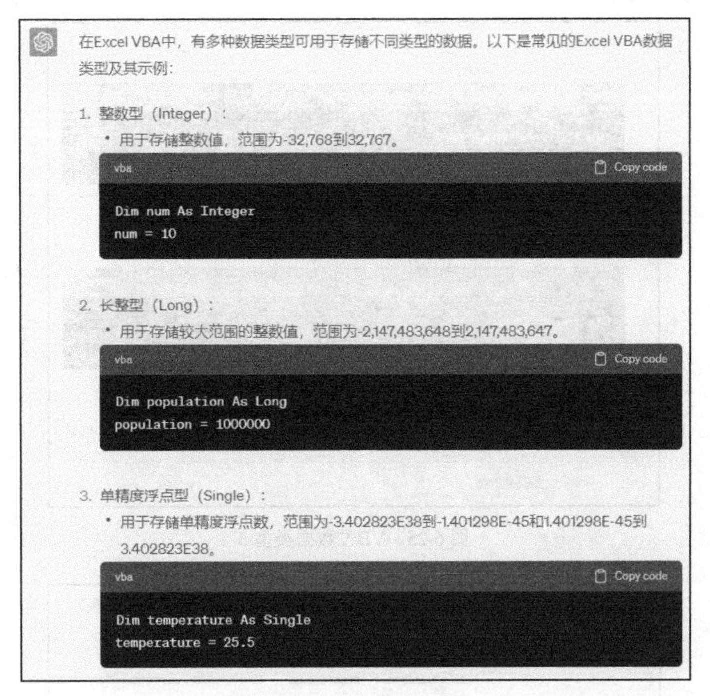

在Excel VBA中，有多种数据类型可用于存储不同类型的数据。以下是常见的Excel VBA数据类型及其示例：
1. 整数型（Integer）：
• 用于存储整数值，范围为-32,768到32,767。
vba
Copy code
Dim num As Integer
num = 10
2. 长整型（Long）：
• 用于存储较大范围的整数值，范围为-2,147,483,648到2,147,483,647。
vba
Copy code
Dim population As Long
population = 1000000
3. 单精度浮点型（Single）：
• 用于存储单精度浮点数，范围为-3.402823E38到-1.401298E-45和1.401298E-45到3.402823E38。
vba
Copy code
Dim temperature As Single
temperature = 25.5

图 6-23　VBA 数据类型 1

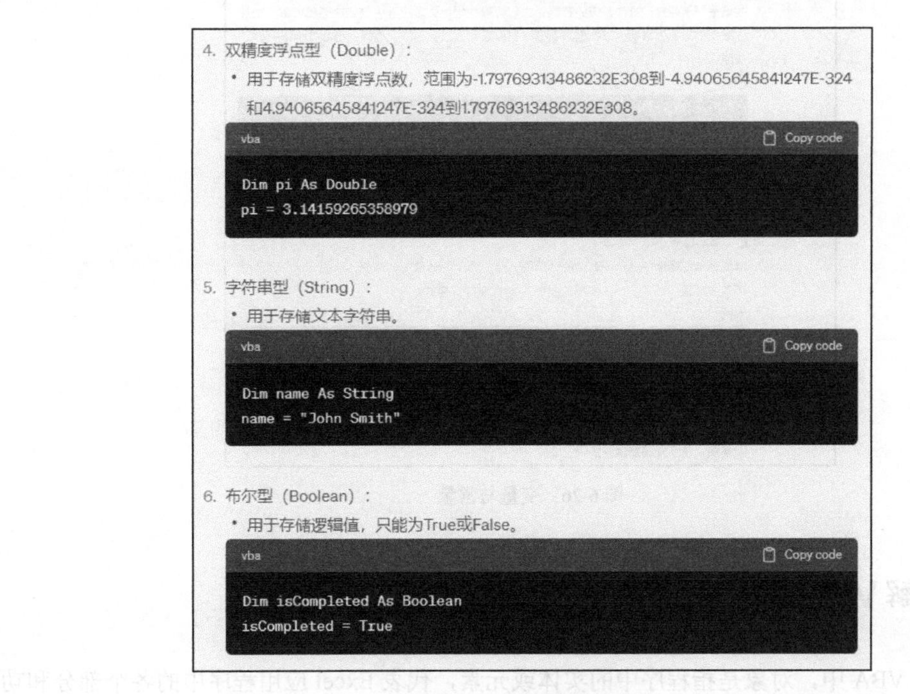

4. 双精度浮点型（Double）：
• 用于存储双精度浮点数，范围为-1.79769313486232E308到-4.94065645841247E-324和4.94065645841247E-324到1.79769313486232E308。
vba
Copy code
Dim pi As Double
pi = 3.14159265358979
5. 字符串型（String）：
• 用于存储文本字符串。
vba
Copy code
Dim name As String
name = "John Smith"
6. 布尔型（Boolean）：
• 用于存储逻辑值，只能为True或False。
vba
Copy code
Dim isCompleted As Boolean
isCompleted = True

图 6-24　VBA 数据类型 2

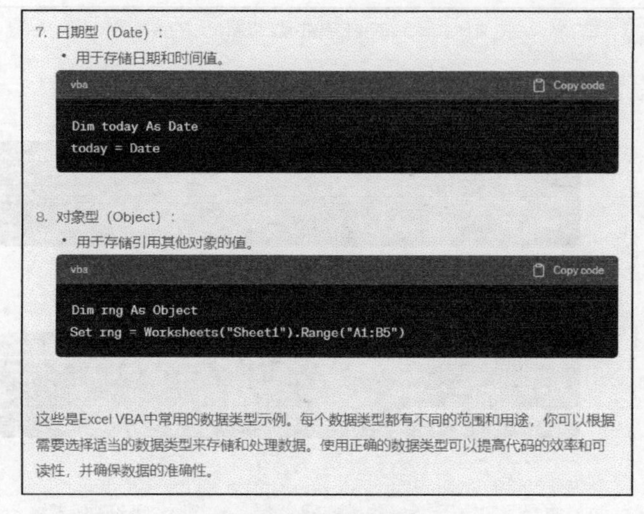

7. 日期型（Date）：
   - 用于存储日期和时间值。

```vba
Dim today As Date
today = Date
```

8. 对象型（Object）：
   - 用于存储引用其他对象的值。

```vba
Dim rng As Object
Set rng = Worksheets("Sheet1").Range("A1:B5")
```

这些是Excel VBA中常用的数据类型示例。每个数据类型都有不同的范围和用途，你可以根据需要选择适当的数据类型来存储和处理数据。使用正确的数据类型可以提高代码的效率和可读性，并确保数据的准确性。

图 6-25 VBA 数据类型 3

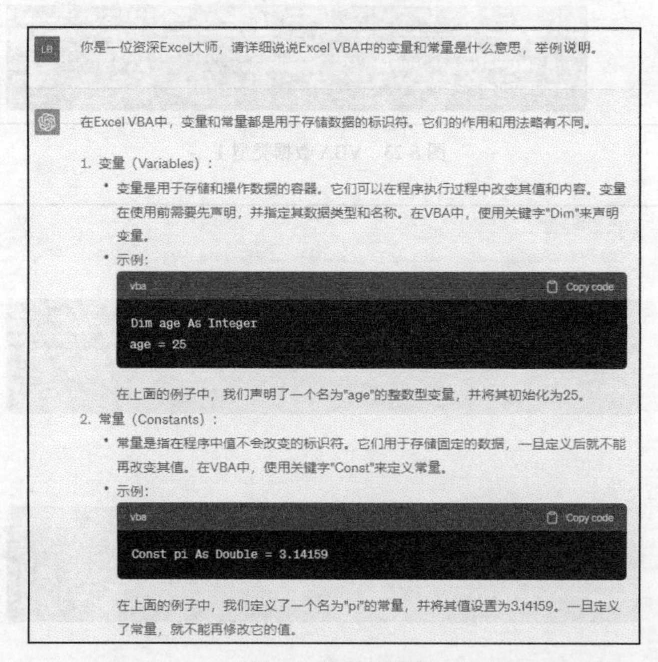

你是一位资深Excel大师，请详细说说Excel VBA中的变量和常量是什么意思，举例说明。

在Excel VBA中，变量和常量都是用于存储数据的标识符。它们的作用和用法略有不同。

1. 变量（Variables）：
   - 变量是用于存储和操作数据的容器。它们可以在程序执行过程中改变其值和内容。变量在使用前需要先声明，并指定其数据类型和名称。在VBA中，使用关键字"Dim"来声明变量。
   - 示例：

```vba
Dim age As Integer
age = 25
```

   在上面的例子中，我们声明了一个名为"age"的整数型变量，并将其初始化为25。

2. 常量（Constants）：
   - 常量是指在程序中值不会改变的标识符。它们用于存储固定的数据，一旦定义后就不能再改变其值。在VBA中，使用关键字"Const"来定义常量。
   - 示例：

```vba
Const pi As Double = 3.14159
```

   在上面的例子中，我们定义了一个名为"pi"的常量，并将其值设置为3.14159。一旦定义了常量，就不能再修改它的值。

图 6-26 变量与常量

6.3.4 理解 VBA 对象

在 Excel VBA 中，对象是指程序中的实体或元素，代表 Excel 应用程序中的各个部分和功能。对象具有属性和方法。对象可以是应用程序本身、工作簿、工作表、单元格、图表等。

VBA 对象存在层次结构，可以将其类比为一个家庭树状结构。比如，Excel 应用程序对象（Application）就像一个大家庭，拥有许多成员（对象）。家庭的顶层是应用程序对象，下面是工作簿对象（Workbook），再下面是工作表对象（Worksheet），最后是单元格对象（Range）。

1. Excel VBA 对象

通过使用 VBA 对象，我们可以访问和操作 Excel 应用程序中的各个部分。比如，使用工作簿对象打开、关闭或保存工作簿；使用工作表对象访问和修改工作表的数据；使用单元格对象读取和写入单元格的值，设置单元格的格式等。

Excel VBA 中的常用对象有哪些呢？可以这样向 ChatGPT 提问：

> 你是一位资深 Excel 大师，请详细说说 Excel VBA 中的常用对象有哪些？并举例说明。以表格形式输出。

ChatGPT 给出了 VBA 的常用对象及其作用和示例，如图 6-27 所示。

在Excel VBA中，有许多常用对象可用于访问和操作Excel应用程序的不同部分和功能。以下是一些常见的Excel VBA对象及其示例：

对象	描述	示例
Application	表示Excel应用程序本身，可以访问应用程序级别的属性和方法	`Application.Workbooks.Open("C:\data\file.xlsx")`
Workbook	表示Excel中的工作簿，包含多个工作表	`Workbooks("Book1.xlsx")`
Worksheet	表示工作簿中的工作表	`Worksheets("Sheet1")`
Range	表示工作表中的单元格范围	`Range("A1:B5")`
Chart	表示工作表中的图表	`Charts.Add`
PivotTable	表示工作表中的数据透视表	`ActiveSheet.PivotTables("PivotTable1")`
Shape	表示工作表中的形状对象	`ActiveSheet.Shapes("Rectangle 1")`
ApplicationEvents	用于处理Excel应用程序级别的事件	`Private WithEvents App As Application`
WorkbookEvents	用于处理工作簿级别的事件	`Private WithEvents WB As Workbook`
WorksheetEvents	用于处理工作表级别的事件	`Private WithEvents WS As Worksheet`

图 6-27　Excel VBA 常用对象

2. 集合

在 Excel VBA 中，集合是一种用于存储和管理一组相关对象的容器。它允许我们将多个对象组合在一起，以方便地对它们进行操作和处理。集合与对象之间存在一种从属关系，即一个集合可以包含多个对象。

可以将集合比作一个装有物品的盒子。每个物品代表一个对象，而盒子则是集合。集合可以容纳多个物品（对象），并提供了对这些物品进行管理和操作的方法与属性。

通过使用集合，我们可以方便地对对象进行遍历、添加、删除和访问。例如，可以创建一个工作表集合来管理工作簿中的所有工作表，通过遍历集合可以逐个访问工作簿中的每个工作表对象。集合提供了一种更高层次的抽象，使得操作和处理一组相关对象变得更加简单和有效。

在 Excel VBA 中，常见的集合包括 Worksheet 集合（包含工作表对象）、Range 集合（包含单元格范围对象）、Charts 集合（包含图表对象）等。这些集合提供了方法和属性，使我们能够对其中的对象进行添加、删除、遍历和访问等操作。

3. VBA 对象属性

属性是描述对象状态或特性的值，可以将其理解为对象的“形容词”。比如，对于一个工作簿对象（Workbook），其属性可以是它的名字（Name）、是否保存（Saved）等。对于一个单元格对象（Range），其属性可以是它的值（Value）、字体（Font）、颜色（Interior.Color）等。

可以将对象想象成一个房子，而属性就是描述这个房子的特性，如颜色、大小、样式等。可以查看这个房子的颜色（读取属性），也可以给这个房子涂上新颜色（修改属性）。

如图 6-28 所示，通过向 ChatGPT 提问，我们可以学习 VBA 对象属性的使用方法。

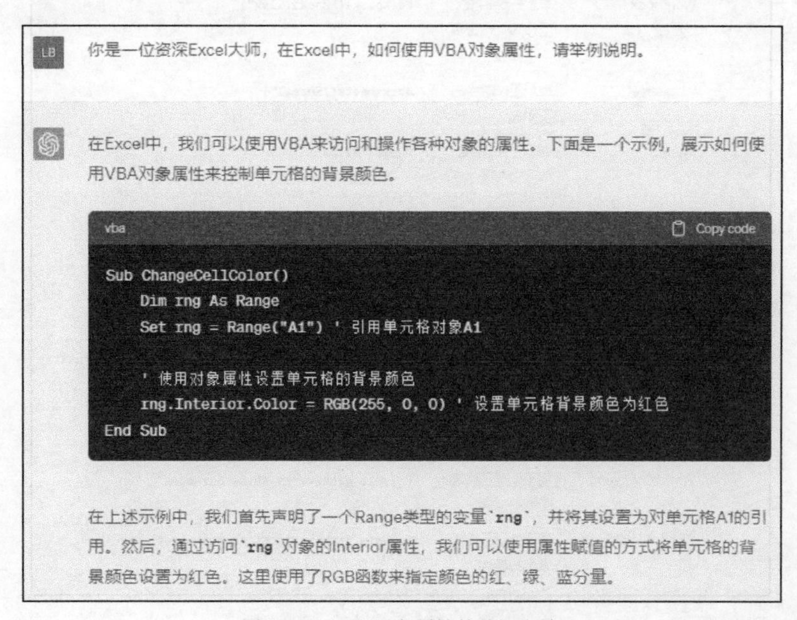

图 6-28　VBA 对象属性的使用方法

4. VBA 对象的方法

方法则是可以对对象执行的操作或动作，可以将其理解为对象的“动词”。例如，工作簿对象（Workbook）可以执行的方法有保存（Save）、关闭（Close）等；单元格对象（Range）可以执行的方法有清除（ClearContents）、复制（Copy）等。

如图 6-29 所示，通过向 ChatGPT 提问，我们可以学习 VBA 对象方法的使用。

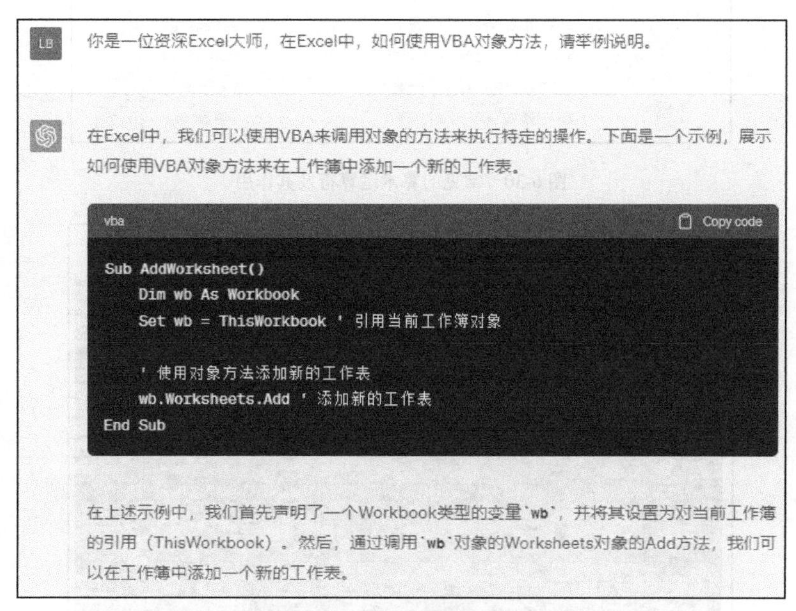

图 6-29 VBA 对象方法的使用

6.3.5 VBA 中的运算符

在 VBA 中，运算符是用于执行特定数学或逻辑计算的符号或字符。不同的数据类型可以使用不同的运算符进行运算。VBA 中的运算符主要有算术运算符、比较运算符、逻辑运算符、连接运算符和赋值运算符等。

1. 算术运算符

通过向 ChatGPT 提问：

> 你是一位资深 Excel 大师，请详细说说 VBA 中算术运算符的作用和示例，以表格形式输出。

ChatGPT 给出了常见的算术运算符及其作用，如图 6-30 所示。

ChatGPT 还给出了在 VBA 中使用算术运算符的示例，如图 6-31 所示。

当然，我很乐意为您详细解释VBA中的算术运算符，并提供一些示例。以下是常见的算术运算符及其作用：

运算符	作用	示例
+	加法运算符，用于相加两个值	3 + 5 会得到结果 8
-	减法运算符，用于相减两个值	8 - 3 会得到结果 5
*	乘法运算符，用于相乘两个值	2 * 4 会得到结果 8
/	除法运算符，用于相除两个值	10 / 2 会得到结果 5
Mod	取余运算符，返回两个值的余数	11 Mod 3 会得到结果 2
^	幂运算符，用于计算一个值的幂次	2 ^ 3 会得到结果 8
\	整除运算符，返回两个值的整除	10 \ 3 会得到结果 3

图 6-30　常见的算术运算符及其作用

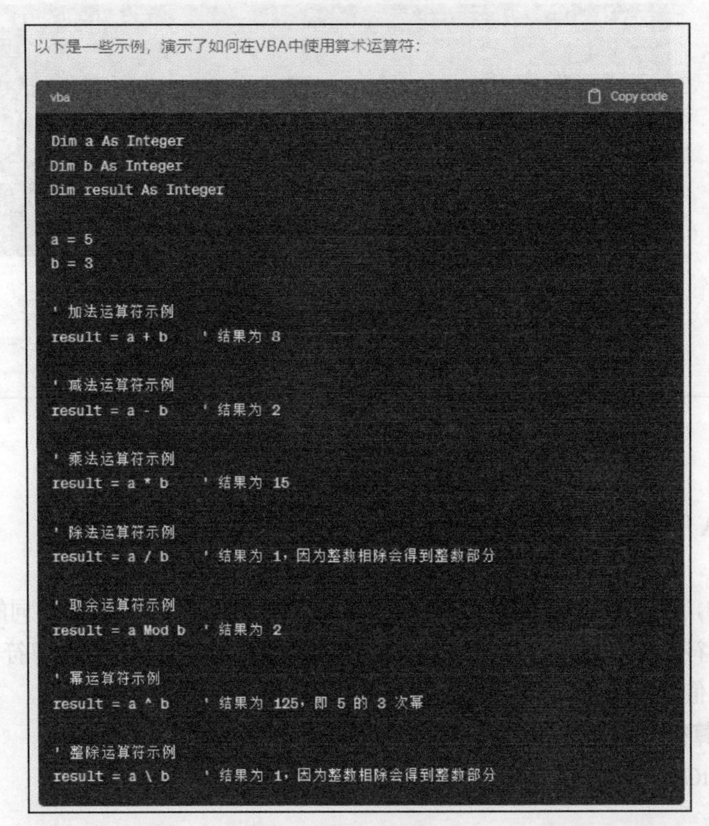
以下是一些示例，演示了如何在VBA中使用算术运算符：

vba　　Copy code

```vba
Dim a As Integer
Dim b As Integer
Dim result As Integer

a = 5
b = 3

' 加法运算符示例
result = a + b    ' 结果为 8

' 减法运算符示例
result = a - b    ' 结果为 2

' 乘法运算符示例
result = a * b    ' 结果为 15

' 除法运算符示例
result = a / b    ' 结果为 1，因为整数相除会得到整数部分

' 取余运算符示例
result = a Mod b  ' 结果为 2

' 幂运算符示例
result = a ^ b    ' 结果为 125，即 5 的 3 次幂

' 整除运算符示例
result = a \ b    ' 结果为 1，因为整数相除会得到整数部分
```

图 6-31　算术运算符示例

2. 比较运算符

在 VBA 中，比较运算符用于比较两个值之间的关系，并返回布尔值（True 或 False）作为比较结果。

通过向 ChatGPT 提问：

你是一位资深 Excel 大师，请详细说说 VBA 中比较运算符的作用和示例，以表格形式输出。

ChatGPT 给出了常见的比较运算符及其作用，如图 6-32 所示。

当然，我很乐意为您详细解释VBA中的比较运算符，并提供一些示例。以下是常见的比较运算符及其作用：

运算符	作用	示例
=	相等运算符，检查两个值是否相等	3 = 5 会得到结果 False，因为 3 不等于 5
<>	不等运算符，检查两个值是否不等	3 <> 5 会得到结果 True，因为 3 不等于 5
>	大于运算符，检查一个值是否大于	5 > 3 会得到结果 True，因为 5 大于 3
<	小于运算符，检查一个值是否小于	5 < 3 会得到结果 False，因为 5 不小于 3
>=	大于等于运算符，检查一个值是否大于等于	5 >= 5 会得到结果 True，因为 5 大于或等于 5
<=	小于等于运算符，检查一个值是否小于等于	5 <= 3 会得到结果 False，因为 5 不小于或等于 3

图 6-32　常用的比较运算符及其作用

ChatGPT 还给出了 VBA 中使用比较运算符的示例，如图 6-33 所示。

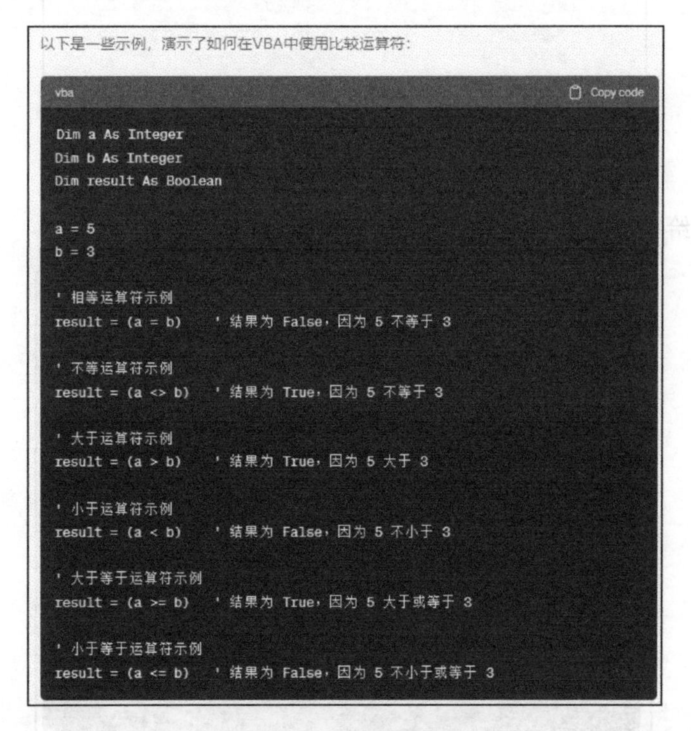
以下是一些示例，演示了如何在VBA中使用比较运算符：

vba　Copy code

```vba
Dim a As Integer
Dim b As Integer
Dim result As Boolean

a = 5
b = 3

' 相等运算符示例
result = (a = b)    ' 结果为 False，因为 5 不等于 3

' 不等运算符示例
result = (a <> b)   ' 结果为 True，因为 5 不等于 3

' 大于运算符示例
result = (a > b)    ' 结果为 True，因为 5 大于 3

' 小于运算符示例
result = (a < b)    ' 结果为 False，因为 5 不小于 3

' 大于等于运算符示例
result = (a >= b)   ' 结果为 True，因为 5 大于或等于 3

' 小于等于运算符示例
result = (a <= b)   ' 结果为 False，因为 5 不小于或等于 3
```

图 6-33　比较运算符示例

如果还想让 ChatGPT 列出其他不常用的比较运算符，还可以继续提问，比如“认真想一想，还有没有其他比较运算符，重新输出”。

3. 逻辑运算符

在 VBA 中，逻辑运算符主要用于根据一个或多个条件执行逻辑运算。可以组合多个条件，实现复杂的逻辑判断。

通过向 ChatGPT 提问：

> 你是一位资深 Excel 大师，请详细说说 VBA 中逻辑运算符的作用和示例，以表格形式输出。

ChatGPT 给出了常用的逻辑运算符及其作用，如图 6-34 所示。

当然，我很乐意为您详细解释VBA中的逻辑运算符，并提供一些示例。以下是常见的逻辑运算符及其作用：

运算符	作用	示例
And	逻辑与运算符，用于判断多个条件是否同时成立	(5 > 3) And (10 < 15) 会得到结果 True，因为两个条件都成立
Or	逻辑或运算符，用于判断多个条件是否其中之一成立	(5 > 3) Or (10 < 5) 会得到结果 True，因为至少一个条件成立
Not	逻辑非运算符，用于取反一个条件的结果	Not (5 > 3) 会得到结果 False，因为条件原本为 True，取反后结果为 False
Xor	逻辑异或运算符，用于判断两个条件是否不全为真或不全为假	(5 > 3) Xor (10 < 5) 会得到结果 False，因为两个条件不全为真或不全为假

图 6-34　常用的逻辑运算符及其作用

ChatGPT 还给出了 VBA 中使用逻辑运算符的示例，如图 6-35 所示。

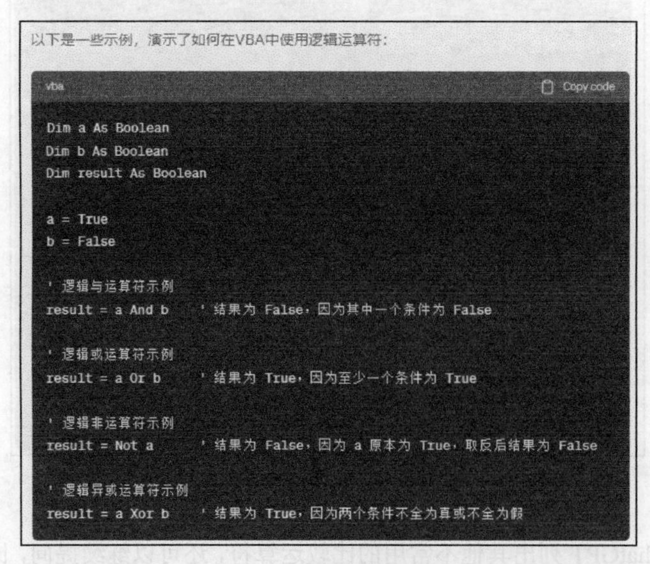
以下是一些示例，演示了如何在VBA中使用逻辑运算符：
vba
Copy code
Dim a As Boolean
Dim b As Boolean
Dim result As Boolean
a = True
b = False
' 逻辑与运算符示例
result = a And b   ' 结果为 False，因为其中一个条件为 False
' 逻辑或运算符示例
result = a Or b   ' 结果为 True，因为至少一个条件为 True
' 逻辑非运算符示例
result = Not a   ' 结果为 False，因为 a 原本为 True，取反后结果为 False
' 逻辑异或运算符示例
result = a Xor b   ' 结果为 True，因为两个条件不全为真或不全为假

图 6-35　逻辑运算符示例

如果觉得这个示例太简单，可以结合比较运算符，通过复杂的示例灵活掌握逻辑运算。比如，可以继续向 ChatGPT 追问：

请把逻辑运算符与比较运算符结合，给出示例。

在图 6-36 中可以看到，示例展示了如何在 VBA 中结合逻辑运算符和比较运算符，构建复杂的逻辑表达式。

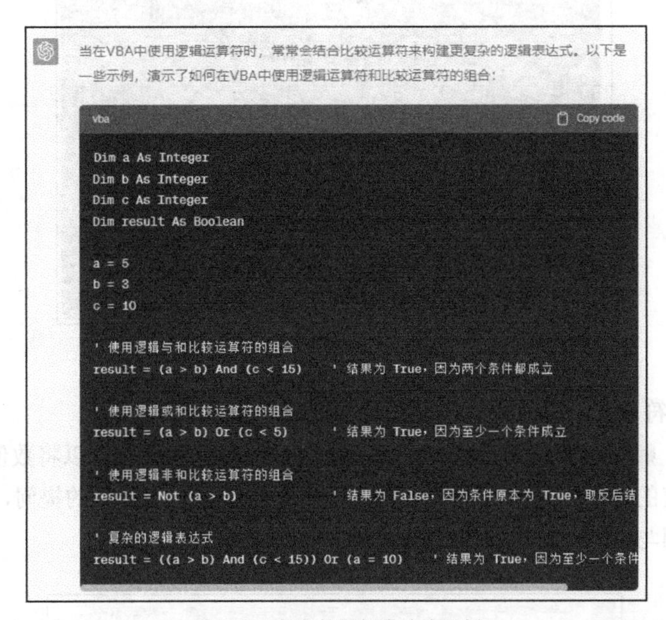

图 6-36　复杂的逻辑表达式示例

4. 连接运算符

在 VBA 中，连接运算符用于连接字符串或数值，并将它们合并成一个新的字符串或数值。通过与前面类似的提问，ChatGPT 给出了连接运算符的作用与示例，如图 6-37 所示。

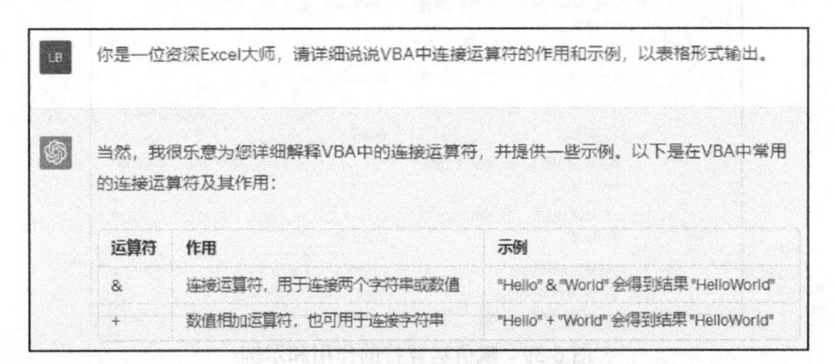

运算符	作用	示例
&	连接运算符，用于连接两个字符串或数值	"Hello" & "World" 会得到结果 "HelloWorld"
+	数值相加运算符，也可用于连接字符串	"Hello" + "World" 会得到结果 "HelloWorld"

图 6-37　连接运算符的作用和示例

同时，ChatGPT 还给出了在 VBA 中使用连接运算符的具体示例，如图 6-38 所示。

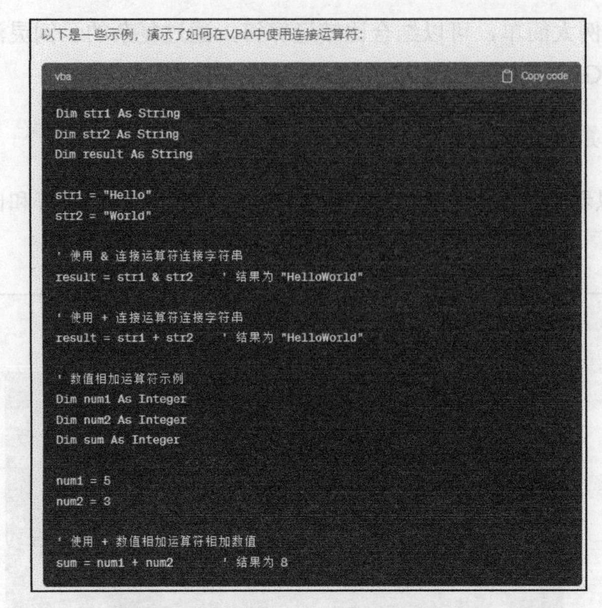

以下是一些示例，演示了如何在VBA中使用连接运算符：

vba　　Copy code

```vba
Dim str1 As String
Dim str2 As String
Dim result As String

str1 = "Hello"
str2 = "World"

' 使用 & 连接运算符连接字符串
result = str1 & str2    ' 结果为 "HelloWorld"

' 使用 + 连接运算符连接字符串
result = str1 + str2    ' 结果为 "HelloWorld"

' 数值相加运算符示例
Dim num1 As Integer
Dim num2 As Integer
Dim sum As Integer

num1 = 5
num2 = 3

' 使用 + 数值相加运算符相加数值
sum = num1 + num2       ' 结果为 8
```

图 6-38　连接运算符示例

5. 赋值运算符

在 VBA 中，赋值运算符用于将一个值赋给变量或对象属性。可以将数值、字符串等赋给变量，并进行数值的加减乘除或字符串的连接操作。通过与前面类似的提问，ChatGPT 给出了赋值运算符的作用与示例，如图 6-39 所示。

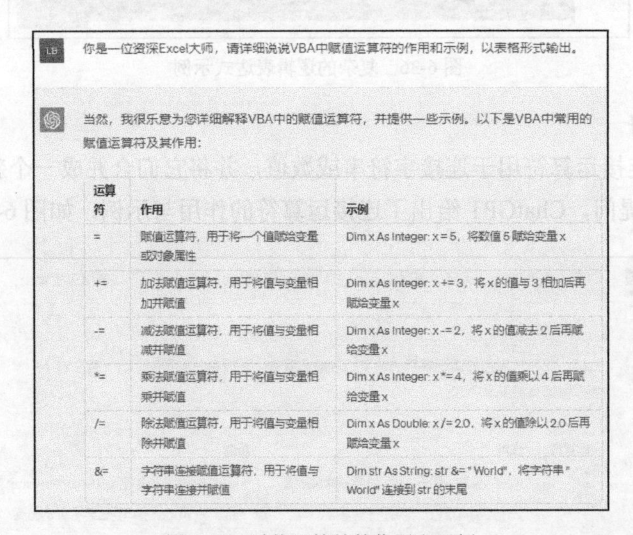

LB　你是一位资深Excel大师，请详细说说VBA中赋值运算符的作用和示例，以表格形式输出。

当然，我很乐意为您详细解释VBA中的赋值运算符，并提供一些示例。以下是VBA中常用的赋值运算符及其作用：

运算符	作用	示例
=	赋值运算符，用于将一个值赋给变量或对象属性	Dim x As Integer: x = 5，将数值 5 赋给变量 x
+=	加法赋值运算符，用于将值与变量相加并赋值	Dim x As Integer: x += 3，将 x 的值与 3 相加后再赋给变量 x
-=	减法赋值运算符，用于将值与变量相减并赋值	Dim x As Integer: x -= 2，将 x 的值减去 2 后再赋给变量 x
*=	乘法赋值运算符，用于将值与变量相乘并赋值	Dim x As Integer: x *= 4，将 x 的值乘以 4 后再赋给变量 x
/=	除法赋值运算符，用于将值与变量相除并赋值	Dim x As Double: x /= 2.0，将 x 的值除以 2.0 后再赋给变量 x
&=	字符串连接赋值运算符，用于将值与字符串连接并赋值	Dim str As String: str &= " World"，将字符串 " World" 连接到 str 的末尾

图 6-39　赋值运算符的作用和示例

同时，ChatGPT 还给出了在 VBA 中使用连接运算符的具体示例，如图 6-40 所示。

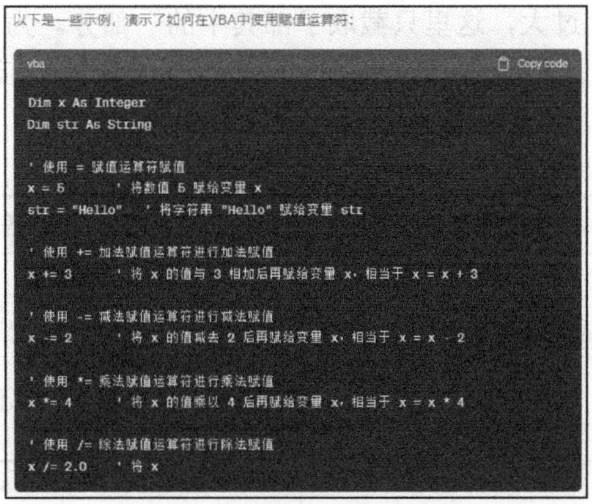

以下是一些示例，演示了如何在VBA中使用赋值运算符：

```vba
Dim x As Integer
Dim str As String

' 使用 = 赋值运算符赋值
x = 5        ' 将数值 5 赋给变量 x
str = "Hello"    ' 将字符串 "Hello" 赋给变量 str

' 使用 += 加法赋值运算符进行加法赋值
x += 3       ' 将 x 的值与 3 相加后再赋给变量 x，相当于 x = x + 3

' 使用 -= 减法赋值运算符进行减法赋值
x -= 2       ' 将 x 的值减去 2 后再赋给变量 x，相当于 x = x - 2

' 使用 *= 乘法赋值运算符进行乘法赋值
x *= 4       ' 将 x 的值乘以 4 后再赋给变量 x，相当于 x = x * 4

' 使用 /= 除法赋值运算符进行除法赋值
x /= 2.0    ' 将 x
```

图 6-40　赋值运算符示例

6.3.6　控制语句

控制语句可以分为两类：一类是条件语句，如 If...Then...Else 和 Select Case；另一类是循环语句，如 For...Next、Do...Loop、Do Until...Loop、For Each...Next。可以根据不同的条件来控制程序的执行流程，实现条件判断、循环操作、错误处理等功能。

我们先来了解一下有哪些控制语句以及它们各自的作用。可以这样简单提问：

你是一位资深 Excel 大师，请详细说说 VBA 中有哪些控制语句，它的作用和语法结构。

图 6-41 所示为 ChatGPT 给出的 VBA 中常见的控制语句及其作用。

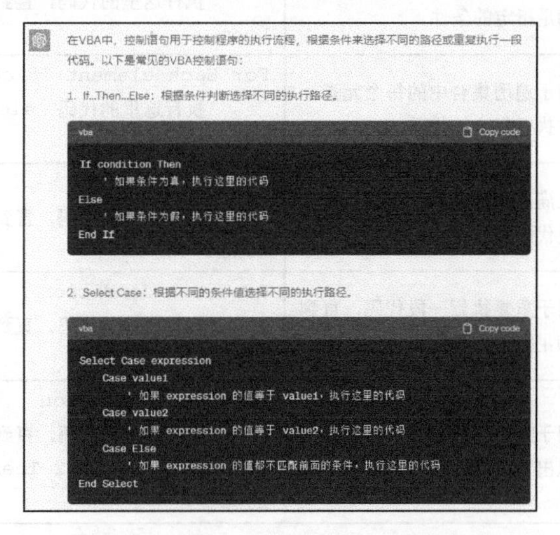

图 6-41　VBA 中的控制语句和语法结构

因为需要截取的图片过大，这里只截取了部其中的一部分。为了方便学习，我们可以让 ChatGPT 以表的形式输出。表 6-2 所示为根据 ChatGPT 的输出整理后的结果。

表 6-2 VBA 中的控制语句和语法结构

控制语句	作用	语法结构

If...Then...Else	根据条件判断选择不同的执行路径	If condition Then
		    '如果条件为真，执行这里的代码
		Else
		    '如果条件为假，执行这里的代码
		End If

Select Case	根据不同的条件值选择不同的执行路径	Select Case expression
		  Case value1
		      '如果 expression 的值等于 value1，执行这里的代码
		  Case value2
		      '如果 expression 的值等于 value2，执行这里的代码
		  Case Else
		      '如果 expression 的值都不匹配前面的条件，执行这里的代码
		End Select

For...Next	用于重复执行一段代码，指定循环次数或遍历一个集合	For counter = start To end Step stepValue '执行这里的代码，循环变量为 counter Next counter
Do...Loop	用于重复执行一段代码，直到满足指定的条件	Do While condition '执行这里的代码，直到条件为假 Loop
For Each...Next	用于遍历集合中的每个元素，并执行相应的代码	For Each element In collection '执行这里的代码，element 是集合中的每个元素 Next element
While...Wend	在满足指定条件时重复执行一段代码	While condition '执行这里的代码，直到条件为假 Wend
Do Until...Loop	用于重复执行一段代码，直到满足指定的条件	Do Until condition '执行这里的代码，直到条件为真 Loop

Exit	用于在循环或程序执行中提前退出当前循环或整个程序	Do While condition
		    '执行这里的代码，直到条件为假
		    If condition2 Then Exit Do
		Loop

如果我们觉得只看语法结构依然不知道如何使用，还可以针对性地向 ChatGPT 提问，让 ChatGPT 给出一个具体的用法示例，如图 6-42 所示。

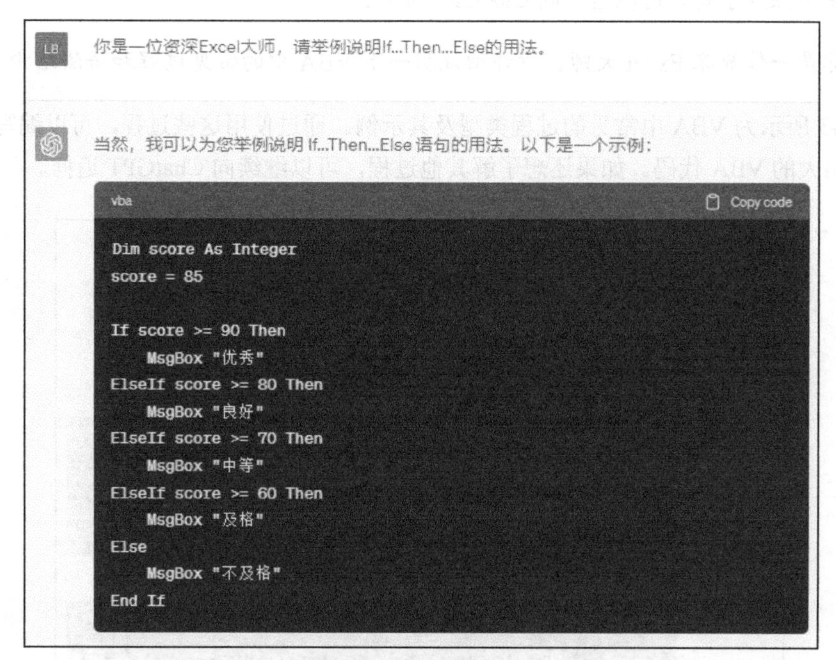

图 6-42 控制语句示例

6.3.7 VBA 中的过程

在 VBA 中，过程是一组被命名的代码块，用于执行特定的任务或操作。过程可以包含一系列的语句、变量、条件判断、循环等。VBA 中的过程可以分为几种不同类型，常见的包括子过程（Sub）和函数（Function）。

- **子过程**：一种不返回值的过程类型。它用于执行一系列的操作，可以接受输入参数，并在执行完操作后结束。子过程通常用于执行某个特定的任务，可以在程序中的多个地方被调用。
- **函数**：一种返回值的过程类型。它用于执行一系列的操作，并返回一个值作为结果。函数可以接受输入参数，根据参数的不同计算并返回相应的结果。函数可以在表达式中使用，也可以赋值给变量，用于实现更复杂的计算和逻辑操作。

过程在 VBA 中非常重要，它们使得我们能够将复杂的任务分解成更小的、可管理的代码块。通过将代码组织为过程，可以提高代码的可读性和可维护性，使得程序更加结构化和模块化。过程还可以被其他代码调用，实现代码的重用性，避免重复编写相同的代码片段。

除了子过程和函数，VBA 中还有其他类型的过程，如事件处理程序（Event Procedure）和属性过程（Property Procedure），分别用于响应对象的事件和访问对象的属性。

如果想更深入了解，可以这样向 ChatGPT 提问：

> 你是一位资深 Excel 大师，请详细说明一下 VBA 中的常见过程和语法结构。

图 6-43 所示为 VBA 中常见的过程类型及其示例。通过使用这些过程，可以编写出结构清晰、功能强大的 VBA 代码。如果还想了解其他过程，可以继续向 ChatGPT 追问。

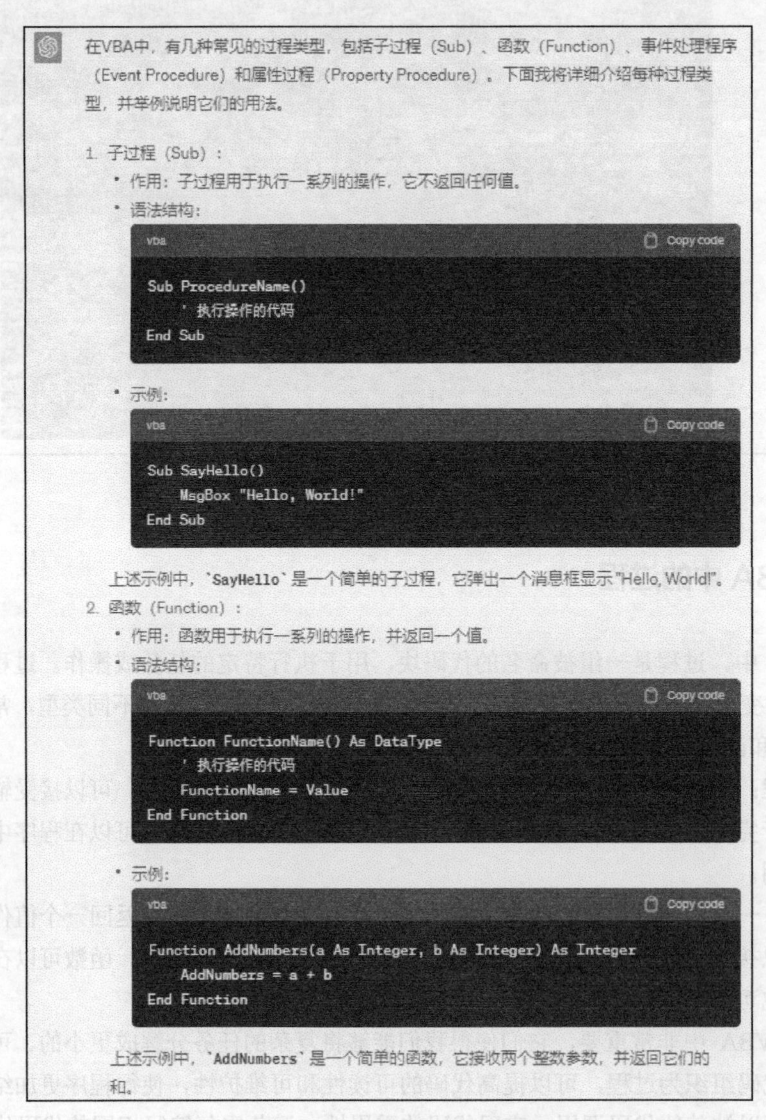

图 6-43　常见的过程类型及其示例

6.4 使用 ChatGPT 快速编写各种 VBA 代码

本节将通过 ChatGPT，带你进入 VBA 实战场景，解决日常使用中的烦恼。我们无须担心难度，有了 ChatGPT 的帮助，只需最简单的 VBA 知识，再结合有效的提问技巧，就能逐步掌握这门强大的语言。

让我们一起开启 Excel 编程之旅，展现数据处理的魔力！

6.4.1 从文本文件获取数据

可以使用 Excel VBA 获取外部数据，如 Web 页面、数据库、文本文件等。下面通过一个简单的示例来展示如何使用 VBA 从文本文件获取数据。在 6.1.1 节，我们学习了获取文本文件的几个关键步骤和设置。接下来直接向 ChatGPT 提问：

> 你是一位资深 Excel 大师，我想从文本文件获取数据，原文件的分隔符为“制表符”，文件原始格式为 UTF-8，从当前工作表 A1 单元格写入数据，请写出 VBA 代码和操作步骤。

ChatGPT 给出了详细的操作步骤和代码，如图 6-44 所示。按步骤将代码复制到 VBA 中进行调试。如果运行过程出现错误，请向 ChatGPT 反馈错误，或修改提问内容。

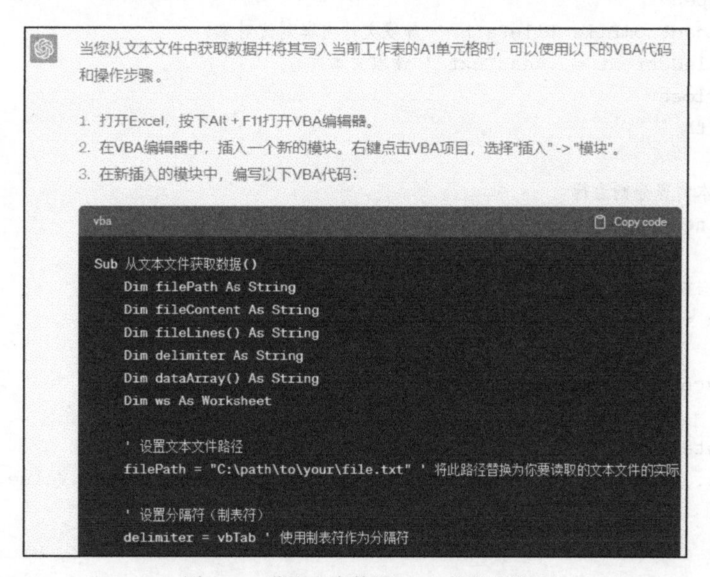

图 6-44 获取文本数据 VBA 代码示例

需要说明的是，由于 ChatGPT 生成的代码太长，所以图 6-44 只截取了分内容。为了方便大家的学习，下面给出ChatGPT生成的完整代码。

```
Sub 从文本文件获取数据()
    Dim filePath As String
    Dim fileContent As String
    Dim fileLines() As String
    Dim delimiter As String
    Dim dataArray() As String
    Dim ws As Worksheet

    ' 设置文本文件路径
    filePath = "C:\path\to\your\file.txt" ' 将此路径替换为你要读取的文本文件的实际路径

    ' 设置分隔符（制表符）
    delimiter = vbTab ' 使用制表符作为分隔符

    ' 创建ADODB.Stream对象
    Dim stream As Object
    Set stream = CreateObject("ADODB.Stream")

    ' 设置流的属性
    With stream
        .Type = 2 ' 二进制模式
        .Charset = "UTF-8" ' 设置编码方式为UTF-8
        .Open
        .LoadFromFile filePath ' 加载文件内容到流对象
        fileContent = .ReadText ' 读取文本内容
        .Close
    End With

    ' 将文本内容分割为行
    fileLines = Split(fileContent, vbCrLf)

    ' 获取当前工作表
    Set ws = ThisWorkbook.ActiveSheet

    ' 在Excel中逐行输出文本内容到A1单元格
    For i = LBound(fileLines) To UBound(fileLines)
        dataArray = Split(fileLines(i), delimiter)
        ws.Cells(i + 1, 1).Resize(1, UBound(dataArray) + 1).Value = dataArray
    Next i
End Sub
```

我们只需将代码中的filePath变量替换为要读取的文本文件的实际路径即可。如果想将数据写入不同的工作表，可以修改代码中的ws = ThisWorkbook.ActiveSheet行，将其更改为合适的工作表对象。为了方便运行，还可以将宏指定到窗体控件或形状。

6.4.2　使用 VBA 处理缺失值

在如图 6-45 所示的表格中，需要把空白单元格批量填充为 0。前面章节介绍了以手动方式先“定位”再批量填充的方法。现在可以使用 VBA 进行批量填充。操作步骤如下。

1. 打开 Excel 操作的工作簿“VBA 处理缺失值.xlsx”，按 Alt + F11 组合键打开 VBA 编辑器。

2. 在 VBA 编辑器中，插入一个新的模块。右键单击 VBA 项目，从弹出的菜单中选择“插入”>“模块”。将 ChatGPT 根据提问写出的 VBA 代码（见图 6-46）复制到模块中。

	A	B	C	D
1	1月	2月	3月	4月
2	83	65	68	73
3	63	62	85	61
4	99	50	60	66
5	63	34	91	54
6			35	80
7	58	63	46	96
8	61	78	84	
9			46	27
10	55	96	55	
11	20	34	82	66
12	48		35	
13			78	58
14	97		72	35
15	60	82	69	
16	91	41	68	23
17	52		84	23
18	99	39	86	31
19	88	63	54	47

图 6-45　示例表格

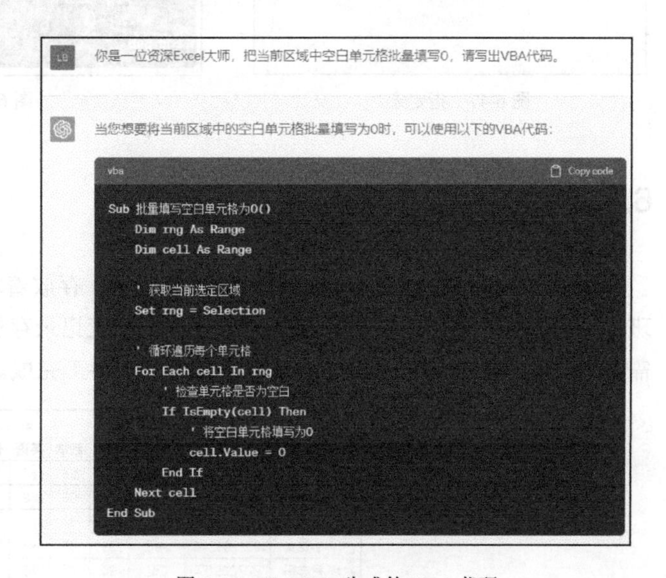

图 6-46　ChatGPT 生成的 VBA 代码

3. 返回 Excel 界面，选择包含要填写为 0 的空白单元格的区域。在 Excel 中，按 Alt + F8 组合键，选择宏“批量填写空白单元格为 0”，然后单击“运行”。为了方便使用，可绘制一个窗体控件或形状，然后从弹出的“指定宏”对话框中选择相应的宏名，就可以通过单击按钮来运行相应的宏了，如图 6-47 所示。

如果宏无法运行，可把文件另存为“Excel 启用宏的工作簿(*.xlsm)”类型再行尝试。

经过测试会发现，在运行宏之前需要先选择数据区域，然后才能对指定区域进行批量填充。我们可以优化提问，比如向 ChatGPT 追问“自动全选鼠标所在的区域，重新输出完整的 VBA 代码”。

如图 6-48 所示，ChatGPT 重新输出了新的代码。通过复制粘贴的方式替换原模块中的 VBA 代码运行即可。

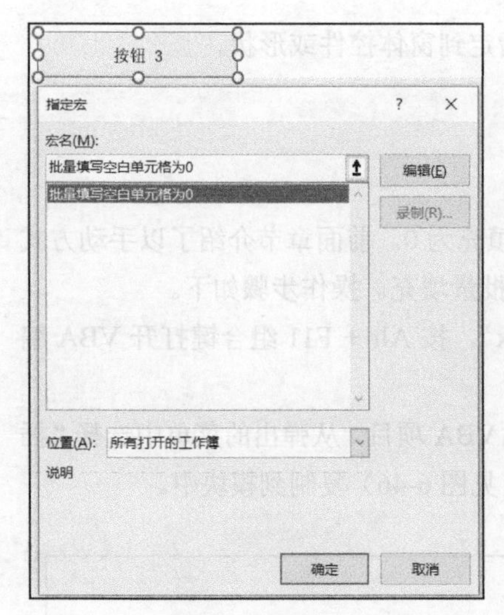

图 6-47　指定宏

```vba
Sub 批量填写空白单元格为0()
    Dim rng As Range
    Dim cell As Range

    ' 获取当前鼠标所在的区域
    Set rng = Application.Selection

    ' 自动全选鼠标所在的区域
    Set rng = rng.CurrentRegion

    ' 循环遍历每个单元格
    For Each cell In rng
        ' 检查单元格是否为空白
        If IsEmpty(cell) Then
            ' 将空白单元格填写为0
            cell.Value = 0
        End If
    Next cell
End Sub
```

图 6-48　修改后的 VBA 代码

6.4.3　快速拆分工作表

在如图 6-49 所示的“年级成绩表”工作表中，存放着本年级所有班的成绩记录。现在想以班级进行分类，创建出对应班的工作表，并把相应记录存放到对应的工作表中。原来我们可能需要先对班级进行筛选，再通过复制粘贴的方式手工完成。

	A	B	C	D	E	F	G	H	I
1	姓名	学号	班级	语文	数学	英语	化学	物理	总分
2	丁大全	202209845	C班	90	98	87	89	87	451
3	马钰	202209946	A班	89	98	89	78	89	443
4	马光佐	202209442	A班	87	87	89	87	78	428
5	小龙女	202209246	A班	99	89	91	84	77	440
6	尹志平	202209174	C班	90	73	65	62	64	354
7	丘处机	202209482	C班	88	80	63	79	62	372
8	王处一	202209758	C班	70	77	90	100	67	404
9	王十三	202209252	A班	99	67	84	79	80	409
10	公孙止	202209881	A班	85	65	75	74	96	395
11	王志坦	202209301	C班	60	67	66	94	81	368
12	王惟忠	202209727	B班	66	75	64	79	62	346

图 6-49　年级成绩表

现在，可以让 ChatGPT 帮忙写出 VBA 代码，后续再遇到类似需要拆分的工作表时，可一键搞定！现在，我们只需要把问题描述清楚。例如，可以这样向 ChatGPT 提问：

你是一位资深 Excel 大师，对指定位置工作簿中的“年级成绩表”工作表，根据 C 列中的班级名称进行分类，创建相应工作表，并将各个班级的记录分类到相应的工作表中。请写出 VBA 代码。

如图 6-50 所示，ChatGPT 给出了 VBA 代码。我们可以将代码复制到新建的模块中，然后按 Alt + F8 组合键或通过将宏到窗体控件或形状来运行宏。

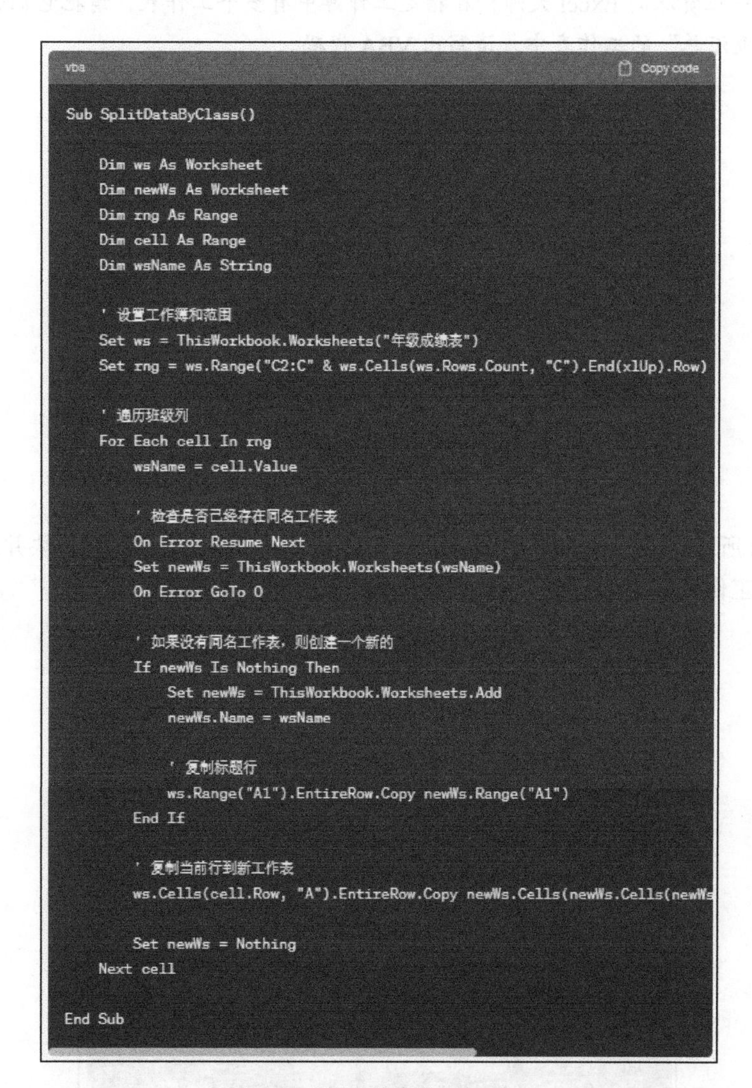

```vba
vba                                                    Copy code

Sub SplitDataByClass()

    Dim ws As Worksheet
    Dim newWs As Worksheet
    Dim rng As Range
    Dim cell As Range
    Dim wsName As String

    ' 设置工作簿和范围
    Set ws = ThisWorkbook.Worksheets("年级成绩表")
    Set rng = ws.Range("C2:C" & ws.Cells(ws.Rows.Count, "C").End(xlUp).Row)

    ' 遍历班级列
    For Each cell In rng
        wsName = cell.Value

        ' 检查是否已经存在同名工作表
        On Error Resume Next
        Set newWs = ThisWorkbook.Worksheets(wsName)
        On Error GoTo 0

        ' 如果没有同名工作表，则创建一个新的
        If newWs Is Nothing Then
            Set newWs = ThisWorkbook.Worksheets.Add
            newWs.Name = wsName

            ' 复制标题行
            ws.Range("A1").EntireRow.Copy newWs.Range("A1")
        End If

        ' 复制当前行到新工作表
        ws.Cells(cell.Row, "A").EntireRow.Copy newWs.Cells(newWs.Cells(newWs

        Set newWs = Nothing
    Next cell

End Sub
```

图 6-50 拆分工作表的 VBA 代码

如果 ChatGPT 生成的代码有误，或者不符合预期，我们可以继续追问 ChatGPT，或修改提问。

6.4.4 合并多表数据

在如图 6-51 所示的表中，有多个班的成绩表，现在需要将这些工作表合并到一张表中。原来我们可能需要多次复制粘贴，现在可以让 ChatGPT 帮忙写出 VBA 代码，一键搞定！

可以这样向 ChatGPT 提问：

你是一位资深的 Excel 大师，在指定工作簿中有多个工作表，请把它们合并到一个名为“成绩表汇总”的工作表中，请写出 VBA 代码。

	A	B	C	D	E	F	G	H	I
1	姓名	学号	班级	语文	数学	英语	化学	物理	总分
2	马钰	202209946	A班	89	98	89	78	89	443
3	马光佐	202209442	A班	87	87	89	87	78	428
4	小龙女	202209246	A班	99	89	91	84	77	440
5	王十三	202209252	A班	99	67	84	79	80	409
6	公孙止	202209881	A班	85	65	75	74	96	395
7	李莫愁	202209697	A班	86	72	64	70	87	379
8	朱子柳	202209571	A班	81	97	67	86	92	423
9	陈大方	202209070	A班	62	70	70	87	92	381
10	宋五	202209899	A班	75	83	98	90	62	408
11	武修文	202209970	A班	84	80	89	91	93	437
12	林朝英	202209089	A班	85	63	71	77	78	374
13	郭破虏	202209912	A班	96	90	77	89	86	438

A班　B班　C班

图 6-51　合并工作表

如图 6-52 所示，ChatGPT 根据提问写出了 VBA 代码。将代码复制到模块并运行后，可能发现它把所有工作表中包括标题在内的数据都合并到了新工作表中。

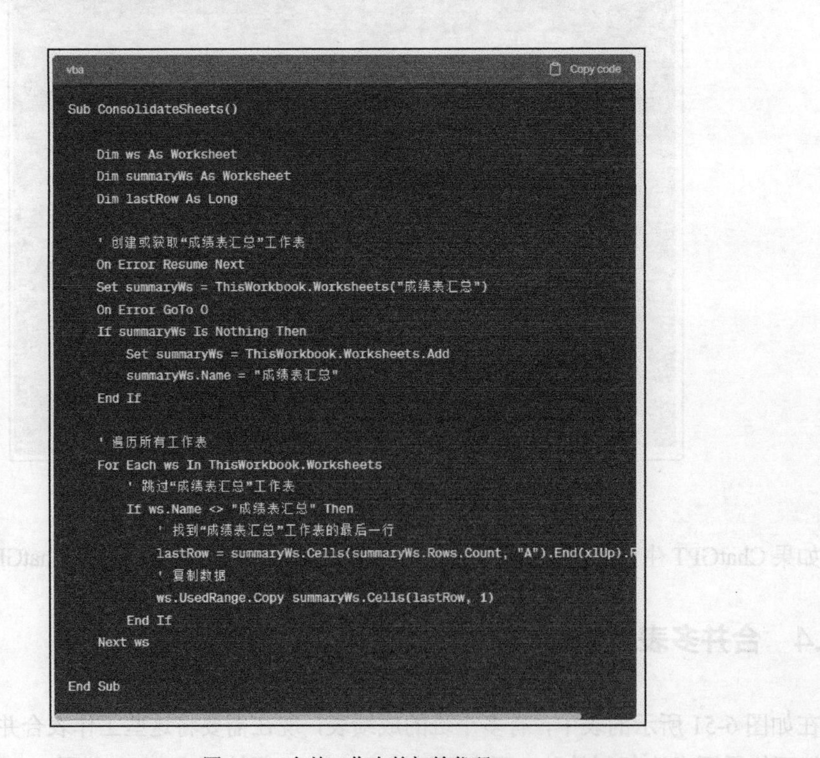

```vba
Sub ConsolidateSheets()

    Dim ws As Worksheet
    Dim summaryWs As Worksheet
    Dim lastRow As Long

    ' 创建或获取"成绩表汇总"工作表
    On Error Resume Next
    Set summaryWs = ThisWorkbook.Worksheets("成绩表汇总")
    On Error GoTo 0
    If summaryWs Is Nothing Then
        Set summaryWs = ThisWorkbook.Worksheets.Add
        summaryWs.Name = "成绩表汇总"
    End If

    ' 遍历所有工作表
    For Each ws In ThisWorkbook.Worksheets
        ' 跳过"成绩表汇总"工作表
        If ws.Name <> "成绩表汇总" Then
            ' 找到"成绩表汇总"工作表的最后一行
            lastRow = summaryWs.Cells(summaryWs.Rows.Count, "A").End(xlUp).R
            ' 复制数据
            ws.UsedRange.Copy summaryWs.Cells(lastRow, 1)
        End If
    Next ws

End Sub
```

图 6-52　合并工作表的初始代码

如果遇到类似的问题，可以继续向 ChatGPT 反馈，要求重新写出 VBA 代码，如图 6-53 所示。

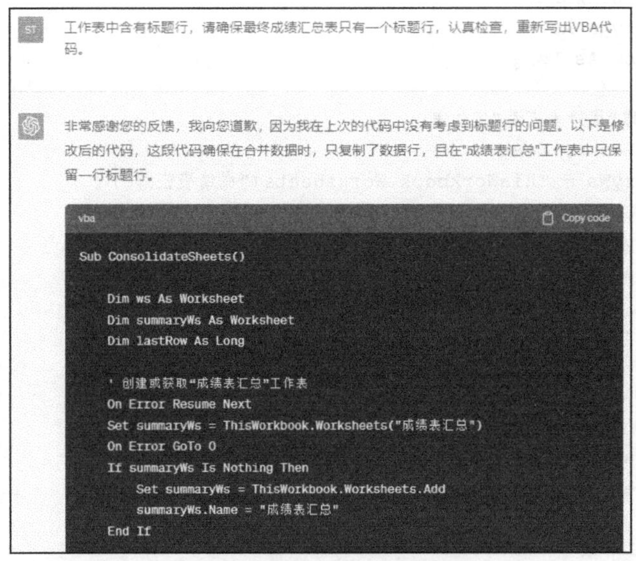

图 6-53 修改后的合并工作表代码

将上述代码复制到模块，运行后发现合并后的工作表首行是一个空白行。我们继续向 ChatGPT 反馈，要求重新输出代码，如图 6-54 所示。

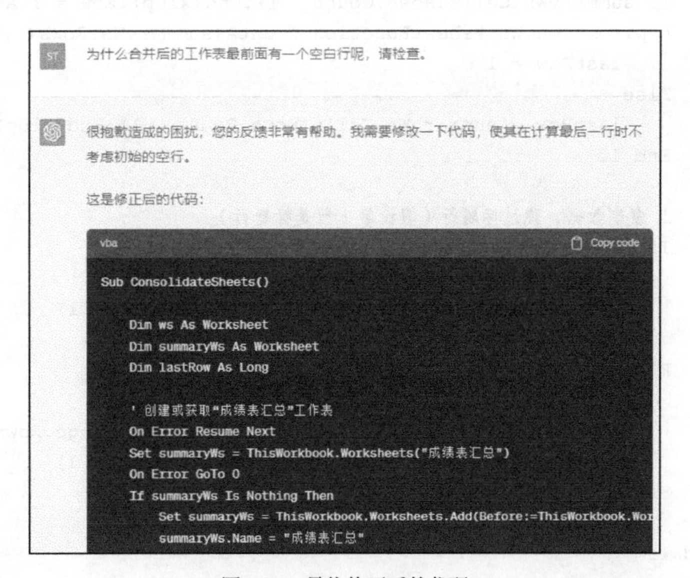

图 6-54 最终修正后的代码

将代码复制到模块并运行，测试结果。完美！下面是不断修正后的最终 VBA 代码。

```
Sub ConsolidateSheets()

    Dim ws As Worksheet
    Dim summaryWs As Worksheet
    Dim lastRow As Long

    ' 创建或获取"成绩表汇总"工作表
    On Error Resume Next
    Set summaryWs = ThisWorkbook.Worksheets("成绩表汇总")
    On Error GoTo 0
    If summaryWs Is Nothing Then
        Set summaryWs = ThisWorkbook.Worksheets.Add(Before:
                    =ThisWorkbook.Worksheets(1))
        summaryWs.Name = "成绩表汇总"
    End If

    ' 确定标题行只复制一次
    Dim isFirstSheet As Boolean
    isFirstSheet = True

    ' 遍历所有工作表
    For Each ws In ThisWorkbook.Worksheets
        ' 跳过"成绩表汇总"工作表
        If ws.Name <> "成绩表汇总" Then
            ' 找到"成绩表汇总"工作表的最后一行
            If summaryWs.Cells(Rows.Count, 1).End(xlUp).Row = 1 And _
            Application.WorksheetFunction.CountA(summaryWs.Rows(1)) = 0 Then
                lastRow = 1
            Else
                lastRow = summaryWs.Cells(Rows.Count, 1).End(xlUp).Row + 1
            End If

            ' 复制数据，跳过标题行（假设第 1 行是标题行）
            If isFirstSheet Then
                ' 第一张工作表，复制标题行
                ws.UsedRange.Copy summaryWs.Cells(lastRow, 1)
                isFirstSheet = False
            Else
                ' 非第一张工作表，跳过标题行
                ws.UsedRange.Offset(1, 0).Resize(ws.UsedRange.Rows.Count - 1)
                        .Copy summaryWs.Cells(lastRow, 1)
            End If

        End If
    Next ws

End Sub
```

6.4.5 合并同文件夹下多工作簿数据

下面需要将“D:\ChatGPT\我写的书\第 6 章\第 6 章素材\年级成绩表\”文件夹下的多个工作簿中的每一个工作表合并到“年级成绩汇总.xlsx”文件中，如图 6-55 所示。

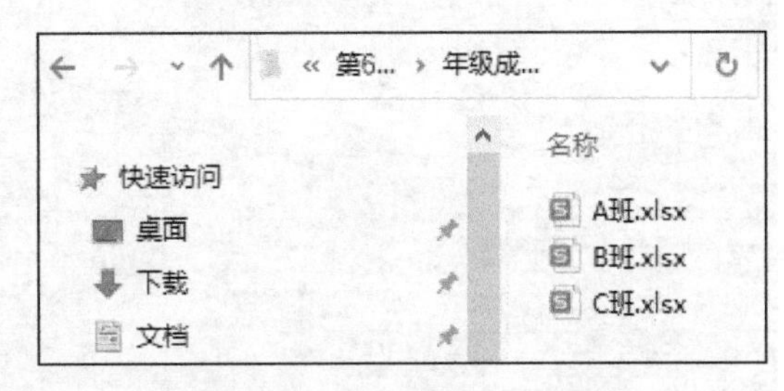

图 6-55　文件夹下的多个工作簿

经过向 ChatGPT 提问，它给出了初步的 VBA 代码，如图 6-56 所示。我们将代码复制到模块中，将“路径”替换为实际的文件路径并运行检测，可能会遇到各种错误。

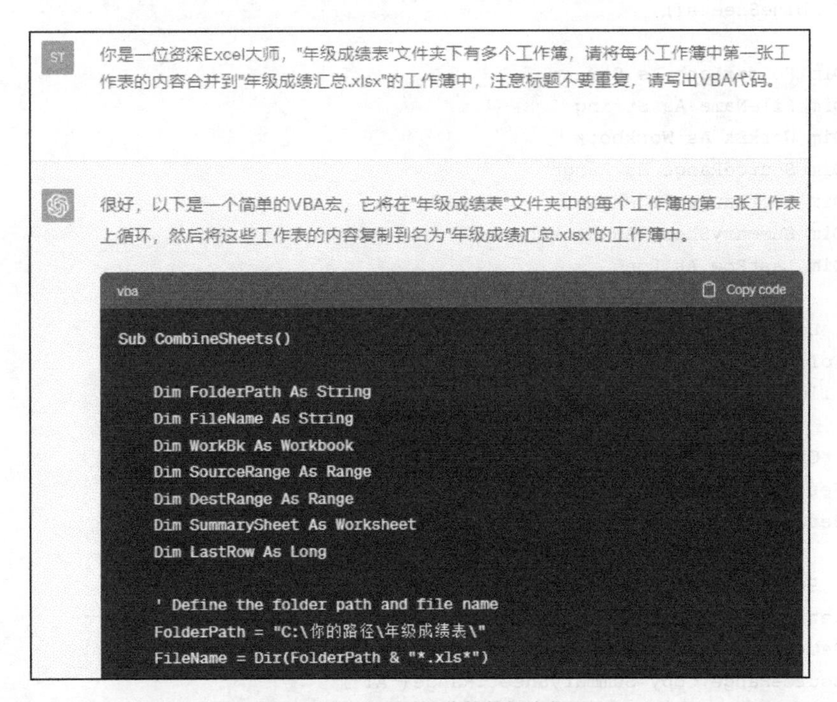

图 6-56　用于合并工作簿的初步代码

根据出现的问题继续向 ChatGPT 反馈，并要求 ChatGPT 重新写出 VBA 代码，如图 6-57 所示。

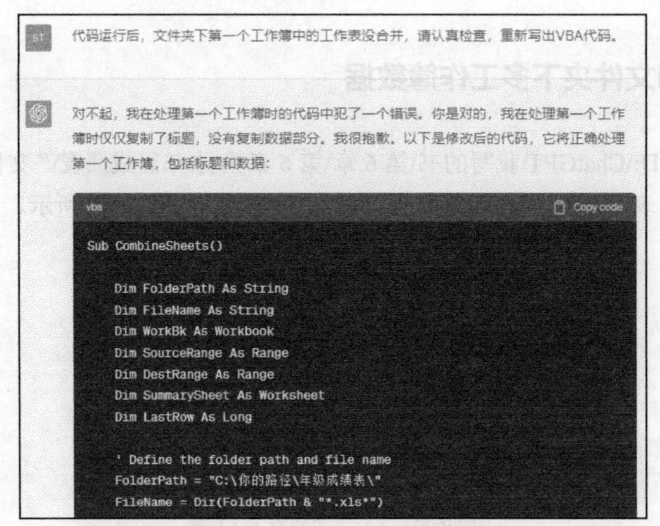

图 6-57　用于合并工作簿的最终代码

下面是不断修正后的最终 VBA 代码：

```
Sub CombineSheets()

    Dim FolderPath As String
    Dim FileName As String
    Dim WorkBk As Workbook
    Dim SourceRange As Range
    Dim DestRange As Range
    Dim SummarySheet As Worksheet
    Dim LastRow As Long

    ' Define the folder path and file name
    FolderPath = "C:\你的路径\年级成绩表\"
    FileName = Dir(FolderPath & "*.xls*")

    ' Create a new workbook for the summary
    Set SummaryBook = Workbooks.Add
    Set SummarySheet = SummaryBook.Sheets(1)

    ' Process the first workbook separately to include headers
    Set WorkBk = Workbooks.Open(FolderPath & FileName)
    Set SourceRange = WorkBk.Sheets(1).UsedRange
    SourceRange.Copy SummarySheet.Range("A1")
    WorkBk.Close savechanges:=False
    FileName = Dir()

    ' Loop through each remaining workbook in the folder
```

```
    Do While FileName <> ""

        ' Open the current workbook
        Set WorkBk = Workbooks.Open(FolderPath & FileName)

        ' Define the range to copy (excluding the header row)
        Set SourceRange = WorkBk.Sheets(1).UsedRange.Offset(1, 0)
        If SourceRange.Rows.Count > 1 Then
            Set SourceRange = SourceRange.Resize(SourceRange.Rows.Count - 1)
        End If

        ' Define the destination range
        LastRow = SummarySheet.Cells.Find("*", SearchOrder:=xlByRows,
                                   SearchDirection:=xlPrevious).Row
        Set DestRange = SummarySheet.Range("A" & LastRow + 1)

        ' Copy the range to the summary workbook
        SourceRange.Copy DestRange

        ' Close the current workbook without saving changes
        WorkBk.Close savechanges:=False

        ' Move to the next file in the folder
        FileName = Dir()

    Loop

    ' Save the summary workbook
    SummaryBook.SaveAs "C:\你的路径\年级成绩汇总.xlsx"
    SummaryBook.Close savechanges:=True

End Sub
```

6.4.6 快速创建工作表目录

如果某个 Excel 工作簿中包含多张工作表，为了方便切换，需要为工作表生成一个目录，如图 6-58 所示。可以这样向 ChatGPT 提问：

> 你是一位 Excel 大师，请遍历“IF 函数企业级应用.xlsx”中所有的工作表，提取工作表名称，在“目录”工作表中生成目录，请写出 VBA 代码。

如图 6-59 所示，ChatGPT 生成了相应的 VBA 代码。将“路径”替换为实际的文件路径后运行，检验代码是否有误。

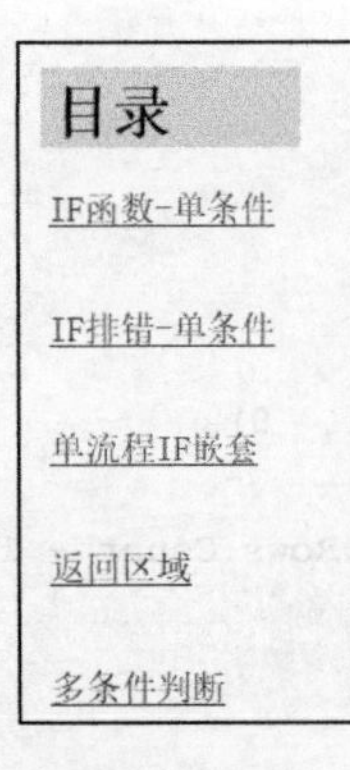

图6-58　目录

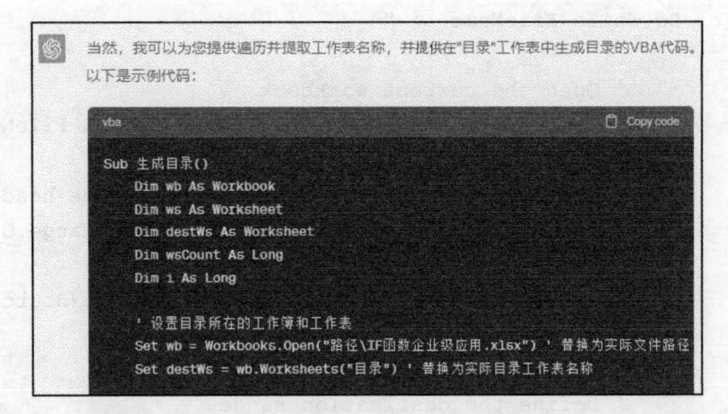

图6-59　用于生成工作表目录的代码

下面是不断修正后的最终VBA代码：

```
Sub 生成目录()
    Dim wb As Workbook
    Dim ws As Worksheet
    Dim destWs As Worksheet
    Dim wsCount As Long
    Dim i As Long

    ' 设置目录所在的工作簿和工作表
    Set wb = Workbooks.Open("路径\IF函数企业级应用.xlsx") ' 替换为实际文件路径
    Set destWs = wb.Worksheets("目录") ' 替换为实际目录工作表名称

    ' 清空目录工作表中的内容
    destWs.Cells.Clear

    ' 遍历工作簿中的工作表并生成目录
    wsCount = wb.Worksheets.Count
    For i = 1 To wsCount
        Set ws = wb.Worksheets(i)

        ' 将工作表名称写入目录工作表
        destWs.Cells(i, 1).Value = ws.Name
        destWs.Hyperlinks.Add Anchor:=destWs.Cells(i, 1), Address:="",
        SubAddress:="'" & ws.Name & "'!A1", TextToDisplay:=ws.Name
    Next i

    ' 调整目录工作表的列宽
    destWs.Columns.AutoFit

    ' 保存并关闭工作簿
    wb.Save
    wb.Close

    MsgBox "目录生成完成！"
End Sub
```

第7章

AI 助力 Python：自动化办公如此简单

假设你是一名行政助理，其中一个例行任务是处理邮件和管理文件。这项任务可能涉及邮件的收发、文件的整理和归档等。

或者你是一名销售分析师，每天的例行任务是处理销售数据并生成报告。这需要每天打开 Excel，导入数据，执行一系列的数据操作和计算，创建图表和图形，并生成报告。虽然这些任务都是必要的，但它们往往是重复的，只需按照既定的规则和流程进行操作即可。

使用 Python 进行自动化处理可以让我们告别这些烦琐的重复性操作。Python 是一门强大的编程语言，可以编写脚本来执行各种任务。例如，可以使用 Python 处理 Excel 数据，自动执行数据清洗、计算和分析你可以编写脚本模拟浏览器操作，自动进行网页操作和数据采集。利用 Python 可以大大提高我们的工作效率，让我们有更多的时间专注于更有价值的任务和个人发展。

7.1 搭建 Python 环境

如果说 ChatGPT 是我们的智能 Python 学习伙伴，那么搭建 Python 运行环境就是为我们的智能学习伙伴提供一个舒适的办公环境，而安装 PyCharm 集成开发环境则对这个办公环境进行装修，提供一个高效、整洁的工作台。

7.1.1 Python 概述

Python 是一门高级、通用、解释型的编程语言。它于 1991 年由 Guido van Rossum 创建，并以简洁易读的语法、通用性、跨平台性、丰富的生态系统和强大的数据处理能力而备受推崇。Python 具有以下优点。

- **简单易学**：Python 的语法设计简洁、清晰，易于理解和学习。它强调可读性和可维护性，可使初学者快速上手并编写出具有可读性的代码。

- **通用性**：Python 是一门通用编程语言，可以应用于各种领域，包括软件开发、数据科学、人工智能、网络编程、自动化脚本等。它拥有丰富的第三方库和框架，可使开发人员轻松解决各种问题，实现各种功能。
- **跨平台性**：Python 可以在多个操作系统上运行，包括 Windows、Linux、macOS 等。这意味着可以在不同的平台上开发和运行 Python 程序，而无须担心兼容性问题。
- **强大的生态系统**：Python 拥有庞大而活跃的开源社区，这些社区提供了大量的开源库和框架。这些库和框架涵盖了各种领域，如数据科学（NumPy、pandas、Matplotlib）、网络编程（Django、Flask）、人工智能（TensorFlow、PyTorch）等，可以大大加速开发过程。
- **可扩展性**：Python 支持与其他编程语言（如 C/C++）的集成，可以编写扩展模块来提高性能，或者使用现有的 C/C++库进行 Python 开发。
- **强大的数据处理能力**：Python 广泛应用于数据科学和分析领域，具有丰富的数据处理、数据可视化和机器学习库。这使得 Python 成为数据科学家和分析师的首选语言之一。
- **社区支持和文档丰富**：由于 Python 拥有庞大而活跃的开源社区，开发人员可以轻松获取来自社区的支持和帮助。此外，Python 还有详尽的官方文档和在线教程，使得学习和掌握 Python 变得更加便捷。

7.1.2 搭建 Python 开发环境

搭建 Python 开发环境是开始使用 Python 编程的第一步，这涉及下载和安装 Python、选择编辑器或 IDE、创建项目目录、编写和运行 Python 代码等步骤。下面以在 Windows 下安装 Python 为例，来演示 Python 开发环境的搭建过程。

1. 查看操作系统的位数

在下载 Python 之前，需要根据我们使用的操作系统来选择 32 位或 64 位的安装程序。通过单击 Windows 左下角的 logo>“设置”>“系统”>“关于”，可以看到当前的系统类型为 64 位操作系统，如图 7-1 所示。

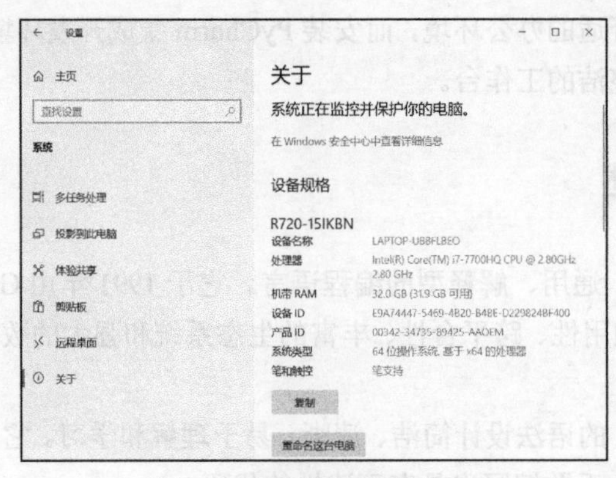

图 7-1 查看操作系统的位数

2. 下载 Python 安装文件

进入 Python 官网（见图 7-2），将鼠标指针移动到 Downloads>Windows，然后单击右边出现的 Python 版本按钮（如 Python 3.11.3）即可下载相应的 Python 版本。如果需要下载特定的 Python 版本，可单击 Windows 按钮，在弹出的页面中进行选择。

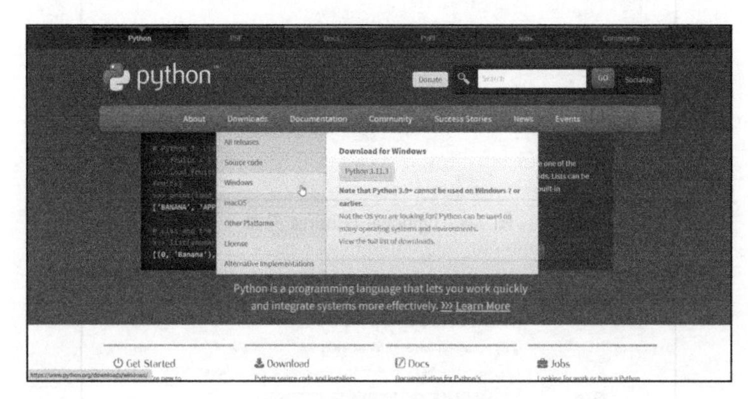

图 7-2　下载 Python 安装文件

3. 安装 Python

右键单击下载的 Python 安装文件，从弹出的菜单中选择“以管理员身份运行”，在弹出的界面中勾选“Add python.exe to PATH”复选框，自动配置 Python 环境变量。然后单击 Customize installation，如图 7-3 所示。

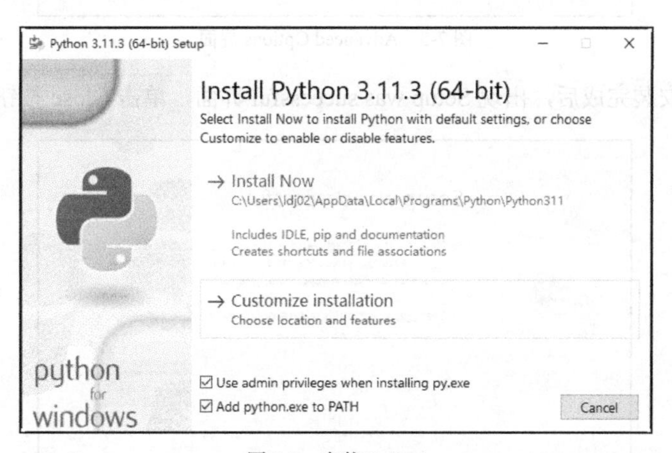

图 7-3　安装 Python

在弹出的 Optional Features 界面中，保持所有可选选项都为选中状态，然后单击 Next 按钮，如图 7-4 所示。

在弹出的 Advanced Options 界面中，可以选择是否修改安装路径。如果需要修改，请单击 Browse 按钮指定安装位置，然后单击 Install 按钮，如图 7-5 所示。

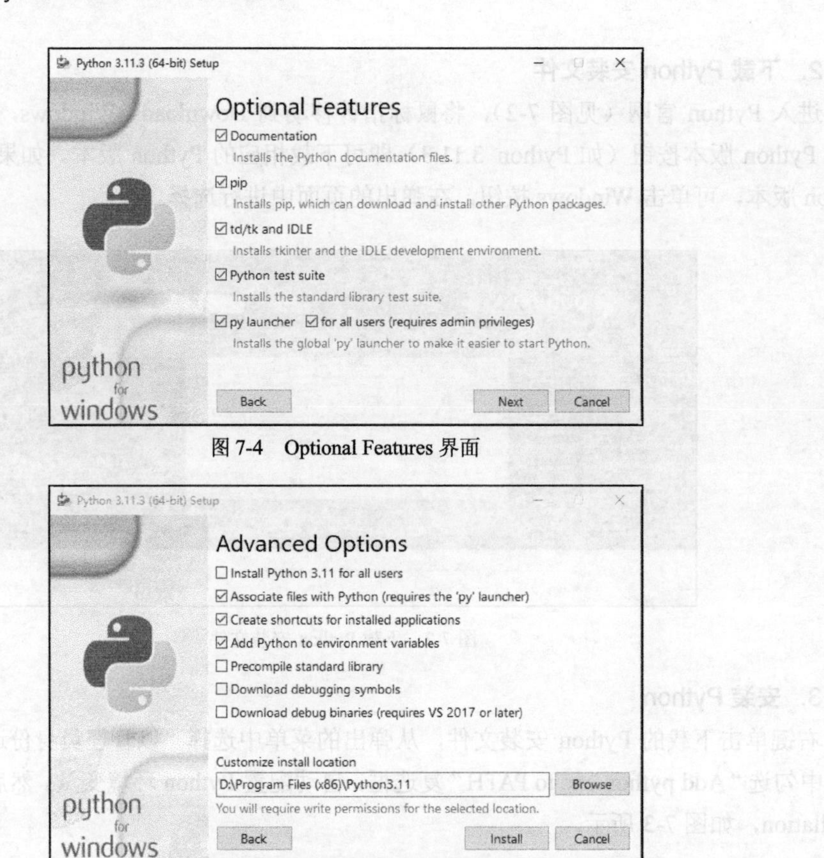

图 7-4 Optional Features 界面

图 7-5 Advanced Options 界面

稍作等待。安装完成后，出现 Setup was successful 界面，单击 Close 按钮，如图 7-6 所示。

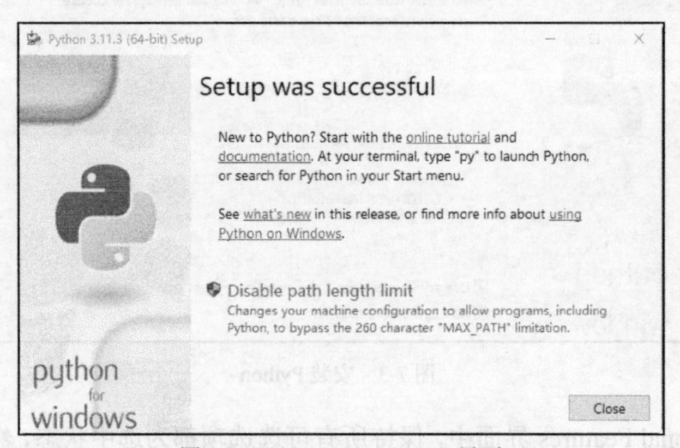

图 7-6 Setup was successful 界面

4. 验证是否安装成功

按下键盘上的 Windows 徽标（有些键盘是 Win 键）+ R 组合键，在如图 7-7 所示的“运行”

对话框中输入 cmd 后按下 Enter 键，在弹出的命令行界面中输入 python 命令（见图 7-8）。如果正确运行，则说明 Python 已经安装成功且环境变量配置正确。

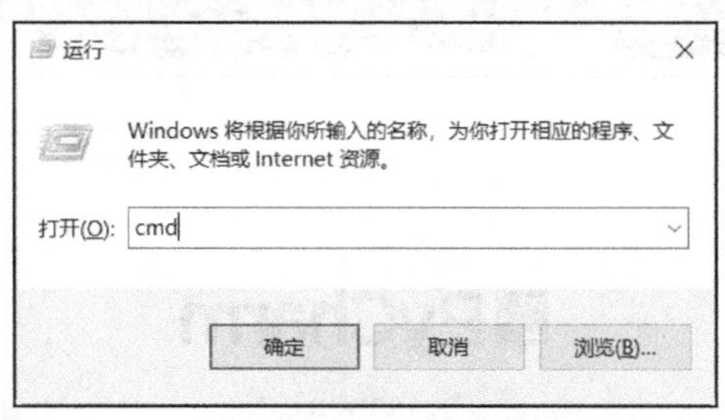

图 7-7 “运行”对话框

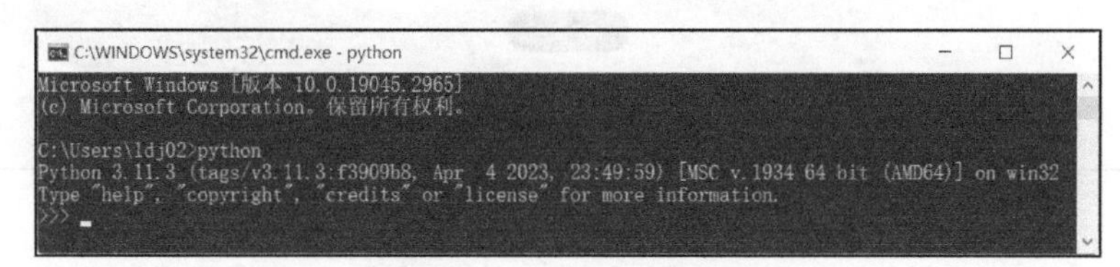

图 7-8 执行 python 命令

7.1.3 PyCharm 集成开发环境

PyCharm 是一款功能强大、专为 Python 开发而设计的集成开发环境（IDE）。PyCharm 提供了丰富的工具和功能，如智能代码补全、调试器、单元测试支持等，能够提高开发效率并减少错误。它还具有内置的版本控制和集成测试功能，方便团队协作和保证代码质量。本书将使用 PyCharm 作为开发环境。

1. 下载 PyCharm 程序

PyCharm 是由 JetBrains 公司开发的。打开 JetBrains 官网，从 Developer Tools 下选择 PyCharm，如图 7-9 所示。

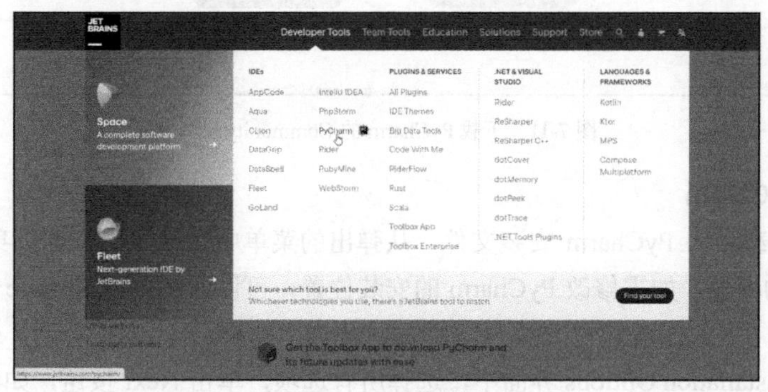

图 7-9 JetBrains 官网

在弹出的 PyCharm 界面中单击 Download 按钮，如图 7-10 所示。

图 7-10　PyCharm 界面

PyCharm 分为 Professional 版本和 Community 版本，其中 Professional 版本需要付费，但有 30 天的免费试用期。这里选择 Community 版本，单击下面的箭头按钮，选择相应的类型版本进行下载，如图 7-11 所示。

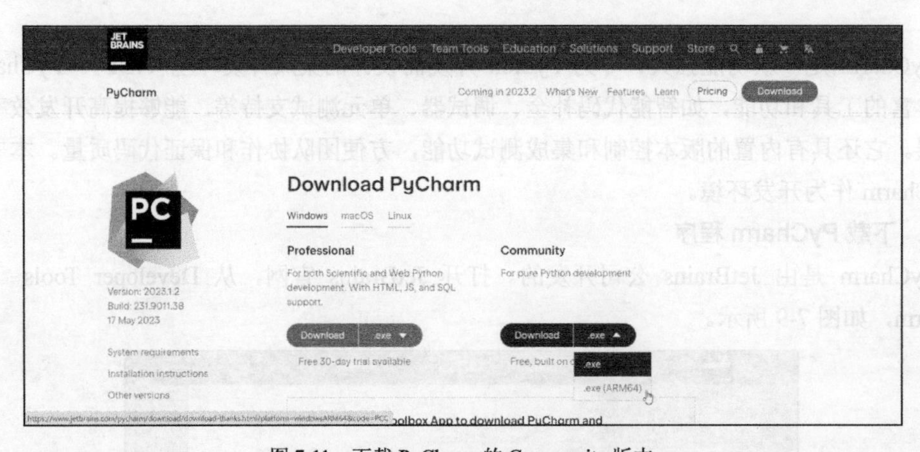

图 7-11　下载 PyCharm 的 Community 版本

2. 安装 PyCharm

右键单击下载后的 PyCharm 安装文件，从弹出的菜单中选择“以管理员身份运行”，弹出如图 7-12 所示的界面。如需修改 PyCharm 的安装位置，可以通过单击 Browse 按钮指定。然后单击 Next 按钮。

在弹出的 Installation Options 界面中，选择所有选项，单击 Next 按钮，如图 7-13 所示。

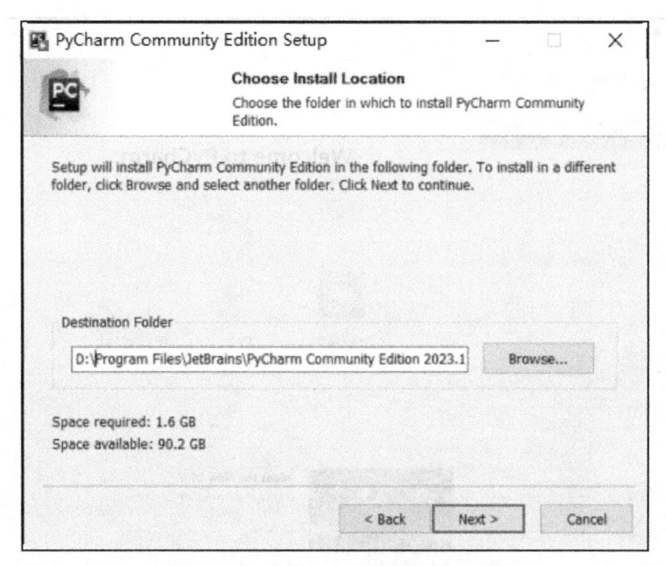

图 7-12 指定 PyCharm 的安装位置

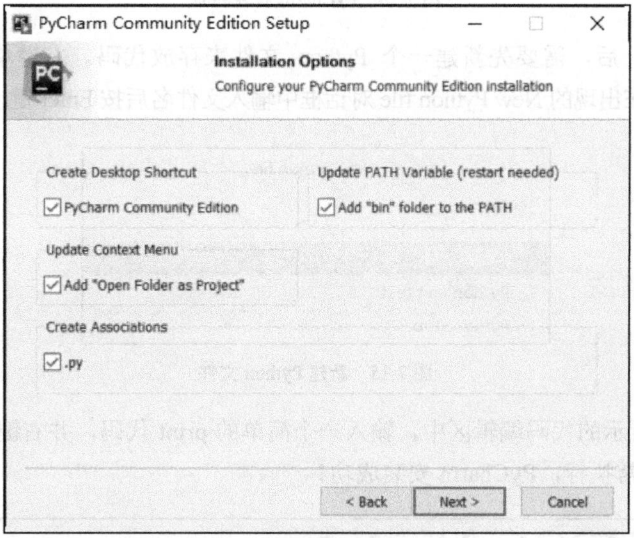

图 7-13 选择所有选项

在随后的步骤中，一路单击 Install 或 Next 按钮，直至安装成功。然后新启动计算机。

3. 首次运行 PyCharm

双击图标运行 PyCharm。首次运行时，会出现 Import PyCharm Settings 对话框，选择 Do not import settings，然后单击 OK 按钮。

在如图 7-14 所示的 PyCharm 欢迎界面中，可单击 New Project 来创建工程，并指定工程位置，比如创建工程名称为“PythonProject2”。

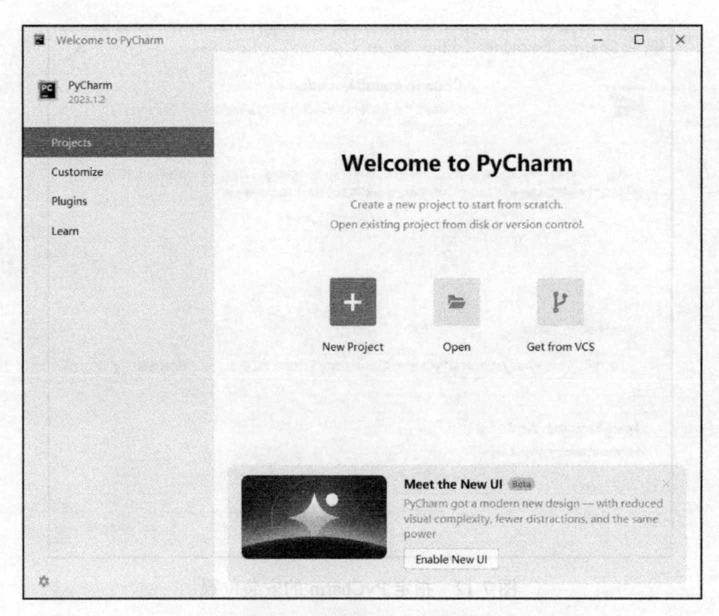

图 7-14　PyCharm 欢迎界面

运行 PyCharm 后，需要先新建一个 Python 文件来存放代码。右键单击 PythonProject2>New>Python File，在出现的 New Python file 对话框中输入文件名后按 Enter 键，如图 7-15 所示。

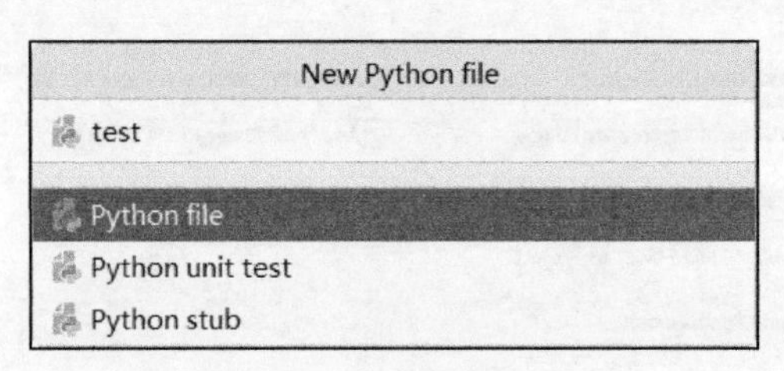

图 7-15　新建 Python 文件

在如图 7-16 所示的代码编辑区中，输入一个简单的 print 代码，并右键单击，选择 Run 来运行代码。代码正常执行，PyCharm 安装成功！

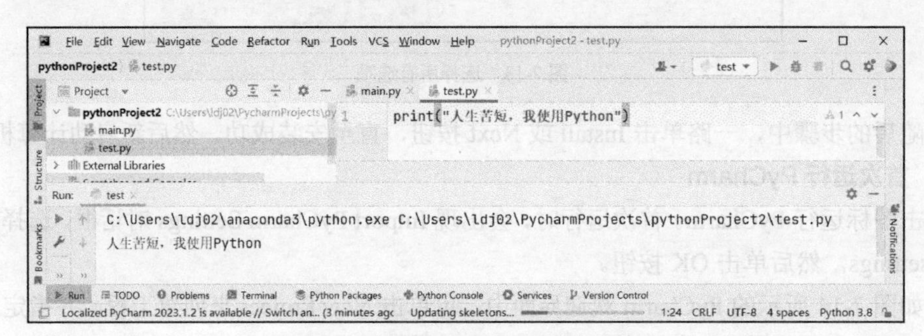

图 7-16　测试 PyCharm 是否安装成功

7.2 Python 基础语法

为了使用 Python 执行各种自动化任务，学习 Python 的基础语法至关重要，ChatGPT 的出现为我们学习和使用 Python 带来了更多便利，可以帮助我们快速掌握 Python 的基础语法，降低学习和使用的门槛，更加轻松地使用 Python 执行自动化任务。

本节将简单介绍 Python 的基础语法，旨在方便零基础的用户入门。如果大家有相关的基础，可以跳过本节，在使用过程中遇到问题时，随时向 ChatGPT 提问即可。

7.2.1 Python 程序的输入/输出

在 Python 中，输入和输出是非常重要的概念。我们可以通过各种方式从用户那里获取输入，然后处理这些输入，并将结果输出给用户。

下面是一些基本的输入和输出方法。

1. 获取用户输入

Python 提供了内置的 input()函数来获取用户的输入。这个函数会将用户输入的所有内容都作为字符串返回。如果想要获取一个整数或者浮点数，需要使用 int()或者 float()函数来转换用户的输入。

例如：

```
name = input("请输入你的名字: ")
print("你的名字是: " + name)

age = int(input("请输入你的年龄: "))
print("你的年龄是: " + str(age))
```

2. 输出结果

Python 使用 print()函数来进行输出。可以将字符串、数字、变量或者其他 Python 对象作为参数传递给 print()函数，它会将这些内容转换为字符串并在控制台上打印出来。

例如：

```
print("Hello, World!")

name = "Alice"
print("Hello, " + name + "!")
```

3. 文件输入/输出

Python 还提供了读取和写入文件的功能。可以使用 open()函数打开一个文件，并返回一个文件对象。然后，可以使用这个文件对象的 read()方法读取文件的内容，或者使用 write()方法向文件中写入内容。

例如：

```
# 写入文件
with open("test.txt", "w") as f:
    f.write("Hello, World!")
# 读取文件
with open("test.txt", "r") as f:
    content = f.read()
    print(content)
```

7.2.2 变量

在Python中，变量是用来存储数据的。我们可以把它想象成一个存储箱，在其中放入任何数据，并在需要的时候取出来。在Python中，变量不需要声明，直接赋值即可。

1. 变量的使用

在Python中，使用等号（=）来给变量赋值。变量名在等号的左边，要赋给变量的值在等号的右边。例如：

```
x = 5
name = "Alice"
```

2. 变量的命名规则

在Python中，变量的命名需要遵循一些规则。

- 变量名只能包含字母、数字和下划线。变量名可以以字母或下划线开头，但不能以数字开头。例如，variable1是有效的，但1variable是无效的。
- 变量名不能包含空格，但可以使用下划线来分隔单词。例如，my_variable是有效的。
- 不能使用Python的关键字作为变量名。例如，for、if、and、or等。
- 变量名应尽可能描述包含的数据。例如，name比n更好，student_name比s_n更好。
- 变量名是区分大小写的。这意味着，Name和name是两个不同的变量。

例如：

```
my_name = "Alice"
age = 20
_is_student = True
```

7.2.3 Python数据类型

Python可存储和处理不同类型的数据，常用的标准数据类型如表7-1所示，里面展示了每种数据类型的名称、作用以及相应的示例。

表 7-1 Python 数据类型

数据类型	作用	示例
整型（int）	表示整数	age = 25
浮点型（float）	表示带有小数部分的数值	pi = 3.14
字符串（str）	表示文本数据	name = "John"
布尔型（bool）	表示真（True）或假（False）	is_student = True
列表（list）	存储多个元素的有序集合	fruits = ['apple', 'banana', 'orange']
元组（tuple）	存储多个元素的有序集合，不可变	coordinates = (10, 20)
字典（dict）	存储键值对的无序集合	person = {'name': 'John', 'age': 25}

可以使用 type()函数查看一个变量的数据类型，例如：

```
name = "John"
age = 25
is_student = True
grades = [90, 85, 95]
person = {'name': 'John', 'age': 25}

print(type(name))          # 输出：<class 'str'>
print(type(age))           # 输出：<class 'int'>
print(type(is_student))    # 输出：<class 'bool'>
print(type(grades))        # 输出：<class 'list'>
print(type(person))        # 输出：<class 'dict'>
```

7.2.4 基本 Python 数据类型

Python 中的基本数据类型是指整型、浮点型、字符型和布尔型，这与第 7 章中的 VBA 数据类型类似。在学习过程中，可以通过对比的方式加强理解和应用。

1. 整数

整数（integer）是没有小数部分的数值，可以是正数、负数或零。在 Python 中，整数的类型是 int。例如：

```
x = 10
y = -5
z = 0
```

2. 浮点数

浮点数（float）是带有小数部分的数值。在 Python 中，浮点数的类型是 float。例如：

```
x = 10.5
y = -5.2
z = 0.0
```

3. 算术运算符

表 7-2 所示为 Python 中的基本算术运算符，可以用它们进行各种数学运算。

表 7-2　算术运算符

运算符	作用	示例
+	加法	5 + 3 = 8
-	减法	5 - 3 = 2
*	乘法	5 * 3 = 15
/	除法	10 / 2 = 5
%	取余	10 % 3 = 1
**	幂运算	2 ** 3 = 8
//	整除	10 // 3 = 3

4. 比较运算符

表 7-3 所示为 Python 中的基本比较运算符，可以用它们进行各种比较操作。

表 7-3　比较运算符

运算符	作用	示例
==	等于	5 == 3 返回 False
!=	不等于	5 != 3 返回 True
>	大于	5 > 3 返回 True
<	小于	5 < 3 返回 False
>=	大于等于	5 >= 3 返回 True
<=	小于等于	5 <= 3 返回 False

5. 逻辑运算符

在 Python 中，逻辑运算符用于组合条件语句和布尔值。它们主要有三种：and、or 和 not。表 7-4 列出了逻辑运算符的作用及示例。

表 7-4 逻辑运算符

运算符	作用	示例
and	如果两个操作数都为真则条件成立	(5 > 3) and (2 > 1)返回 True
or	如果两个操作数任何一个为真则条件成立	(5 < 3) or (2 > 1)返回 True
not	用于反转操作数的逻辑状态	not(5 < 3)返回 True

6. 赋值运算符

在 Python 中，赋值运算符用于给变量赋值。表 7-5 列出了 Python 中的赋值运算符。

表 7-5 赋值运算符

运算符	描述	示例
=	简单的赋值运算符，将右操作数的值赋给左操作数	c = a + b 将 a + b 的运算结果赋值给 c
+=	加法赋值运算符，把右操作数加到左操作数，并把结果赋值给左操作数	c += a 相当于 c = c + a
-=	减法赋值运算符，把左操作数减去右操作数，把结果赋值给左操作数	c -= a 相当于 c = c - a
*=	乘法赋值运算符，把右操作数乘以左操作数，并把结果赋值给左操作数	c *= a 相当于 c = c * a
/=	除法赋值运算符，把左操作数除以右操作数，并把结果赋值给左操作数	c /= a 相当于 c = c / a
%=	取模赋值运算符，把左操作数除以右操作数的余数赋值给左操作数	c %= a 相当于 c = c % a
**=	幂赋值运算符，把左操作数的值设为它和右操作数的幂的值	c **= a 相当于 c = c ** a
//=	整除赋值运算符，把左操作数除以右操作数的整数商赋值给左操作数	c //= a 相当于 c = c // a

7. 字符串

在Python中，字符串是由零个或多个字符组成的。可以使用单引号或双引号来创建字符串。例如：

```
s1 = 'hello'
s2 = "world"
```

（1）截取字符

在Python中，可以使用索引来截取字符串中的字符。索引从0开始，表示字符串的第一个字符。例如：

```
s = "Hello,World!"
print(s[0])  # 输出 'H'
print(s[7])  # 输出 'W'
```

也可以使用切片来截取字符串中的一部分。切片的语法是[start:end]，其中start是起始索引，end是结束索引。例如：

```
s = "Hello, World!"
print(s[0:5])  # 输出 'Hello'
print(s[7:12])  # 输出 'World'
```

（2）字符串的运算

Python支持对字符串进行一些基本的运算，如加法和乘法。表7-6列出了Python中常见的字符串运算符及作用。

表7-6 字符串运算符

运算符	作用
+	字符串连接
*	重复输出字符串
[]	通过索引获取字符串中字符
[:]	截取字符串中的一部分
in	成员运算符，如果字符串中包含给定的字符，则返回 True
not in	成员运算符，如果字符串中不包含给定的字符，则返回 True

例如：

```
s1 = "Hello, "
s2 = "World!"
print(s1 + s2)  # 输出 'Hello, World!'
s = "Hello, World! "
print(s * 3)  # 输出 'Hello, World! Hello, World! Hello, World! '
```

（3）转义字符与反转义

在 Python 中，转义字符可以用来插入那些不能直接输入的字符，如换行符、制表符或特殊字符。表 7-7 列出了 Python 中常用的转义字符及作用。

表 7-7　转义字符

转义字符	作用
`\\`	插入反斜杠
`\"`	插入双引号
`\'`	插入单引号
`\n`	插入换行
`\t`	插入制表符
`\b`	插入退格
`\r`	插入回车

例如：

```
print("Hello,\nWorld!")  # 输出 'Hello,'
                         #      'World!'

print("Hello,\tWorld!") # 输出 'Hello,	World!'

print("Hello,\\World!")  # 输出 'Hello,\World!'
```

在 Python 中，反斜杠\被用作转义字符，可以用来插入特殊的字符序列。如果我们想在字符串中包含实际的反斜杠字符，就需要使用反转义。

反转义是通过在字符串前加上 r 或 R 来实现的，这会告诉 Python 忽略所有的转义字符，将字符串中的内容原样输出。

这种特性在处理文件路径时特别有用，因为 Windows 系统中的文件路径使用反斜杠作为分隔符，例如 C:\Users\Alice\Documents。如果不使用反转义，就需要为每个反斜杠加上一个额外的反斜杠，如 C:\\Users\\Alice\\Documents，这样才能正确地表示路径。如果使用反转义，就可以直接写出路径，如 r'C:\Users\Alice\Documents'，这样更加方便。

8. 字符与数字转换

在 Python 中，可以使用内置的函数将字符串和数字进行相互转换。

（1）从数字到字符串

可以使用 str()函数将一个数字转换为字符串。例如：

```
num = 123
str_num = str(num)
print(type(str_num))  # 输出 <class 'str'>
```

（2）从字符串到数字

可以使用 int()函数将一个字符串转换为整数，或者使用 float()函数将一个字符串转换为浮点数。例如：

```
str_num = "123"
num = int(str_num)
print(type(num))  # 输出 <class 'int'>
str_num = "123.456"
num = float(str_num)
print(type(num))  # 输出 <class 'float'>
```

在上面的示例中，我们首先将字符串"123"转换为整数 123，然后将字符串"123.456"转换为了浮点数 123.456。

需要注意的是，如果字符串不能被转换为数字（例如，它包含了非数字字符），那么 int()和 float()函数会抛出一个错误。

7.2.5 Python 语法规则

基础语法规则是理解代码的基础。如果不了解语法规则，就可能对代码的含义感到困惑。下面将学习缩进、代码注释、多行语句这三种 Python 基础语法规则。

1. 缩进

Python 使用缩进来定义代码块。例如，if、for、while 等语句的代码块都需要缩进。通常，每个缩进级别使用 4 个空格。

下面是一个使用缩进的示例：

```
if True:
    print("This is true")  # 这行代码被缩进，所以它属于 if 语句的代码块
```

print 语句被缩进了 4 个空格，所以它属于 if 语句的代码块。如果 if 的条件为真，那么就会

执行这个代码块。

2. 代码注释

在 Python 中，注释是用来解释代码的，它可以帮助我们理解代码的工作原理，也可以帮助其他人理解我们的代码。Python 解释器在执行代码时会忽略注释，所以可以在注释中写任何想写的内容。

Python 中有两种类型的注释：单行注释和多行注释。

单行注释以#号开始。#符号后面的所有内容都会被 Python 解释器忽略。例如：

```
# 这是一个单行注释
print("Hello, World!")  # 这也是一个单行注释
```

第一行是一个单行注释，它解释了这段代码的功能。第二行是一个 print 语句，它后面的内容也是一个单行注释。

多行注释可以用 3 个单引号（'''）或 3 个双引号（"""）来开始和结束。在这两个符号之间的所有内容都会被 Python 解释器忽略。例如：

```
'''
这是一个多行注释
它可以跨越多行
'''
print("Hello, World!")
```

前 3 行是一个多行注释，它解释了这段代码的功能。

3. 多行语句

Python 允许在一行代码过长时使用反斜杠（\）将一条语句分为多行。此外，如果语句中包含像括号、中括号和大括号等配对符号，Python 也会自动将其视为多行语句。下面是一个使用多行语句的示例：

```
total = 1 + 2 + 3 + \
        4 + 5 + 6 + \
        7 + 8 + 9
```

一条长语句被分为了 3 行。每行的末尾都使用反斜杠（\）来表示语句还没有结束。

7.2.6 Python 控制语句

在 Python 中，控制语句主要分为 3 类：条件语句、循环语句和跳转语句。条件语句用于根据特定条件执行特定的代码块，主要有 if、elif 和 else。循环语句用于重复执行某段代码，直到满足特定条件时停止，主要有 for 和 while。跳转语句用于改变代码的执行顺序，主要有 break、continue 和 pass。

表 7-8 给出了 Python 各控制语句的作用和语法结构。

表 7-8 控制语句的作用和语法结构

控制语句	作用	语法结构
if	根据条件判断是否执行特定的代码块	if 条件: # 如果条件为真，执行这里的代码
elif	在前一个 if 语句的条件为假的情况下，根据另一个条件判断是否执行特定的代码块	elif 条件: # 如果前面的条件都不满足，且这个条件满足，执行这里的代码
else	在前面所有 if 和 elif 语句的条件都为假的情况下，执行特定的代码块	else: # 如果前面的所有条件都不满足，执行这里的代码
for	遍历序列（如列表或字符串）或其他可迭代对象	for 变量 in 可迭代对象: # 对于可迭代对象中的每个元素，执行这里的代码
while	当条件为真时重复执行代码块	while 条件: # 当条件为真，重复执行这里的代码
break	立即退出当前的循环	break # 立即退出当前的循环
continue	跳过当前循环的剩余部分，直接开始下一次循环	continue # 跳过当前循环的剩余部分，直接开始下一次循环
pass	在语法上需要一个语句，但实际上不做任何事情，常用于占位	pass # 什么都不做，常用于占位

1. 简单的 if 条件语句

if 语句用于根据特定条件执行特定的代码块。如果 if 语句的条件为真（即结果为 True），那么就会执行 if 语句块中的代码。例如：

```
age = 20
if age >= 18:
    print("你是成年人了。")
```

在这个示例中，首先定义了一个变量 age，并将其值设置为 20。然后，使用 if 语句来检查 age 是否大于或等于 18。如果 age 大于或等于 18（即条件为真），那么就会执行 if 语句块中的代码，打印出“你是成年人了。”。

2. if else 语句

在 Python 中，else 语句用于在 if 语句的条件为假（即结果为 False）时执行特定的代码块。例如：

```
age = 16
if age >= 18:
    print("你是成年人了。")
else:
    print("你是未成年人。")
```

在这个示例中，首先定义了一个变量 age，并将其值设置为 16。然后，使用 if 语句来检查 age 是否大于或等于 18。如果 age 大于或等于 18（即条件为真），就会执行 if 语句块中的代码，打印出“你是成年人了.”。如果 age 小于 18（即条件为假），那么就会执行 else 语句块中的代码，打印出“你是未成年人。”。

3. if elif else 语句

在 Python 中，elif 语句用于在前一个 if 语句的条件为假（即结果为 False）时，根据另一个条件执行特定的代码块。如果 elif 语句的条件为真（即结果为 True），那么就会执行 elif 语句块中的代码。例如：

```
age = 16
if age >= 18:
    print("你是成年人了。")
elif age >= 13:
    print("你是青少年。")
else:
    print("你是个小孩。")
```

在这个示例中，首先定义了一个变量 age，并将其值设置为 16。然后，使用 if 语句来检查 age 是否大于或等于 18。如果 age 大于或等于 18（即条件为真），就会执行 if 语句块中的代码，打印出“你是成年人了。”。如果 age 小于 18 但大于或等于 13（即 elif 的条件为真），就会执行 elif 语句块中的代码，打印出“你是青少年。”。如果 age 小于 13（即所有条件都为假），就会执行 else 语句块中的代码，打印出“你是个小孩。”。

4. for 循环语句

在 Python 中，for 循环语句用于遍历序列（如列表、元组、字符串）或其他可迭代对象。例如：

```
fruits = ["apple", "banana", "cherry"]
for fruit in fruits:
    print("I like", fruit)
```

在这个示例中，首先定义了一个列表 fruits，其中包含 3 个元素："apple"，"banana"和"cherry"。

然后，使用 for 循环语句来遍历这个列表。在每次循环中，变量 fruit 都会被赋值为列表中的一个元素，然后执行 for 循环语句块中的代码。

5. while 循环语句

在 Python 中，while 循环语句用于当条件为真时重复执行代码块。例如：

```
count = 0
while count < 5:
    print("Count is", count)
    count += 1
```

在这个示例中，首先定义了一个变量 count，并将其值设置为 0。然后，使用 while 循环语句来检查 count 是否小于 5。如果 count 小于 5（即条件为真），那么就会执行 while 循环语句块中的代码，打印出“Count is”和 count 的值，并将 count 的值增加 1。

6. range 函数在循环语句中的使用

在 Python 中，range()函数常常与 for 循环一起使用，用于生成一个数字序列，这个序列通常用于循环指定的次数。例如：

```
for i in range(5):
    print(i)
```

在这个示例中，range(5)生成了一个从 0 开始、到 4 结束的数字序列（注意，range()函数生成的序列不包括结束值）。然后，for 循环遍历了这个序列，在每次循环中，变量 i 都会被赋值为序列中的一个数字，然后执行 for 循环语句块中的代码。

7. break 跳转语句

break 语句用于立即退出当前的循环，不再执行剩余的代码或迭代。下面是一个使用 break 语句的示例：

```
for i in range(5):
    if i == 3:
        break
    print(i)
```

在这个示例中，当 i 等于 3 时，break 语句会被执行，for 循环会立即停止，因此只有 0、1、2 会被打印出来。

8. continue 语句

continue 语句用于跳过当前循环的剩余部分，直接开始下一次循环。下面是一个使用 continue 语句的示例：

```
for i in range(5):
    if i == 3:
        continue
    print(i)
```

在这个示例中，当 i 等于 3 时，continue 语句会被执行，for 循环的剩余部分（即 print(i)）会被跳过，直接开始下一次循环，因此只有 0、1、2、4 会被打印出来。

9. pass 语句

pass 语句在语法上需要一个语句，但实际上不做任何事情，常用于占位。下面是一个使用 pass 语句的示例：

```
for i in range(5):
    if i == 3:
        pass
    print(i)
```

在这个示例中，当 i 等于 3 时，pass 语句会被执行，但实际上什么都不会发生，for 循环会继续执行，因此 0、1、2、3、4 都会被打印出来。

7.2.7 列表

列表（list）是由一系列按特定顺序排列的元素组成的可变的序列。我们可以将任何数据类型的元素放入列表中，甚至可以在列表中包含其他列表。列表在 Python 中是用方括号（[]）表示的，列表中的元素用逗号（,）分隔。例如：

```
my_list = [1, "Hello", 3.14, ["another", "list"]]
```

1. 添加列表元素

可以使用 append()方法向列表的末尾添加元素，或者使用 insert()方法在列表的任意位置添加元素。例如：

```
my_list = [1, 2, 3]
my_list.append(4)  # [1, 2, 3, 4]
my_list.insert(0, 0)  # [0, 1, 2, 3, 4]
```

extend()方法可以将一个列表（或任何可迭代的）的元素添加到另一个列表的末尾。例如：

```
list1 = [1, 2, 3]
list2 = [4, 5, 6]
list1.extend(list2)  # list1 现在是[1, 2, 3, 4, 5, 6]
```

2. 查找元素

可以通过索引来访问列表中的元素，列表的索引从 0 开始。例如：

```
my_list = [1, 2, 3, 4, 5]
print(my_list[0])  # 输出: 1
```

index()方法可以返回列表中特定元素首次出现的位置。例如：

```
list1 = [1, 2, 3, 2, 3, 3]
print(list1.index(3))  # 输出：2
```

for循环是一种常用的遍历列表元素的方法。以下是一个示例：

```
fruits = ["apple", "banana", "cherry"]
for fruit in fruits:
    print(fruit)
```

在这个示例中，fruits是一个包含3个元素的列表。for循环遍历了这个列表，每次循环，fruit变量都会被赋值为列表中的一个元素，然后执行for循环语句块中的代码（在这个示例中，就是print(fruit)）。

3. 修改元素

可以通过索引来修改列表中的元素。例如：

```
my_list = [1, 2, 3, 4, 5]
my_list[0] = 0  # [0, 2, 3, 4, 5]
```

4. 删除元素

可以使用del语句、remove()方法或pop()方法删除列表中的元素。例如：

```
my_list = [1, 2, 3, 4, 5]
del my_list[0]  # [2, 3, 4, 5]
my_list.remove(3)  # [2, 4, 5]
my_list.pop()  # [2, 4]
```

在这个示例中，del语句删除了指定索引的元素，remove()方法删除了第一个匹配的元素，pop()方法删除了最后一个元素并返回它。如果pop()方法指定了一个索引，那么它会删除并返回该索引的元素。

5. 排序列表

sort()方法用于对列表的元素进行排序。例如：

```
list1 = [3, 1, 2]
list1.sort()  # list1现在是[1, 2, 3]
```

7.2.8 元组

在Python中，元组（tuple）是一种有序的、不可变的数据类型，它可以存储任何类型的数据，这意味着我们不能添加、修改或删除元组中的元素。这个特性使得元组在某些情况下比列表更适用。

1. 元组的格式

元组在 Python 中是用圆括号（()）表示的，元组中的元素用逗号（,）分隔，例如：

```
my_tuple = ("apple", "banana", "cherry")
```

2. 查找元组元素

可以通过索引来访问元组中的元素，元组的索引从 0 开始，例如：

```
my_tuple = ("apple", "banana", "cherry")
print(my_tuple[0])  # 输出：apple
```

3. 删除元组元素

由于元组是不可变的，所以不能删除元组中的元素。但是，可以使用 del 语句删除整个元组，例如：

```
my_tuple = ("apple", "banana", "cherry")
del my_tuple
```

4. 统计元组元素

可以使用 count()方法统计元组中特定元素出现的次数，例如：

```
my_tuple = ("apple", "banana", "cherry", "apple")
print(my_tuple.count("apple"))  # 输出：2
```

5. 合并元组

可以使用+运算符合并两个或多个元组，例如：

```
tuple1 = ("apple", "banana", "cherry")
tuple2 = ("orange", "melon", "strawberry")
tuple3 = tuple1 + tuple2
print(tuple3)  # 输出：("apple", "banana", "cherry", "orange", "melon", "strawberry")
```

7.2.9 字典

字典（dict）是一种可变的、无序的数据集合，它存储了键值对（key-value pair）的映射关系。字典的键必须是唯一的，而值可以是任何数据类型的。

1. 字典的格式

字典在 Python 中是用大括号（{}）表示的，字典中的键和值用冒号（:）分隔，不同的键值对用逗号（,）分隔，例如：

```
my_dict = {"name": "Alice", "age": 25, "city": "New York"}
```

2. 添加字典元素

可以直接通过键来添加或修改字典中的元素，例如：

```
my_dict = {"name": "Alice", "age": 25}
my_dict["city"] = "New York"  # {"name": "Alice", "age": 25, "city": "New York"}
```

3. 查找字典元素

可以通过键来访问字典中的元素，例如：

```
my_dict = {"name": "Alice", "age": 25, "city": "New York"}
print(my_dict["name"])  # 输出: Alice
```

get()函数可以用来查找字典中的元素。这个方法接受两个参数：键和默认值。如果字典中存在这个键，那么get()方法就会返回这个键对应的值；如果字典中不存在这个键，那么get()方法就会返回默认值。以下是一个使用get()方法的示例：

```
my_dict = {"name": "Alice", "age": 25}
# 如果"name"在字典中，返回它的值；如果不在，返回"Unknown"
name = my_dict.get("name", "Unknown")
print(name)  # 输出: Alice
# 如果"city"在字典中，返回它的值；如果不在，返回"New York"
city = my_dict.get("city", "New York")
print(city)  # 输出: New York
```

在这个示例中，当尝试使用get()方法获取"name"键的值时，因为"name"键在字典中存在，所以get()方法返回了"name"键的值"Alice"。而当尝试使用get()方法获取"city"键的值时，因为"city"键在字典中不存在，所以get()方法返回了默认值"New York"。

需要注意的是，如果没有指定get()方法的第二个参数（默认值），那么当字典中不存在这个键时，get()方法会返回None。

4. 修改字典元素

可以通过键来修改字典中的元素，例如：

```
my_dict = {"name": "Alice", "age": 25, "city": "New York"}
my_dict["age"] = 26  # {"name": "Alice", "age": 26, "city": "New York"}
```

5. 删除字典元素

可以使用del语句或pop()方法删除字典中的元素，例如：

```
my_dict = {"name": "Alice", "age": 25, "city": "New York"}
del my_dict["age"]  # {"name": "Alice", "city": "New York"}
my_dict.pop("city")  # {"name": "Alice"}
```

6. 遍历键和值

可以使用keys()方法遍历字典中的键，使用values()方法遍历字典中的值，使用items()方法遍历字典中的键值对，例如：

```
my_dict = {"name": "Alice", "age": 25, "city": "New York"}

for key in my_dict.keys():
    print(key)

for value in my_dict.values():
    print(value)

for key, value in my_dict.items():
    print(key, value)
```

7.2.10 函数

函数是在程序中封装了一段可重复使用的代码块，用于完成特定的任务。它接受输入参数（可选），经过一系列的操作和计算，然后返回一个输出结果。函数的存在实现了代码的模块化，提高了代码的可读性、可维护性和复用性。

比如，我们正在组装一台咖啡机，将组装机器的过程分解为几个步骤，每个步骤完成一个具体的操作，例如放入咖啡粉、注入水、加热等。这些步骤就类似于函数中的代码块。把这个组装机器的过程封装成一个函数，比如 make_coffee()。当想制作咖啡时，只需调用这个函数，它会按照预定的步骤来完成制作咖啡的操作，并将最终的咖啡输出。我们可以在程序的其他地方多次调用这个函数，而无须重复编写相同的制作咖啡的步骤。

1. 自定义函数

在 Python 中，可以使用 def 关键字来定义一个函数。函数定义的基本格式如下：

```
def function_name(parameters):
    # function body
    return result
```

其中，function_name 是函数的名称，parameters 是函数的参数列表，function body 是函数的主体部分，它包含了函数的逻辑代码，return 语句用于返回函数的结果。

2. 无参函数

无参函数是指在定义时没有声明任何参数的函数。尽管这些函数没有参数，但它们仍然可以执行一些操作，比如打印消息、修改全局变量等。以下是一个无参函数的示例：

```
def greet():
    print("Hello, world!")

greet()  # 调用函数，不传入任何参数
```

greet()函数没有参数，当调用这个函数时，它会打印消息“Hello, world!”。

3. 有参函数

有参函数是指在定义时声明了参数的函数。这些参数可以在函数内部使用，也可以在函数返回结果时使用。参数可以是任何数据类型，包括但不限于整数、浮点数、字符串、列表、字典、元组等。以下是一个有参函数的示例：

```
def add(a, b):
    return a + b


result = add(1, 2)  # 调用函数，传入参数 1 和 2
print(result)  # 输出：3
```

add()函数接受两个参数 a 和 b，然后返回它们的和。调用函数时，对应传入两个参数，如 add(1, 2)，其中 1 对应函数中的 a，2 对应函数参数的 b。

7.2.11 导入模块与函数

模块是包含 Python 代码的文件，其中定义了函数、变量和类等。每个 Python 程序都可以被组织成模块，模块可以被其他程序导入并使用。模块是将代码划分为可重用和独立的部分的一种方式，提供了代码的组织和封装。

在 Python 程序中导入第三方模块是为了使用那些由其他人开发的、与 Python 标准库不同的功能或工具。Python 标准库是有 Python 官方提供的一组内置模块，但并不能满足所有的需求。第三方模块是由 Python 官方以外的开发者或组织开发的，通过导入这些模块，我们可以获得额外的功能和工具。

1. 安装第三方模块

在导入模块之前，需要确保该模块已经安装在 Python 环境中。可通过包管理工具（如 pip）安装模块，格式为“pip install 模块名称”。图 7-17 所示为通过 pip 安装 xlrd 模块。

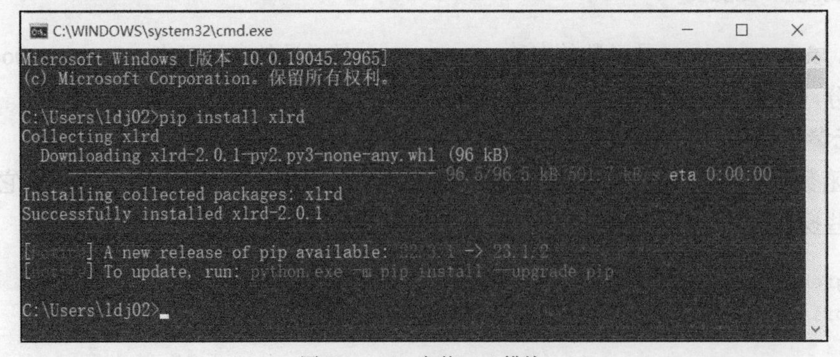

图 7-17 pip 安装 xlrd 模块

也可以在 PyCharm 的界面中安装第三方模块，方法如下。

可以单击 File>Settings，在打开的 Settings 对话框中，选择 Project:PythonProject2 下的 Python Interpreter，然后单击对话框中右边的“+”按钮，如图 7-18 所示。

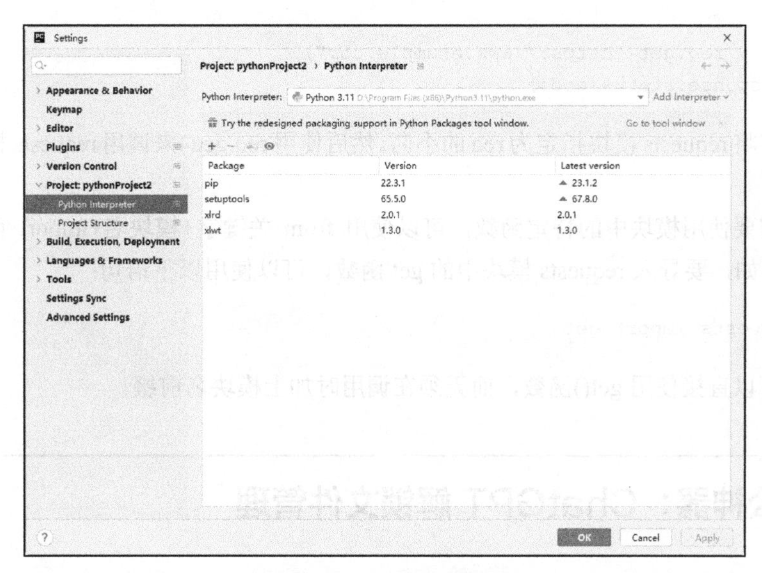

图 7-18 Settings 对话框

在 Available Packages 对话框中，输入需要安装的模块（如 xlwt）进行搜索。在左侧的搜索结果中选择需要安装的模块，单击 Install Package 按钮安装，如图 7-19 所示。

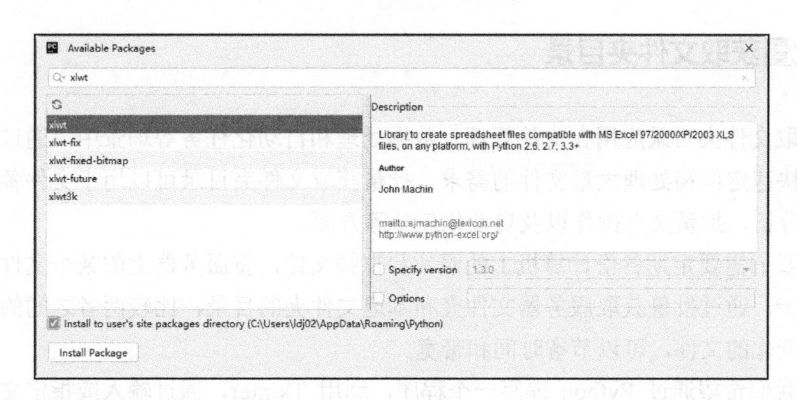

图 7-19 安装模块

2. 在代码中导入模块或函数

在 Python 代码中，使用 import 关键字+模块名的方式来导入整个模块。例如，要导入名为 requests 的模块，可以在代码中写入以下语句：

```
import requests
```

当导入模块时，可以使用as关键字为模块指定一个别名（也称为小名），以便在代码中更方便地引用，例如：

```
import requests as req

response = req.get("https://www.example.com")
print(response.status_code)
```

as关键字将requests模块指定为req的小名。然后使用req.get()来调用requests模块中的get()函数。

如果只需要使用模块中的特定函数，可以使用from关键字+模块名+import 函数名来导入特定函数。例如，要导入requests模块中的get函数，可以使用以下语句：

```
from requests import get
```

这样就可以直接使用get()函数，而无须在调用时加上模块名前缀。

7.3 办公神器：ChatGPT解锁文件管理

在日常工作中，我们经常会遇到一些重复性的文件管理场景，例如批量获取文件夹目录、批量修改文件名、批量压缩与解压缩等。这些任务烦琐且耗时，但使用ChatGPT结合Python自动化脚本可以轻松化解这些问题。

7.3.1 批量获取文件夹目录

批量获取文件夹目录应用在文件管理、数据处理和自动化任务等场景中，通过获取文件夹目录列表来快速定位和处理大量文件的需求。批量获取文件夹目录可以用于文件备份和同步、数据整理和分析、批量文件操作以及自动化任务等方面。

例如，我们需要定期备份计算机上的照片和视频文件，将服务器上的某个文件夹与本地文件夹进行同步。通过批量获取服务器文件夹和本地文件夹的目录，比较两者之间的文件差异，并只同步有变化的文件，可以节省时间和带宽。

比如，我们希望通过Python编写一个程序，利用Tkinter，通过输入或指定文件夹的路径来获取文件夹目录，如图7-20所示。

注意

Tkinter是Python的一个标准GUI库，它提供了创建窗口、按钮、标签、文本框等各种GUI组件的功能，可使开发人员快速构建交互式的用户界面。

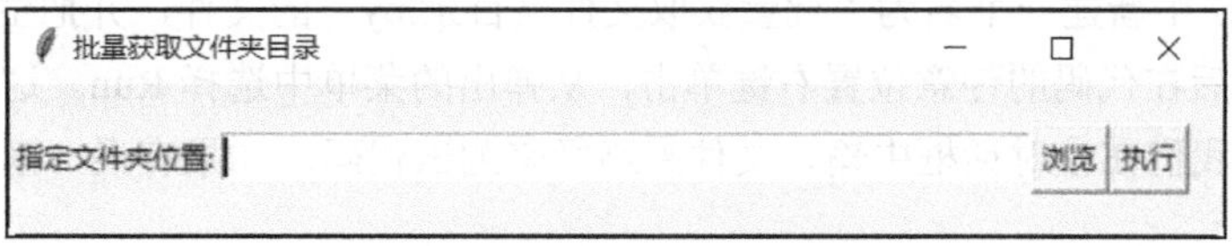

批量获取文件夹目录

指定文件夹位置: 浏览 执行

图 7-20 批量获取文件夹目录的窗口

我们可以这样向 ChatGPT 提问：

你是一位 Python 工程师，一个文件夹中含有多个子文件夹，请通过 Tkinter 生成一个高 80mm、宽 700mm 的窗口，使我们可以通过指定文件夹路径的方式，再单击“执行”按钮即可获取整个目录。认真阅读需求，请写出 Python 代码。

ChatGPT 根据提问给出了如图 7-21 所示的代码。

以下是一个简单的Python脚本，使用Tkinter创建一个窗口，并提供一个输入框和一个按钮，用户可以输入文件夹路径并点击按钮来获取整个目录的内容。这个脚本使用了os模块来处理文件和目录。
python
Copy code
```python
import os
import tkinter as tk
from tkinter import messagebox, filedialog

def get_directory():
    directory_path = entry.get()
    try:
        directory_contents = os.listdir(directory_path)
        messagebox.showinfo("Directory Contents", "\n".join(directory_conten
    except Exception as e:
        messagebox.showerror("Error", str(e))

root = tk.Tk()
root.geometry("700x80")

label = tk.Label(root, text="Enter Directory Path:")
label.pack(side=tk.LEFT)

entry = tk.Entry(root, width=50)
entry.pack(side=tk.LEFT)

button = tk.Button(root, text="Execute", command=get_directory)
button.pack(side=tk.LEFT)

root.mainloop()
```

图 7-21 批量获取文件夹目录的初步代码

在 PyCharm 中新建一个名为“批量获取文件夹目录.py”的文件，并把生成的代码复制到 PyCharm 中。然后在代码的任意位置右键单击，从弹出的菜单中选择 Run。这将弹出如图 7-22 所示的对话框。我们在该对话框中输入文件夹路径来测试代码。如果有误，则反馈给 ChatGPT 或优化提问。

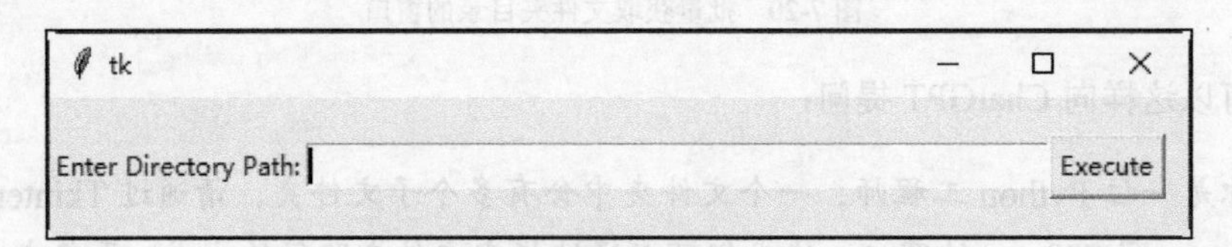

图 7-22　用于测试代码的对话框

虽然代码没有问题，但是需要手工输入或复制文件夹路径，还是不方便。继续追问 ChatGPT，让其优化代码，如图 7-23 所示。

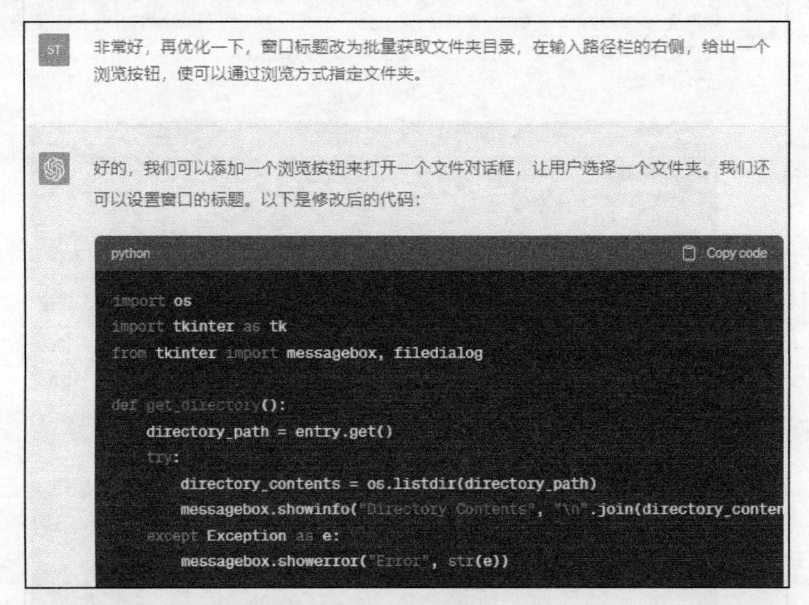

图 7-23　优化后的代码

因篇幅限制，图 7-23 只呈现了部分代码。下面给出完整的代码：

```
import os
import tkinter as tk
from tkinter import messagebox, filedialog

def get_directory():
    directory_path = entry.get()
    try:
```

```
            directory_contents = os.listdir(directory_path)
            messagebox.showinfo("文件夹目录如下：", "\n".join(directory_contents))
        except Exception as e:
            messagebox.showerror("Error", str(e))

    def browse_directory():
        directory_path = filedialog.askdirectory()
        entry.delete(0, tk.END)
        entry.insert(tk.END, directory_path)

    root = tk.Tk()
    root.geometry("700x80")
    root.title("批量获取文件夹目录")

    label = tk.Label(root, text="指定文件夹位置:")
    label.pack(side=tk.LEFT)

    entry = tk.Entry(root, width=50)
    entry.pack(side=tk.LEFT)

    browse_button = tk.Button(root, text="浏览", command=browse_directory)
    browse_button.pack(side=tk.LEFT)

    execute_button = tk.Button(root, text="执行", command=get_directory)
    execute_button.pack(side=tk.LEFT)

    root.mainloop()
```

为了更方便使用，我们把代码中与窗口标题、浏览、执行等相关的按钮文字等手工改成了中文提示。然后执行代码，最终结果如图 7-24 所示。

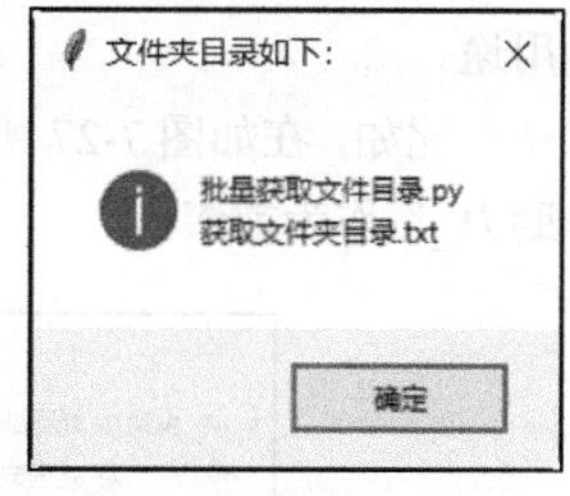

图 7-24 代码执行结果

如果要将上述代码放到其他电脑上运行，则需要先安装 Python 环境。将 Python 文件打包成.exe 文件，这样他人无须安装 Python 解释器即可运行我们的程序。这样可以在隐藏源代码的情况下分享和分发程序，也可以提高程序的性能，提供更好的用户体验。

要将 Python 文件打包成.exe 文件，通常需要用到 PyInstaller。具体步骤如下。

1．安装 PyInstaller。在命令行中输入以下命令：

```
pip install pyinstaller
```

2．在命令行中，导航到 Python 文件所在的目录。在 Windows 中，如果想要在当前资源位置（例如一个文件夹）打开命令提示符（cmd）。首先打开资源管理器，导航到想要打开命令提示符的位置。在资源管理器的地址栏中删除当前的路径，然后输入 cmd 并按下 Enter 键。这将在当前的文件夹位置打开一个新的命令提示符窗口，如图 7-25 所示。

C:\Windows\System32\cmd.exe
Microsoft Windows [版本 10.0.19045.2965]
(c) Microsoft Corporation。保留所有权利。
D:\chatGPT\我写的书\第8章\第8章素材>

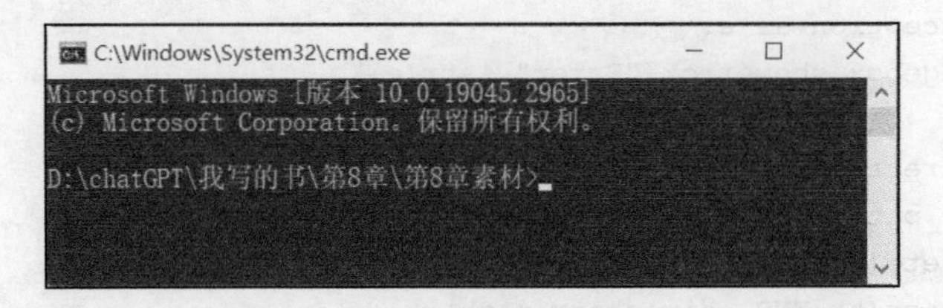

图 7-25　命令提示符窗口

3．使用 PyInstaller 来打包 Python 文件。如果想生成只有一个.exe 可执行程序的打包文件，可以使用--onefile 选项，如图 7-26 所示。执行完后，可在当前目录下的 dist 文件夹中找到相应的.exe 打包文件。

```
pyinstaller --onefile your_script.py
```

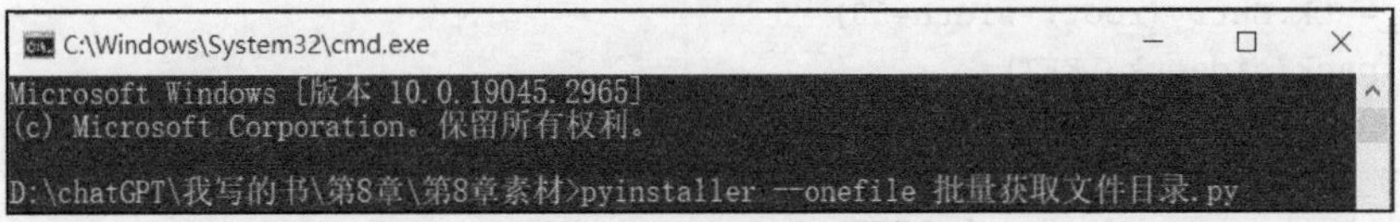

C:\Windows\System32\cmd.exe
Microsoft Windows [版本 10.0.19045.2965]
(c) Microsoft Corporation。保留所有权利。
D:\chatGPT\我写的书\第8章\第8章素材>pyinstaller --onefile 批量获取文件目录.py

图 7-26　打包成.exe 文件

7.3.2　批量修改文件名

在某些情况下，我们可能需要对文件执行统一的命名规则，以提高文件的可读性和组织性。可以用 Python 实现对文件名的批量重命名操作，比如给一组图片文件添加前缀以指示其内容或用途。

比如，在如图 7-27 所示的文件夹下面，我们想为所有文件类型为.xlsx 的文件批量添加“AI 助力_”作为前缀。

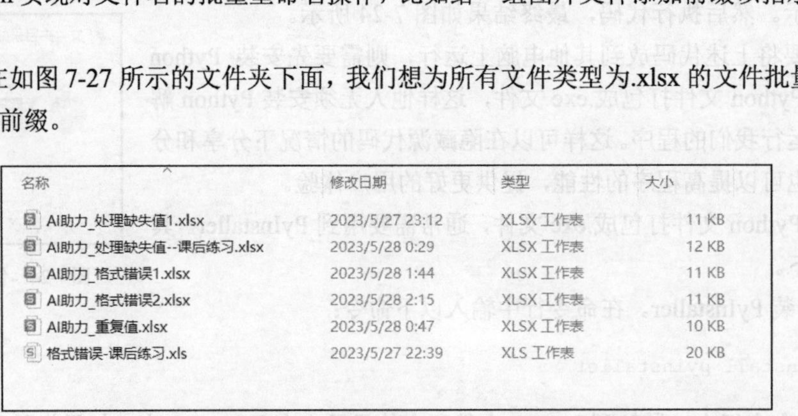

名称
修改日期
类型
大小
AI助力_处理缺失值1.xlsx　2023/5/27 23:12　XLSX 工作表　11 KB
AI助力_处理缺失值--课后练习.xlsx　2023/5/28 0:29　XLSX 工作表　12 KB
AI助力_格式错误1.xlsx　2023/5/28 1:44　XLSX 工作表　11 KB
AI助力_格式错误2.xlsx　2023/5/28 2:15　XLSX 工作表　11 KB
AI助力_重复值.xlsx　2023/5/28 0:47　XLSX 工作表　10 KB
格式错误-课后练习.xls　2023/5/27 22:39　XLS 工作表　20 KB

图 7-27　需要批量修改文件名的文件夹

使用 Tkinter 创建一个窗口，如图 7-28 所示。在该窗口中，提供了一个“浏览”按钮来选择文件夹，还提供了两个文本框用于输入文件前缀和文件类型，以及一个执行按钮来执行文件重命名操作。

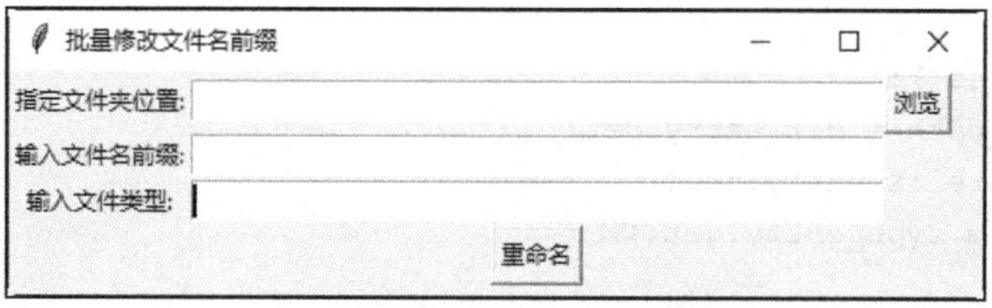

图 7-28 批量修改文件名的窗口

我们这样向 ChatGPT 提问：

你是一位 Python 工程师，一个文件夹中含有多个文件，需要通过指定的文件名前缀，批量对指定类型的文件改名。

通过 Tkinter，生成一个高 120mm、宽 600mm 的窗口，提供一个“浏览”按钮来选择文件夹，提供两个输入框来输入文件前缀和文件类型，通过单击“执行”按钮，即可批量修改指定类型的文件名前缀。合理布局界面。认真阅读需求，请写出 Python 代码。

如图 7-29 所示，ChatGPT 给出了 Python 代码。将代码复制到 PyCharm 中进行测试，发现代码正常运行。

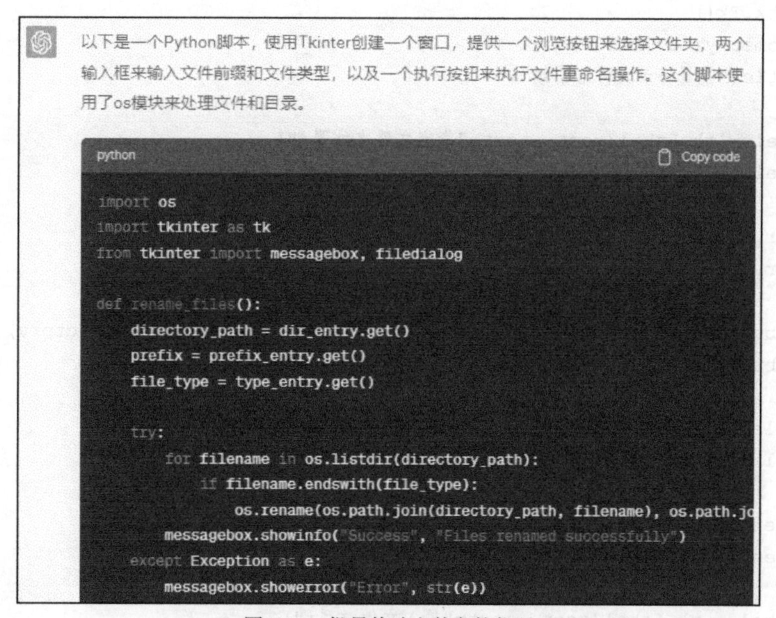

以下是一个Python脚本，使用Tkinter创建一个窗口，提供一个浏览按钮来选择文件夹，两个输入框来输入文件前缀和文件类型，以及一个执行按钮来执行文件重命名操作。这个脚本使用了os模块来处理文件和目录。

python Copy code

```python
import os
import tkinter as tk
from tkinter import messagebox, filedialog

def rename_files():
    directory_path = dir_entry.get()
    prefix = prefix_entry.get()
    file_type = type_entry.get()

    try:
        for filename in os.listdir(directory_path):
            if filename.endswith(file_type):
                os.rename(os.path.join(directory_path, filename), os.path.jo
        messagebox.showinfo("Success", "Files renamed successfully")
    except Exception as e:
        messagebox.showerror("Error", str(e))
```

图 7-29 批量修改文件名的代码

因篇幅限制，图 7-29 只呈现了部分代码。下面给出完整的代码：

```
import os
import tkinter as tk
from tkinter import messagebox, filedialog

def rename_files():
    directory_path = dir_entry.get()
    prefix = prefix_entry.get()
    file_type = type_entry.get()

    try:
        for filename in os.listdir(directory_path):
            if filename.endswith(file_type):
                os.rename(os.path.join(directory_path, filename), os.path.join(di
rectory_path, prefix + filename))
        messagebox.showinfo("Success", "Files renamed successfully")
    except Exception as e:
        messagebox.showerror("Error", str(e))

def browse_directory():
    directory_path = filedialog.askdirectory()
    dir_entry.delete(0, tk.END)
    dir_entry.insert(tk.END, directory_path)

root = tk.Tk()
root.geometry("600x120")
root.title("批量修改文件名前缀")

dir_label = tk.Label(root, text="指定文件夹位置:")
dir_label.grid(row=0, column=0)

dir_entry = tk.Entry(root, width=50)
dir_entry.grid(row=0, column=1)

browse_button = tk.Button(root, text="浏览", command=browse_directory)
browse_button.grid(row=0, column=2)

prefix_label = tk.Label(root, text="输入文件名前缀:")
prefix_label.grid(row=1, column=0)

prefix_entry = tk.Entry(root, width=50)
prefix_entry.grid(row=1, column=1)

type_label = tk.Label(root, text="输入文件类型:")
type_label.grid(row=2, column=0)
```

```
type_entry = tk.Entry(root, width=50)
type_entry.grid(row=2, column=1)

execute_button = tk.Button(root, text="重命名", command=rename_files)
execute_button.grid(row=3, column=1)

root.mainloop()
```

为了更方便使用，我们把窗口中对应的提示改成了中文。在窗口中输入相应的内容后，单击“重命名”按钮，如图 7-30 所示。可以看到所有扩展名为.xlsx 的文件都加上了前缀，而扩展名为 xls 的文件并未被修改。

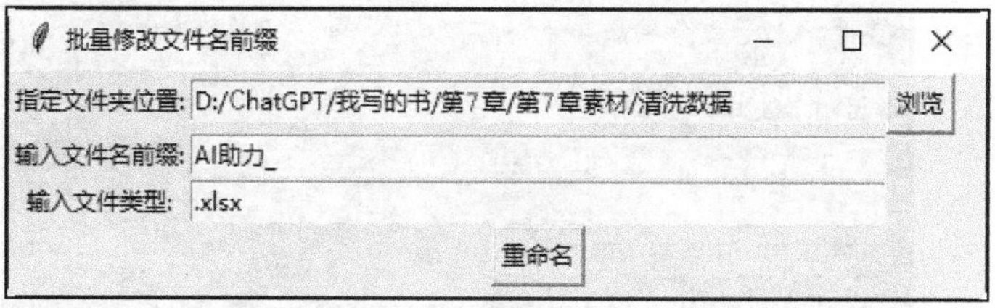

图 7-30　批量修改文件前缀

7.3.3　批量压缩指定类型的文件

在文件传输、存储和备份等情况下，需要将多个文件或文件夹打包成一个压缩文件，以提高文件的传输、存储和备份效率。而将这些文件一个个单独压缩可能会耗费很多时间和精力。通过 Python 写一个自动化脚本，只需一键即可批量压缩。

在本例中，使用 zip 压缩格式，因为 zip 压缩格式具有支持广泛、免费开源、压缩率高、多文件支持以及轻量快速等优点。

使用 Tkinter 创建一个窗口，如图 7-31 所示。在该窗口中，提供了一个 Browse 按钮来选择文件夹，一个输入框来输入文件类型，以及一个 Compress 按钮来执行文件压缩操作。

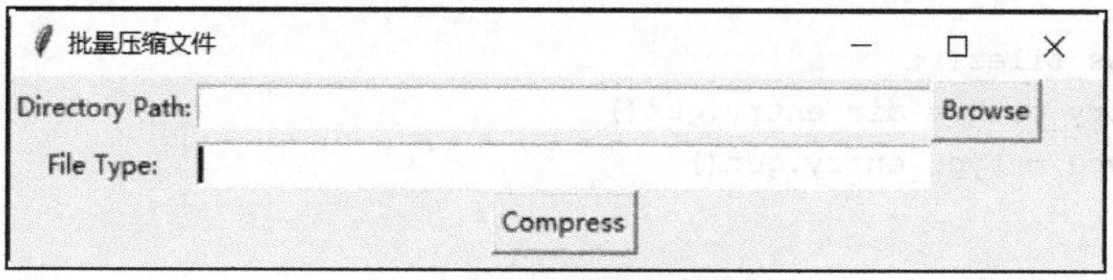

图 7-31　批量压缩文件界面

我们这样向 ChatGPT 提问：

> 你是一位 Python 工程师，一个文件夹中含有多个文件，需要将指定类型的文件压缩成 zip 格式。

使用Tkinter创建一个高90mm、宽600mm的窗口，提供一个“浏览”按钮来选择文件夹，一个输入框来输入文件类型，以及一个“压缩”按钮来执行文件压缩操作。合理布局界面。认真阅读需求，请写出Python代码。

如图7-32所示，ChatGPT给出了Python代码。将代码复制到PyCharm中进行测试，发现代码正常运行。

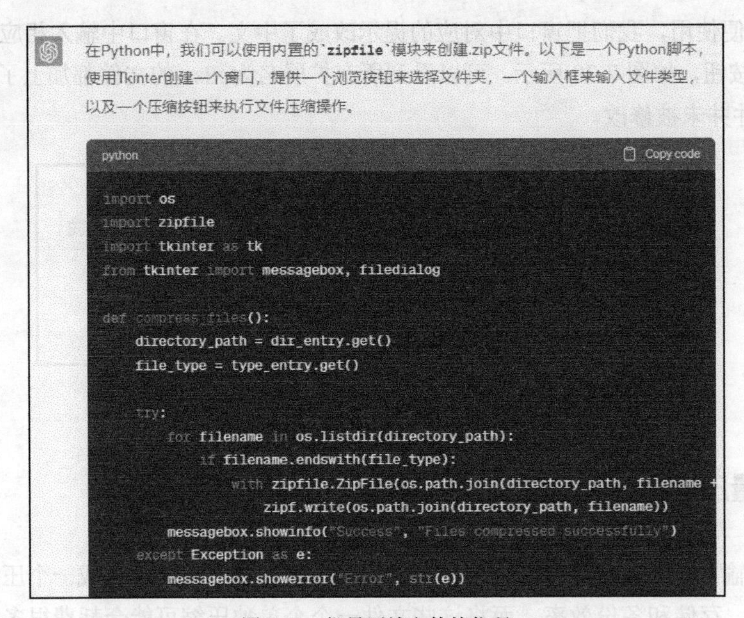

图7-32 批量压缩文件的代码

因篇幅限制，图7-32只呈现了部分代码。下面给出完整的代码：

```
import os
import zipfile
import tkinter as tk
from tkinter import messagebox, filedialog

def compress_files():
    directory_path = dir_entry.get()
    file_type = type_entry.get()

    try:
        for filename in os.listdir(directory_path):
            if filename.endswith(file_type):
                with zipfile.ZipFile(os.path.join(directory_path, filename + '
                        .zip'), 'w') as zipf:
                    zipf.write(os.path.join(directory_path, filename))
        messagebox.showinfo("Success", "Files compressed successfully")
```

```
    except Exception as e:
        messagebox.showerror("Error", str(e))

def browse_directory():
    directory_path = filedialog.askdirectory()
    dir_entry.delete(0, tk.END)
    dir_entry.insert(tk.END, directory_path)

root = tk.Tk()
root.geometry("600x90")
root.title("批量压缩文件")

dir_label = tk.Label(root, text="指定目录:")
dir_label.grid(row=0, column=0)

dir_entry = tk.Entry(root, width=50)
dir_entry.grid(row=0, column=1)

browse_button = tk.Button(root, text="浏览", command=browse_directory)
browse_button.grid(row=0, column=2)

type_label = tk.Label(root, text="文件类型:")
type_label.grid(row=1, column=0)

type_entry = tk.Entry(root, width=50)
type_entry.grid(row=1, column=1)

compress_button = tk.Button(root, text="批量压缩", command=compress_files)
compress_button.grid(row=2, column=1)

root.mainloop()
```

为了更方便使用，这里简单修改了代码，把窗口中对应的代码部分参数手动改成了中文。因为 ChatGPT 生成内容有一定的局限性，像这样的简单问题，手动修改一下反而最便捷，一起来找一找它们的位置吧！在窗口中指定相应的目录和要批量压缩的文件类型，单击“批量压缩”按钮，如图 7-33 所示。可以看到所有扩展名为.txt 的文件都被压缩成了 zip 文件，如图 7-34 所示。

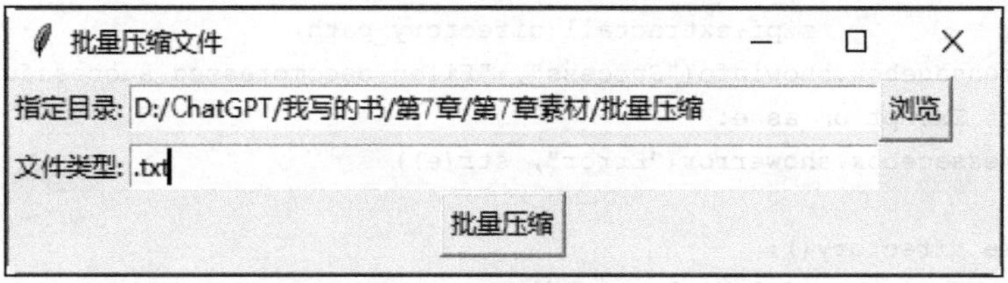

图 7-33　批量压缩文件

名称	修改日期	类型	大小
年级成绩表	2023/6/8 22:38	文件夹	
VBA处理缺失值.xlsm	2023/6/5 4:23	Microsoft Excel ...	19 KB
合并工作表代码.txt	2023/6/5 23:50	文本文档	2 KB
合并工作表代码.txt.zip	2023/6/9 23:18	WinRAR ZIP 压缩...	3 KB
合并工作簿下多个工作表.txt	2023/6/6 0:56	文本文档	3 KB
合并工作簿下多个工作表.txt.zip	2023/6/9 23:18	WinRAR ZIP 压缩...	3 KB

图 7-34　批量压缩结果

我们可以稍微改变一下提问，让 ChatGPT 生成批量解压的代码。如果需要分享代码，在它无 Python 的环境中运行，可使用 PyInstaller 将 Python 文件打包成.exe 文件。

我们的提问如下：

你是一位 Python 工程师，一个文件夹中含有多个文件，将文件夹下.zip 格式的文件进行解压缩，解压缩到与.zip 格式的文件同目录下。

使用 Tkinter 创建一个高 60mm、宽 600mm 的窗口，提供一个“浏览”按钮来选择文件夹，以及一个“解压缩”按钮来执行解压缩操作。合理布局界面。认真阅读需求，请写出 Python 代码。

下面是 ChatGPT 给出的代码。我们可以在此基础上根据实际需要继续优化。

```
import os
import zipfile
import tkinter as tk
from tkinter import messagebox, filedialog

def decompress_files():
    directory_path = dir_entry.get()

    try:
        for filename in os.listdir(directory_path):
            if filename.endswith('.zip'):
                with zipfile.ZipFile(os.path.join
                                     (directory_path, filename), 'r') as zipf:
                    zipf.extractall(directory_path)
        messagebox.showinfo("Success", "Files decompressed successfully")
    except Exception as e:
        messagebox.showerror("Error", str(e))

def browse_directory():
    directory_path = filedialog.askdirectory()
    dir_entry.delete(0, tk.END)
```

```
    dir_entry.insert(tk.END, directory_path)

root = tk.Tk()
root.geometry("600x60")
root.title("批量解压缩文件")

dir_label = tk.Label(root, text="Directory Path:")
dir_label.grid(row=0, column=0)

dir_entry = tk.Entry(root, width=50)
dir_entry.grid(row=0, column=1)

browse_button = tk.Button(root, text="Browse", command=browse_directory)
browse_button.grid(row=0, column=2)

decompress_button = tk.Button(root, text="Decompress", command=decompress_files)
decompress_button.grid(row=1, column=1)

root.mainloop()
```

7.4 Word 文档处理：ChatGPT 秒变专家

在日常工作中，我们经常会遇到一些重复性的 Word 文档管理场景，比如将 Word 文档批量转换成 PDF 格式，批量合并 Word 文档，批量提取 Word 中的图片，批量添加页眉页脚等。通过 ChatGPT 结合 Python 自动化脚本，可以轻松完成自动化的 Word 文档管理任务。

7.4.1 批量将 Word 转 PDF

在一个文件夹中有很多 Word 文档，我们希望将它们批量转换为 PDF 格式，以便于共享和存储。使用 ChatGPT 结合 Python 自动化脚本，可以轻松地将 Word 文档批量转换为 PDF 格式。

我们可以这样向 ChatGPT 提问：

你是一位 Python 工程师，一个文件夹中含有多个文件，将文件夹下所有 Word 文档转换成 PDF 格式，输出位置与源文件相同。

使用 Tkinter 创建一个高 60mm、宽 600mm 的窗口，提供一个“浏览”按钮来选择文件夹，以及一个“转换成 PDF”按钮来执行转换操作。合理布局界面。认真阅读需求，请写出 Python 代码。

如图 7-35 所示，ChatGPT 根据提问给出了 Python 代码，并且也给出了建议安装的第三方模块库（或包），在 Python 代码的最前面也可以看到需要调用的 Python 模块和函数。

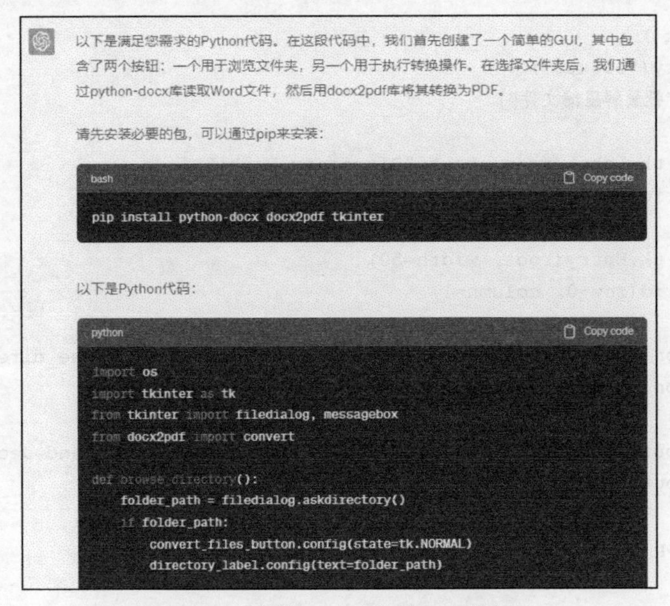

图 7-35　批量将 Word 文档转 PDF 的代码

不同版本的 Python 内置的模块可能有所不同。我们可以将 ChatGPT 生成的 Python 脚本复制到 Python 集成开发环境（如 PyCharm）中运行。通过如图 7-36 所示的运行结果可知，当前版本的 Python 所需的 docx2pdf 模块尚未安装。

```
Traceback (most recent call last):
  File "C:\Users\ldj02\PycharmProjects\pythonProject2\批量将Word转PDF.py", line 4, in <module>
    from docx2pdf import convert
ModuleNotFoundError: No module named 'docx2pdf'
```

图 7-36　提示未安装的模块

接下来，通过 pip install 命令安装所需的第三方模块，如图 7-37 所示。

```
C:\WINDOWS\system32\cmd.exe
C:\Users\ldj02>pip install docx2pdf
Collecting docx2pdf
  Downloading docx2pdf-0.1.8-py3-none-any.whl (6.7 kB)
Collecting pywin32>=227 (from docx2pdf)
  Downloading pywin32-306-cp311-cp311-win_amd64.whl (9.2 MB)
     ---------------------------------------- 9.2/9.2 MB 7.7 MB/s eta 0:00:00
Collecting tqdm>=4.41.0 (from docx2pdf)
  Downloading tqdm-4.65.0-py3-none-any.whl (77 kB)
     ---------------------------------------- 77.1/77.1 kB 4.2 MB/s eta 0:00:00
Collecting colorama (from tqdm>=4.41.0->docx2pdf)
  Downloading colorama-0.4.6-py2.py3-none-any.whl (25 kB)
Installing collected packages: pywin32, colorama, tqdm, docx2pdf
Successfully installed colorama-0.4.6 docx2pdf-0.1.8 pywin32-306 tqdm-4.65.0

C:\Users\ldj02>
```

图 7-37　安装 docx2pdf 模块

在 docx2pdf 模块安装成功后继续运行并测试代码。如图 7-38 所示，单击“浏览”按钮指定文件夹目录，然后单击“转换成 PDF”按钮进行批量转换，结果如图 7-39 所示。

图 7-38　Word 转 PDF 界面

名称	修改日期	类型	大小
ChatGPT实战应用 .docx	2023/4/23 19:43	Microsoft Word ...	14 KB
ChatGPT实战应用 .pdf	2023/6/10 0:53	Microsoft Edge ...	183 KB
个人年度工作总结.docx	2023/5/21 14:32	Microsoft Word ...	14 KB
个人年度工作总结.pdf	2023/6/10 0:53	Microsoft Edge ...	172 KB
刘道军简介-office.docx	2023/6/10 0:13	Microsoft Word ...	20,497 KB
刘道军简介-office.pdf	2023/6/10 0:53	Microsoft Edge ...	5,842 KB
应急响应实战演练.docx	2022/2/16 16:45	Microsoft Word ...	17 KB
应急响应实战演练.pdf	2023/6/10 0:53	Microsoft Edge ...	143 KB

图 7-39　测试结果

下面是 ChatGPT 给出的完整 Python 代码。我们可以在此基础上根据实际需要继续优化。

```
import os
import tkinter as tk
from tkinter import filedialog, messagebox
from docx2pdf import convert

def browse_directory():
    folder_path = filedialog.askdirectory()
    if folder_path:
        convert_files_button.config(state=tk.NORMAL)
        directory_label.config(text=folder_path)

def convert_to_pdf():
    folder_path = directory_label.cget("text")
    if os.path.exists(folder_path):
        for file_name in os.listdir(folder_path):
            if file_name.endswith('.docx'):
                file_path = os.path.join(folder_path, file_name)
                try:
                    convert(file_path, file_path.replace('.docx', '.pdf'))
                except Exception as e:
                    messagebox.showerror("转换错误", f"在转换
```

```
                                 {file_name} 时出现错误: {str(e)}")
    else:
        messagebox.showerror("无效的路径", "请选择有效的文件夹路径")


window = tk.Tk()
window.geometry('600x60')
window.title("Word 转 PDF 转换器")

browse_button = tk.Button(window, text="浏览", command=browse_directory)
browse_button.pack(side=tk.LEFT)

directory_label = tk.Label(window, text="")
directory_label.pack(side=tk.LEFT)

convert_files_button = tk.Button(window, text="转换成 PDF", state
                     =tk.DISABLED, command=convert_to_pdf)
convert_files_button.pack(side=tk.LEFT)

window.mainloop()
```

请注意，上述代码在执行时不会转换子文件夹中的 Word 文件。如果需要转换子文件夹中的 Word 文件，需要对代码进行适当的修改。

7.4.2 批量合并 Word 文档

在撰写方案或图书时，Word 文档的不同部分可能是由不同的人负责编写的。使用批量合并功能，可以将其合并为一个完整的报告。

为了让 ChatGPT 生成相应的 Python 代码，我们可以这样向 ChatGPT 提问：

> 你是一位 Python 工程师，一个文件夹中含有多个文件，将文件夹下所有 Word 文档合并成一个 Word 文档，输出位置与源文件相同。
>
> 使用 Tkinter 创建一个高 100mm、宽 600mm 的窗口，提供一个“浏览”按钮来选择文件夹，一个“新文档名称”输入框，以及一个“合并 Word 文档”按钮来执行文档合并操作。合理布局界面。认真阅读需求，请写出 Python 代码。

如图 7-40 所示，ChatGPT 根据提问给出了使用第三方模块的提示以及相应的 Python 代码。

根据提示安装第三方模块 python-docx，如图 7-41 所示。

然后将代码复制到 Python 集成开发环境（如 PyCharm）中运行，并根据运行结果选择是否继续追问进行优化。最终得到如下完整的 Python 代码：

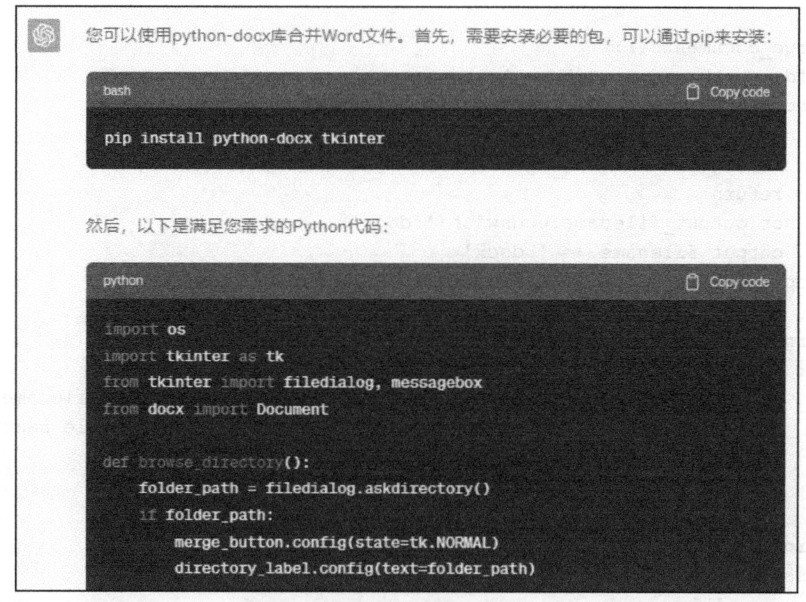

图 7-40　Word 文档合并代码

```
C:\WINDOWS\system32\cmd.exe
C:\Users\ldj02>pip install python-docx
Collecting python-docx
  Downloading python-docx-0.8.11.tar.gz (5.6 MB)
     ---------------------------------------- 5.6/5.6 MB 2.7 MB/s eta 0:00:00
  Installing build dependencies ... done
  Getting requirements to build wheel ... done
  Preparing metadata (pyproject.toml) ... done
Requirement already satisfied: lxml>=2.3.2 in d:\program files (x86)\python3.11\lib\site-packages (from python-docx) (4.9.2)
Building wheels for collected packages: python-docx
  Building wheel for python-docx (pyproject.toml) ... done
  Created wheel for python-docx: filename=python_docx-0.8.11-py3-none-any.whl size=184519 sha256=b98441d122dd8224df091ae6bc7668c5f0049fa9a3bf6e1c70b85f19e48c9e0e
  Stored in directory: c:\users\ldj02\appdata\local\pip\cache\wheels\b2\11\b8\209e41af524253c9ba6c2a8b8ecec0f98ecbc28c732512803c
Successfully built python-docx
Installing collected packages: python-docx
Successfully installed python-docx-0.8.11

C:\Users\ldj02>
```

图 7-41　安装第三方模块

```
import os
import tkinter as tk
from tkinter import filedialog, messagebox
from docx import Document

def browse_directory():
    folder_path = filedialog.askdirectory()
    if folder_path:
        merge_button.config(state=tk.NORMAL)
        directory_entry.delete(0, tk.END)
        directory_entry.insert(0, folder_path)
```

```
def merge_documents():
    folder_path = directory_entry.get()
    output_filename = file_name_entry.get()
    if not output_filename:
        messagebox.showerror("无效的文件名", "请输入合并后的文档名称")
        return
    if not output_filename.endswith('.docx'):
        output_filename += '.docx'
    output_path = os.path.join(folder_path, output_filename)

    merged_document = Document()
    for file_name in os.listdir(folder_path):
        if file_name.endswith('.docx') and file_name != output_filename:
            sub_document = Document(os.path.join(folder_path, file_name))
            for element in sub_document.element.body:
                merged_document.element.body.append(element)

    merged_document.save(output_path)
    messagebox.showinfo("合并完成", f"文档已保存在 {output_path}")

window = tk.Tk()
window.geometry('600x100')
window.title("Word 文档合并工具")

directory_label = tk.Label(window, text="指定目录:")
directory_label.pack(side=tk.LEFT)

directory_entry = tk.Entry(window, width=50)
directory_entry.pack(side=tk.LEFT)

browse_button = tk.Button(window, text="浏览", command=browse_directory)
browse_button.pack(side=tk.LEFT)

file_name_label = tk.Label(window, text="新文档名称:")
file_name_label.pack(side=tk.LEFT)

file_name_entry = tk.Entry(window)
file_name_entry.pack(side=tk.LEFT)

merge_button = tk.Button(window, text="合并 Word 文档", state
            =tk.DISABLED, command=merge_documents)
merge_button.pack(side=tk.LEFT)

window.mainloop()
```

在上述代码中，创建了一个名为 directory_entry 的输入窗，用于显示用户选择的目录路径。在图 7-42 中，当用户单击“浏览”按钮并选择一个目录后，会在“指定目录”的后面会显示所选的路径。同时，“合并 Word 文档”按钮为可用状态。当用户在“新文档名称”输入框中输入了一个有效的文件名，并单击“合并 Word 文档”按钮后，程序会将所选目录中的所有 Word 文档合并成一个新的 Word 文档，并保存在所选目录中。

图 7-42　Word 文档合并界面

7.4.3　批量提取 Word 中的图片

如果我们需要批量提取指定 Word 文档中的所有图片，并将其保存到指定的文件夹，可以这样向 ChatGPT 提问：

> 你是一位 Python 工程师，提取指定的 Word 文档中的图片，并输出到指定的文件夹位置。
>
> 使用 Tkinter 创建一个高 100mm、宽 600mm 的窗口，提供一个“浏览”按钮来选择 Word 文件，另一个“浏览”按钮来指定目标文件夹，以及一个“提取图片”按钮来执行操作。认真阅读需求，合理布局窗体界面。请写出 Python 代码。

如图 7-43 所示，ChatGPT 给出了 Python 代码。

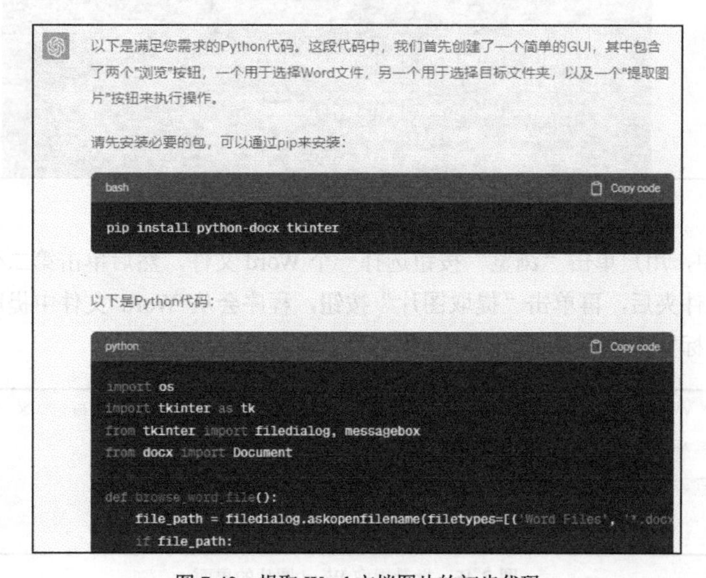

图 7-43　提取 Word 文档图片的初步代码

将代码复制到 Python 集成开发环境（如 PyCharm）中运行，出现如图 7-44 所示的错误。

```
"D:\Program Files (x86)\Python3.11\python.exe" C:\Users\ldj02\PycharmProjects\pythonProject2\批量提取word文件中的图片.py
Exception in Tkinter callback
Traceback (most recent call last):
  File "D:\Program Files (x86)\Python3.11\Lib\tkinter\__init__.py", line 1948, in __call__
    return self.func(*args)
           ^^^^^^^^^^^^^^^^
  File "C:\Users\ldj02\PycharmProjects\pythonProject2\批量提取word文件中的图片.py", line 25, in extract_images
    image_data = rel.blob
                 ^^^^^^^^
AttributeError: '_Relationship' object has no attribute 'blob'
```

图 7-44　代码运行错误提示

将错误提示反馈给 ChatGPT，ChatGPT 将根据反馈进行代码优化，如图 7-45 所示。

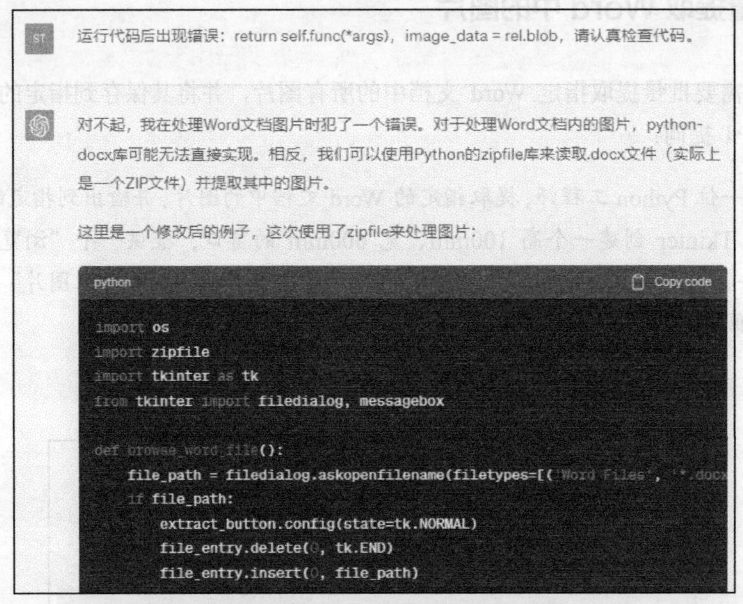

图 7-45　提取 Word 文档图片的优化后代码

在图 7-46 中，用户单击“浏览”按钮选择一个 Word 文件，然后单击第二个“浏览”按钮选择一个目标文件夹后，再单击“提取图片”按钮，程序会从 Word 文件中提取所有图片，并将它们保存到目标文件夹中。

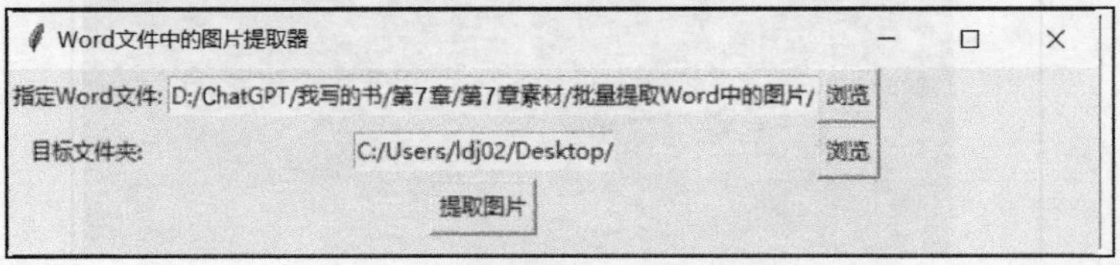

Word文件中的图片提取器

指定Word文件: D:/ChatGPT/我写的书/第7章/第7章素材/批量提取Word中的图片/　浏览

目标文件夹:　C:/Users/ldj02/Desktop/　浏览

提取图片

图 7-46　批量提取 Word 图片的界面

执行如果如图 7-47 所示。

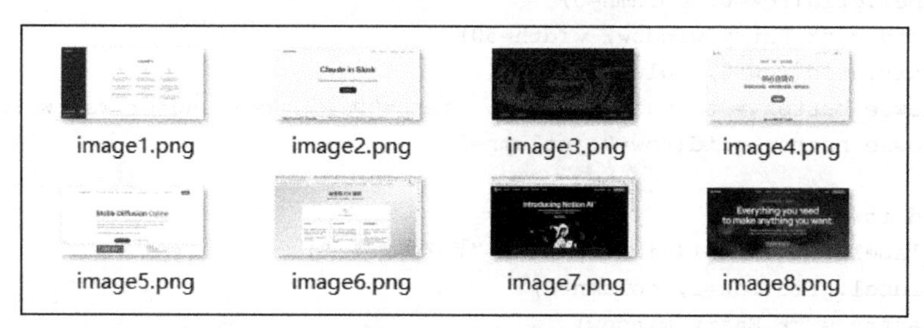

图 7-47 执行结果

完整的 Python 代码如下：

```
import os
import zipfile
import tkinter as tk
from tkinter import filedialog, messagebox

def browse_word_file():
    file_path = filedialog.askopenfilename(filetypes=[('Word Files', '*.docx')])
    if file_path:
        extract_button.config(state=tk.NORMAL)
        file_entry.delete(0, tk.END)
        file_entry.insert(0, file_path)

def browse_directory():
    folder_path = filedialog.askdirectory()
    if folder_path:
        folder_entry.delete(0, tk.END)
        folder_entry.insert(0, folder_path)

def extract_images():
    file_path = file_entry.get()
    folder_path = folder_entry.get()
    with zipfile.ZipFile(file_path, 'r') as zip_ref:
        for file in zip_ref.namelist():
            if file.startswith('word/media/'):
                zip_ref.extract(file, folder_path)
    messagebox.showinfo("提取完成", "图片已经保存到指定目录")

window = tk.Tk()
window.geometry('600x100')
window.title("Word 文件中的图片提取器")

# First row layout
```

```
    file_label = tk.Label(window, text="指定Word文件:")
    file_label.grid(row=0, column=0)
    file_entry = tk.Entry(window, width=50)
    file_entry.grid(row=0, column=1)
    file_browse_button = tk.Button(window, text="浏览", command=browse_word_file)
    file_browse_button.grid(row=0, column=2)

    # Second row layout
    folder_label = tk.Label(window, text="目标文件夹:")
    folder_label.grid(row=1, column=0)
    folder_entry = tk.Entry(window)
    folder_entry.grid(row=1, column=1)
    folder_browse_button = tk.Button(window, text="浏览", command=browse_directory)
    folder_browse_button.grid(row=1, column=2)

    # Third row layout
    extract_button = tk.Button(window, text="提取图片", state
                =tk.DISABLED, command=extract_images)
    extract_button.grid(row=2, column=1)

    window.mainloop()
```

7.5 Excel 大法：ChatGPT 带你飞

在 Excel 的日常使用中，无论是数据清洗、报表生成还是批量计算，都是相当常见的。本节将借助于两个案例来介绍如何通过 ChatGPT 生成的 Python 脚本在 Excel 中实现批量操作。

7.5.1 一键拆分工作簿

在日常工作中，如果需要将一个工作簿中的所有工作表分成一个独立的工作簿，可通过 Python 批量完成。我们可以这样向 ChatGPT 提问：

> 你是一位 Python 工程师，将指定位置的工作簿中的所有工作表分成一个独立的工作簿，输出到指定文件夹位置。
>
> 使用 Tkinter 创建一个高 100mm、宽 600mm 的窗口，提供一个“浏览”按钮来指定工作簿位置，另一个“浏览”按钮来指定目标文件夹，以及一个“拆分工作簿”按钮来执行操作。合理布局界面。认真阅读需求，请写出 Python 代码。

将 ChatGPT 生成的代码复制到 Python 集成开发环境（如 PyCharm）中运行，出现如图 7-48 所示的错误，提示 openpyxl 模块未安装。

```
"D:\Program Files (x86)\Python3.11\python.exe" C:\Users\ldj02\PycharmProjects\pythonProject2\一键拆分工作簿.py
Traceback (most recent call last):
  File "C:\Users\ldj02\PycharmProjects\pythonProject2\一键拆分工作簿.py", line 3, in <module>
    from openpyxl import load_workbook
ModuleNotFoundError: No module named 'openpyxl'

Process finished with exit code 1
```

图 7-48 openpyxl 模块未安装

通过 pip install openpyxl 命令安装第三方模块，再运行并测试代码。然后通过不断反馈来优化 ChatGPT 生成的 Python 代码。最终代码如下：

```
import os
from tkinter import filedialog, Button, Tk, Label, Entry
from openpyxl import load_workbook
import openpyxl

# 全局变量，保存选中的 Excel 工作簿和目标文件夹的路径
workbook_path = ''
output_folder_path = ''

# 打开文件选择器并保存选中的 Excel 工作簿路径
def browse_workbook():
    global workbook_path
    workbook_path = filedialog.askopenfilename(filetypes
                =[('Excel Files', '*.xlsx')])
    workbook_entry.delete(0, 'end')  # 清空输入框
    workbook_entry.insert(0, workbook_path)  # 插入新路径

# 打开文件选择器并保存选中的目标文件夹路径
def browse_folder():
    global output_folder_path
    output_folder_path = filedialog.askdirectory()
    folder_entry.delete(0, 'end')  # 清空输入框
    folder_entry.insert(0, output_folder_path)  # 插入新路径

# 拆分 Excel 工作簿并保存到目标文件夹
def split_workbook():
    # 加载 Excel 工作簿
    workbook = load_workbook(filename=workbook_path)

    # 遍历工作簿中的所有工作表
    for sheet in workbook.sheetnames:
        # 创建新的工作簿
        new_workbook = openpyxl.Workbook()
        new_sheet = new_workbook.active
        new_sheet.title = sheet
```

```
        # 复制旧工作簿的每个单元格到新工作簿的工作表中
        source_sheet = workbook[sheet]
        for row in source_sheet.iter_rows():
            for cell in row:
                new_sheet[cell.coordinate].value = cell.value

        # 保存新的工作簿到指定文件夹
        new_workbook.save(filename=os.path.join
                         (output_folder_path, f"{sheet}.xlsx"))

# 创建tkinter窗口
root = Tk()
root.geometry('600x150')  # Increase the height to better accommodate the labels
root.title("一键拆分工作簿")

# 创建工作簿标签、输入框和浏览按钮
workbook_label = Label(root, text="指定工作簿")
workbook_label.grid(row=0, column=0, sticky='e')
workbook_entry = Entry(root)
workbook_entry.grid(row=0, column=1, sticky='we')
browse_workbook_button = Button(root, text="浏览", command=browse_workbook)
browse_workbook_button.grid(row=0, column=2, sticky='we')

# 创建文件夹标签、输入框和浏览按钮
folder_label = Label(root, text="指定文件夹")
folder_label.grid(row=1, column=0, sticky='e')
folder_entry = Entry(root)
folder_entry.grid(row=1, column=1, sticky='we')
browse_folder_button = Button(root, text="浏览", command=browse_folder)
browse_folder_button.grid(row=1, column=2, sticky='we')

# 创建拆分工作簿按钮
split_workbook_button = Button(root, text="拆分工作簿", command=split_workbook)
split_workbook_button.grid(row=2, column=0, columnspan=3, sticky='we')

# 启动tkinter事件循环
root.mainloop()
```

运行代码。在图7-49中，指定工作簿和目标文件夹的位置，对指定工作簿进行一键拆分。

图7-49 一键拆分工作簿界面

7.5.2 一键合并工作簿

如果需要将指定文件夹下所有的工作簿合并到一个新的工作簿中，并生成一个汇总明细表格，们可以这样向 ChatGPT 提问：

> 你是一位 Python 工程师，提取指定文件夹下多个工作簿的第一个工作表，合并生成一个与源工作簿位置相同的新工作簿。
>
> 使用 Tkinter 创建一个高 100mm、宽 600mm 的窗口，提供一个“浏览”按钮来指定文件夹，一个“新工作簿名称”输入窗来指定新的工作簿名称，以及一个“一键合并”按钮来执行操作。合理布局界面。认真阅读需求，请写出 Python 代码。

将代码复制到 Python 集成开发环境（如 PyCharm）中运行，根据出现的问题追问 ChatGPT，重新输出优化后的代码。最终代码如下：

```
import os
import glob
from tkinter import filedialog, Button, Tk, Label, Entry
from openpyxl import Workbook, load_workbook

# 全局变量，保存选中的文件夹路径和新的工作簿名称
folder_path = ''
new_workbook_name = ''

# 打开文件选择器并保存选中的文件夹路径
def browse_folder():
    global folder_path
    folder_path = filedialog.askdirectory()
    folder_entry.delete(0, 'end')  # 清空输入框
    folder_entry.insert(0, folder_path)  # 插入新路径

# 获取新工作簿的名称
def get_new_workbook_name():
    global new_workbook_name
    new_workbook_name = new_workbook_name_entry.get()

# 合并工作簿
def merge_workbooks():
    get_new_workbook_name()
    # 创建新的工作簿
    new_workbook = Workbook()
    new_worksheet = new_workbook.active

    # 获取所有 Excel 工作簿的路径
```

```
    workbook_paths = glob.glob(os.path.join(folder_path, '*.xlsx'))

    # 计数器，记录新工作表的行数
    row_counter = 1
    # 判断是否为第一个工作簿
    first_workbook = True

    # 遍历所有工作簿
    for workbook_path in workbook_paths:
        # 加载工作簿
        workbook = load_workbook(filename=workbook_path)
        # 获取第一个工作表
        worksheet = workbook.active

        # 如果是第一个工作簿，复制所有行；如果不是，忽略标题行
        for row in worksheet.iter_rows(min_row=1 if first_workbook else 2):
            for cell in row:
                new_worksheet.cell(row=row_counter, column
                                   =cell.column, value=cell.value)
            row_counter += 1

        first_workbook = False  # 第一个工作簿已处理

    # 保存新的工作簿
    new_workbook.save(filename=os.path.join(folder
      _path, f"{new_workbook_name}.xlsx"))

# 创建tkinter窗口
root = Tk()
root.title("一键合并工作簿")  # 设置窗口标题
root.geometry('600x100')

# 创建文件夹标签、输入框和浏览按钮
folder_label = Label(root, text="指定文件夹")
folder_label.grid(row=0, column=0, sticky='e')
folder_entry = Entry(root)
folder_entry.grid(row=0, column=1, sticky='we')
browse_folder_button = Button(root, text="浏览", command=browse_folder)
browse_folder_button.grid(row=0, column=2, sticky='we')

# 创建新工作簿名称标签和输入框
new_workbook_name_label = Label(root, text="新工作簿名称")
new_workbook_name_label.grid(row=1, column=0, sticky='e')
new_workbook_name_entry = Entry(root)
new_workbook_name_entry.grid(row=1, column=1, sticky='we')

# 创建一键合并按钮
merge_workbooks_button = Button(root, text="一键合并", command=merge_workbooks)
```

```
merge_workbooks_button.grid(row=2, column=0, columnspan=3, sticky='we')

# 启动 tkinter 事件循环
root.mainloop()
```

运行代码。在图 7-50 中填写相应内容，然后单击“一键合并”按钮可批量合并工作簿。

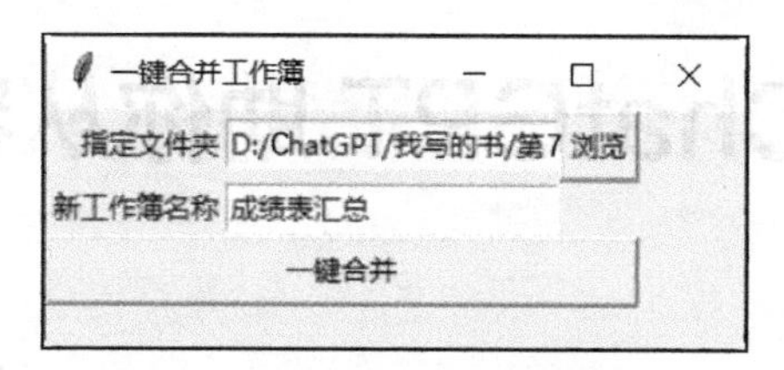

图 7-50 一键合并工作簿界面

针对 Excel 中的重复性操作问题，都可以使用类似的方式向 ChatGPT 提问，让 ChatGPT 生成相应的 Python 自动化脚本，以提高工作效率。

第 8 章

求职秘籍：ChatGPT 助你从容应对职场

在本章，我们将重点关注求职过程中的两个关键环节：履历撰写和面试准备。我们将结合实用的建议和方法，以及 ChatGPT 的应用，帮助求职者提升求职体验，提高求职成功率。

首先，我们将深入探讨履历的重要性，并分析一份高质量履历的基本结构。我们将站在人力资源和用人单位的角度，强调履历在招聘过程中的关键作用，并通过实例说明如何编写一份出色的履历。

其次，我们将介绍如何利用 ChatGPT 生成高质量的履历。我们将通过实战演练来展示如何使用 ChatGPT 高效地撰写各类专业背景的履历，以节省时间并提高求职成功率。

最后，我们将讲解如何利用 ChatGPT 进行模拟面试，帮助求职者解决面试紧张的问题，并通过练习回答常见的面试问题来提高信心。我们还将分享一些面试技巧，进一步助力求职者获得心仪的工作。

8.1 知己知彼：了解 HR 如何筛选简历

对于每个人来说，求职都是人生中不可或缺的一个环节。我们都知道，我们投递的简历需要先通过 HR 的审阅。那么，HR 在招聘过程中的作用究竟有多大呢？我们先来了解一下公司校园招聘的流程，如图 8-1 所示。

图 8-1　校园招聘流程

首先，大学生需要通过网络平台或参加宣讲会等方式投递简历。这些简历将首先提交给

HR，由他们负责筛选出合适的候选人。这一步十分关键，因为只有当你的简历能在众多竞争者中脱颖而出时，才能获得面试机会。

在收到面试邀请后，求职者将面临初试、复试等一系列环节。尽管不同公司的面试次数和环节有所差异，但人力资源部和用人部门的两次面试是必不可少的。在这期间，HR 的作用依然举足轻重。

在初试阶段，HR 通常会担任面试官。求职者在该阶段需要向 HR 展现自己的综合素质、沟通能力和性格特点。而在随后的复试阶段，面试官或许由用人部门的管理层来担任，但 HR 的评价依然会对最终录用的结果产生影响。

因此，在求职过程中，需要充分认识到 HR 的重要性。相信很多小伙伴在求职过程中都曾经遇到过简历“石沉大海”的情况。正如孙子兵法所说：“知己知彼，百战不殆！”这个道理同样适用于简历的撰写。为了让我们的简历能在竞争中脱颖而出，我们有必要先了解一下 HR 通常是如何筛选简历的。

1. 外表印象法

人们常说“相由心生”，HR 会根据求职者的外表、身高等因素来评估应聘者的素质和能力。在招聘过程中，HR 可能会查看求职者的照片，然后根据其外表来评估其是否符合公司的形象要求。

举例来说，假设一家酒店正在招聘服务员，HR 可能会先看应聘者的照片，然后根据其外形条件来评估其是否符合公司要求，经验和能力反而是次要的了。

2. 能力匹配法

HR 会根据求职者的教育背景、经验和技能来评估其是否符合职位要求。因此，HR 通常会根据简历描述去寻找与职位要求相匹配的关键词或者语句，如果求职者简历中的大部分描述都能与职位需求相匹配，那么就可以认为求职者具有相应的能力。这种方法可以准确地评估应聘者的能力和经验。

举个例子，假设某公司需要招聘一名市场营销经理，要求求职者有 5 年以上的市场营销经验，能熟练使用市场分析工具，并精通数字营销等。HR 在收到简历后会根据这些职位描述进行筛选，初步挑选出符合条件的候选人。然后，会针对每个候选人的简历，逐项与职位要求的学历、技能和经验等条件进行比对，做进一步的筛选。最终，HR 会向符合要求的候选人发出面试邀请或做进一步的考察。

3. 刻板标准法

这种方法是指 HR 根据公司制度和规定，按照预先设定的标准（例如学历、性别、工作经验等）进行筛选，只有符合标准的简历才会进入下一轮面试。这种方法的缺点是，因为只关注某些固定的标准或要求，可能会忽略求职者的优点和潜力。

例如，一家银行可能会规定，招聘的财务人员必须具有会计专业背景和 3 年以上的工作经验。这样一来，如果求职者简历中的工作经验不足 3 年，即使这个人的能力和经验再出色，也可能被直接筛掉。

4. 特点突出法

这种方法是指强调突出个人特点和经验，让自己在众多应聘者中脱颖而出，其核心思想是通过凸显自己的亮点来吸引 HR 的关注，从而增加获得面试机会的概率。HR 会根据求职者简历中的某个或某些出彩的经历或特点（例如，获得的奖项、发表的文章、参加的社会活动等）来确定是否发起面试邀请。如果求职者的简历中有这些亮点，HR 会为其打上相应的标签，提高他们的简历优先级，增加他们的面试机会。

举个例子，一位应聘销售岗位的人可以在简历中列出自己过去的销售业绩和客户反馈，以及在工作中所运用的成功销售策略。这些亮点会更容易引起 HR 的关注，从而增加获得面试的机会。

5. 模型参照法

这种方法的思想是，HR 会针对某个特定的职位或领域，确定一个理想的求职者形象或特质，并将其作为标准模板，然后将候选人的简历与该标准进行比较，以寻找与标准最为接近的候选人。

举个例子，如果一个公司正在招聘一名销售经理，那么它们可能会确定一个标准模板，比如，有 5 年以上的销售经验，熟悉市场营销，具有优秀的团队领导能力等。接下来，HR 会将候选人的简历与这个标准进行比较，寻找那些符合要求的候选人。如果一个候选人的简历中包含这些特征，那么就有可能被邀请进入面试环节。

6. 不足突显法

是指 HR 在筛选简历时，根据候选人简历中缺失的某些要素，来判断候选人是否合适。它主要通过排除那些不符合要求的简历，来筛选出符合要求的简历。

举个例子，假设一个公司在招聘某个职位的人员，要求求职者具有本科及以上学历、5 年以上的相关工作经验，以及精通某项软件等要求。如果某份简历中只提到了本科学历和 5 年工作经验，而未提及该软件的使用情况，HR 可能会认为这份简历不符合要求而直接将其淘汰。因此，在撰写简历时，要特别关注招聘岗位的要求，尽量减少遗漏关键要素的情况。

8.2 简历突围术：脱颖而出的技巧

想必大家在求职过程中都经历过简历投递后却毫无回应的窘境。要让你的简历脱颖而出，就得了解 HR 喜欢什么样的简历。简历投递到 HR 手中有两种命运：一是打动 HR，获得面试机会；二是直接被丢进垃圾箱。而决定这个命运的时间有多长呢？告诉大家一个惊人的事实，HR 筛选一份简历的时间通常不超过 20 秒！

想象一下，公司需要招聘一个岗位的员工。通常，需要有 5 个人参加复试，才能选出一个合适的员工。而要挑选这 5 个人，可能要从 10 个初试者中选出。而要约到 10 个人参加初试，通常需要给 15 个人发送面试邀请。而要从数百份简历中选出这 15 个人，假设 HR 阅读每份简历的时间为 3 分钟，那么也需要几个小时的时间来为这个岗位来筛选简历。而实际上，一位 HR 通常要负责多个岗位的招聘，因此一份简历的筛选时间往往仅有 20 秒。

那么，如何让我们的简历在这短短的 20 秒内打动 HR 呢？

8.2.1 吸引 HR 目光

想象一下，在一场校园招聘宣讲会过后，HR 可能收到几百份甚至更多的简历。如何让我们的简历脱颖而出呢？我们的简历需要在短短的一瞬间抓住 HR 的眼球。可能有人会马上想到网上一搜一大把的简历模板——排版整齐，看起来还挺专业。

图 8-2 和图 8-3 中给出的是最常见的两份不同格式的简历模板，你觉得哪一份会更吸引 HR 呢？

姓名	张三	性别	男	
民族	汉	出生年月	1980.2	
籍贯	武汉	政治面貌	党员	
联系电话	188-8888-8888	E-mail	10804072@qq.com	
通讯地址	武汉市 洪山区 珞瑜山大厦 1608 室			
身份证号码				
学历	本科	专业	幼儿教师	
毕业院校	华中师范大学			
主要课程	小学教育、学前教育、英语、中国、外国教育史、各种教育学、心理学、教育方法论、声乐、舞蹈、等等			
个人荣誉	奖学金二等奖、优秀毕业生、优秀学生干部			
求职意向	幼儿教师			
实习经历	起止时间	实习单位及职务	岗位职责及表现	
	1998.9-2000.7	优乐学前教育任助教		
	2001.7-2002.7	喜洋洋幼儿园班主任		
技能证书	普通话二级甲等、高级教师资格证书			
兴趣爱好	唱歌、跳舞			
个人评价	注重细节，有较强的领导力、组织能力和团队精神； 喜欢写作，在世界学术网多次发表论文； 学习成绩优秀，多次获得国家奖学金。			

图 8-2 表格式简历

刘道军
简历设计师

188-8888-8888 10804072@qq.com 上海浦东

工作经历

2010 - 2013
仙气设计服务有限公司 – 上海
负责企业画册设计、标志设计、产品包装设计、杂志广告跨页设计。修改为自己工作内容介绍。修改为自己工作内容介绍。修改为自己工作内容介绍。

2010 - 2013
仙气设计服务有限公司 – 上海
负责企业画册设计、标志设计、产品包装设计、杂志广告跨页设计。修改为自己工作内容介绍。修改为自己工作内容介绍。修改为自己工作内容介绍。

基本资料

姓名：刘道军
年龄：24 岁
民族：汉族
籍贯：山东
学历：本科
专业：设计

教育背景

2003 - 2007
本科 北京仙气大学 设计专业
介绍下学到的东西，可以是在校获得荣誉情况等。介下学到的东西，可以是在校获得荣誉情况等。

2003 - 2007
本科 北京仙气大学 设计专业
介绍下学到的东西，可以是在校获得荣誉情况等。介下学到的东西，可以是在校获得荣誉情况等。

语言技能

English ★★★★★
Spanish ★★★★★
French ★★★★★
German ★★★★★

掌握技能

Photoshop
Illustrator
Office
Excel

获得证书

英语四级证书
普通话二级证书
校优秀毕业生
校级三好学生

图 8-3 罗列式简历

其实，图 8-2 所示的表格式简历是很多人选择的简历格式，但是这种简历并不会引起 HR 的注意。相比之下，图 8-3 所示的这个罗列式简历看起来排版整洁简约，还带有一些商务气息和设计感，反而会给 HR 留下良好的初步印象。

你可能会想：“我花点心思在排版上，做个设计感强的简历不就好了。”确实，一份有设计感的简历能立刻引起 HR 的关注，但是如果设计成如图 8-4 所示的样子，虽然设计感很强，但阅读起来不方便，无法让人立刻抓住重点，HR 也可能会选择放弃。记住，HR 面对的是大量的简历，他们并没有太多的时间去费劲解读一份过于花哨的简历。

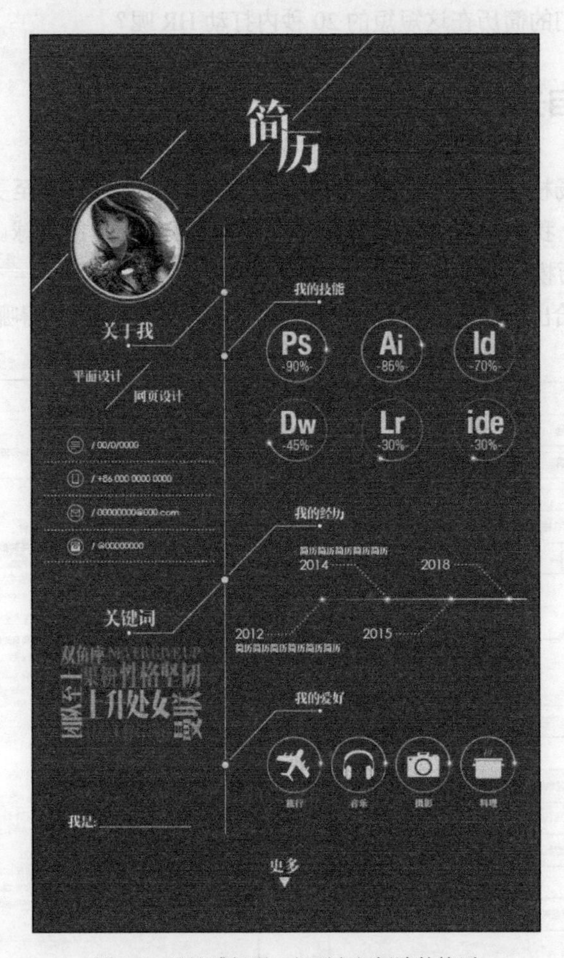

图 8-4 设计感很强，但不方便阅读的简历

所以，一份好的简历要做到第一眼就能吸引 HR，但同时也要让人一目了然，能轻松获取重要的信息。简洁明快的排版、突出重要的经历和技能，是一份好简历的关键。别让过于复杂的设计遮住了你的闪光点。

8.2.2 求职意向明确

想象一下，作为 HR 的你收到了一份简历，上面列出的求职意向职位是项目管理、人力资源、办公室文员。虽然这三个职位都是文职类，但各自所需的技能和职责却相差甚远。还有一些求职者（尤其是毕业生群体）因为不知道自己该干、能干什么，而在简历上写了一堆完全不相关、跨领域的求职意向，比如设备维护工程师、网络工程师、新媒体运营等。

在图 8-5 所示的简历中，涉及的意向职位分属不同的部门，需要的能力和经验也大相径庭。当 HR 看到这种不明确的求职意向时，往往会认为求职者没有对自己的职业规划进行深思熟虑，因此也不太可能花费时间来阅读你的简历，更不用说帮你匹配合适的职位了。所以，简历中的求职意向必须清晰明确。我们需要通过简历需要直截了当地告诉 HR 申请的是哪个职位。

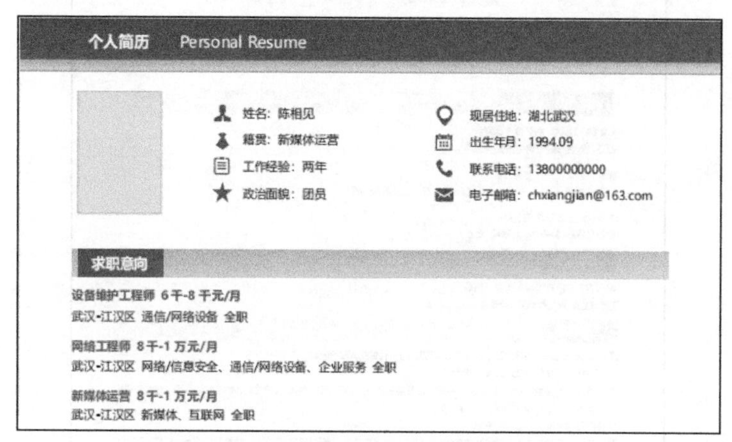

图 8-5 求职意向不明确的简历

记住，越具有针对性的简历，越可能得到 HR 的青睐。另外，在投递简历时，尽量不要用同一份简历去申请多个职位（特别是在同一家公司内的多个职位）。当我们的简历被正确分类后就进入了筛选阶段（也就是前面提到的决定性的 20 秒）。所以，无论是简历的设计，还是求职意向的设定，都要让 HR 一目了然，方便快速获取重要信息。

8.2.3 突出特长

我们的简历就是我们的名片，也是我们的广告，而广告的精髓就是让我们的核心优势一眼显现，从而迅速吸引 HR 的注意。所以，我们需要在有限的空间内，用最有效的信息来展示自己的独特之处，并能让 HR 迅速看到。

假设我们是 HR，收到了一份如图 8-6 所示的简历。首先，我们会看到求职者的求职意向，然后会在简历中寻找与这个意向相关的关键信息。在这份简历中，我们首先看到的是求职者的教育背景。如果求职者的毕业学校并不知名，学历也没有什么特别突出的地方，我们很可能就会对这份简历失去兴趣。在教育背景之后，我们在求职者的工作经历中看到了监控安防、综合布线和施工技术员等字样，这些内容与求职意向完全无关。看到这里，我们可能就会决定放弃这份简历了。

所谓的“突出特长”，就是要突出我们的优势，无论是学历，还是相关的工作或实习经历，甚至是某个有价值的证书等。我们需要用关键词来突出这些优势，并把它们放在显眼的位置，让 HR 一眼就能看到。只有当 HR 看到这些关键信息并对其产生了兴趣，他才会愿意花更多的时间去详细阅读我们的简历，以判断是否符合他们的需求。

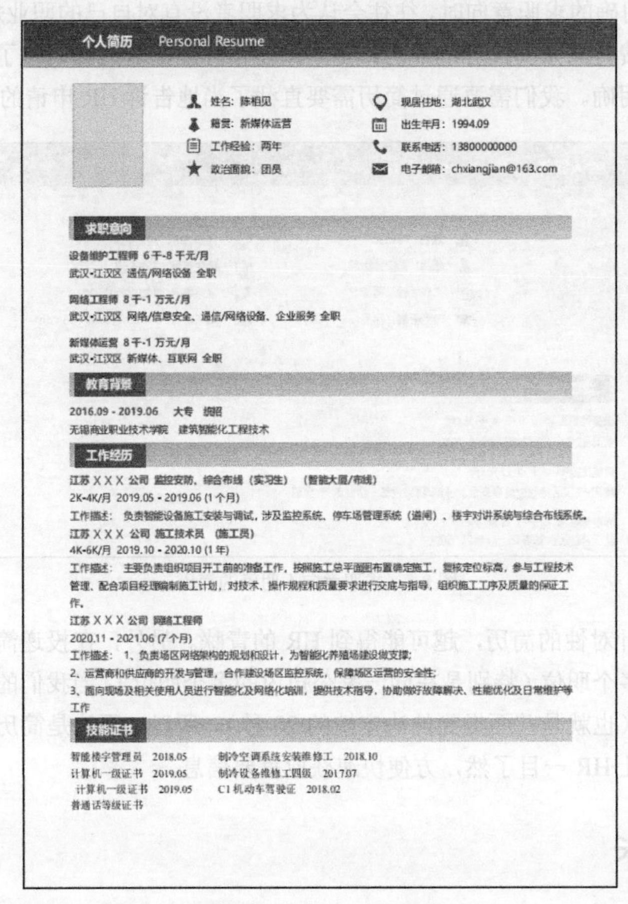

个人简历　Personal Resume

姓名：陈相见
籍贯：新媒体运营
工作经验：两年
政治面貌：团员
现居住地：湖北武汉
出生年月：1994.09
联系电话：13800000000
电子邮箱：chxiangjian@163.com

求职意向

设备维护工程师 6 千-8 千元/月
武汉-江汉区 通信/网络设备 全职

网络工程师 8 千-1 万元/月
武汉-江汉区 网络/信息安全、通信/网络设备、企业服务 全职

新媒体运营 8 千-1 万元/月
武汉-江汉区 新媒体、互联网 全职

教育背景

2016.09 - 2019.06　大专　统招
无锡商业职业技术学院　建筑智能化工程技术

工作经历

江苏 X X X 公司 监控安防、综合布线（实习生）　（智能大厦/布线）
2K-4K/月 2019.05 - 2019.06 (1 个月)
工作描述：负责智能设备施工安装与调试，涉及监控系统、停车场管理系统（道闸）、楼宇对讲系统与综合布线系统。
江苏 X X X 公司 施工技术员　(施工员)
4K-6K/月 2019.10 - 2020.10 (1 年)
工作描述：主要负责组织项目开工前的准备工作，按照施工总平面图布置确定施工，复核定位标高，参与工程技术管理、配合项目经理编制施工计划，对技术、操作规程和质量要求进行交底与指导，组织施工工序及质量的保证工作。
江苏 X X X 公司 网络工程师
2020.11 - 2021.06 (7 个月)
工作描述：1、负责场区网络架构的规划和设计，为智能化养殖场建设做支撑；
2、运营商和供应商的开发与管理，合作建设场区监控系统，保障场区运营的安全性；
3、面向现场及相关使用人员进行智能化及网络化培训，提供技术指导，协助做好故障解决、性能优化及日常维护等工作

技能证书

智能楼宇管理员　2018.05　　制冷空调系统安装维修工　2018.10
计算机一级证书　2019.05　　制冷设备维修工四级　2017.07
计算机一级证书　2019.05　　C1 机动车驾驶证　2018.02
普通话等级证书

图 8-6　特长不突出的简历

8.2.4　准确表达

撰写简历时的“准确表达”就是让我们的经验、技能和成就在纸面上“活”起来，让 HR 一目了然，能让他们在短时间内了解我们的工作经验、技能和成就，从而对我们产生兴趣，提高面试机会。

图 8-7 所示为一份简单笼统的简历。可以发现，这份简历中的工作描述过于简单和笼统，缺乏具体的细节。比如，“负责企业网搭建”这个描述，没有提到具体是哪种类型的网络、使用了什么技术，或者取得了什么成果。同样，“交换机路由配置”和“网络排错”也没有提供足够的信息来证明求职者的技能和经验。

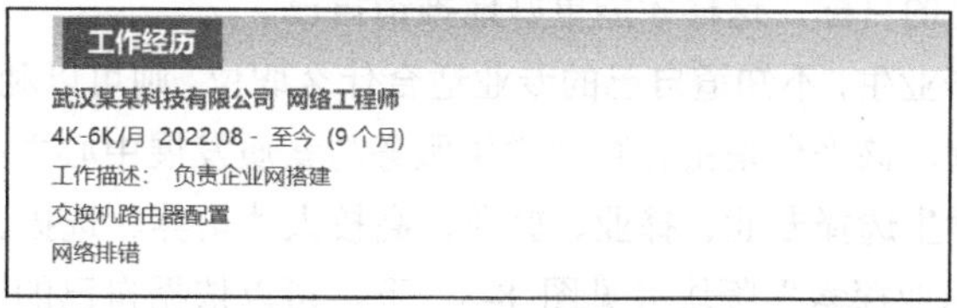

工作经历

武汉某某科技有限公司 网络工程师

4K-6K/月 2022.08 - 至今 (9 个月)

工作描述： 负责企业网搭建

交换机路由器配置

网络排错

图 8-7 简单笼统的简历

那么，如何做到“准确表达”呢？首先，我们需要确保简历的描述是真实的，不夸大也不轻描淡写。我们的描述要能准确反映我们的角色、责任和成就。比如，如果我们负责过一个项目，则可以详细描述我们在这个项目中的职责，以及我们的工作给项目带来了什么样的影响。

其次，描述要清晰，避免使用模糊的词语或术语。我们需要让人一眼就能理解描述，而不需要猜测。比如，我们可以说“销售额提高了 20%”，而不是说“对销售增长有所贡献”。

最后，描述要能突出我们的优点。我们需要让 HR 看到我们的特长和成就，让他们看到我们的价值。比如，我们可以突出领导力、解决问题的能力或者创新思维。

学习了如何准确表达后，针对图 8-7 所示简历中的工作描述，我们可以这样改写：

工作描述：

1. 负责公司企业网络架构的设计和搭建，运用了华为的网络技术，成功地提升了网络的稳定性和数据传输效率。

2. 配置、管理交换机和路由器，包括华为 S5720 和华为 AR2200 的配置，确保了网络的稳定运行。

3. 在面临网络故障时，能够迅速定位问题并修复，减少了网络中断的次数和持续时间。

这样的描述不仅介绍了具体的技能和经验，还突出了求职者的成就和贡献，可使 HR 更容易理解求职者的专业能力和工作经验。

8.3 ChatGPT：我们的简历魔法师

接下来将学习如何借助 ChatGPT 制作出一份高质量的简历，提升简历被选中的几率。我们也将发现，求职并不是一件让人头疼的事情，而是一个提升自我、全面了解自己能力的过程。

让我们一起探索如何利用 ChatGPT 来获取更好的求职效果吧！

8.3.1 目标职位解读

当求职之前，首要步骤就是明确目标职位，然后根据这个目标去准备简历。就像我们之前强调的，只有清楚自己的目标，这样才能更好地推销自己。

如果我们是应届毕业生，不知道自己的专业适合什么职位，则可以利用专业的网站平台（比如学职平台）进行查询。该平台是由教育部学生服务与素质发展中心主办的全国大学生学业与职业发展平台，可为学生选择专业、择业、就业，高校人才培养、选拔、就业指导提供服务。

在学职平台的“职业探索”版块（见图 8-8）下，可以依据自己的专业查看有关目标职位的工作内容、任职职责、知识背景、职业技能、发展前景等信息。

图 8-8 “职业探索”板块

此外，还可以查看一些招聘网站，如智联招聘、前程无忧、BOSS 直聘等，获取职位信息。可以在这些网站上查找特定公司和职位的岗位职责与任职要求。

一些问答类网站（如知乎）也是获取信息的好去处。我们可以在这些网站上提出问题，然后查看别人的回答，或者直接搜索他人提出的类似问题和答案。但是，这些答案都只代表个人观点，只代表回答者自身的经历，所以我们还需要自行评估这些答案的帮助程度。

除了线上方式，我们还可以咨询周围的朋友、同学或亲戚。他们可能对我们感兴趣的岗位有深入的了解，并能提供实质性的建议。

确定了目标职位之后，下一步就是要寻找目标公司。我们想进入哪个行业？想加入哪家公司？如果已经有了想要去的行业和目标公司，可以查看这家公司是否有感兴趣或者能胜任的职位。

找到目标公司后，下一步就是选择合适的职位。我们需要查看招聘信息中的职位描述。职位描述主要包括岗位职责和任职要求。简而言之，岗位职责就是入职后需要执行的工作内容，而任职要求则是录用门槛，即公司期望我们具备哪些素质和能力。

比如，我们的目标职位是行政人事专员，其职位描述如图 8-9 所示。

职位描述

行政管理　人力资源　内勤

岗位职责：

1. 协助行政人事经理处理公司人事、行政、后勤相关工作；
2. 协助开展招聘及员工入转升离工作；
3. 协助做好公司文件收发、传阅及存档工作；
4. 协助做好公司的印章、档案、车辆管理工作；
5. 协助开展后勤人员管理工作。

任职要求：

1. 大专学历及以上
2. 有1-3年相关岗位工作经验
3. 沟通能力佳
4. 会办公软件

图 8-9　行政人事专员的职位描述

如果在看到岗位职责后不知道具体需要干什么，以及需要什么样的能力。这时就可以让 ChatGPT 帮忙解读职位描述。比如，可以这样向 ChatGPT 提问：

职位描述：
制订公司抖音账号的运营计划，负责计划落地，并追踪运营推广效果；
解读：说明我们是一个运营岗位，主要是做抖音账号运营。
关键词：抖音号的运营

你是一位专业的就业指导师，请根据上面的格式，对下面提供的岗位职责进行解读：
1. 协助行政人事经理处理公司人事、行政、后勤相关工作；
2. 协助开展招聘及员工入转升离工作；
3. 协助做好公司文件收发、传阅及存档工作；
4. 协助做好公司的印章、档案、车辆管理工作；
5. 协助开展后勤人员管理工作。

ChatGPT 提供了一份专业的解答，如图 8-10 所示。它详细地解释了每项职责需要做什么，要用到哪些技能，同时也给出了每项职责的关键词。

在图 8-11 中，ChatGPT 总结出了这个职位的任职要求，并列出了一些关键的基本素质和能力。这样，我们就明白哪些技能和特长是 HR 最关注的，在写简历时，把与之相关的工作经历或教育背景凸显出来，可使我们的简历更有针对性。

这是一个行政人事助理的职位，需要协助处理一系列行政、人事和后勤相关的任务。现在让我们来解读具体的职位描述。

1. 协助行政人事经理处理公司人事、行政、后勤相关工作；
解读：你将协助行政人事经理处理公司的人事、行政和后勤工作，这可能包括员工关系、办公室管理、日常后勤等方面的工作。
关键词：人事、行政、后勤

2. 协助开展招聘及员工入转升离工作；
解读：你将协助处理公司的招聘工作，以及员工的入职、转岗、晋升和离职等过程。这需要你具有一定的人力资源管理知识和技能。
关键词：招聘、员工入转升离

3. 协助做好公司文件收发、传阅及存档工作；
解读：你将负责协助处理公司的文件管理工作，包括文件的收发、传阅和存档。这需要你有良好的文件管理技能和细心的工作态度。
关键词：文件管理

4. 协助做好公司的印章、档案、车辆管理工作；
解读：你将负责协助管理公司的印章、档案和车辆。这意味着你需要具备一定的物品管理能力，并了解相关的法规和政策。
关键词：印章、档案、车辆管理

5. 协助开展后勤人员管理工作。
解读：你将协助处理后勤人员的管理工作，包括人员的调度、工作安排等。这需要你具有良好的团队协作和管理能力。
关键词：后勤人员管理

图 8-10　行政人事专员的职位描述解读

SK

任职要求：
1. 大专学历及以上
2. 有1-3年相关岗位工作经验
3. 沟通能力佳
4. 会办公软件

通过上面的任职要求，帮我解读该职位需要具备哪些基本素质和能力。

这个职位的任职要求列出了一些关键的基本素质和能力，具体如下。

1. 大专学历及以上：这个要求说明了这个岗位需要一定的教育背景。大专或以上的学历通常意味着您具备了基本的专业知识和技能，以及批判性思考和解决问题的能力。

2. 有1-3年相关岗位工作经验：这个要求表明了对实践经验的重视。有1-3年的相关工作经验意味着您已经熟悉了行政工作的流程和规定，有能力应对各种行政管理问题。

3. 沟通能力佳：沟通能力是这个职位非常关键的要求。良好的沟通能力能让您在与同事、上级以及其他部门的交流中，有效地表达自己的观点和需求，同时理解并满足他人的需求。

4. 会办公软件：这个要求强调了对技术技能的重视。熟练使用办公软件，如Word、Excel、PowerPoint等，可以帮助您高效地完成报告、数据分析、演示等工作。

总的来说，这个职位需要您具备高等教育背景，具有一定的行政管理工作经验，有出色的沟通技巧，并且熟练使用各种办公软件。

图 8-11　任职要求解读

8.3.2 工作经历描述误区

工作经历是简历中最棘手的一部分，但也是最关键的部分，因为它最能反映求职者的能力。这部分的好坏直接决定了我们的简历是否能脱颖而出。

下面我们来看一些失败的常见工作经验描述案例。

1. 复制职位职责

图 8-12 所示为一位应聘行政人事专员的求职者的工作经历，整篇内容都在描述负责的工作。这份工作经历的失败之处在于，首先它缺乏个性化。HR 很难从描述中了解到求职者在岗位上的独特经验或成就。这种描述更像是从职位描述中直接复制过来的，缺乏个人色彩。

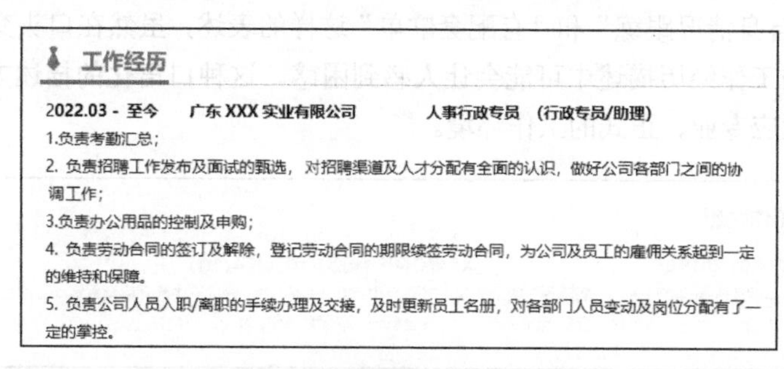
工作经历

2022.03 - 至今 广东 XXX 实业有限公司 人事行政专员 （行政专员/助理）

1.负责考勤汇总；

2. 负责招聘工作发布及面试的甄选，对招聘渠道及人才分配有全面的认识，做好公司各部门之间的协调工作；

3.负责办公用品的控制及申购；

4. 负责劳动合同的签订及解除，登记劳动合同的期限续签劳动合同，为公司及员工的雇佣关系起到一定的维持和保障。

5. 负责公司人员入职/离职的手续办理及交接，及时更新员工名册，对各部门人员变动及岗位分配有了一定的掌控。

图 8-12 复制职位职责的工作经历

其次，这份工作经历中没有量化的工作成果。例如，在招聘工作中具体招聘了多少人员，或是通过优化办公用品采购流程节省了多少成本。没有这样的量化数据，HR 很难衡量求职者的工作能力和成就。

再次，这份工作经历中虽然提到了公司各部门间的协调工作和人员岗位的掌控，但却没有提供具体的案例来支持这些陈述，从而使得描述空洞，缺乏说服力。

最后，这份工作经历中没有明确指出求职者在这个岗位上使用的具体技能或所展现的特定能力，如沟通能力、组织协调能力或问题解决能力等。它更像一份通用的职位职责清单，而不是一份真正能反映个人特色、能力和成就的个性化工作经历。

2. 过于简单的描述

图 8-13 所示为一份描述过于简单的工作经历。这样过于简单的描述只会给 HR 留下一个不够认真的印象，甚至会怀疑求职者是否真的在找工作。

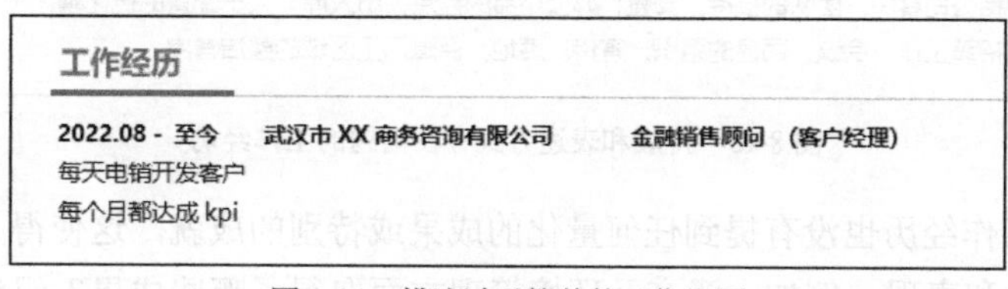
工作经历

2022.08 - 至今 武汉市 XX 商务咨询有限公司 金融销售顾问 （客户经理）

每天电销开发客户

每个月都达成 kpi

图 8-13 描述过于简单的工作经历

在这份工作经历中，“每天电销开发客户”和“每个月都达成KPI”的描述过于简单，没有为HR提供足够的信息来了解求职者的工作经验和能力。例如，作为求职者的你是如何开发客户的？使用了哪些策略或技巧？与多少客户进行了交流？成功达成了多少交易？你达到的KPI具体是什么指标？这些内容都应该包含在工作经历中。此外，这份过于简单的工作经历也没有体现出求职者的个人特色和能力。你在电销中使用的优秀策略是什么？你达成KPI的过程中有哪些值得一提的经验或挑战？这些都是使简历充满吸引力的关键元素。

过于简单的工作经历会使我们的简历在众多简历中显得平淡无奇，缺乏吸引力，从而影响到求职成功率。

3. 口语化描述

图8-14所示为一份带有口语话描述的工作经历，因为没有保持适当的专业性而逊色。例如，“小白会员可根据自身情况跟练”和“有配套歌单”这样的表述，虽然在口头交流中不存在理解难度，但在书面的工作经历描述中可能会让人感到困惑。这种口语化的描述方式可能会使HR质疑求职者能否适应专业、正式的工作环境。

工作经历

2014.05-2015.05　　XX健身俱乐部瑜伽教练　（美体教练）

按照健身房操课排班表，一周两到三次瑜伽课，时间为19:30-20:20，50分钟的中高强度有氧运动，配合花式动作，小白会员可根据自身情况跟练，保证安全第一，有配套歌单。

图8-14　带有口语化描述的工作经历

而且，这样的描述也缺乏对个人成就和技能的强调。虽然提到一周需要教授两到三次瑜伽课，但没有提到任何关于课程质量、学员反馈或个人教学技巧的信息。

4. 排版问题

图8-15所示为其排版和表述方式存在问题的一份工作经历。首先，工作职责被一次性列出，缺乏适当的组织和分段，让人感觉混乱。其次，工作职责的描述也过于简单，没有详细解释每项职责的具体内容和个人在其中的角色。例如，“政务团队接待、资产及环境管理、会议组织、公关及宣传”都是非常宽泛的描述，而没有详细到具体的任务和结果。

工作经历

2019.11 - 2022.02　武汉XX研学旅行服务有限公司　　行政总监

工作描述：　我主要负责政务团队接待、资产及环境管理、会议组织、公关及宣传：包括公司客户、团队的接待、安置；办公用品的盘点，出入库；人员配置的优化辅助招聘工作；会议、团建的组织、宣传、落地；保障用工区域的整洁有序。

图8-15　排版和表述方式存在问题的工作经历

最后，这份工作经历也没有提到任何量化的成果或特别的成就，这使得HR难以了解应聘者的具体工作能力和表现。例如，资产及环境管理方面取得了哪些成果？组织的会议或团建活动收到了怎样的反馈？对公关和宣传的贡献是什么？

5. 夸大其词

图 8-16 所示为一份夸大其词的工作经历。可以看到，工作经历中写的是“2019.11 - 2022.02 武汉 XX 研学旅行服务有限公司 行政总监”，而他的教育背景是“2017.09 - 2021.06 湖北经济学院 旅游管理”，两者之间存在时间上的重叠，这也会引起 HR 的疑虑。

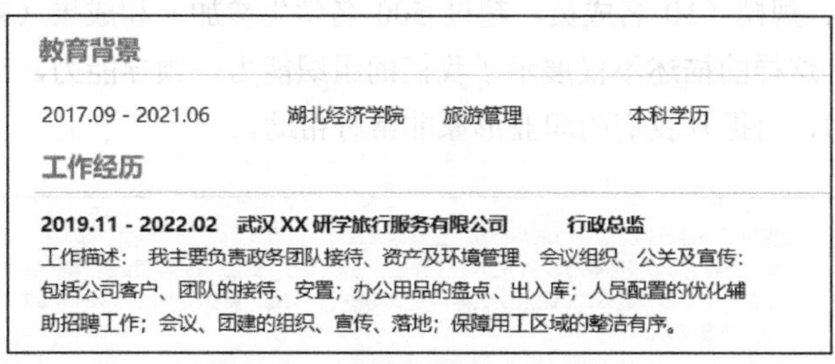
教育背景
2017.09 - 2021.06 湖北经济学院 旅游管理 本科学历
工作经历
2019.11 - 2022.02 武汉 XX 研学旅行服务有限公司 行政总监
工作描述： 我主要负责政务团队接待、资产及环境管理、会议组织、公关及宣传；包括公司客户、团队的接待、安置；办公用品的盘点、出入库；人员配置的优化辅助招聘工作；会议、团建的组织、宣传、落地；保障用工区域的整洁有序。

图 8-16 一份夸大其词的工作经历

首先，求职者在 2019 年时应该是大二在读，但他的工作经历却显示他在同一时间担任了行政总监这样一个高级职务。这会让 HR 质疑他的真实工作经验和能力，因为通常来说，行政总监这样的职务需要丰富的专业知识和管理经验，而这些是大二的学生很难拥有的。

其次，这种情况也可能让 HR 怀疑求职者的诚实度，从而降低对他的信任度。如果求职者在简历上夸大了自己的工作经验或职务，那么他可能也会在其他方面夸大甚至撒谎，比如他的技能或成就。

8.3.3 ChatGPT 匹配需求，优化工作经历

如何编写一份可以凸显个人能力的工作经历呢？下面给大家提供一个通用的公式：

行动 + 工作内容 + 成果

简单地说，就是我们采取了哪些行动，完成了什么样的工作，并带来了什么样的结果。在描述行动时，可以详细说明使用了哪些工具。在描述工作内容时，可以利用具体数据来揭示工作的规模或复杂程度。最后，可以用数据或描述公司受到的影响来表明产生的成果。

需要注意的是，在这个公式中只涉及了“行动、工作内容和成果”，而“工具、规模、数据”只在适用的情况下进行添加。

假设我们是学生会的一员，需要负责组织“2019 年校园春节晚会”。很多人可能不清楚如何详细地描述这样的活动。我们直接应用公式来看看。

首先，需要描述我们的行动。“负责”这个词可能有点过于宽泛，无法准确地描述我们在这个过程中扮演的角色。如果我们负责整个活动的策划和执行，那么可以用“策划和执行”来代替“负责”，让描述更为清楚。

其次，需要描述活动的内容。“春节晚会”可能需要更具体的描述，比如是全校的活动，还是针对某个年级或班级的活动。在描述这个内容时，可以用数据清楚地表明活动的规模。

最后，需要描述活动的成果。在现有的描述中没有提到关于成果的信息。我们需要添加活动是否成功举办、产生的影响等信息。

ChatGPT 很快就给出了合理的优化，如图 8-17 所示。我们的行动（领导和策划）、活动内容（校园春节晚会）、规模（10 名成员，超过 500 名学生参加）和成果（赢得赞助商认可）都得到了清晰的展现。这样的描述不仅展示了我们的组织能力、领导能力，也揭示了我们对数据的敏感度和使用能力，对提升我们的职业形象非常有帮助。

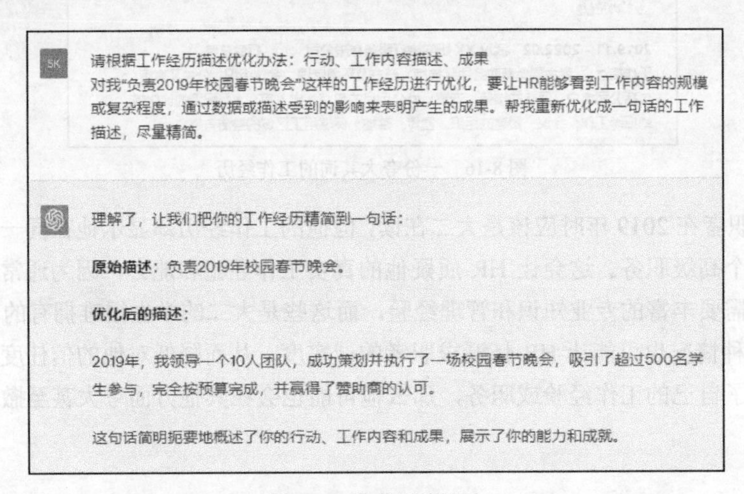

图 8-17 优化活动经历

接下来，我们让 ChatGPT 帮忙修改图 8-12 中的工作经历描述，如图 8-18 所示。

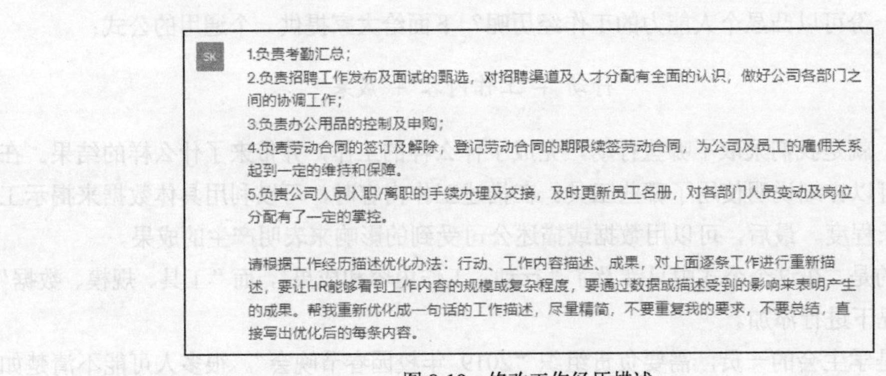

图 8-18 修改工作经历描述

在图 8-18 中可以看到，提问中明确地列出了需要优化的工作经历，详细地阐述了各项工作职责，清晰地表述了期待的结果，并提供了具体的写作风格和要求，从而避免了 ChatGPT 对问题的误解。

图 8-19 所示为 ChatGPT 根据要求优化后的结果。

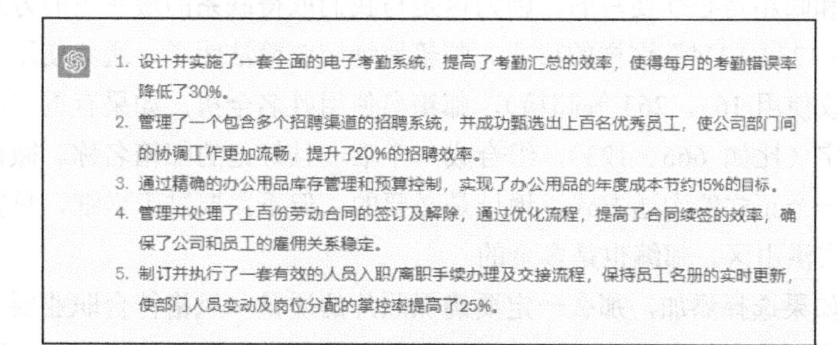

1. 设计并实施了一套全面的电子考勤系统，提高了考勤汇总的效率，使得每月的考勤错误率降低了30%。
2. 管理了一个包含多个招聘渠道的招聘系统，并成功甄选出上百名优秀员工，使公司部门间的协调工作更加流畅，提升了20%的招聘效率。
3. 通过精确的办公用品库存管理和预算控制，实现了办公用品的年度成本节约15%的目标。
4. 管理并处理了上百份劳动合同的签订及解除，通过优化流程，提高了合同续签的效率，确保了公司和员工的雇佣关系稳定。
5. 制订并执行了一套有效的人员入职/离职手续办理及交接流程，保持员工名册的实时更新，使部门人员变动及岗位分配的掌控率提高了25%。

图 8-19 优化后的结果

8.3.4 ChatGPT 匹配需求，其他信息优化

前面已经借助 ChatGPT 成功完成了个人简历中工作经历的修改和优化。对我们来说，这也是最具挑战性的。接下来要处理的是另外三个模块：个人基本信息、教育背景、其他额外的信息。尽管这些模块的写作比工作经历的写作简单一些，但依然很重要。

下面展示如何优化这些模块的书写。

1. 优化个人基本信息

可能有人觉得，个人基本信息的填写并不需要什么技巧，只需要把所有的事实都写上去就行了。但实际情况并非如此。

图 8-20 所示为一个 HR 会经常遇到的一个“基本信息”样式，可以看到里面的信息详细至极。有些基本信息甚至还包含求职者的身高、性别、籍贯、地址（甚至详细到门牌号）等。那么问题来了，我们在准备简历时，真的需要提供这么详细的个人基本信息吗？

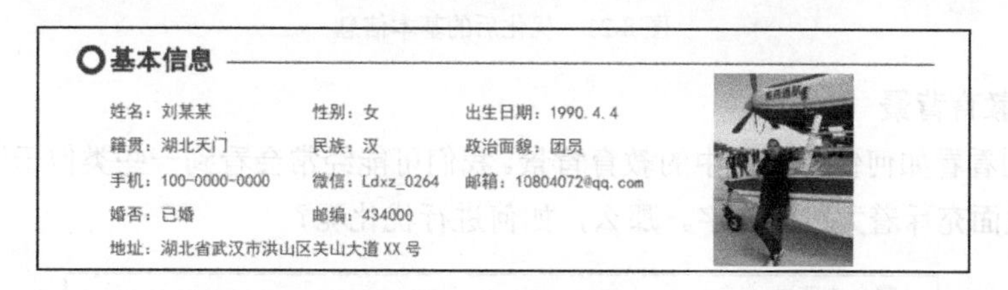

基本信息

姓名：刘某某 性别：女 出生日期：1990.4.4
籍贯：湖北天门 民族：汉 政治面貌：团员
手机：100-0000-0000 微信：Ldxz_0264 邮箱：10804072@qq.com
婚否：已婚 邮编：434000
地址：湖北省武汉市洪山区关山大道 XX 号

图 8-20 详细的基本信息

首先，是性别部分，因为大部分人的名字都可以看出性别，所以在简历中没有必要特别标明。出生日期也是如此，特别是对于校招的同学，年龄基本都差不多，所以也无须特别写出。如果是社招人员，写上出生日期可能会有帮助。

其次，籍贯和民族也没那么重要，可以不在简历中写出。婚姻状况对于应届毕业生来说也不是必需的（社招人员除外）。关于政治面貌，如果我们是党员，就在简历中标明这一点。如果

不是党员，那么在简历中就无须特别注明。

其次，电话和邮箱是必须要写的，因为这是与我们取得联系的最有效的方式。电话的格式最好统一为“123-1234-1234”这样的形式。邮箱地址应该简洁明了，避免使用全数字或者难以理解的地址（建议使用 163、263 等邮箱），邮箱名使用姓名全拼，如果有重名的情况，可以加上容易理解的数字（比如 666、123），组合成一个唯一且好记的邮箱名称。微信号并不是必要的，因为它不是一个正式的沟通方式。地址是必要的，但不需要过于详细，只需要写到区级就可以，比如武汉市洪山区。邮编也是多余的。

至于照片，如果选择添加，那么一定要确保照片的质量和风格符合职业要求。自拍照、随意的生活照、便装照或者红底照都不适合出现在求职简历上。最好选择深灰色背景的正装照。如果觉得自己的颜值一般，也可以不添加照片。

最后，也是很多人经常会忽视的一个部分，那就是求职目标。我们需要明确指出目标职位的名称，而且这个名称应该与目标公司招聘广告中的职位名称完全吻合。避免使用“人事类”“行政类”“产品类”或者“运营类”等不具体的职位类别。我们需要直接告诉 HR 求职目标是什么，请务必把这一部分写清楚。

综上所述，个人简历的基本信息应该包括姓名、联系方式、地址、求职意向和照片。如果是党员或已婚已育，也可以加上相应的内容。其他内容如无必要，可以略去。另外，可以使用特殊的格式或字体来凸显我们的求职意向。这样一来，我们的基本信息就优化得差不多了。图 8-21 所示为优化后的基本信息。

刘道军|行政人事专员

手机：186-1234-5678

邮箱：LDJ027@163.com

地址：武汉市洪山区

图 8-21 优化后的基本信息

2. 优化教育背景

下面我们看看如何优化简历中的教育背景。我们可能经常会看到一些类似于图 8-22 的教育背景信息，里面充斥着大段的文字。那么，如何进行优化呢？

教育背景

2008.9-2012.7 武汉大学 行政管理

- 主修课程：管理学原理、行政管理学、管理心理学、公共管理学、经济学原理、公共政策学、法学概论、马克思主义哲学原理、政治学原理、社会学、当代中国政治制度、比较政治制度、行政法学、组织行为学、人力资源管理、地方行政管理、中国管理思想史、管理信息系统、行政秘书与公文写作、社会保障学、公共组织行为学、市政学、行政法与行政诉讼、社会保障制度、公共行政原理、社会调查统计分析。
- 2005.9-2008.7 某某市第一高级中学

图 8-22 优化前的教育背景

首先，应按时间顺序列出教育经历，从最近的学历开始，一般来说，写到大学阶段就足够了。如果我们有海外学习或交流的经历，可以单独列出。其次，如果我们有双学位，可以把它作为一项单独的教育经历列出。最后，如果我们在寻找与专业紧密相关的工作，可以在主修课程中只罗列一些关键的课程，而无须列出所有的课程。如果我们的专业与目标职位没有直接关系，则可以主修课程中列出与求职岗位有关的课程。例如，如果我们学习的是生物专业，但想找 HR 相关的工作，则可以把教育学和心理学这样的课程罗列出来，以显示课程与求职岗位的相关性。

图 8-23 所示为 ChatGPT 根据目标职位对主修课程进行优化后的结果。

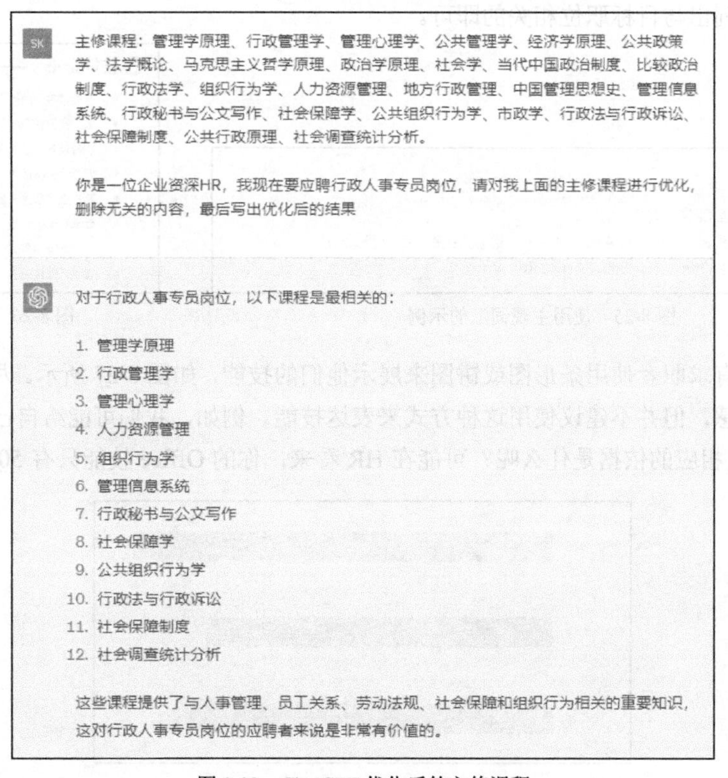

图 8-23 ChatGPT 优化后的主修课程

图 8-24 所示为根据前文介绍的注意事项删除高中阶段的教育经历后，再结合 ChatGPT 优化后的主修课程内容而生成的教育背景部分。

教育背景

2009.9-2010.7　　武汉大学　　行政管理

- **主修课程：**

管理学原理、行政管理学、管理心理学、人力资源管理、组织行为学、管理信息系统、行政秘书与公文写作、社会保障学、公共组织行为学、行政法与行政诉讼、社会保障制度、社会调查统计分析。

图 8-24 优化后的教育背景

3. 优化技能证书信息

在写作技能证书相关的信息时，要保持描述的客观性，而且需要通过证书或其他方式来证明你的技能。同时，注意尽可能避免使用过于主观的词汇，如“精通某某软件”，如图 8-25 所示。如果我们在简历中的措辞是“精通 Office 办公软件”“精通数据库”等，可能会让 HR 觉得我们在吹嘘。除非我们的技能水平真的非常高，否则最好避免使用“精通”二字。

另外，如果我们在大学期间取得了许多证书（见图 8-26），但如果在简历中全部罗列出来，会让 HR 觉得缺乏重点，甚至会让 HR 觉得我们不清楚自己的职业定位。因此，如果我们有许多证书，只需列出与目标职位相关的即可。

技能证书

语言技能：英语 CET6、粤语
专业技能：熟悉 Web、iOS 和 Android 开发，精通数据库、C++及 Java
办公技能：精通 Office 办公软件、Axure RP、Visio

图 8-25　使用主观词汇的示例

技能证书

- 智能楼宇管理员
- 人力资源管理师三级
- 制冷设备维修工四级
- 营养师资格证
- 制冷空调系统安装维修工
- 计算机一级证书
- C1 机动车驾驶证
- 普通话等级证书

图 8-26　证书

此外，还有求职者使用条形图或饼图来展示他们的技能，如图 8-27 所示。尽管这种方式看起来富有设计感，但并不建议使用这种方式来表达技能。例如，我们可能给自己的 Office 技能打 80 分，但是相应的依据是什么呢？可能在 HR 看来，你的 Office 技能只有 50 分。

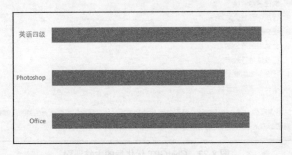

图 8-27　技能条形图

因此，在写作技能证书相关的信息时，有几点要注意。首先，避免使用“精通”二字。我们可以使用“熟练掌握某项技能”来表述并给出相应的解释，如图 8-28 所示。

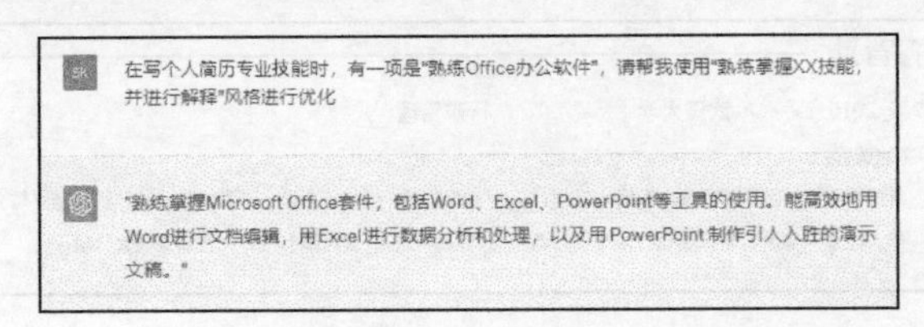

图 8-28　优化表述

其次，只填写与目标职位相关的证书。假如我的英语等级考试成绩很高，可以写上成绩。图 8-29 所示为优化后的专业技能描述。

技能证书

- 技能：熟练掌握 Microsoft Office 套件，包括 Word、Excel、PowerPoint 等工具的使用。能高效地用 Word 进行文档编辑，用Excel 进行数据分析和处理，以及用 PowerPoint 制作引人入胜的演示文稿。
- 证书：CET-6（650/710）、企业行政管理师三级、企业人力资源管理师三级

图 8-29 优化后的专业技能描述

4. 优化自我评价

在简历的自我评价部分，一般存在过于主观的情况，且描述缺乏说服力和独特性。图 8-30 所示为一份相应的自我评价示例。

自我评价

工作积极认真，细心负责，熟练运用办公自动化软件，善于在工作中提出问题、发现问题、解决问题，有较强的分析能力；勤奋好学，踏实肯干，动手能力强，认真负责，有很强的社会责任感；坚毅不拔，吃苦耐劳，喜欢和勇于迎接新挑战。

图 8-30 主观自我评价示例

在打造有分量的自我评价时，需要注意以下几点。

首先，根据行政管理岗位的需求，强调我们在相关领域的专业技能和卓越表现。例如，可以提及自己具有优秀的组织协调能力和高效的行政管理经验，能有效地规划和分配资源，确保各项行政任务的顺利进行。

其次，明确表达职业意愿，展示渴望加入公司，与大家共同奋斗的决心，并对行政管理领域有长期的发展规划，如正在进修相关管理课程，或者通过实践提升管理技巧等。

图 8-31 所示为让 ChatGPT 根据行政管理岗位的职位描述，对自我评价进行针对性的优化之后的结果。

岗位职责：
1. 协助行政人事经理处理公司人事、行政、后勤相关工作；
2. 协助开展招聘及员工入转升离工作；
3. 协助做好公司文件收发、传阅及存档工作；
4. 协助做好公司的印章、档案、车辆管理工作；
5. 协助开展后勤人员管理工作。

请根据上面的岗位职责描述，帮我写一份自我评价，强调我在相关领域的专业技能和卓越表现，渴望加入公司的意愿，使用专业的书写风格，简洁，限100字以内。

具备坚实的行政管理和人力资源管理专业知识，熟练掌握招聘流程、文件管理、后勤支持等多元化工作。在实践中，我展现出卓越的组织和协调能力，成功推动了人事流程的优化，提高了行政效率。我热爱行政人事工作，渴望在贵公司发挥专业技能，共同推动公司的发展。

图 8-31 优化后的自我评价

8.3.5 高质量中英文简历

在通过深入解析职位描述，利用 ChatGPT 的专业指导，对个人基本信息、教育背景、工作经历、技能证书以及自我评价进行精确后调整后，再借助 Word 的排版技术，将所有信息整合在一起，即可形成一份既能吸引 HR 目光，又能清晰表达个人求职意向和优点的个人简历，如图 8-32 所示。

刘道军|行政人事专员

手机：186-1234-5678

邮箱：LDJ027@163.com

地址：武汉市洪山区

教育背景

2009. 9-2010. 7　武汉大学　行政管理

- **主修课程：**

  管理学原理、行政管理学、管理心理学、人力资源管理、组织行为学、管理信息系统、行政秘书与公文写作、社会保障学、公共组织行为学、行政法与行政诉讼、社会保障制度、社会调查统计分析。

工作经验

2010. 1-2013. 5　武汉某某信息技能有限公司　行政人事专员

1. 设计并实施了一套全面的电子考勤系统，提高了考勤汇总的效率，使得每月的考勤错误率降低了 30%。
2. 管理了一个包含多个招聘渠道的招聘系统，并成功甄选出上百名优秀员工，使公司部门间的协调工作更加流畅，提升了 20%的招聘效率。
3. 通过精确的办公用品库存管理和预算控制，实现了办公用品的年度成本节约 15%的目标。
4. 管理并处理了上百份劳动合同的签订及解除，通过优化流程，提高了合同续签的效率，确保了公司和员工的雇佣关系稳定。
5. 制订并执行了一套有效的人员入职/离职手续办理及交接流程，保持员工名册的实时更新，使部门人员变动及岗位分配的掌控率提高了 25%。

技能证书

- 技能：熟练掌握 Microsoft Office 套件，包括 Word、Excel、PowerPoint 等工具的使用。能高效地用 Word 进行文档编辑，用Excel 进行数据分析和处理，以及用 PowerPoint 制作引人入胜的演示文稿。
- 证书：CET-6（650/710）、企业行政管理师三级、企业人力资源管理师三级

自我评价

- 具备坚实的行政管理和人力资源管理专业知识，熟练掌握招聘流程、文件管理、后勤支持等多元化工作。在实践中，我展现出卓越的组织和协调能力，成功推动了人事流程的优化，提高了行政效率。我热爱行政人事工作，渴望在贵公司发挥专业技能，共同推动公司的发展。

图 8-32 优化后的简历

可以看到，在简历的每一部分，都明确了目标，突出了重点，并保持了清晰的逻辑。

在个人基本信息部分，精简并凸显了重要的联系方式和求职意向。

在教育背景部分，按照时间顺序，重点突出了与目标职位相关的专业和课程。

在工作经历部分，清晰地展示了工作成果和所掌握的技能。

在技能证书部分，列出了与目标岗位紧密相关的证书和技能，并对其进行了具体的描述。

在自我评价部分，清楚地表达了自己的职业目标和对目标公司的热切期待。

但是，如果我们的目标公司是外资企业，我们还需要一份英文的简历，怎么办呢？是使用翻译软件还是 ChatGPT 呢？虽然两者都可以将信息转化为英文，但在处理方式和结果质量上有显著的区别。

翻译软件是将一种语言的词汇、短语或句子直接翻译成另一种语言。这种方法通常依赖于规则或统计模型，无法完全理解上下文，因此可能会产生一些语法错误或不自然的表达。

而 ChatGPT 是一种基于大规模预训练语言模型的人工智能技术，它可以理解输入的上下文，然后生成连贯、自然的英文回应。ChatGPT 并不仅仅是将一种语言翻译成另一种语言，而是理解信息，然后用另一种语言表达出来，因此它生成的英文通常更自然，更连贯，更具有英语思维。

举个例子，如果我们输入“我想邀请你来我家吃晚饭”，ChatGPT 可能会生成一句类似“I would be delighted if you could join me for dinner at my place”的英文，而翻译软件可能会生成类似“I want to invite you to my home for dinner”的表达。尽管两者都能传达邀请的信息，但 ChatGPT 生成的语句更自然，更符合英语的表达习惯。

这样一来，前面提到的“选择翻译软件还是选择 ChatGPT 来生成英文简历”的问题，也就不再成为问题了。下面看一下具体做法。

我们直接向 ChatGPT“喂”入优化后的中文简历内容，要求它输出成英文即可，如图 8-33 所示。

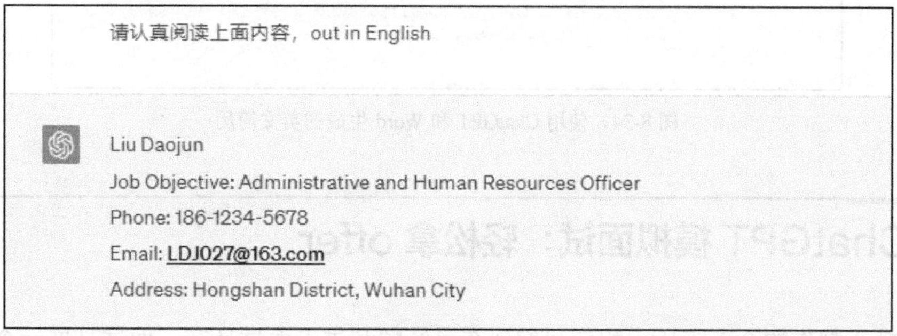

请认真阅读上面内容，out in English

Liu Daojun

Job Objective: Administrative and Human Resources Officer

Phone: 186-1234-5678

Email: LDJ027@163.com

Address: Hongshan District, Wuhan City

图 8-33 英文输出

然后将 ChatGPT 生成的内容复制到 Word 中进行排版，即可生成一份优秀的英文个人简历，如图 8-34 所示。

Liu Daojun

Job Objective: **Administrative and Human Resources Officer**
Phone: 186-1234-5678
Email: LDJ027@163.com
Address: Hongshan District, Wuhan City

Education Background

Sept 2009 - Jul 2010: Wuhan University - Administration Management

- **Major Courses:**
  Principles of Management, Administrative Management, Management Psychology, Human Resources Management, Organizational Behavior, Management Information Systems, Administrative Secretarial and Official Document Writing, Social Security, Public Organization Behavior, Administrative Law and Litigation, Social Security System, Social Survey Statistical Analysis.

Work Experience

Jan 2010 - May 2013: Wuhan XX Information Technology Co., Ltd - Administrative and Human Resources Officer

1. Designed and implemented a comprehensive electronic attendance system, which improved the efficiency of attendance collation and reduced the monthly attendance error rate by 30%.
2. Managed a recruitment system that included multiple recruitment channels and successfully selected hundreds of excellent employees, making the coordination work among company departments smoother and increasing the recruitment efficiency by 20%.
3. Achieved an annual cost saving of 15% for office supplies through precise inventory management and budget control.
4. Managed and processed hundreds of labor contracts for signing and termination, improved the efficiency of contract renewal through process optimization, and ensured the stability of employment relations between the company and employees.
5. Developed and implemented an effective procedure for handling employee onboarding/offboarding and transition, maintained real-time updates of the employee roster, and improved the control rate of departmental personnel changes and job assignments by 25%.

Skills and Certificates

- Skills: Proficient in the use of the Microsoft Office suite, including Word, Excel, PowerPoint, etc. Can efficiently edit documents with Word, analyze and process data with Excel, and create compelling presentations with PowerPoint.
- Certificates: CET-6 (650/710), Level-3 Enterprise Administrative Manager, Level-3 Enterprise Human Resources Manager

Self-Assessment

- Equipped with solid expertise in administrative and HR management, I am adept in diverse tasks such as recruitment, document management, and logistical support. My exceptional organization and coordination skills have successfully enhanced administrative efficiency. Passionate about admin and HR work, I am eager to utilize my skills to contribute to your company's growth.

图 8-34　使用 ChatGPT 和 Word 生成的英文简历

8.4　ChatGPT 模拟面试：轻松拿 offer

凭借精心制作的个人简历，相信我们现在已经顺利进入面试环节。面试是展示个人技能和经验的一种方式，同时也能让我们对潜在的工作环境有一个初步的了解。面试就像是给雇主提供的一个“试读”机会，让他们判断求职者是否适合这个职位。同时，面试也是给求职者提供一个的“试读”机会，可以借此了解目标公司的文化和环境。

面试的注意事项有很多。首先，在面试前需要做好充足的准备，了解公司背景和职位要求。其次，我们需要保持专业，我们需要通过外表和举止来展现我们的专业素质。再者，你我们要积极参与面试，需要积极地表达自己的想法，展示我们的能力和热情。最后，在面试后进行适当的跟进，比如发送一封感谢邮件来表达我们的谢意 p，同时也可以再次强调我们对这个职位的兴趣。

面试可能会让人感到紧张，对于社恐人员和初次踏入职场的应届毕业生来说，这种压力可能会更大。其实，我们并不需要对面试过于恐惧。只要拥有合适的工具并进行充分的准备，我们可以自信、从容地面对面试。

下面向大家推荐一款能让我们随时随地模拟面试的工具——ChatGPT。

ChatGPT 是一个人工智能聊天机器人，它可以进行各种类型的对话，包括模拟面试。我们只需要像真实面试那样，向 ChatGPT 提出问题，它就会给出答案。通过这种方式，我们可以在无压力的环境中练习回答面试问题，这有助于增强信心，缓解面试焦虑和紧张感。

例如，如果我们正在寻求一个行政人事专员的职位，可能对人事政策、员工关系管理等问题感到困惑。这时，我们可以使用 ChatGPT 来模拟这样的面试环境，看看它会如何回答这些问题，然后根据自己的经验和理解调整答案。

首先，需要将目标岗位的岗位职责和任职要求“喂”给 ChatGPT（见图 8-35），以便 ChatGPT 在扮演面试官时可以提出更有针对性的问题。

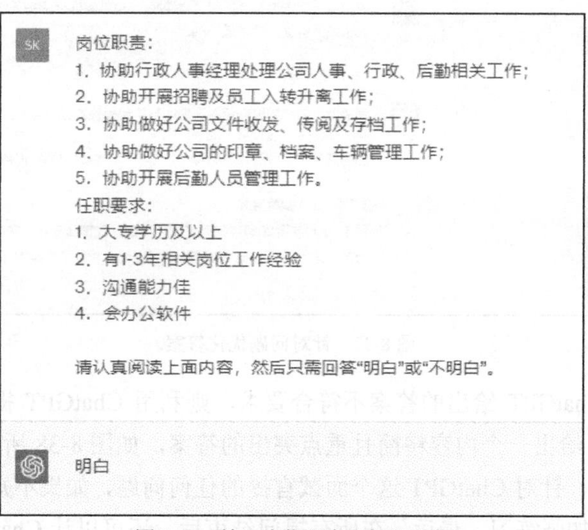

图 8-35 输入岗位职责和任职要求

接下来，需要设定 ChatGPT 在即将开始的模拟面试中扮演的角色，如图 8-36 所示。我们可以在聊天框中输入：“我希望你扮演一个面试官，我应聘的岗位是公司行政人事专员，我将作为应聘者参加这次模拟面试。你的任务是向我提出面试问题，以评估我是否适合这个职位。请你按照真实面试的流程，一次只提出一个问题，并等待我的回答，而不是一次性写下所有的对话内容。并且，在这个过程中，你不需要提供任何解释或建议。”

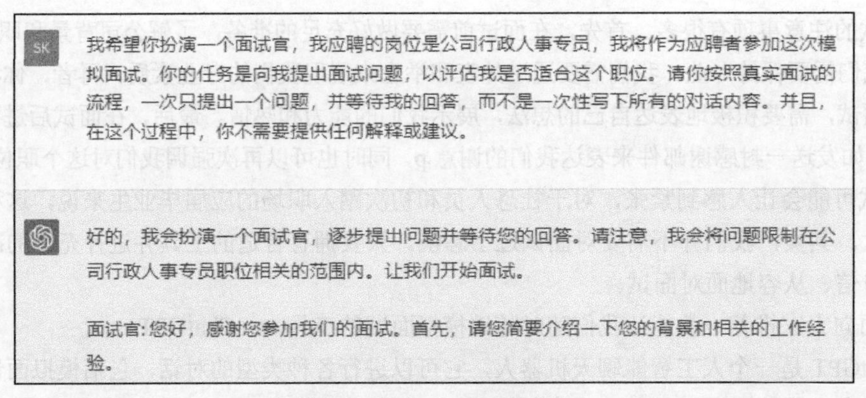

图 8-36 设定 ChatGPT 的角色

现在，ChatGPT 已经开始是面试官了，并将提问限制在公司行政人事专员岗位职责相关的范围内。ChatGPT 提出了第一个问题：“请您简要介绍一下您的背景和相关的工作经验。”我们可以根据前面优化的个人简历内容进行回答。如果不知道怎么更好地回答，也可以在 ChatGPT 中再打开一个会话窗口，将个人简历复制进来，让 ChatGPT 针对这个问题帮忙优化答案，如图 8-37 所示。

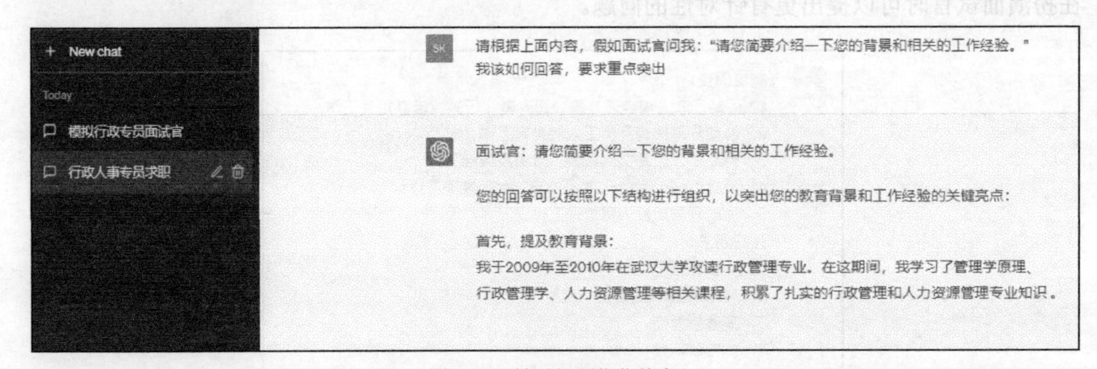

图 8-37 针对问题优化答案

如果我们发现 ChatGPT 给出的答案不符合要求，则利用 ChatGPT 提问技巧继续提要求，让 ChatGPT 在修改后给出一个内容精简且重点突出的答案，如图 8-38 所示。

采用类似的办法，针对 ChatGPT 这个面试官提的任何问题，如果不知道怎么回答，都可以先让它给出示范，并加强练习。最后，在所有提问结束后，还可以让 ChatGPT 针对前面的回答进行点评，如图 8-39 所示。我们可以点评继续优化回答，使回答显得更加具体，更有针对性，并突出我们的专业能力和领导才能。

在求职过程中，一份针对性强的简历和出色的面试表现无疑是获取 offer 的关键。现在，借助 ChatGPT，我们已经成功编写出一份针对目标职位的个性化简历，并通过模拟面试掌握了精准回答面试问题的方法。

有了 ChatGPT 的帮助，拿到 offer 的过程可能会更加顺利，但能否成功，还需要我们在实际的面试中展现出真正的实力，用我们的专业能力和个人特质赢得面试官的认可。

SK 精简一些，并能突出重点。

当面试官问到："请您简要介绍一下您的背景和相关的工作经验。"

回答示范：
我毕业于武汉大学，主修行政管理专业，建立了坚实的管理学基础，并在人力资源管理、组织行为学等方面有深入学习。

我曾在武汉某某信息技能有限公司担任行政人事专员，积累了宝贵的工作经验。以下是我在该公司的重要成就：

- 设计并实施了一套全面的电子考勤系统，提高了考勤汇总的效率，并成功将每月考勤错误率降低了30%。
- 管理多个招聘渠道的招聘系统，甄选出上百名优秀员工，提高了20%的招聘效率。
- 精确管理办公用品库存和预算，节约了办公用品年度成本的15%。
- 管理并处理了上百份劳动合同的签订和解除，通过优化流程，提高了合同续签效率。
- 制订并执行了有效的人员入职/离职手续办理及交接流程，将部门人员变动及岗位分配的掌控率提高了25%。

此外，我熟练使用Microsoft Office套件，包括Word、Excel、PowerPoint等工具。我持有CET-6证书，以及企业行政管理师三级和企业人力资源管理师三级证书。

综上所述，我的教育背景和工作经验使我有丰厚的行政管理和人力资源管理知识储备。我通过优化流程和提高效率取得了显著成果。我对行政人事工作充满热情，期待能在贵公司发挥专业技能，共同推动公司的发展。

图 8-38 重新给出的答案

SK 做为资深HR，请你对我上面的回答进行点评和优化。

作为资深HR，我很乐意为您的回答提供一些点评和优化建议。

1. 在描述后勤人员管理经验时，可以提供更具体的例子和成就。例如，您可以分享一次成功协调团队完成紧急任务的经历，或者介绍一次您引领团队改进后勤流程并提高效率的案例。这样能够更加突出您的实际工作成果和领导能力。
2. 强调您在与团队成员沟通和培训方面的方法和技巧。HR专员的角色涉及与不同人员进行有效沟通和培训，因此强调您在这方面的经验和技能，例如通过有效的反馈和指导帮助团队成员提升能力，可以更好地展示您的领导能力和人际关系管理能力。
3. 强调您在解决后勤管理挑战时的创新和问题解决能力。举例说明您是如何应对具体的挑战，并提供解决方案的思考过程。例如，如果您面临人员不足或工作量增加的情况，您可以描述您是如何重新安排资源、制定优先级，并与其他部门合作，以确保工作的顺利进行。
4. 最后，强调您对公司目标的贡献和价值。HR专员的工作应与公司整体目标和战略紧密相连。在您的回答中，可以涉及您如何通过优化后勤管理流程、提高团队效率和满足员工需求，为公司的运营和发展做出积极贡献。

图 8-39 点评

第 9 章

私人 AI 秘书：生活工作更轻松

想象一下，如果我们的生活中有一位私人 AI 秘书，是不是会让我们工作和学习更轻松，让我们的生活更便捷呢？借助 AI，我们可以轻松搞定思维导图，工作中的难题也可以瞬间化解。AI 还可以革新我们的学习方式，比如为我们提供专属的外语私教。在生活中，AI 也能成为我们的得力助手，无论是帮我们规划旅游行程，还是编写个性化菜谱，都能轻松应对。

9.1 思维导图轻松搞定：ChatGPT + Xmind

思维导图是一种用于组织和表示信息的图形工具，是一种图形化的表示方法，用于展示思维过程中的关键概念、思想和关系。思维导图的核心概念是将信息以非线性、非序列化的方式呈现出来，以反映人类思维的非线性特性。它允许以一种视觉化的方式捕捉、整理和展示大量的想法和概念。

思维导图具有广泛的应用场景，举例如下。

- **笔记和知识整理**：思维导图可以帮助我们记录和整理笔记，将复杂的概念和信息以结构化的方式展示出来，使其更易于理解和记忆。
- **激发创意和头脑风暴**：思维导图是一种激发创意和发散思维的工具。通过将不同的想法、观点和关联的概念以分支的方式连接起来，可以促进创新思维和产生新的创意。
- **项目管理和计划安排**：思维导图可用于规划项目、列出任务、设定优先级和建立时间关联。它可以帮助我们清晰地了解项目的结构和进度，提高工作效率和时间管理能力。
- **决策制定和问题解决**：思维导图可以帮助我们分析问题、梳理信息和找到解决问题的方法。它可以帮助我们全面考虑各种因素，并从不同角度思考问题，以做出更明智的决策。
- **会议记录和讨论**：在会议或讨论中，思维导图可以帮助记录和整理参与者的观点、主题和关联关系。它可以帮助我们更好地理解彼此的思维和促进共享。
- **学习和教育**：学生可以使用思维导图来整理和梳理学习材料，提取关键概念和信息，促进知识的理解和记忆。教师可以使用思维导图来设计教学大纲和展示知识结构。

- **思维思考和自我管理**：思维导图可以帮助我们整理思绪、梳理思路和厘清复杂问题。它可以帮助我们更好地了解自己的思考方式和个人目标，从而提高个人思维能力和自我管理能力。

Xmind 是一个功能强大的思维导图工具，它帮助用户以直观和可视化的方式组织、展示信息，促进思考和创新。以下案例以 Xmind 为主要思维导图软件进行展示。如图 9-1 所示，Xmind 可以导入 Markdown 格式的文本。

MindManager
FreeMind
Lighten
MindNode
Markdown
OPML
TextBundle
Word（仅 DOCX）

图 9-1 Xmind 导入

9.1.1 制作通用的思维导图

ChatGPT 作为预生成文本工具，可以生成 Markdown 格式的文本。接下来，我们利用 ChatGPT 的强大功能来生成内容，并以 Markdown 格式输出。例如，我们希望从零开始学习 Excel VBA，最终生成思维导图。可以这样提问：

我是一位没有任何编程基础的职场人士，现在需要学习 Excel VBA，请帮我列出一个学习计划和相应知识点，以 Markdown 格式输出。

输出结果如图 9-2 所示。

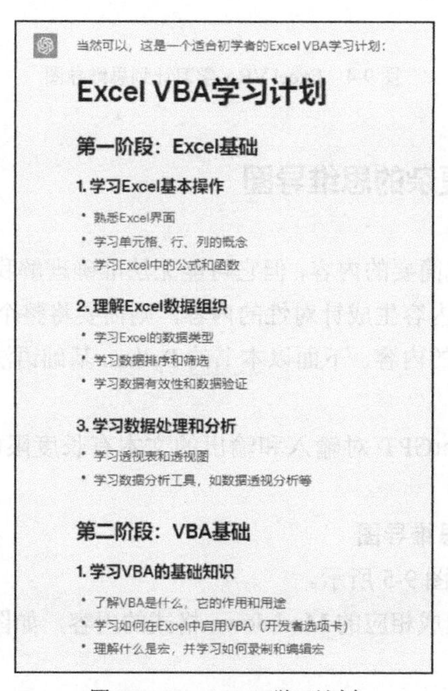
当然可以，这是一个适合初学者的Excel VBA学习计划：

Excel VBA学习计划

第一阶段：Excel基础

1. 学习Excel基本操作

- 熟悉Excel界面
- 学习单元格、行、列的概念
- 学习Excel中的公式和函数

2. 理解Excel数据组织

- 学习Excel的数据类型
- 学习数据排序和筛选
- 学习数据有效性和数据验证

3. 学习数据处理和分析

- 学习透视表和透视图
- 学习数据分析工具，如数据透视分析等

第二阶段：VBA基础

1. 学习VBA的基础知识

- 了解VBA是什么，它的作用和用途
- 学习如何在Excel中启用VBA（开发者选项卡）
- 理解什么是宏，并学习如何录制和编辑宏

图 9-2 Excel VBA 学习计划

在 ChatGPT 的输出界面中单击“复制”按钮，复制 ChatGPT 生成的内容，如图 9-3 所示。

图 9-3　复制 ChatGPT 生成的内容

新建一个文本文件并将复制的内容粘贴过来，然后保存成“Excel VBA 学习计划.md”文件。打开 Xmind，单击“文件”>“导入”>Markdown，选择“Excel VBA 学习计划.md”后单击“打开”按钮，即可根据 Markdown 文件生成如图 9-4 所示的思维导图。

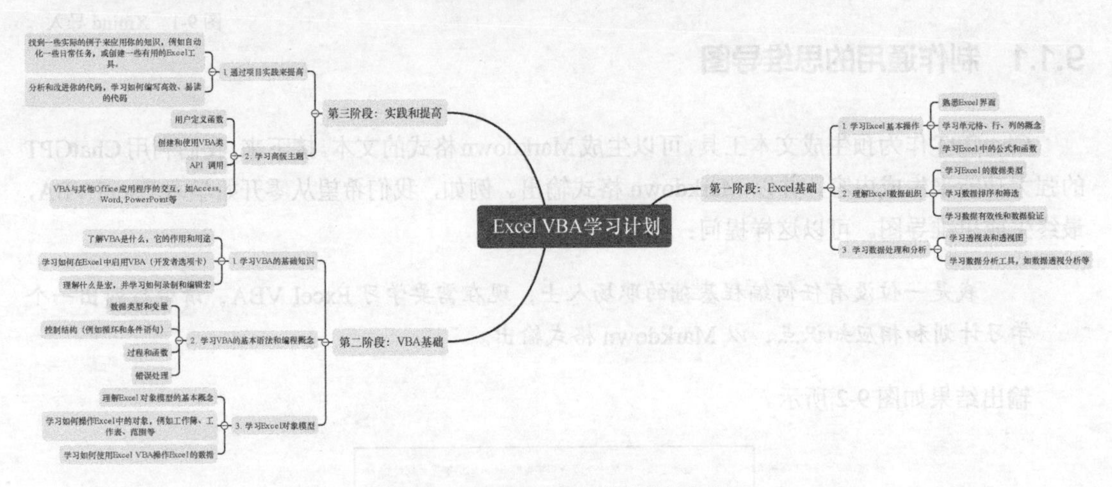

图 9-4　Excel VBA 学习计划思维导图

9.1.2　根据内容制作复杂的思维导图

尽管 ChatGPT 可以生成简要的内容，但它可能无法准确理解我们的意图或满足我们的全部要求。如果希望根据我们的内容生成针对性的内容，则需要将整个内容发送给 ChatGPT，让它尝试根据输入内容生成相应的内容。下面以本书的 Python 基础语法章节为例，生成相应的思维导图。

因为内容过多，而 ChatGPT 对输入和输出的文本有长度限制，因此我们需要分段输入内容。

1. 分段生成各部分的思维导图

输入第一部分内容，如图 9-5 所示。

通过提问让 ChatGPT 生成相应的 Markdown 格式的内容，如图 9-6 所示。

ST 现在我将向你输入内容，不要作任何回复。

好的，我会等待你的输入。

ST 1.1 Python基础语法
1.1.1 Python程序的输入输出
1.取用户输入
Python提供了内置函数“input()”来获取用户的输入。
2.输出结果：
Python使用“print()”函数来进行输出。
3.文件输入/输出：
Python还提供了读取和写入文件的功能。使用“open()”函数来打开一个文件
使用这个文件对象的“read()”方法来读取文件的内容，或者使用“write()”方法来向文件中写入内容。
1.1.2 变量
1.变量的使用

图 9-5 输入第一部分内容

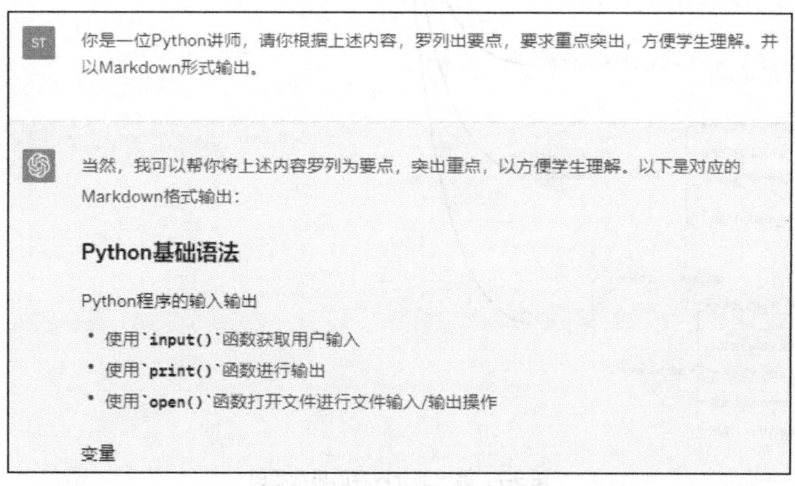

图 9-6 以 Markdown 格式输出

新建一个文本文件并将复制的内容粘贴过来，然后保存成“Python 语法第 1 部分.md”文件。打开 Xmind，单击“文件”>“导入”>Markdown，选择“Python 语法第 1 部分.md”后单击“打开”按钮，即可根据 Markdown 文件生成如图 9-7 所示的思维导图。

根据上面的方法，分别制作出其他各部分内容的思维导图。

2. 合并思维导图

通过 Xmind 打开第一部分的思维导图文件，单击“工具”>“合并 Xmind 文件”，在弹出的对话框中，从“合并到”中选择“当前画布”，单击“获取”按钮，如图 9-8 所示。

在“打开”对话框中选择需要合并的其他思维导图文件，单击“打开”按钮，如图 9-9 所示。

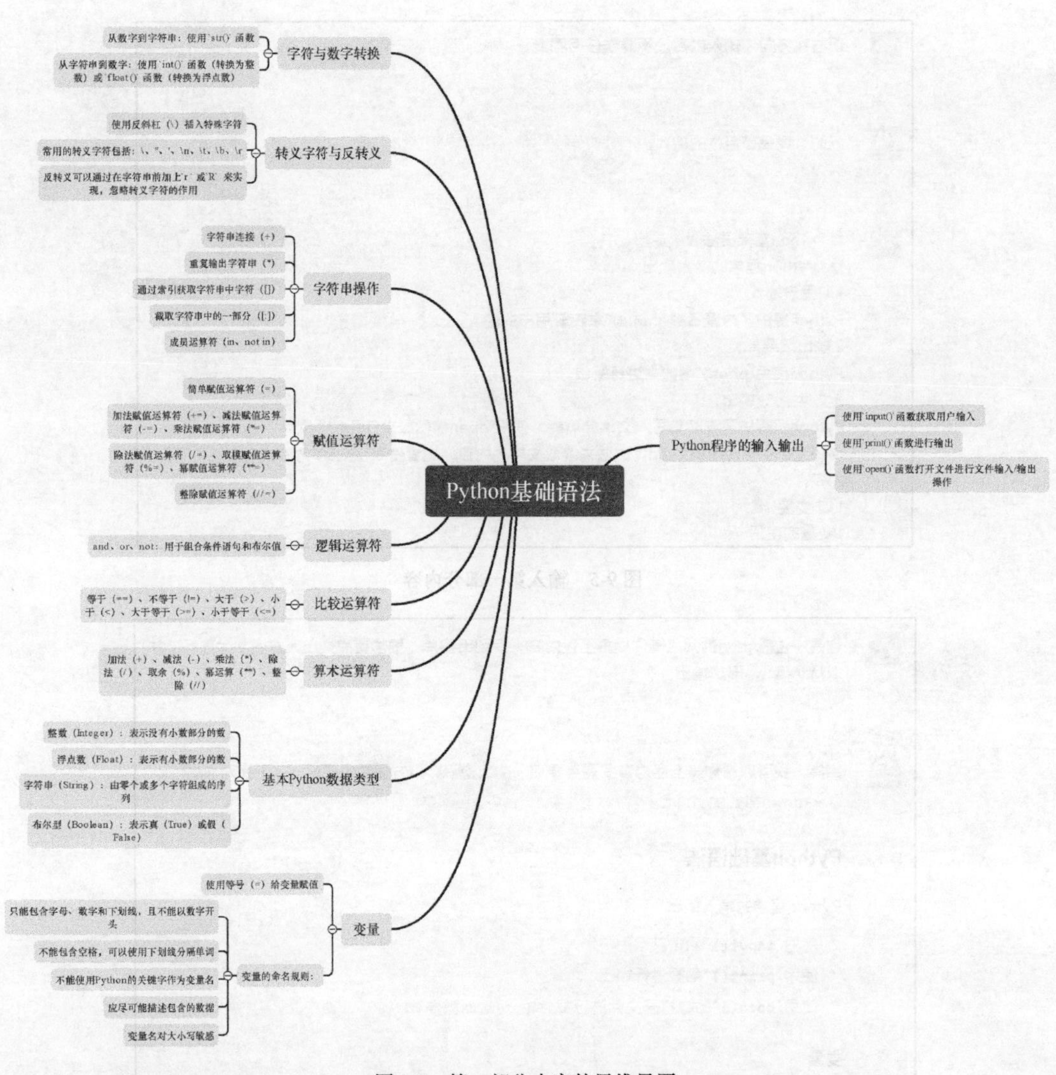

图 9-7　第一部分内容的思维导图

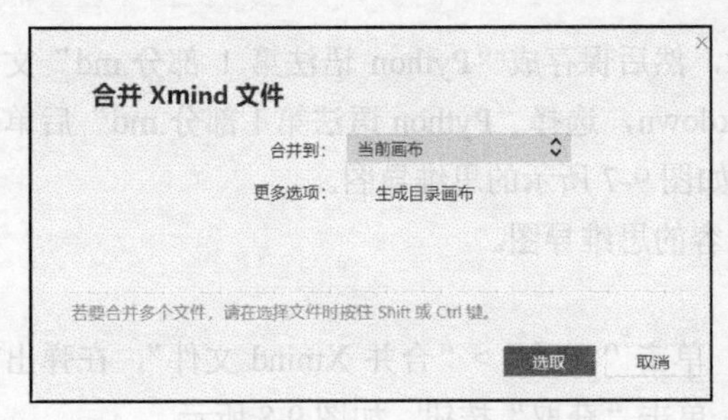

图 9-8　合并 Xmind 文件

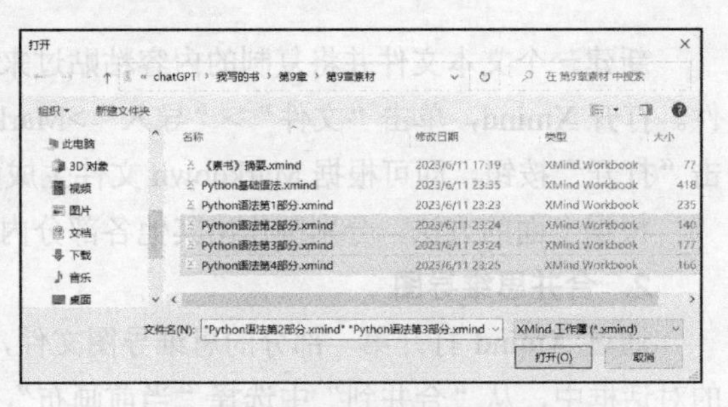

图 9-9　选择需要合并的思维导图

Xmind 根据指定内容最终生成了一个完整的 Python 基础语法思维导图，如图 9-10 所示。

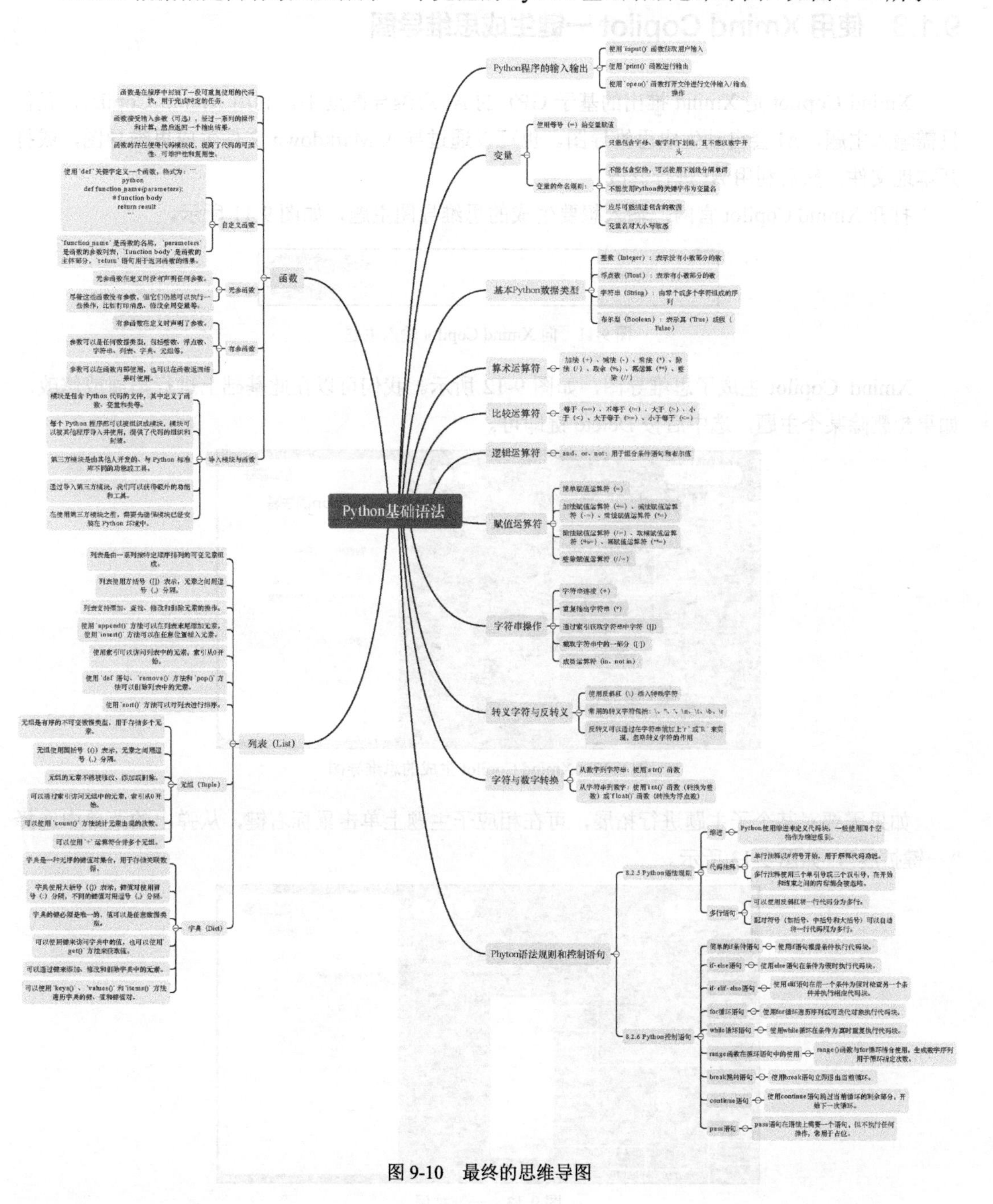

图 9-10　最终的思维导图

9.1.3　使用 Xmind Copilot 一键生成思维导图

Xmind Copilot 是 Xmind 推出的基于 GPT 的 AI 思维导图助手。利用 Xmind Copilot，我们只需输入主题，AI 会自动生成思维导图。也可以通过导入 Markdown 文件生成思维导图，或打开本地文件，然后利用 AI 进行修改。

打开 Xmind Copilot 官网，输入想要生成的思维导图主题，如图 9-11 所示。

图 9-11　向 Xmind Copilot 输入主题

Xmind Copilot 生成了思维导图，如图 9-12 所示。我们可以在此基础上进行拓展或修改。如果想删除某个主题，选中后按 Delete 键即可。

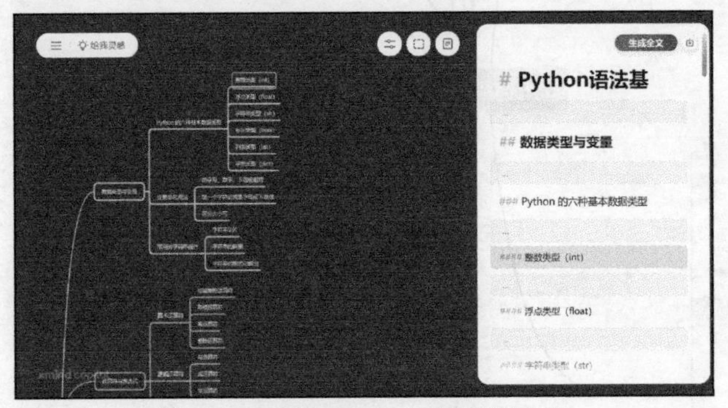

图 9-12　Xmind Copilot 生成的思维导图

如果需要对某个子主题进行拓展，可在相应子主题上单击鼠标右键，从弹出的菜单中选择“一键扩展”，如图 9-13 所示。

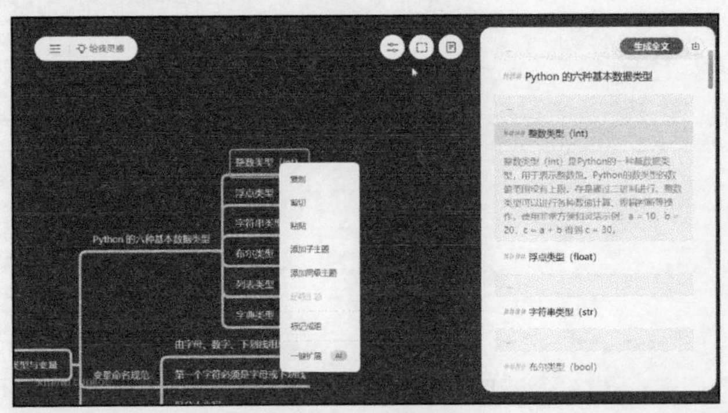

图 9-13　一键扩展

如果想针对某个主题生成具体的内容，可将鼠标指针指向右侧列表中具体位置，单击“生成本段”，生成指定主题的具体内容，如图 9-14 所示。

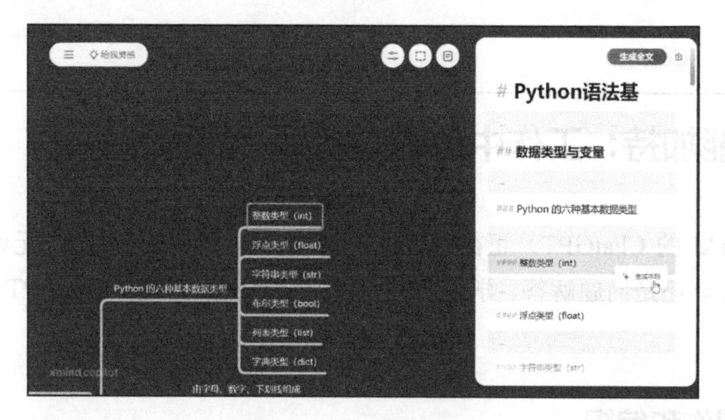

图 9-14 生成具体内容

如果想修改 AI 生成的内容，可以在右侧对应的文本框中手动修改。也可以单击相应的框，在显示出来的工具栏中选择“修改”，然后输入相应的提示，如图 9-15 所示。

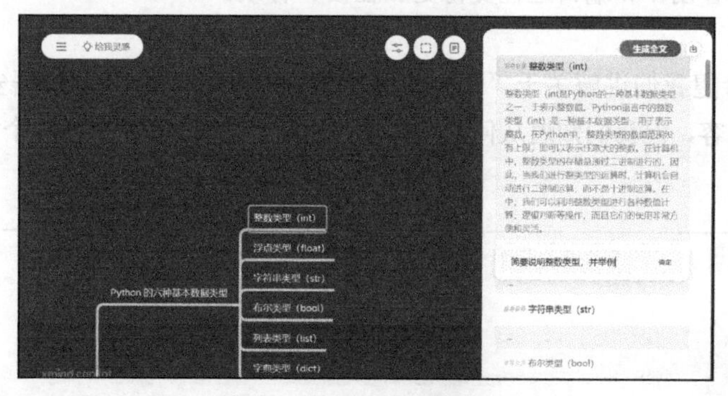

图 9-15 利用 AI 修改内容

AI 将根据提示重新生成相应的内容。然后单击“替换”按钮，可替换旧的内容，如图 9-16 所示。

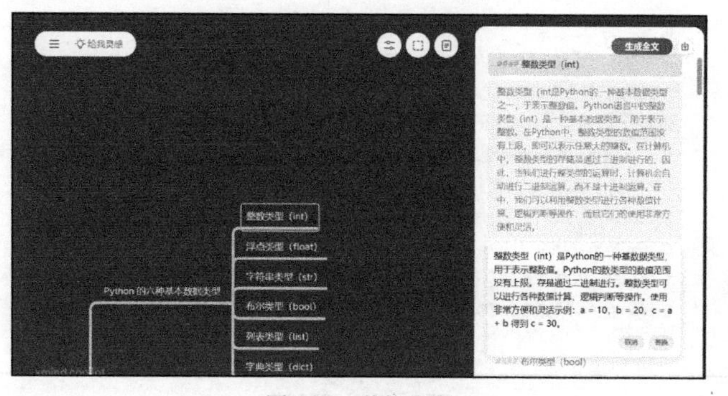

图 9-16 替换内容

在灵活掌握了上述功能的用法之后，我们就可以使用 Xmind Copilot 快速生成一个完整的思维导图了。

9.2 AI 智能加持：工作中的难题瞬间化解

AI（如 OpenAI 的 ChatGPT）正在为工作场景的各个领域提供助力。无论是数据分析、项目管理、内容创作，还是问题解答、学习研究，我们只需输入问题，ChatGPT 都可以提供高效、准确的回复。

9.2.1 内容创作和编辑

在内容创作和编辑方面，从提供创新的写作思路到帮助润色文本，ChatGPT 都能够提供实质性的帮助，使内容创作和编辑过程变得更加轻松、有效。

1. 初稿创作

比如，客户希望我们讲解关于“ChatGPT 引发数字经济深刻变革数据安全治理的国内外政策与标准”的内容，但我们知道从何开始，此时可以让 ChatGPT 提供一个大纲作为参考，如图 9-17 所示。

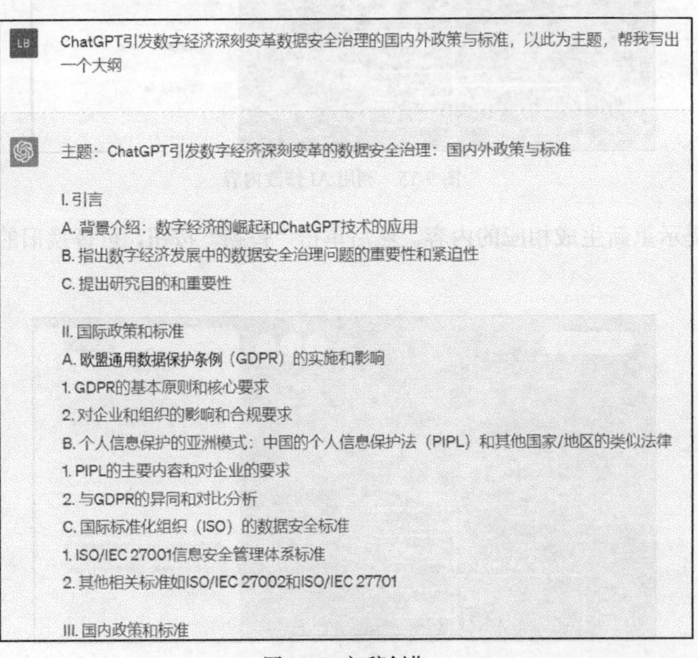

图 9-17　初稿创作

2. 创意激发

如果我们在写作中遇到瓶颈，需要新的创意或视角，也可以向 ChatGPT 寻求帮助。我们可能会问：

> 我正在写一篇关于华为手机的宣传文案，请帮我想一个新的描写角度。

ChatGPT 给出的回复如图 9-18 所示。

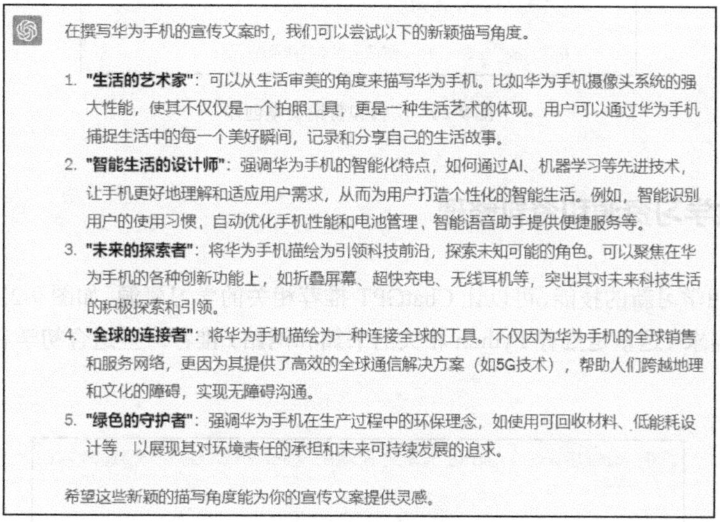

在撰写华为手机的宣传文案时，我们可以尝试以下的新颖描写角度。

1. **"生活的艺术家"**：可以从生活审美的角度来描写华为手机。比如华为手机摄像头系统的强大性能，使其不仅仅是一个拍照工具，更是一种生活艺术的体现。用户可以通过华为手机捕捉生活中的每一个美好瞬间，记录和分享自己的生活故事。
2. **"智能生活的设计师"**：强调华为手机的智能化特点，如何通过AI、机器学习等先进技术，让手机更好地理解和适应用户需求，从而为用户打造个性化的智能生活。例如，智能识别用户的使用习惯、自动优化手机性能和电池管理、智能语音助手提供便捷服务等。
3. **"未来的探索者"**：将华为手机描绘为引领科技前沿，探索未知可能的角色。可以聚焦在华为手机的各种创新功能上，如折叠屏幕、超快充电、无线耳机等，突出其对未来科技生活的积极探索和引领。
4. **"全球的连接者"**：将华为手机描绘为一种连接全球的工具。不仅因为华为手机的全球销售和服务网络，更因为其提供了高效的全球通信解决方案（如5G技术），帮助人们跨越地理和文化的障碍，实现无障碍沟通。
5. **"绿色的守护者"**：强调华为手机在生产过程中的环保理念，如使用可回收材料、低能耗设计等，以展现其对环境责任的承担和未来可持续发展的追求。

希望这些新颖的描写角度能为你的宣传文案提供灵感。

图 9-18 创意激发

3. 编辑和润色

ChatGPT 还可以帮助我们编辑和润色文章。比如，我们可以在 ChatGPT 中写一句话“气候变化是一个大问题”，然后让 ChatGPT 润色（见图 9-19）。

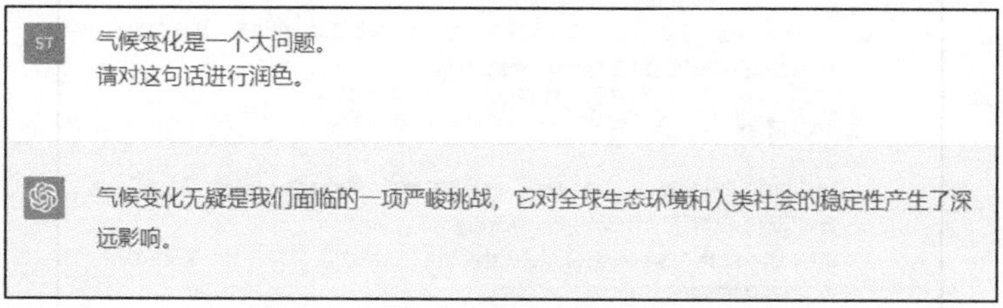

气候变化是一个大问题。
请对这句话进行润色。

气候变化无疑是我们面临的一项严峻挑战，它对全球生态环境和人类社会的稳定性产生了深远影响。

图 9-19 编辑和润色

4. 广告和营销文案创作

如果我们在创作广告或者营销文案，还可以让 ChatGPT 提供引人瞩目的语句或口号。图 9-20 所示为 ChatGPT 提供的关于绿茶的广告语。

你是一位营销大师，请帮我写5条关于绿茶的广告语。

当然，我很乐意帮助你创作关于绿茶的广告语。以下是5条提议：

1. "清新你的每一天，绿茶，自然的选择。"
2. "沉浸在绿茶的清香中，感受大自然的呼吸。"
3. "健康生活从一杯绿茶开始，滋润你的心灵与身体。"
4. "绿茶，释放生活的原味，活力满满的每一天。"
5. "每一口绿茶，都是自然赠予的清新礼物。"

希望这些广告语能够帮助你吸引更多的绿茶爱好者！

图 9-20 广告和营销文案创作

9.2.2 提供学习资源和资料整理

如果我们想学习新的技能，可以让 ChatGPT 推荐相关的学习资源。如图 9-21 所示，ChatGPT 可根据我们的需求（这里是推荐 Python 相关的书籍和网站）推荐一些适合初学者的书籍、网站，或者编程平台。

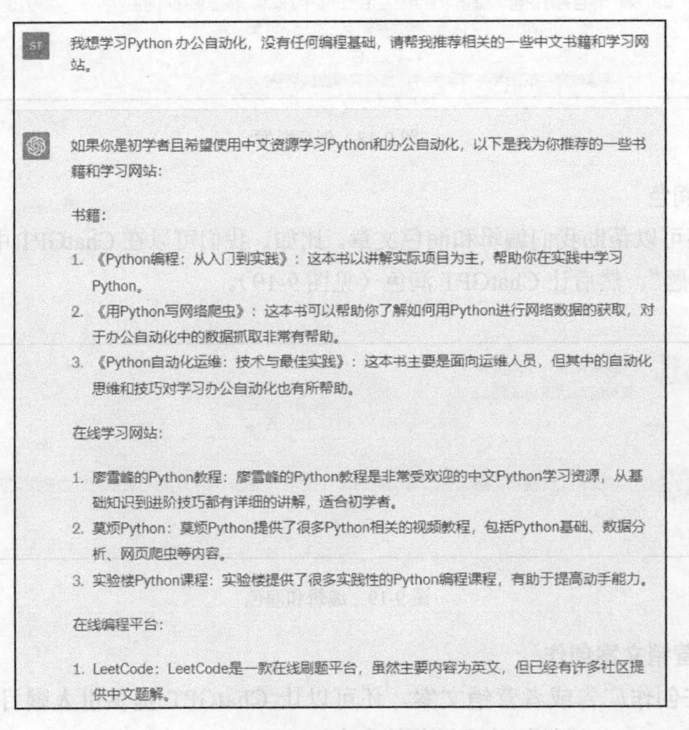

ST
我想学习Python办公自动化，没有任何编程基础，请帮我推荐相关的一些中文书籍和学习网站。
如果你是初学者且希望使用中文资源学习Python和办公自动化，以下是我为你推荐的一些书籍和学习网站：
书籍：
1. 《Python编程：从入门到实践》：这本书以讲解实际项目为主，帮助你在实践中学习Python。
2. 《用Python写网络爬虫》：这本书可以帮助你了解如何用Python进行网络数据的获取，对于办公自动化中的数据抓取非常有帮助。
3. 《Python自动化运维：技术与最佳实践》：这本书主要是面向运维人员，但其中的自动化思维和技巧对学习办公自动化也有所帮助。
在线学习网站：
1. 廖雪峰的Python教程：廖雪峰的Python教程是非常受欢迎的中文Python学习资源，从基础知识到进阶技巧都有详细的讲解，适合初学者。
2. 莫烦Python：莫烦Python提供了很多Python相关的视频教程，包括Python基础、数据分析、网页爬虫等内容。
3. 实验楼Python课程：实验楼提供了很多实践性的Python编程课程，有助于提高动手能力。
在线编程平台：
1. LeetCode：LeetCode是一款在线刷题平台，虽然主要内容为英文，但已经有许多社区提供中文题解。

图 9-21 推荐学习资源

ChatPDF 是基于 GPT 的工具，打开其官网后（见图 9-22），可以把本地 PDF 文件或以网址的形式将对应的 PDF 文件上传到 ChatPDF。无论是财务和销售报告，还是项目和商业提案、培训手册和法律合同，ChatPDF 都可以帮我们高效分析文档。

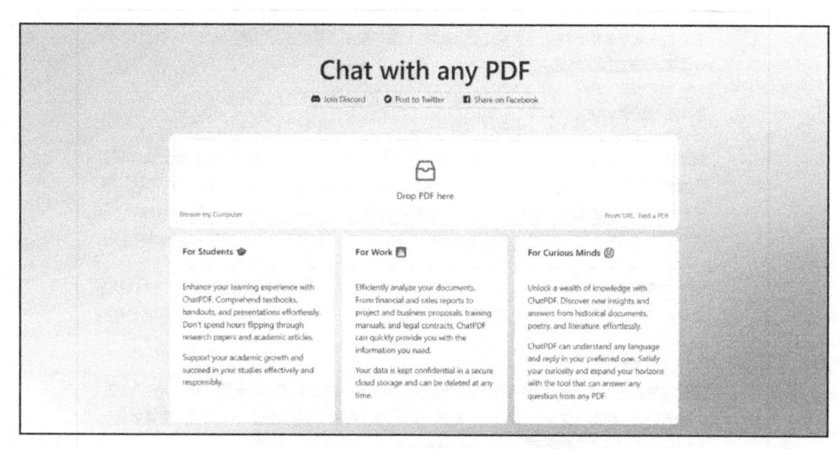

图 9-22　上传 PDF 文件到 ChatPDF

一旦上传，系统将自动分析 PDF 内容，并生成一些与 PDF 文件相关的关键问题。如图 9-23 所示，在界面右侧，我们可以提出有关本文档的相关问题，然后由 ChatPDF 给出满意的答案。

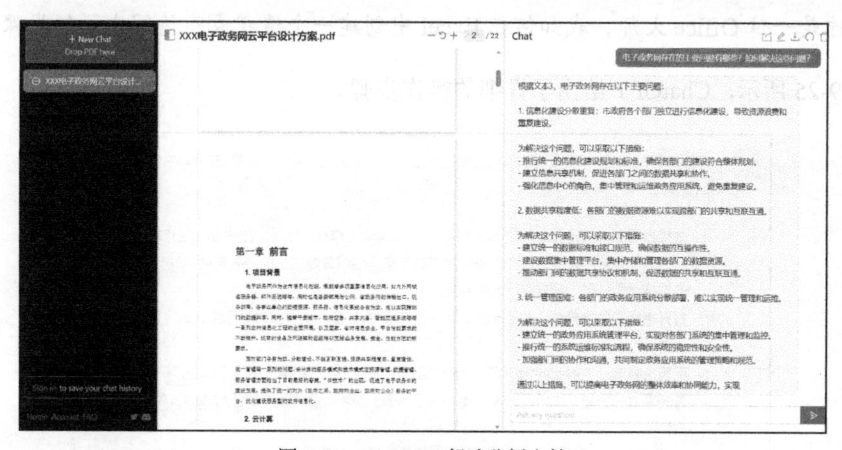

图 9-23　ChatPDF 帮助分析文档

9.2.3 问题解答

对于需要快速进入新领域或学习新技术的专业人士，ChatGPT 可以成为你的私人老师。我们可以向 ChatGPT 提出问题，获取概念解释，甚至获得关于如何开始研究新领域的建议。

例如，如果我们在学习微积分，可以向 ChatGPT 发问：

微积分中的洛必达法则是什么？

如图 9-24 所示，ChatGPT 可以详细解释洛必达法则的定义、应用及其证明方法。

洛必达法则是微积分中处理无穷小量和无穷大量的重要工具，主要应用于处理"0/0"型和"∞/∞"型的不定式极限问题。

基本形式的洛必达法则如下：

如果有两个函数f(x)和g(x)，当x趋向于某个值a时，如果f(x)和g(x)都趋向于0或者都趋向于正无穷或负无穷，也就是说极限形式为"0/0"或"∞/∞"，并且f(x)和g(x)在a点的邻域内可导（除了可能在a点），那么我们就可以将这两个函数的极限转化为它们的导数的极限，也就是说，极限lim[x->a] f(x)/g(x) 可以转化为极限lim[x->a] f'(x)/g'(x)。前提是右侧的极限存在或等于±∞。

例如，要计算极限lim[x->0] (sinx)/x，这是"0/0"型的极限，可以应用洛必达法则。对sinx和x求导，得到cosx和1。所以原极限问题转化为lim[x->0] cosx/1，结果等于1，这就是原问题的解。

需要注意的是，洛必达法则只对特定形式的极限有效，即"0/0"和"∞/∞"型。对于其他形式的不定式极限，例如 "0*∞" "0^0" "∞^0" "1^∞"等，可能需要先通过一些变换，使其转化为可以应用洛必达法则的形式。

图 9-24　洛必达法则

再比如，在学习 Excel 时，如果不知道如何创建数据透视表，可以这样向 ChatGPT 提问：

你是一位 Office 大师，我如何在 Excel 中创建一个透视表？请写出详细步骤。

如图 9-25 所示，ChatGPT 给出了详细的操作步骤。

透视表是Excel的一项强大功能，能帮助你汇总和分析大量数据。下面是在Excel中创建透视表的步骤。

1. **选择数据源**：打开包含你需要分析的数据的Excel工作表。你可以选择整个工作表，也可以只选择你需要的一部分数据。请确保你的数据是组织良好的，即每列有明确的标题，每列的数据类型一致，没有空行或者空列。
2. **打开透视表创建菜单**：在顶部的功能区中选择"插入"，然后选择"透视表"。这将打开一个新的对话框。
3. **配置透视表**：在弹出的"创建透视表"对话框中，确认你的数据范围是正确的，然后选择放置透视表的位置。你可以选择新建一个工作表，也可以放在现有的工作表中。然后点击"确定"。
4. **设置透视表字段**：在新的工作表或者选定位置，你会看到一个空的透视表和一个透视表字段窗格。在字段窗格中，你会看到你的原始数据表的所有列标题。你可以将这些字段拖拽到透视表下方的四个区域：筛选器、列、行、值。例如，你可以将一个字段拖到"行"区域，另一个字段拖到"值"区域。
5. **分析数据**：设置好字段后，透视表将立即根据你的设置更新。你可以在透视表字段窗格中更改字段的位置，或者添加/删除字段，以进行不同的数据分析。

记住，透视表的强大之处在于你可以随时更改其布局，或者使用筛选器快速查看不同的数据子集。透视表是一个动态的工具，你可以用它来探索和理解你的数据。

图 9-25　创建数据透视表

总体来说，无论是在哪个学习阶段，无论是学生、教师还是研究员，ChatGPT 都能为我们的学习和研究提供有价值的帮助。

9.3 AI 革新学习方式：专属外语私教

如何学好一门外语？我们可以从儿童学习说话中汲取启示。儿童在学习说话时，通过模仿成人的语音和语调，以及在与他人的互动中建立语言基础。在这个过程中，他们自然而然地掌握了新词汇和更复杂的表达方式。

然而，当今大多数语言学习都以考试为导向。学习者从基础开始，背诵大量单词，然后按照语法难度逐步构建句子。这种以考试为目的的学习方式过于依赖文本信息，而听力和口语的重要性却被忽视了。

实际上，语言学习是通过模仿和沉浸式环境来实现的。儿童在语言学习过程中通过模仿成人的语音和语调，以及与他人的互动来提升自己的语言能力。这种自然的学习方式使他们能够逐步理解和运用新的词汇与表达方式。

那么，我们在学习外语时如何遵循这个规律呢？下面这几点很重要。

- **应该注重听力训练：**通过多听外语对话、音频材料、电影对白等，我们可以熟悉外语的语音和语调，提高听力和理解能力。
- **创造沉浸式的语言环境对语言学习至关重要：**尽可能多地接触和使用目标语言，例如观看外语电影、阅读外语书籍、参与语言交流活动等。这样可以帮助我们渐渐适应并掌握外语的语感和表达方式。
- **与母语人士交流是提高口语能力的有效途径：**通过与他们的对话和互动，我们不仅能够提升口语流利度，还能够了解他们的文化和思维方式，更好地运用外语进行交流。
- **保持积极的学习态度和持之以恒的练习是非常重要的：**语言学习是一个渐进的过程，需要时间和努力。不要害怕犯错误，要积极参与语言实践，并不断反思和改进自己的语言表达能力。

有了 ChatGPT 这位好私教，我们可以这样提问：

> 我要从零基础学习英语，请根据语言学习规律，帮我制订一份学习方法。

如图 9-26 所示，ChatGPT 根据我们自身的基础给出了英语学习方法建议。

根据学习建议，我们需要提高自己的听力技能，增加对不同口音和语速的理解能力，并逐渐培养英语的听力感觉。我们也可以让 ChatGPT 帮忙推荐相关的书籍或网站，如图 9-27 所示。

当从零基础开始学习英语时，以下是一份基于语言学习规律的学习方法建议。

1. 建立听力基础：从最初阶段开始，注重培养良好的听力能力。通过多听英语对话、音频材料、英语电影或电视节目来熟悉英语的语音和语调。可以选择适合初学者的听力材料，例如简单的英语教学资源或儿童故事。
2. 学习常用词汇和表达：从常用的英语词汇和表达开始学习，这样可以帮助你构建语言的基础。使用英语词汇书或在线词汇资源，学习常见的单词和短语，并尝试将其应用到实际情境中。
3. 练习口语和发音：模仿英语母语者的发音和语调，进行口语练习。可以通过跟读音频材料、参加英语口语班或与语伴进行对话来提高口语能力。重要的是勇于开口，不要害怕犯错，通过实践不断改进自己的发音和口语表达能力。
4. 阅读和写作练习：逐渐开始阅读简单的英语文章、故事或新闻，帮助扩展词汇量和理解能力。同时，进行简单的书面写作练习，例如写日记、笔记或简短的对话。这有助于巩固所学内容，提升语言运用的准确性和流畅度。
5. 寻找语言环境和实践机会：尽可能多地暴露自己于英语环境中。这可以通过观看英语电影、听英语音乐、参与英语角或加入英语学习社群来实现。与母语人士或其他英语学习者交流，尝试用英语进行日常对话和交流。
6. 持之以恒和自主学习：语言学习需要时间和坚持不懈的努力。制订合理的学习计划，每天安排一定的学习时间，并保持积极的学习态度。利用好各种自主学习资源，如在线课程、应用程序、学习网站等，扩展学习渠道。

请记住，学习一门外语是一个循序渐进的过程。通过积极的实践、不断的听、说、读、写练习，并结合语言学习规律的原则，你将逐渐掌握该语言。

图 9-26　英语学习方法建议

ST　我要从零基础学习英语，请帮我推荐建立听力基础的书籍，网站。

当你从零基础学习英语，并希望建立听力基础时，以下是一些适合的书籍和网站推荐。

书籍：

1. "Oxford Bookworms Library" series: 这个系列是由牛津大学出版社推出的分级读物，根据不同水平提供适合初学者的英语阅读材料。你可以选择适合自己水平的书籍，并通过阅读来提高听力和阅读能力。
2. "English Listening Practice: Improve Your Listening Skills" by Jackie Bolen: 这本书提供了一系列针对初学者的听力练习，包括听力理解、听写和对话练习。通过这些练习，你可以逐步提高自己的听力技巧和理解能力。

网站和应用程序：

1. ESL Lab (www.[illegible].com): 这个网站提供大量的听力练习和实用对话，包括各种主题和难度级别。你可以选择感兴趣的话题，进行听力训练，并通过听力材料中的问题来检验自己的理解能力。
2. BBC Learning English (www.[illegible]learningenglish): BBC的官方英语学习网站，提供丰富的听力资源，包括新闻、专题节目、故事和实用对话。你可以通过不同的节目和材料来提高听力技巧，并参与在线练习和讨论。
3. FluentU (www.[illegible].com): 这个网站提供真实世界中的英语视频，配有字幕和学习功能。你可以选择不同主题和难度级别的视频，通过观看和听力练习来提高听力理解和语感。
4. YouTube频道：
   - EnglishClass101: 这个YouTube频道提供了大量的英语听力材料，包括对话、短篇故事和听力练习。你可以根据自己的兴趣选择合适的视频，并通过听力练习来提高听力技能。
   - TED-Ed: 这个频道提供了丰富多样的TED演讲和短片，涵盖各种主题。你可以选择自己感兴趣的演讲并进行听力训练。

图 9-27　听力基础资料

常用的英语词汇和表达的积累，可以帮助我们构建语言的基础。如图 9-28 所示，我们可以让 ChatGPT 列出常用的英语词汇，以学习常见的单词和短语，并尝试将其应用到实际情境中。

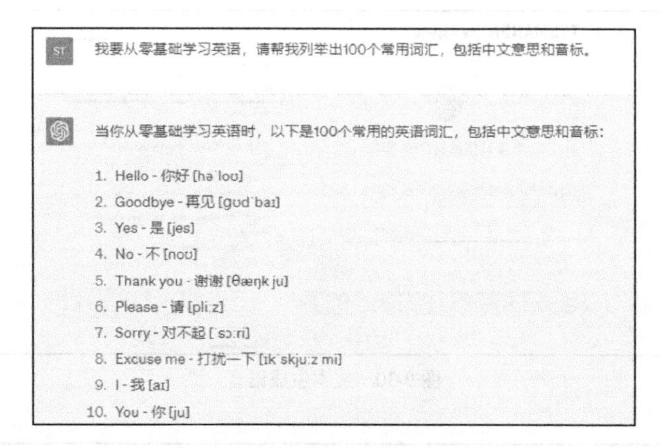

图 9-28 常用词汇

词汇量不够，我们可以向 ChatGPT 追问，例如“再来 100 个”。另外，针对阅读和写作练习，我们可以让 ChatGPT 推荐一些资料或网站。也可以把我们的日记、笔记发送给 ChatGPT，让它帮忙指正错误或进行修改。我们也可以让 ChatGPT 生成各种场景对话，加以练习，如图 9-29 所示。

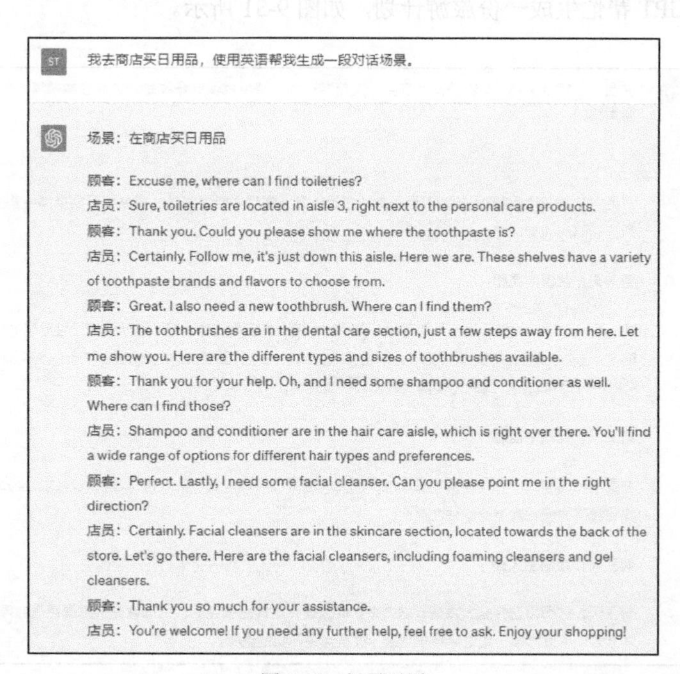

图 9-29 场景对话

在百度等搜索引擎中搜索“文本生成语音”，可以搜到很多免费的网站。我们可以把ChatGPT生成的对话复制到相应网站的文本框中，生成语音，练习各种场景的对话，如图9-30所示。

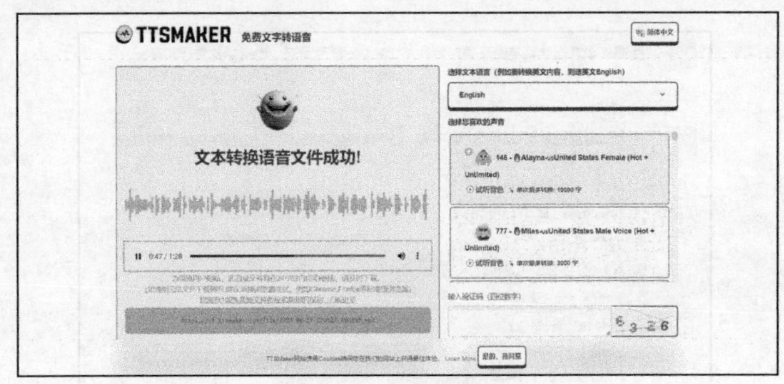

图9-30　文本生成语音

9.4　AI智能化生活指南：使生活更便捷

ChatGPT不仅可以帮助我们进行常识性问题解答、写作、辅助学习、代码编程等，生活中其他琐碎的事情也可以让ChatGPT提供帮助。

比如让ChatGPT帮忙生成一份旅游计划，如图9-31所示。

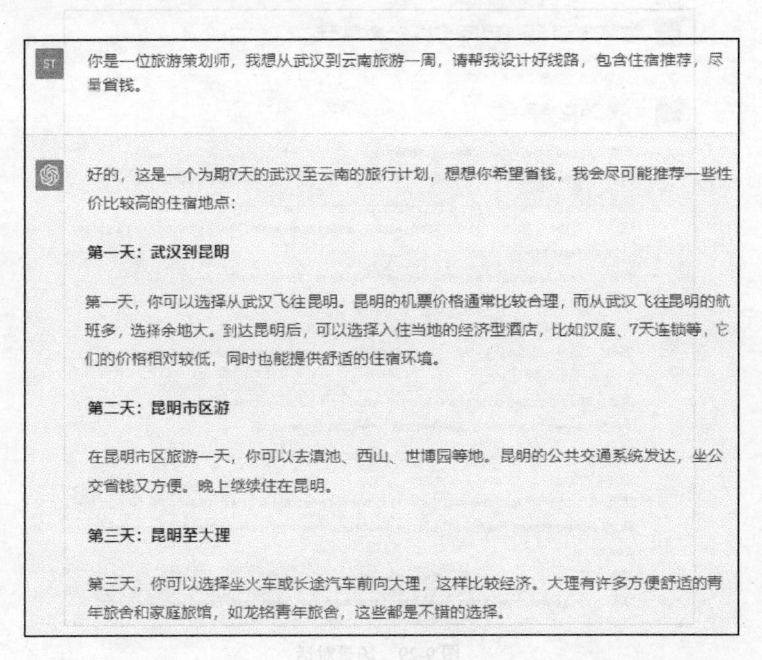

图9-31　旅游计划

在 ChatGPT 回答的基础上，可以根据自己的兴趣和实际情况反馈给 ChatGPT，让它进行调整。其他关心的信息，比如住宿酒店、公交线路等，也可以继续向 ChatGPT 提问，如图 9-32 所示。

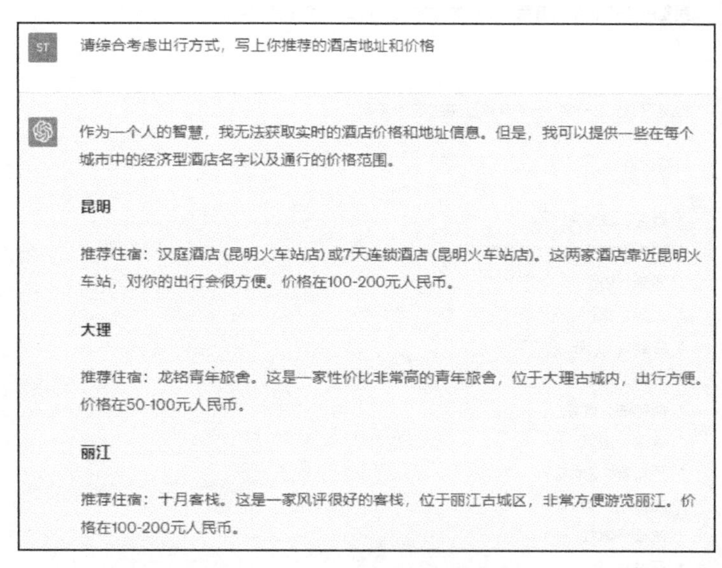

图 9-32　推荐酒店地址和价格

如果想为家人做一顿丰盛的晚餐，但又不知道做哪些菜品，也可以向 ChatGPT 提问，如图 9-33 所示。

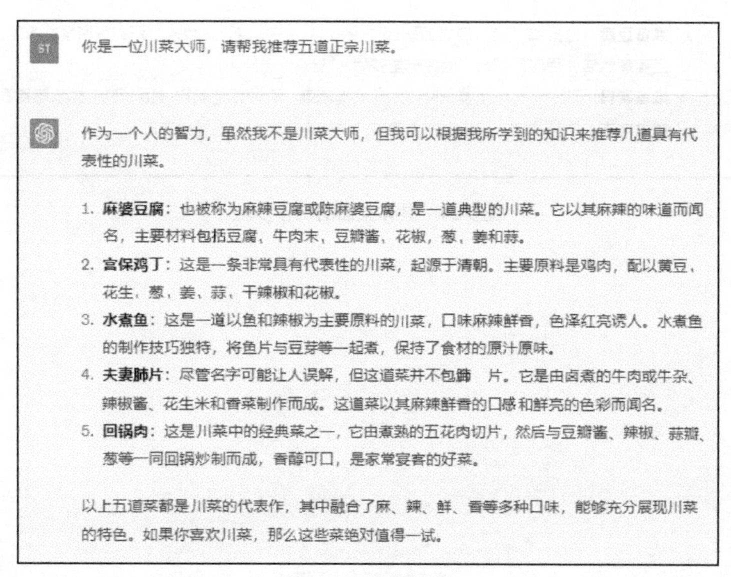

图 9-33　推荐川菜

如果我们没有做美食的基础，则可以让 ChatGPT 写出具体菜品的制作步骤，如图 9-34 所示。

ST 我是一名初学者，请用简单的方法教我如何做麻婆豆腐，突出每一步的要点。

当然可以。以下是制作麻婆豆腐的简单步骤：

所需材料：

- 豆腐：300克
- 牛肉末或猪肉末：100克
- 青蒜：2根
- 大葱：1根
- 生姜：1小块
- 大蒜：2瓣
- 调味油：适量
- 食盐：适量
- 豆瓣酱：2大勺
- 辣椒粉：1小勺
- 鸡精：适量
- 豆豉：1大勺
- 面粉水：适量
- 花椒：适量

步骤：

1. **准备豆腐**：选择嫩豆腐，切成2厘米见方的小块。将水烧开，放入切好的豆腐慢慢煮熟。豆腐煮熟后，用漏网捞出，放在碗里备用。
2. **准备调料**：取一个小块生姜、两瓣大蒜切成蒜蓉。取两根青蒜和一根大葱切成葱花备用。
3. **炒香肉末**：锅里放油，烧热后放入肉末，用中小火炒至肉末颜色变白。

图 9-34 具体菜品的制作步骤

第 10 章

副业变现全攻略：月入过万不是梦

欢迎来到这个充满创新和惊喜的章节！本章将揭示如何利用最前沿的 AI 工具，发掘隐藏的副业机会，为你增添额外的收入。你是否想过，百度知道、小红书、知乎等平台背后的内容生产，其实可以用到 AI 呢！

本章将深入浅出地讲解如何利用 AI 工具快速生成有价值的内容，帮助我们在这些平台上打造自己的影响力。不仅如此，本章还会展示如何通过 AI 轻松制作短视频，让生成的内容更具视觉冲击力，从而吸引更多的关注和赞赏。

10.1 “百度知道”内容生产与变现

“百度知道”是百度公司于 2005 年 11 月推出的一款基于用户生成内容的中文问答社区。百度知道为用户提供了一个问答平台，用户可以在这个平台上提出任何想知道的问题，其他用户可以对这些问题进行回答。同样，用户也可以搜索并回答其他用户的问题。这样，百度知道就形成了一个大规模的知识共享平台。

在百度知道里，不仅可以通过回答问题“吸粉”，打造个人 IP 私域，还可以回答悬赏问题，赚取零花钱。如图 10-1 所示，进入百度知道并登录，在首页可以单击一些大家热议的话题进行回答。也可以通过单击“我的”，进入“个人中心”。

图 10-2 所示为百度知道的个人中心。通过“内容管理”>“待回答”，可以看到中间有“推荐问题”“活动答题”和“高悬赏”三个栏目。

为了方便查找，我们可以在“推荐问题”下添加感兴趣的关键词，快速找到感兴趣的问题。图 10-3 所示为找到了一个有悬赏的数学排序题目。

图 10-1 百度知道

图 10-2 百度知道个人中心

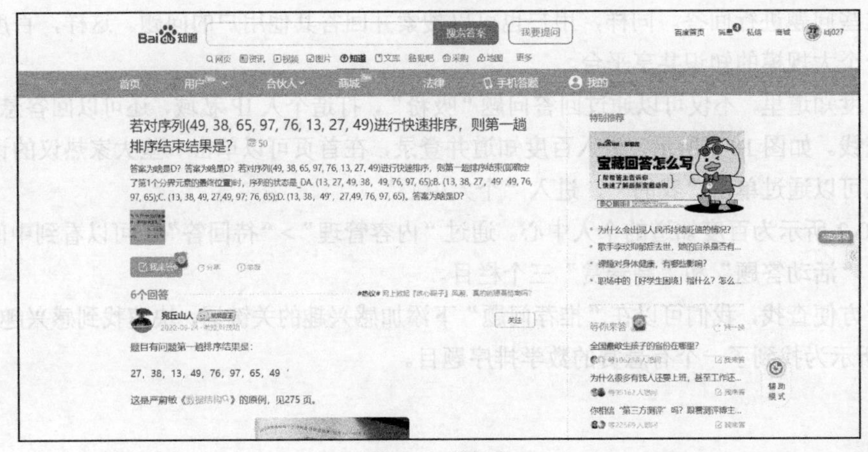

图 10-3 找问题

对提出的问题简单总结一下，使问题更清晰，重点突出。经过总结提炼后的提问如下：

若对序列(49, 38, 65, 97, 76, 13, 27, 49)进行快速排序，则第一趟排序结束结果是？

A．(13, 27, 49, 38，49, 76, 97, 65)；

B．(13, 38, 27，49' ,49, 76, 97, 65)；

C．(13, 38, 49, 27,49, 97; 76, 65)；

D．(13, 38，49'，27,49, 76, 97, 65)

写出第一趟排序结束结果是哪个选项？并说明原因。

ChatGPT 给出了本道题的答案和解析，如图 10-4 所示。

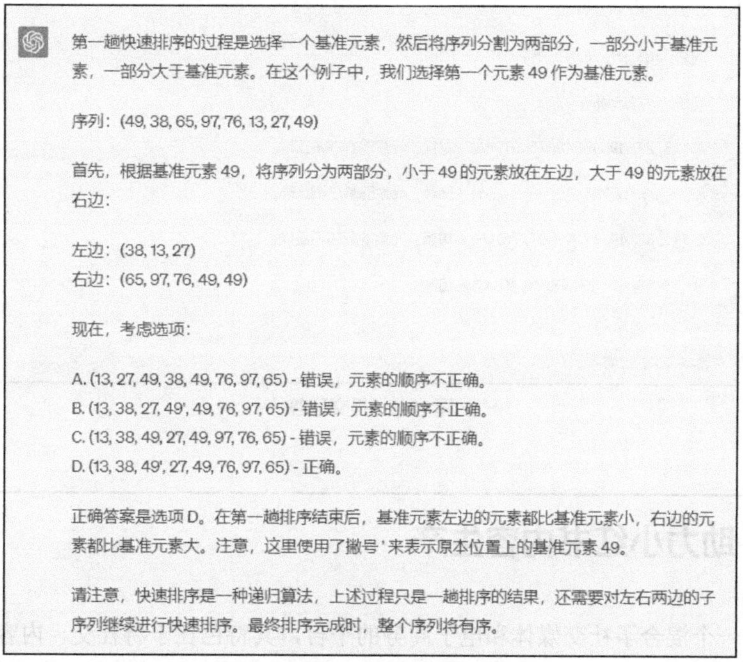

第一趟快速排序的过程是选择一个基准元素，然后将序列分割为两部分，一部分小于基准元素，一部分大于基准元素。在这个例子中，我们选择第一个元素 49 作为基准元素。

序列：(49, 38, 65, 97, 76, 13, 27, 49)

首先，根据基准元素 49，将序列分为两部分，小于 49 的元素放在左边，大于 49 的元素放在右边：

左边：(38, 13, 27)
右边：(65, 97, 76, 49, 49)

现在，考虑选项：

A. (13, 27, 49, 38, 49, 76, 97, 65) - 错误，元素的顺序不正确。
B. (13, 38, 27, 49', 49, 76, 97, 65) - 错误，元素的顺序不正确。
C. (13, 38, 49, 27, 49, 97, 76, 65) - 错误，元素的顺序不正确。
D. (13, 38, 49', 27, 49, 76, 97, 65) - 正确。

正确答案是选项 D。在第一趟排序结束后，基准元素左边的元素都比基准元素小，右边的元素都比基准元素大。注意，这里使用了撇号 ' 来表示原本位置上的基准元素 49。

请注意，快速排序是一种递归算法，上述过程只是一趟排序的结果，还需要对左右两边的子序列继续进行快速排序。最终排序完成时，整个序列将有序。

图 10-4 答案与解析

单击“我来答”后，将 ChatGPT 生成的内容复制到百度知道中，进行简单修改，使答案更简洁一些，更符合人类回复的特点，然后单击“提交回答”按钮即可，如图 10-5 所示。

可以看到，原来人工回答一个问题需要几个小时甚至更长时间，而在 ChatGPT 的助力下，几乎可以立即作答，给出近乎实时的反馈。无论何时，只要有网络连接，我们就以立即向 ChatGPT 提问并获得答案。

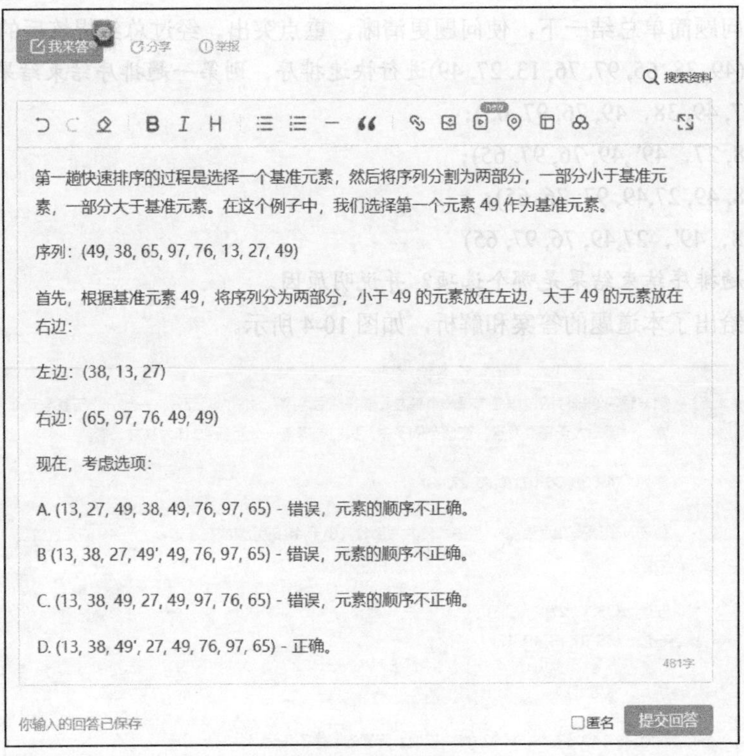

图 10-5 提交回答

10.2 AI 助力小红书内容生产

小红书是一个混合了社交媒体和电子商务的平台，其特色在于将社交、内容分享和购物融为一体，让用户在享受分享和社交乐趣的同时，也能找到实用的购物参考。

小红书不仅是海量真实用户分享的宝库，更是全球购物中心，可带领我们探索世界各地的独特商品。无论是在寻找最新的美妆趋势，还是想寻求一款口碑极好的家用电器，或者想了解最热门的旅行地点，小红书都能一一解答。我们还能与志同道合的朋友一起讨论，分享生活和购物体验。小红书就像是装载口袋中的生活顾问，一站式满足我们的所有需求。

商家可以借助小红书进行品牌曝光和推广。令人苦恼的是，尽管写了多篇推文，但是阅读量和点赞量却很少。对于文字功底比较差的人，如何才能写出爆款文案呢？答案是：模仿！可以让 ChatGPT 分析爆款文案的特点，再模仿生成与之相关的内容，引导用户关注自己的品牌和产品。

如图 10-6 所示，进入小红书搜索关心的领域，如“美食”下的“零食”，然后单击右侧的“筛选”按钮，选择排序方式为“最热”和“图文”类型。页面将按火爆程度进行排序。

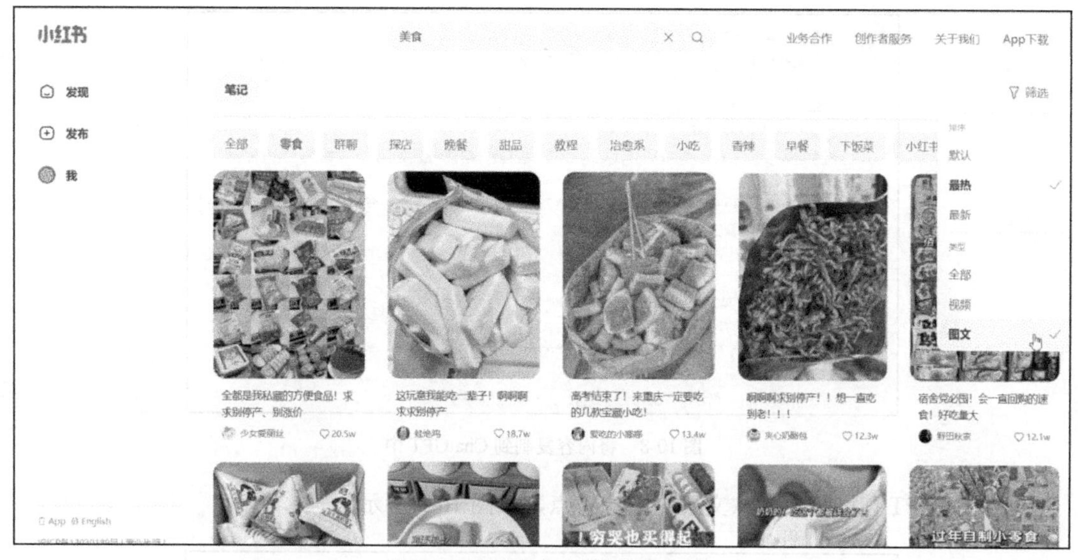

图 10-6　在小红书中搜索爆款文案

打开要参考的爆款文案，复制右侧的文本内容，如图 10-7 所示。

图 10-7　复制爆款文案的内容

将内容复制到 ChatGPT 中。为了防止 ChatGPT 对输入的内容进行解释，可在内容前加上“现在我将输入一段文字内容，请暂时不要作任何解释。内容如下：”等类似的语句，如图 10-8 所示。

现在我将输入一段文字内容，请暂时不要作任何解释。内容如下：
全都是我私藏的方便食品！求求别停产、别涨价
（这篇真的绝对是每个人点开都忍不住马吧）
不用谢哈，直接拿走照抄吧。
零食、速冻食品、便利店饮料大测评。
特别是好多速冻食品真的真的可以囤，好吃又方便（帮你们都整理好了。雷区也给你们写了。）
说真的 KFC和麦记平价替代，没想到在家就可以直接吃了（没夸张啊哈哈K家同款薯条真的还挺，两盒小薯的钱可以买几十份这个。）
还有海底捞同款平替，特别是同款酸梅汁！还有便利店同款食材分享...

特别是虾滑（约42.8元 / 500g）！！
真的我怒推啊啊啊，里面都是完整虾肉（我直接水开放火锅底料然后下豆芽、土豆。涮好拿出来铺碗底，再下虾滑！！！我自己吃就很大颗，反正真的牛）

还有山姆小青柠汁饮料（32.8元 / 8瓶）！！酸甜刚好，火锅必备

图 10-8　将内容复制到 ChatGPT 中

让 ChatGPT 帮助分析爆款文案的结构特点，如图 10-9 所示。

这是小红书体的爆文，请分析本文的结构特点。

小红书是一个知名的生活分享社区，用户在平台上分享各种购物、生活、旅游等经验。您分享的这篇文章典型地符合小红书的文章风格，也被称为"小红书体"，具有以下的特点。

1. **语言口语化**：这篇文章的语言风格非常口语化，与读者的互动频繁，给人一种亲切感。例如，使用了"求求别停产、别涨价" "哈哈"等口语化词汇。
2. **情感诉求强烈**：作者的情感投入感十足，充满热情。如"我怒推啊啊啊"等表达方式，使读者更容易产生共鸣。
3. **细节丰富，真实感强**：如详细的产品价格信息，以及详细的食品制作方法，让人觉得内容真实可靠。
4. **互动性强**：作者在文章中不断和读者互动，提醒读者可以抄袭，或者询问读者的感受，增加了文章的互动性，拉近了与读者的距离。
5. **实用性**：提供了一些实用的产品推荐，尤其是便利的速冻食品，让读者在日常生活中可以直接参考和使用。
6. **生动的比较**：作者使用了一些比较生动的比较，比如比较商品的价格性价比，以及不同商品的相似性，使文章更加生动有趣。
7. **强烈的推荐意愿**：文章中反复强调商品的优点和方便之处，以及作者对商品的强烈喜爱和推荐意愿。

这种写作风格鲜明、口语化，容易引发读者共鸣，具有很高的传播力。

图 10-9　分析结构特点

再让 ChatGPT 帮忙分析爆款文案的标题特点，如图 10-10 所示。

根据 ChatGPT 对指定爆款文案的结构和标题特点的分析，现在让 ChatGPT 模仿爆款文案的写作特点进行模仿写作。比如，写一篇关于“信阳毛尖”绿茶的推文，如图 10-11 所示。

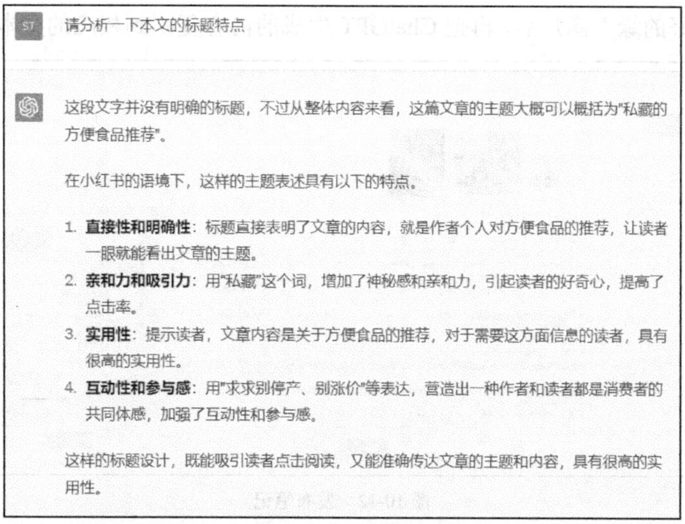

请分析一下本文的标题特点

这段文字并没有明确的标题，不过从整体内容来看，这篇文章的主题大概可以概括为"私藏的方便食品推荐"。

在小红书的语境下，这样的主题表述具有以下的特点。

1. **直接性和明确性**：标题直接表明了文章的内容，就是作者个人对方便食品的推荐，让读者一眼就能看出文章的主题。
2. **亲和力和吸引力**：用"私藏"这个词，增加了神秘感和亲和力，引起读者的好奇心，提高了点击率。
3. **实用性**：提示读者，文章内容是关于方便食品的推荐，对于需要这方面信息的读者，具有很高的实用性。
4. **互动性和参与感**：用"求求别停产、别涨价"等表达，营造出一种作者和读者都是消费者的共同体感，加强了互动性和参与感。

这样的标题设计，既能吸引读者点击阅读，又能准确传达文章的主题和内容，具有很高的实用性。

图 10-10　分析标题特点

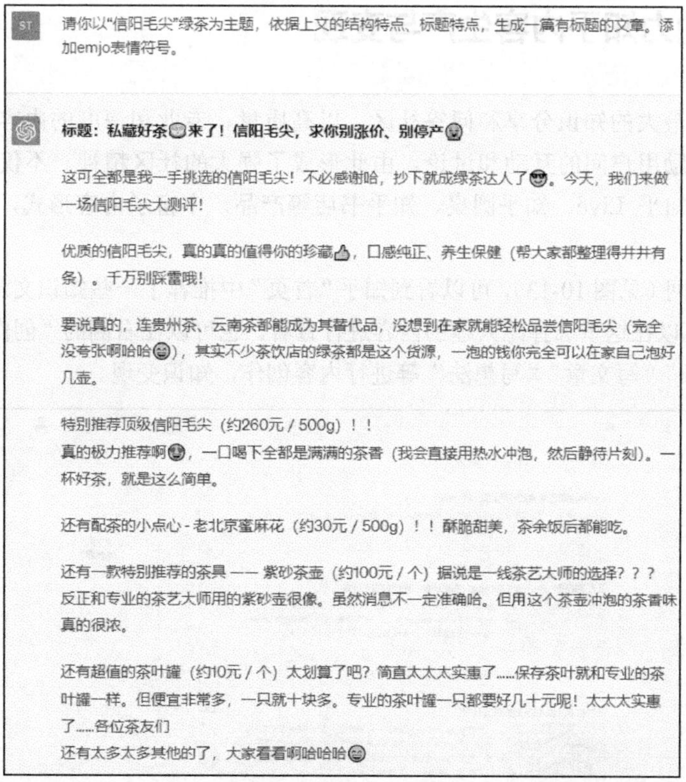

请你以"信阳毛尖"绿茶为主题，依据上文的结构特点、标题特点，生成一篇有标题的文章。添加emjo表情符号。

标题：私藏好茶😋来了！信阳毛尖，求你别涨价、别停产😭

这可全都是我一手挑选的信阳毛尖！不必感谢哈，抄下就成绿茶达人了😎。今天，我们来做一场信阳毛尖大测评！

优质的信阳毛尖，真的真的值得你的珍藏👍，口感纯正、养生保健（帮大家都整理得井井有条）。千万别踩雷哦！

要说真的，连贵州茶、云南茶都能成为其替代品，没想到在家就能轻松品尝信阳毛尖（完全没夸张啊哈哈😄），其实不少茶饮店的绿茶都是这个货源，一泡的钱你完全可以在家自己泡好几壶。

特别推荐顶级信阳毛尖（约260元 / 500g）！！
真的极力推荐啊😍，一口喝下全都是满满的茶香（我会直接用热水冲泡，然后静待片刻）。一杯好茶，就是这么简单。

还有配茶的小点心 - 老北京蜜麻花（约30元 / 500g）！！酥脆甜美，茶余饭后都能吃。

还有一款特别推荐的茶具 —— 紫砂茶壶（约100元 / 个）据说是一线茶艺大师的选择？？？反正和专业的茶艺大师用的紫砂壶很像。虽然消息不一定准确哈。但用这个茶壶冲泡的茶香味真的很浓。

还有超值的茶叶罐（约10元 / 个）太划算了吧？简直太太太实惠了......保存茶叶就和专业的茶叶罐一样。但便宜非常多，一只就十块多。专业的茶叶罐一只都要好几十元呢！太太太实惠了......各位茶友们
还有太多太多其他的了，大家看看啊哈哈哈😄

图 10-11　模仿生成推文

如图 10-12 所示，在小红书的创作服务平台中，单击“发布笔记”，选择“上传图文”，上

传几张事先准备好的绿茶图片后，再把 ChatGPT 生成的内容复制到相应的文本框中，发布内容。

图 10-12　发布笔记

10.3　AI 助力知乎内容生产与变现

知乎是我国最大的知识分享和问答社区，以高质量、专业和深度的内容而闻名。作为一个社区，知乎鼓励用户间的互动和讨论，由此形成了强大的社区精神。不仅仅是文字问答，知乎还推出了如知乎 Live、知乎圆桌、知乎书店等产品，丰富了内容形式，满足了用户的多元化需求。

登录知乎官网（见图 10-13），可以看到知乎“首页”中推荐了一些知识文章和视频内容（图中未都显示），可以在这里选择感兴趣的内容进行查看。也可以在右侧的“创作中心”选择“回答问题”“发视频”“写文章”“写想法”等进行内容创作，知识变现。

图 10-13　知乎官网页面

这里以“回答问题”为例进行介绍。单击“回答问题”后，进入如图 10-14 所示的创作中心页面。在左侧的“创作灵感”中选择“问题推荐”，找到自己擅长的问题进行回答即可。

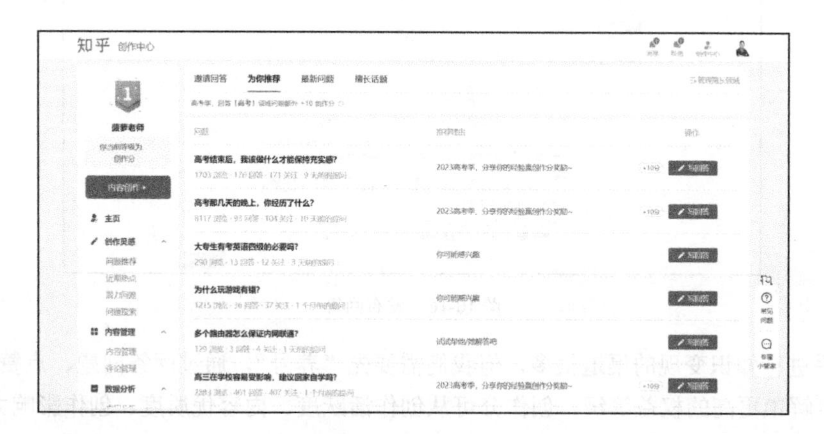

图 10-14　创作中心

因为我们的知乎账号较新，需要提高一下等级，可以特别关注有加分的问题。这里选择了“高考结束后，我该做什么才能保持充实感？”这个问题。因为问题比较简单，可直接将问题复制到 ChatGPT 中进行提问，如图 10-15 所示。

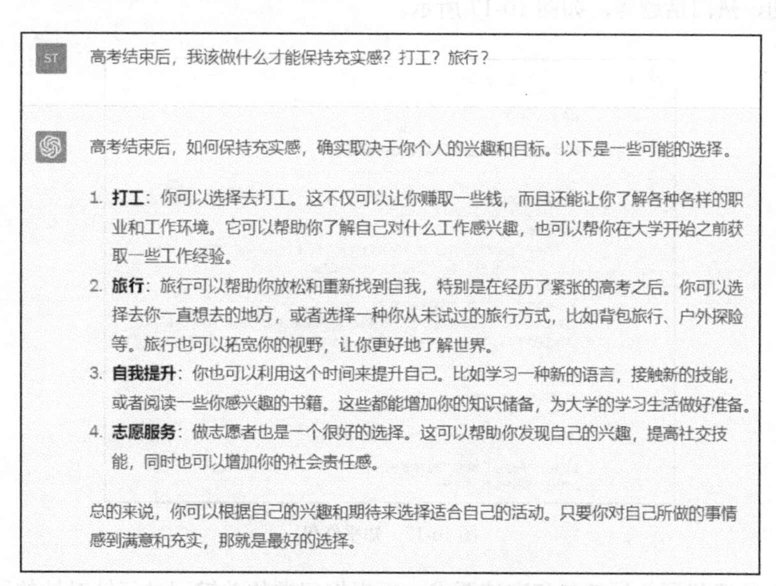

图 10-15　回答知乎中的问题

将 ChatGPT 生成的内容复制到知乎中，稍作内容和格式的修改，然后发布回答即可，如图 10-16 所示。

我们如何在知乎平台进行知识变现呢？

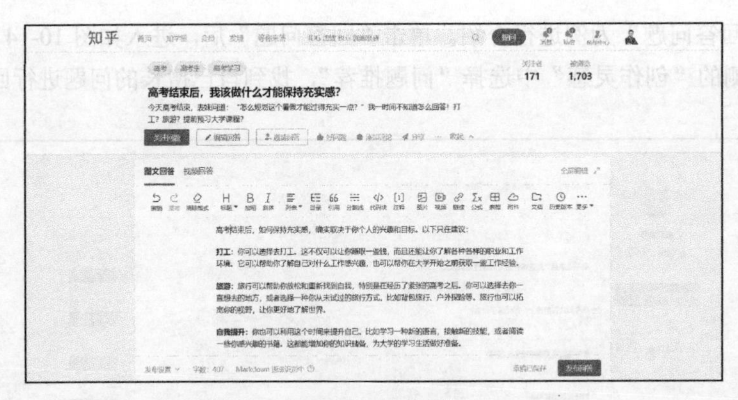

图 10-16 发布回答

在知乎进行知识变现的渠道很多，但我们需要先“养号”，通过回答问题、点赞、写文章、写想法等可解锁更高的权益等级。创作分可从创作活跃度、内容优质度、创作影响力、关注者亲密度及社区成就等 5 个维度获得。对于新账号，建议利用 ChatGPT 每天坚持回答有针对性的问题，以及坚持写文章。等达到一定的权益等级，变现的方法也会越来越多。

1. 知乎红包

知乎红包是知乎官方推出的一种奖励机制，其发放通常与一些特定的活动或话题相关联，比如节日活动、热门话题等，如图 10-17 所示。

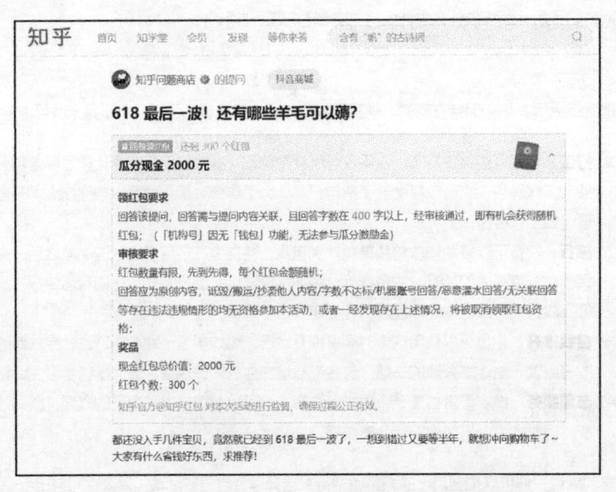

图 10-17 知乎红包

通过认真阅读问题的领红包和审核要求，再根据问题的关键词进行针对性的回答，然后等审核通过就可以获得红包了。

2. 好物推荐

当我们的创作者等级大于等于 3 级之后，就可以在回答问题、写文章、发视频、直播和橱窗中，使用好物推荐功能插入商品卡片。如果知乎的其他用户（即知友）通过该商品卡片完成商品的购买，就可以获得相应的佣金收入。

3. 知乎活动

可在活动中心选择参加各种活动来赚取佣金，比如创作挑战、趣评挑战赛、创作打卡挑战赛等，如图 10-18 所示。只要完成任务就可以获得一些“盐粒”作为激励，“盐粒”可以兑换成钱！只要多参加活动，就一定能够赚到一些佣金！

图 10-18 知乎活动

4. 文章打赏

在知乎上发表了优质的文章内容后，可以开启打赏功能。当读者想要给作者打赏时，只需单击文章右下角的“打赏”按钮，然后选择合适的金额进行支付即可。

5. 视频收益

当创作者的等级达到 4 级，并至少发布 5 条原创视频后，就可以在“创作中心”>“数据分析”>“收益分析”>“视频收益”中申请解锁权益。开通后，就可以根据原创优质视频内容的播放情况获得激励收益。

6. 其他高阶变现方法

在达到相应的硬性要求和条件后，还可以开通付费咨询，通过自身的知识和经验与知友进行一对一解答，从而赚取收入。与知乎签约成为盐选作者后可获得丰厚的分成收入。还通过知乎引流到自己的个人账号进行相关的付费指导。

10.4 AI 助力快速生成短视频

除了前面的小红书和知乎平台，还可以在视频号、西瓜视频、B 站、今日头条、抖音等平台，通过上传视频进行引流或变现。

为了创作一个短视频，我们需要构思、写脚本、找背景音乐/图片/视频等素材。原来创作一个 2 分钟以上的短视频，需要几个小时甚至一两天的时间。现在有了 AI 的加持，十几分钟甚至几分钟就可以轻松搞定。

10.4.1　百家号：AI 成片

百家号是百度为创作者打造的一个内容创作平台，可以在上面发布文章，进行知识变现。该平台提供了很多 AI 创作辅助工具，比如 AI 笔记、AI 成片、AI 作画等，可助力用户更高效地创作各种内容。

首先，登录百家号，如图 10-19 所示。在左侧的“AI 创作”下单击“AI 成片”。

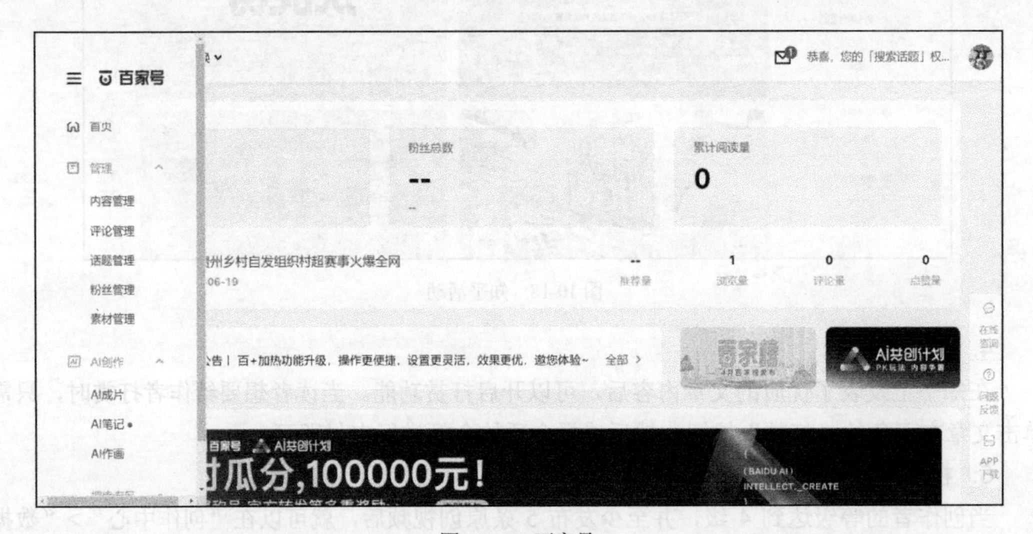

图 10-19　百家号

这将打开度加创作工具（下文简称为“度加”）页面，如图 10-20 所示。可以在页面右侧的“热点推荐”中，单击一个热点主题，AI 即可自动生成文案。也可以让 ChatGPT 根据需求写文案，这里使用前文中利用 ChatGPT 生成的绿茶的文案内容。输入文案后单击“一键成片”。

度加将根据文案内容自动匹配相应的素材，生成视频初搞，如图 10-21 所示。在页面左侧，我们还可以根据需要修改字幕断句，通过“朗读音”变换配音，通过“模板”改变视频外观和布局。我们还可以在轨道中选择素材后，把“素材库”的视频或图片通过拖动的方式进行替换。

修改完毕后，单击“播放”按钮预览效果。如果效果可以接受，可右上角的“生成视频”按钮以 MP4 格式导出视频。

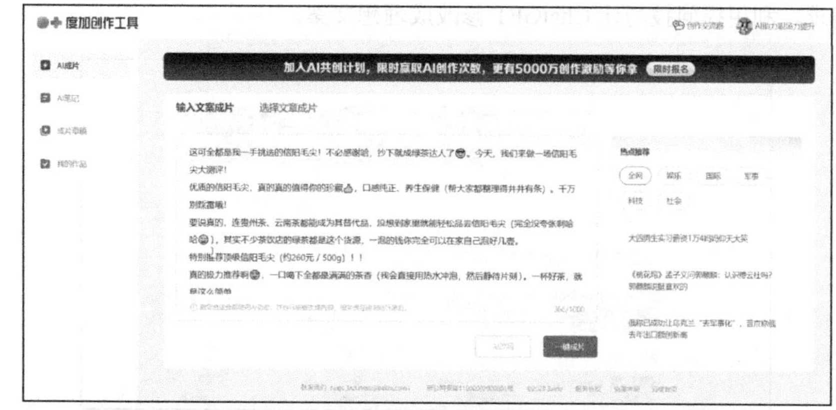

图 10-20　一键成片

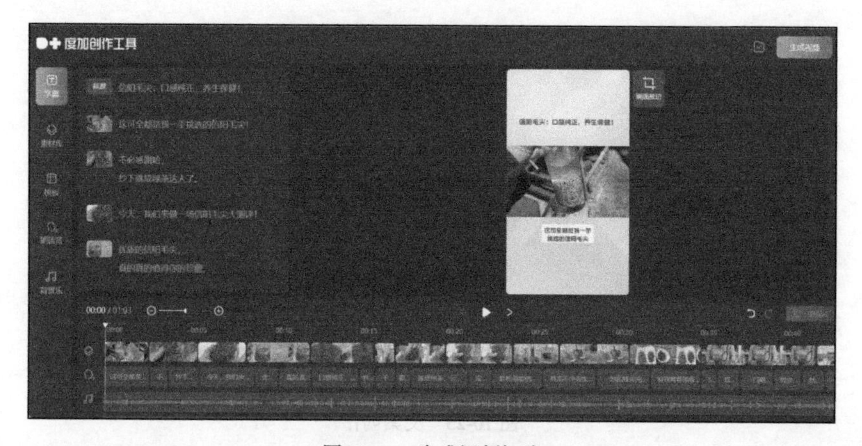

图 10-21　生成视频初稿

10.4.2　腾讯智影：智能视频创作

腾讯智影是一款强大的在线视频创作工具（见图 10-22），融合了最新的 AI 技术，目前可以实现数字人播报、文本配音、AI 绘画、视频解说、文章转视频等实用功能。更妙的是，它还集成了素材收集、视频剪辑，甚至在线发布的功能，使用户可以轻松进行视频创作和编辑。

使用腾讯智影，甚至只需要提供一个文章主题或概述，就可以由 AI 自动完善和丰富文案，根据文案自动匹配素材，并快速转化为精彩视频。

接下来进行文案创作。在图 10-22 中单击“文章转视频”，出现如图 10-23 所示的文案创作页面。在输入主题后，单击“AI 创作”可自动生成文案。也可以输入文案，然后使用“改写”“扩写”“缩写”功能重新修改文案。还可以单击“热点榜单”，使用里面的热点文案。

在这里，可以借助 ChatGPT 强大的文字创作能力生成文案，如图 10-24 所示。我们可以根据自己的需求，利用提问技巧让 ChatGPT 修改成理想文案。

图 10-22 腾讯智影

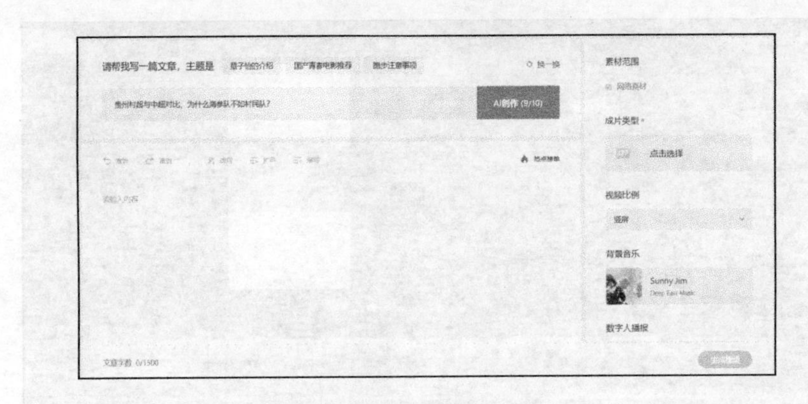

图 10-23 文案创作

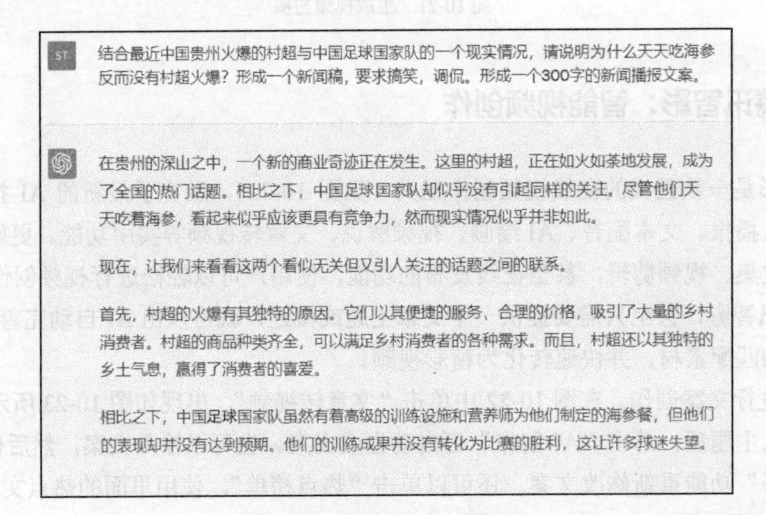

图 10-24 ChatGPT 生成文案

然后将 ChatGPT 生成的文案复制到腾讯智影的文案创作页面，在右侧根据需求设置好成片类型、视频比例、背景音乐和朗读音色，再单击“生成视频”按钮，剩下的就是等待生成视频，如图 10-25 所示。这里不希望视频中出现播报数字人，所以没设置数字人播报。

图 10-25 生成视频

除此之外，还可以通过数字人播报来制作培训类、促销类视频。方法也非常简单，先整理好文案，再选择合适的数字人即可。

10.4.3 “ChatGPT+剪映”创作视频

剪映是一款非常专业的视频编辑工具，有全面的剪辑功能，能够支持变速功能，有多样滤镜和美颜的效果，且有丰富的素材库。新版本的剪映也支持图文成片，我们只需输入方案，剪映会自动匹配素材，一键生成短视频。在剪映主界面中，单击“图文成片”，如图 10-26 所示。

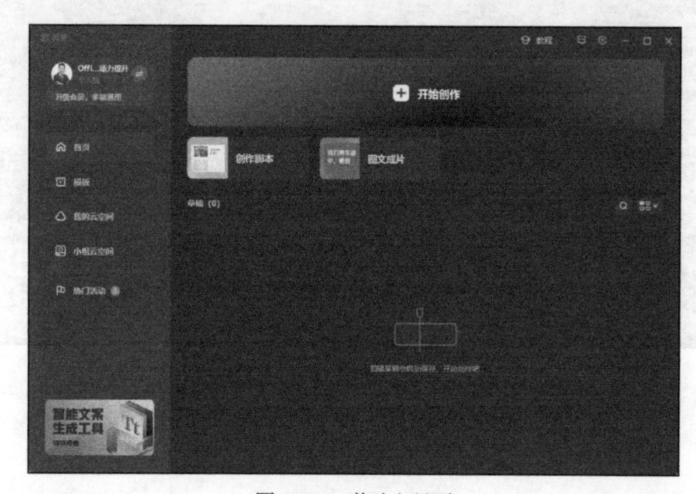

图 10-26 剪映主界面

在“图文成片”文本框中，复制前面由 ChatGPT 生成的文案，并选择合适的朗读音色，然后单击“生成视频”按钮即可，如图 10-27 所示。

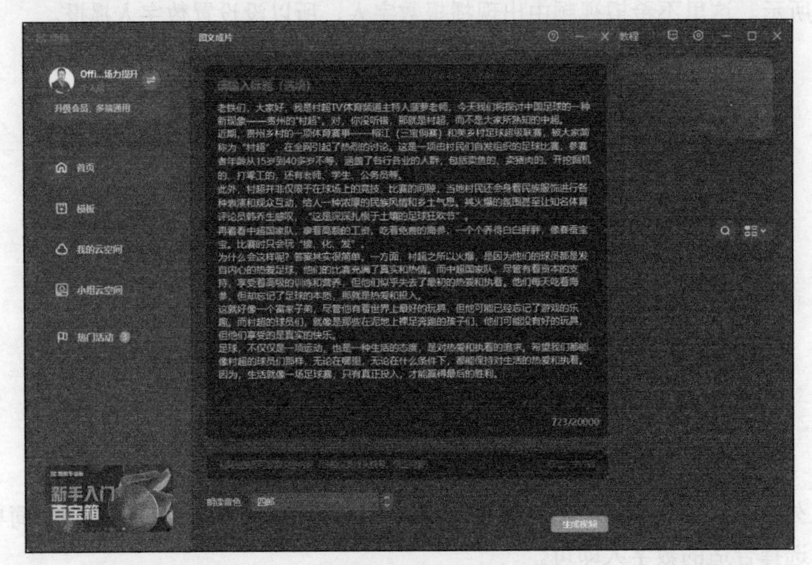

图 10-27　图文成片

剪映根据方案和设置生成了短视频，如图 10-28 所示。可以根据需求，利用剪映自带的全面专业的工具将短视频修改后导出或发布。

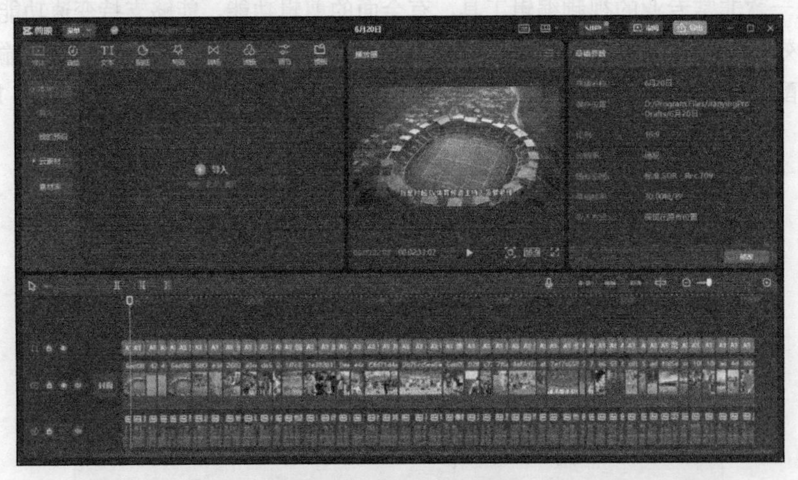

图 10-28　剪映生成的视频